复合
食品添加剂

第二版

胡国华　主编

历冠廷　孙景文　杨旭艳　副主编

U0288550

化学工业出版社

·北京·

图书在版编目（CIP）数据

复合食品添加剂/胡国华主编．—2版．—北京：化学
工业出版社，2012.8（2022.3重印）
ISBN 978-7-122-14942-8

Ⅰ.①复…　Ⅱ.①胡…　Ⅲ.①食品添加剂　Ⅳ.①TS202.3

中国版本图书馆 CIP 数据核字（2012）第 166042 号

责任编辑：张　彦　　　　　　　　装帧设计：关　飞
责任校对：王素芹

出版发行：化学工业出版社（北京市东城区青年湖南街 13 号　邮政编码 100011）
印　　装：北京建宏印刷有限公司
787mm×1092mm　1/16　印张 20¾　字数 443 千字　　2022 年 3 月北京第 2 版第 9 次印刷

购书咨询：010-64518888　　　　　　　售后服务：010-64518899
网　　址：http://www.cip.com.cn
凡购买本书，如有缺损质量问题，本社销售中心负责调换。

定　　价：79.00 元　　　　　　　　　　　　　　　　版权所有　违者必究

前　言

本书（第一版）于 2006 年 6 月出版后，在市场上较受欢迎，重印了多次，成了诸多食品添加剂生产和应用企业的常用参考书之一。几年来，国内复合食品添加剂行业和产品出现了一些变化，对它的管理政策及法规也有了不少变化。所以作者对本书的第一版进行了修订，增加和修改了一些内容，相信将会更加受到读者的欢迎。

我国食品添加剂工业将不仅会朝着"安全、高效"的方向发展，"复合"或"复配"也将是一个重要发展趋势，复配也会使食品添加剂产品更安全、更高效。在美国、日本和欧盟等发达国家及地区，复合食品添加剂或制剂型食品添加剂已成主流产品。加大力度研究开发出一些具有广阔应用前景和自主知识产权的复合食品添加剂产品，同时加强在食品中的应用研究，是摆在我国相关企业或食品科技人员面前一项重要而紧迫的任务。

特别需要指出的是，复配食品添加剂产品务必按照我国正在实施的相关法规及标准生产、应用。

本人工作于华东理工大学生物工程学院（生物反应器工程国家重点实验室）食品科学与工程系，多年来一直从事食品添加剂的研究开发工作，在修订过程中，得到了于文建等多位研究生的帮助，赣州菊隆高科技实业有限公司、苏州工业园区尚融科技有限公司的技术人员也都提供了部分复配技术资料。

限于作者的食品添加剂专业水平，加上时间相对仓促，书中不妥在所难免，恳请各位读者批评、指正（18918830973, hgh@ecust.edu.cn），以便日后得到进一步的修改和完善。

胡国华
2012 年 8 月于上海

第一版前言

　　复合食品添加剂是将几种食品添加剂根据一定的加工工艺配制成的一种复合物，添加到食品中，达到对食品的品质、口感的改善或加工食品的要求。利用若干个食品添加剂品种，可获得诸多的复合添加剂产品。生产实践表明，很多食品添加剂复配可以产生增效或者派生出一些新的效用。研究食品添加剂的复配不仅可以降低单种食品添加剂的用量，而且可以进一步改善食品的品质，提高食品的食用安全性，其经济意义和社会意义是不言而喻的。

　　随着食品添加剂工业的快速发展，复合食品添加剂在食品添加剂和食品工业中的地位将进一步得到提高，食品添加剂工业将不仅会朝着"天然、营养、多功能"的方向发展，"复合"也将是一个重要发展趋势。加大力度研究开发出一些具有广阔应用前景和自主知识产权的复合食品添加剂产品，同时加强在食品中的应用研究，是摆在我国食品科技人员面前一项重要而紧迫的任务。

　　本人多年来一直从事食品添加剂的研究开发和教学工作，结合复合食品添加剂的研究方向及研究成果，在收集参考了国内外较新的文献资料的基础上，编写了本书。在编写过程中，还得到了不少同事、研究生的帮助，在此一并表示感谢。同时，也向所参考的国内外文献的每一位作者表示诚挚的感谢。化学工业出版社也为该书的出版提供了大力支持和帮助。

　　根据作者了解的情况，国内外还未出版过以复合食品添加剂为主要内容的专业书籍，同时限于作者的食品添加剂专业水平，加上时间相对仓促，书中的遗漏与不妥之处恐在所难免，恳请各位读者批评、指正（hgh114226@sina.com，13918460973），以便日后得到修改和完善。

胡国华
2006 年 1 月于上海

目　录

第一章

绪　　论

　　复合食品添加剂一般是指根据各种食品添加剂及食品配料单体的性质和功能，将两种或两种以上功能互补或有协同作用的单体按适当的比例复合在一起形成的复配物，它能在某种食品中独立地担当某一项功能。复合食品添加剂与单体相比具有十分显著的优点，食品添加剂的协同效应，既有功能互补，协同增效的效应；也有功能相克，相互抑制的效应，但在食品工业中有应用价值的一般是协同增效效应。其产品以物理状态划分主要包括粉剂产品与水剂产品两大类，各类产品生产工艺流程基本相似。

　　卫生部 2011 年 7 月 5 日通过第 18 号公告，根据《中华人民共和国食品安全法》和《食品安全国家标准管理办法》的规定，经食品安全国家标准审评委员会审查通过，发布了食品安全国家标准《复配食品添加剂通则》（GB 26687—2011，2011 年 9 月 5 日实施），这个国家标准十分重要，这是我国第一次从国家级层面上正式确认了复配食品添加剂产品的地位及存在的必要性，从此行业内完全不用再担心我们国家是否会禁止复配食品添加剂的加工销售问题了。

　　卫生部在 2011 年发布施行的 GB 26687《食品安全国家标准　复配食品添加剂通则》中对复配食品添加剂的定义是这样的：为了改善食品品质、便于食品加工，将两种或两种以上单一品种的食品添加剂，添加或不添加辅料，经物理方法混匀而成的食品添加剂（本标准适用于除食品用香精和胶基糖果基础剂以外的所有复配食品添加剂）。

　　不同的物质，由于其化学组成和结构的不同而具有不同的性质，而当不同物质同时存在时，往往因为它们相互之间的作用和影响而使其性质发生不同程度的改变。食品添加剂的复合，正是利用物质的这一性质，改良食品添加剂的性质和功能，使之可以更经济、更有效地应用于更广泛的范围内。复合食品添加剂由于其十分显著的优势已成为食品添加剂发展的方向之一，中国食品添加剂生产应用工业协会二届二次理事会议在《关于复合食品添加剂管理工作的意见》中明确指出"复合食品添加剂是一种符合国际潮流发展方向的生产应用技术。一般情况下它会产生协同增效的作用。同时为食品企业的应用提供了方便，也为应用企业按标准使用食品添加剂创造了条件"。

鉴于复合食品添加剂使用方便、效果好、功能齐全等特点，近几十年来，在世界范围内正在逐渐成为食品添加剂行业主流产品，国内食品添加剂行业近年也加强了对复合食品添加剂研究、开发和推广应用，并且在20世纪90年代以后迅速发展。

总之，复合食品添加剂比普通食品添加剂具有明显优势，它可使产品更经济、更有效，可减低其用量和成本，提高产品的安全性，改善食品的味感，使得食品添加剂的性能得以改善，从而可以满足食品各方面加工工艺性能，使之能在广泛的范围内使用。使用复合食品添加剂是保证食品安全、化解生产风险，减少投资，节约生产成本，加快实现我国食品工业现代化的一条捷径。

第一节　复合食品添加剂的定义和类型

一、复合食品添加剂的定义

复合食品添加剂是指将几种乃至十几种食品添加剂按照一定比例复合而成的食品添加剂产品。例如食用香精就是复合食品添加剂，这种复合添加剂产品在国外、国内研究和应用得都较早。

二、复合食品添加剂的主要类型

从理论上说，食品添加剂以不同形式复配以后具有很多优越性，譬如，具有协同增效的作用，具有改善风味、口味的作用，使用方便，具有降低成本、节约资源的好处等等。复配的形式也是多种多样的，有的以同类添加剂产品相复配，有的以相近的一类食品添加剂相复配，有的以不同功能添加剂相复配。事实上，我国当前大量使用的冰淇淋稳定剂、奶制品稳定剂和蛋糕油等就是比较成熟的复配型食品添加剂。

复合食品添加剂是在食品和食品添加剂市场的发展过程中应运而生的。这种产品能在某种食品中独立地担当某一项功能。由于其化学组成和结构的不同而具有不同的性质，而当这些不同物质同时存在时，往往因为相互之间的作用和影响而使其性质不同程度地发生改变。食品添加剂的复合，正是利用物质的这一性质，改良食品添加剂的性质和功能，使之可以更经济、更有效地应用于更广泛的食品领域。其产品以物理状态划分主要包括粉剂产品与水剂产品两大类，各类产品生产工艺流程基本相似。

复合食品添加剂的复合形式主要有如下几种：①两种或两种以上相同类别的食品添加剂复合；②两种或两种以上不同类别的食品添加剂复合；③两种或两种以上相同或不同类别的食品添加剂与某些食品原辅料复合。

若按照功能的复合形式来分，可有以下几种：

(1) 将不同功能的食品添加剂复配在一起，起着多功能的作用；如一些面制品复合改良剂。

（2）同一功能型的品种，但其效果有差异，复配之后能叠加，显著大于各自单一品种的功能，如茶多酚和维生素 E 都具有抗氧化性能，将它们复合后抗氧化作用显著增强；

（3）只有一种功能，并以此为主，由于加工工艺上的特殊和使用上的需要，必须添加 1～2 种甚至多种的辅助剂加以复配，如添加填料或者分散剂到主成分中即属此类型。

第二节　食品添加剂复合的意义和一般要求

一、食品添加剂复合的意义

复合食品添加剂与单体食品添加剂或普通食品添加剂相比较具有十分显著的特点，也具有明显的优势。下面进行较具体介绍。

（一）功能齐备，效果显著

通过复合，可以发挥各种单一食品添加剂的互补作用，从而扩大食品添加剂的使用范围或提高其使用功能。由于复合食品添加剂是为完成某项功能而将几种单体添加剂合理地复合在一起的，它可以让各种单体的功能互补或协同增效，因而，复合食品添加剂的功能齐备，就是指可以独立地解决一种单体难以解决的问题。例如营养强化剂维生素 A、维生素 D 以及钙和磷，它们各自都有着不同的营养和功能。但是将它们单一添加或是同时添加，或是同时按一定比例添加，其人体吸收的效果则大不一样。若将它们按一定的比例复合后，添加到食品中，不仅可以发挥它们各自的营养功效，同时还能大大促进这些营养成分在人体中的吸收和发挥较为全面的营养保健效果。

（二）降低用量、成本及有利于身体健康

通过复合，使各种食品添加剂协同增效，从而可以降低每一种食品添加剂的用量和成本。例如某些防腐剂在酸性物质存在的条件下，其防腐效果明显增强，将这些防腐剂与酸味剂复合，就能大大地增强防腐效果；某些抗氧化剂与维生素类营养强化剂复合，可大大增强其抗氧化性能；某些甜味剂按一定的比例复合，可显著地增强甜度；某些鲜味剂按比例复合后，其鲜度可以成倍增长。所以，我们可以充分利用食品添加剂之间复合产生的"相加"或"相乘"效应，从而降低每一种食品添加剂的用量，达到降低成本，提高效益的目的。

同时通过复合又可减少副作用，达到保障消费者身体健康的目的。由于某些种类的食品添加剂（如一些人工合成的防腐剂和抗氧化剂）或多或少会对人体有一定的副作用，尤其是在过多地摄入时。为了保障人们的身体健康，国家卫生部门对食品添加剂的使用范围和添加量，都有严格的规定。而有些食品添加剂，特别是某些防腐剂和抗氧化剂，按标准添加往往达不到十分满意的效果。通过复合，利用食品添加剂的"相加"或"相乘"效应，就可以大大降低每一种单一食品添加剂的添加量，而又能

够达到令人满意的效果，从而能使食品添加剂的副作用尽可能地降低，保障了食品消费者的身体健康。

（三）改善风味和口感

前面提到过，通过复合，可以改善所添加的食品添加剂的风味和口感。添加某种单一的食品添加剂，往往带有人们不愿意接受的风味和口感，而通过复合，可以互相掩蔽或改变人们所不习惯的风味和口感，使其添加的食品更易被人们所接受。例如：某些甜味剂具有人们难以接受的后苦味或橡胶味，而与其他甜味剂或糖类配合使用，则其不良风味就可大大得以改善。

（四）可以满足工艺性能的要求

通过复合，实现对某种食品添加剂的改性，使其最大限度地满足人们对其工艺性能的要求。一些单一的食品添加剂往往在其物理化学性能方面有着这样或那样的缺陷，有的不能满足严格的食品加工工艺操作（例如酸、碱、高温加热）等方面的要求，如果采取复合的方法，往往可以改善其特性，达到人们满意的效果。例如：某些水溶食品胶之间，或水溶食品胶与某些盐类之间可以通过一定比例复合，大大改善其耐酸性、凝冻性，韧性和其他加工性能等。

（五）可以方便采购、运输、储存和使用

通过复合，可以方便采购、运输、储存和使用。例如香精香料，每一个品种的香精大多是采用几十种香料单体，根据需要复配而成。离开了这些单体的复合，食品企业直接使用香料单体，则其采购、运输、储存和使用将变得十分繁琐。采用复合食品添加剂，就可以实现食品添加剂使用"傻瓜化"，使用方便，安全可靠，减少使用中的事故和偏差，这对于技术力量相对薄弱的企业尤为适合。经过近些年来的发展，复合食品添加剂已经分门别类，某个品种对应地使用于某种或某些食品中解决某个或某类问题，且一般正规生产复合添加剂的厂家对各种产品都有详细的使用说明，使用时只需按使用说明一次性添加即可。省去了食品企业对多种单体进行多次称量、溶解并按序添加的繁琐过程，使用起来十分方便。且大大减少了因添加剂称量、溶解等步骤的不合理导致的产品质量的波动。此外，由于正规生产复合食品添加剂的厂家生产的产品添加到食品中后，各添加剂单体一般都可以相容并功能互补，协同增效，且使用量都在国家标准范围之内，大大减少了食品应用企业由于食品添加剂使用不当引发的事故。

（六）大大缩短食品企业新产品开发的周期，降低研发费用

任何食品企业要在激烈的市场竞争中不断推出适合消费者需求的新产品。而几乎所有食品新产品的开发都离不开添加剂的选择和使用。而且绝大多数食品都不是使用一种食品添加剂单体就能解决问题的。若食品企业自己选用多种单体进行试验，其所需花费的时间和开发费用相对来说都是相当巨大的，而若选用相应的复合食品添加剂产品或与生产相关复合添加剂的厂家联合开发，利用其在食品添加剂复合技术上的优势便可以大大缩短开发周期，节省开发费用。

（七）复合食品添加剂的专一性

一种复合食品添加剂往往都是为解决某一食品中的某个问题而研制的，它的目标十分明确，针对性很强。复合食品添加剂的这一特性是指专门根据某一种或某一类食品的具体特点而配制的添加剂，以达到特有的加工目的。专一的品种针对专一的食品，必然带来满意的功能。针对食品功能多样性和生产工艺设备多样性的需求，在新产品研制上，强化专用复合添加剂的功能，一是满足某食品对某些功能如乳化能力、悬浮能力、耐高温性、抗氧化性等方面的需求；二是尽可能适应生产线的工艺设备对专用添加剂功能的要求，研制出适合不同生产线而功能专一的添加剂，以满足厂家的需要。如月饼专用上光剂、食用菌专用保鲜剂、肉制品专用防腐剂（腊肉专用、灌制品专用、低温制品专用等）等，一些专用型复合添加剂的出现是复合型添加剂发展的必然趋势，因为它是根据具体产品设计，所以针对性比较强，品质改良也比较显著。

（八）复合食品添加剂的多功能性

多功能性是指一种复配好的食品添加剂同时具有两种以上的用途，以达到方便易用，协同增效的目的。比如，很多面包改良剂同时具有促进酵母生长、抑制淀粉回生、提高面包柔软度等多种功能；市场上的某种新型食用菌保鲜剂，就是一种防腐、保鲜、护色多功能为一体的复合型食品添加剂；市场上出现的一些乳化稳定剂同时也具有护色保鲜作用。

（九）满足个性化需求

随着人民生活水平的不断提高，告别温饱的食品消费者提出了越来越多的个性化需求，个性化需求有以下几方面：①因爱好不同，出现不同口味及不同色调的需求；②特殊人群的需求；③营养补充的需求；④不同形态、性能的需求。人们对食品个性化、多样化的追求，使食品企业就必须不断地研究新技术、新品种，以满足这些需求。从某种意义上说，添加剂是食品工业的灵魂，每一种新产品的诞生，与添加剂息息相关。单体添加剂甚至是通用型复合添加剂都已很难满足企业的要求。在对市场进行细分的基础上，对复合型添加剂的专用性进行细分，以适合不同品种、不同工艺的要求。例如以牛奶饮料而言品种达数十种之多。对一些厂家的特殊需要，应针对性地研制专用稳定剂，实行因厂而异的"特供制"，从而更能准确满足消费者嗜好性需求。市场上出现的各种口味复合调味料、糖尿病人复合甜味剂、一些营养缺乏者专用复合营养强化剂等，都是为满足这种需求而开发出的。复配型食品添加剂满足个性化需求的同时，也丰富了食品的品种，促使食品工业向更人性化方向发展，把吃当成真正的享受。

（十）简单易用

为了让食品达到理想的加工品质，食品配料时越来越多地复合使用食品添加剂，连一个普通的软麻花的配料单上就有不下十种的食品添加剂。这给食品配料带来很大的不便，加不准或漏加时有发生，从而影响到产品的品质稳定性及安全性。同时配料的复杂给采购也带来一定的难度，因缺料而不能生产或因缺料而不得不减料生产的事也时常出现。如果把一些相关的原料进行合理复配，经过复合以后，按说明添加使用，减少配料的品种，降低配料难度，既减轻了操作者的劳动强度，又能保障产品品质稳定，所以，方便易用也是复合型食品添加剂的一个显著的优点。以冰淇淋加工为例，以前冰淇淋加工需要配制各种稳定剂、乳化剂，光涉及胶体及乳化剂就多达六七种以上，给配料带来很大麻烦。有了配制好的冰淇淋乳化稳定剂以后，整个配料过程就简化了许多，即提高了工作效率，又保障了产品品质。

目前国内已有不少企业配备较先进的分析检验仪器及实验设备，汇集了国内食品添加剂应用开发优秀的技术力量，具有典型的科技型企业特征。追踪国外先进的科研成果，引进国外最新技术、最新原料，结合国内食品添加剂行业的实际，致力于复配技术的研究，开发研究出技术先进、工艺新颖的复合食品添加剂新品，其中，如"傻瓜型"食用菌保鲜剂及"健康型"食用菌漂白剂就是两个典型范例。"傻瓜型"食用菌专用保鲜剂只需按说明加入到一定比例的饮用水中，经充分活化后，添加到已处理好的食用菌包装里。它很好地解决了中小食用菌深加工企业因知识技术水平落后，无法正确掌握食用菌保鲜的复杂技术的难题。不但操作简单，而且大大提高了食用菌保鲜加工的生产效率。

随着食品加工技术的不断深化，食品配料的复杂程度会越来越高，分工的专业化会越来越强，必然会出现专业的配料公司为食品加工企业提供配料，而企业对配料的要求会越来越趋向简单易用，功能完善。所以，"傻瓜型"是复合型食品添加剂的优势所在。

由此可见，通过食品添加剂的复合，可以大大改善食品添加剂的性能，拓展使用范围，提高品质和效果，方便使用，降低用量和成本，减少副作用，大大缩短食品企业新产品开发的周期，降低研发费用。以上这些都显著拓展了食品添加剂的发展空间，提高了食品添加剂的经济效益和社会效益。

但也要看到，从食品卫生安全的角度看，复合食品添加剂具有以下特点：原料品种较多，来源范围广，成分复杂，致病菌、重金属及其他杂质危害均可能存在；有时用量相差悬殊，称量精度要求高；许多配料稳定性较差，需要进行品质活性保护，存在实效变质的可能；加工工艺流程较为简单，混合为共有的工序，大多需要二次和多次混合、包装，存在二次交叉污染的可能；大多配料为粉末状，同时配料的粒度比较细，必须进行除尘处理。因此，从卫生安全的角度来看，要求复合食品添加剂产品必须具有高度的安全性。因此，在复合食品添加剂的生产加工过程中，建立一套有效的卫生管理和质量监控体系，对避免发生因食用添加了不合格复合食品添加剂产品而引起的食品安全事件是十分必要的。

所以生产应用复合食品添加剂是一项技术性很强的工作，认为复合食品添加剂就是一种通过简单地将各种食品添加剂配料混合在一起的产品的想法是完全错误的，那样做也是极不负责任的行为，也是非常危险的。

二、复合添加剂的复配原则

食品添加剂复配是将几种食品添加剂根据一定的加工工艺配制成一种复合物，添加到食品中，达到我们对食品的品质、口感的改善或加工食品的要求。食品添加剂复配可以利用有限的若干个食品添加剂品种，产生数以万计的各种复合产品。生产实践表明，很多食品添加剂复配可以产生增效作用或者派生出一些新的效用，研究食品添加剂的复配不仅可以降低食品添加剂的用量，而且可以进一步改善食品的品质，提高食品的食用安全性，其经济意义和社会意义是不言而喻的。

复合食品添加剂是指将几种乃至十几种食品添加剂按照一定比例复合而成的食品添加剂产品，这种产品在国外早就流行，实际上食用香精就是复合食品添加剂。复合添加剂原料的选择必须遵循安全性、配伍性、高效性及经济性四项原则。

（一）复配成分的稳定性

复合添加剂的每一种组分要具备相对稳定的条件或在复配产品中保持相对稳定状态，使复配产品性能稳定。

（二）复配成分的协同作用

食品添加剂复配后各组分的特性起互补、协调作用，产生效果相加的效应。许多食品添加剂具有多功能性，要了解选定的食品添加剂其功能的主次以及物理化学特性。复配过程中，首先确定其主要功能是什么，以它为主选定适宜复配体和添加量。

（三）复配成分的配比

不同配比能产生不同类型的复合食品添加剂，如在使用复配乳化剂时，要使各组分的配比保证乳液类型的要求。有时乳化剂的 HLB 等于最佳乳化 HLB 值时，体系会发生乳液类型的转相。这样的体系是刚好平衡的体系而不是所需要的稳定体系，这种平衡的体系往往容易打破，是不稳定的，所以要调整乳化剂的配比，使其大体符合最佳乳化 HLB 值，以避开相转变点。

（四）复合添加剂的适应性

加工食品大多是由多种配料组成的混合体，复配后的添加剂要适应食品形态上（固体、液体、乳状等）、组成上、色泽上和口味上的差异。

复合添加剂的用量要根据试验确定。如复合乳化剂的临界胶束浓度都很低，若正确选择，多数食品一般情况只用 3% 以内的量足够，若选择不好，就是使用百分之几十也得不到稳定的乳化液。用 HLB 值小的和 HLB 值大的乳化剂进行复配时，有专家建议所选择的乳化剂品种的 HLB 值不能相差太大，一般在 5 以内。

（五）复合食品添加剂的安全性

复合食品添加剂要确保安全性。安全性在这里包括两层意思：食品添加剂使用卫生标准；使用时必须无事故发生。构成复配添加剂的各个组分及其应用时添加量都要符合食品添加剂使用卫生标准。在参与食品国际市场竞争中，对于复合食品添加剂的生产和应用要加强立法、管理工作。

三、食品添加剂复配的注意事项

食品添加剂复合物要求性能稳定，因此，要求复合食品添加剂的每一种组分要具备相对稳定的条件或在复合物中保持相对稳定状态。食品形态上有固体、液体、乳状、色泽上有红、蓝、黄、白、黑，味道上有苦、甜、辣、咸等等，复合食品添加剂要适应食品这种千差万别的特点。

复配型添加剂不是几种单一的食品添加剂简单的混配。应该是针对食品的要求，依据添加剂作用原理和应用试验结果而设计的。首先应注意不同食品添加剂功能的互补。如：乳化剂用于起酥类食品时，单、双甘酯加聚甘油酯效果最佳，再加上丙二醇酯则更适合冷冻面团；单甘酯和 α-淀粉酶搭配又是一种很好的面包保鲜剂。对于面条类食品来讲，选用面粉品质改良剂、增稠剂和变性淀粉等搭配效果十分明显。这样，利用几种单一性能不同的添加剂合理搭配，其作用充分的发挥，可达到最佳效果。其次，复配型添加剂能协同起到增效作用。如不同的甜味剂复配后能减少单甜味剂的不良味道，使甜味更加协调醇厚，在实际使用时应考虑到其增效的结果，通过应用试验确定合适的添加剂量，达到安全使用，效果明显和降低成本的作用。最后，食品添加剂不仅包括品质改良剂、氧化剂、乳化剂等，随着添加剂的开发和应用，天然的营养强化剂越来越多地展现在人们面前，在复合营养强化剂配方设计时应注意到营养平衡，而不能一味地强化而忽视平衡。

卫生部新公布的一些法规对复配型食品添加剂有了明确的规定，对不完全适用这一规定的品种如香精香料等，还将出台新的补充规定，这就为我们今后努力开拓复配食品添加剂市场和严格规范复配食品添加剂市场提供了依据。伴随复合食品添加剂越来越广泛的生产与应用，其所带来的卫生安全问题也会日益突出，因此，在复合食品添加剂生产企业中推行 HACCP 系统也就具有重要的现实意义。今后，我们在提倡拓展复配型食品添加剂市场的同时，必须注意规范市场，必须注意相应的法规、管理办法和产品规格标准等方面的规范，否则将出现假冒伪劣产品横行的混乱局面，后果不堪设想。所以拓展和规范复合食品添加剂市场是食品添加剂行业发展的一个方向。

第三节　常见的复合食品添加剂

食品添加剂的复配作为食品添加剂发展的重要方向之一，它在食品中应用越来越广泛，起着越来越重要的作用。常见复合添加剂主要包括以下一些种类，分别做简单介绍。

一、复合营养强化剂

复合营养素也具有强化及添加工艺简便，采购手续简化，便于贮存，减少浪费等优点，目前已经越来越受到广大食品企业的青睐，正在成为食品添加剂行业中的新"亮点"。复合营养强化剂的种类很多，它可针对不同的人群、不同生理特点、不同劳动强度而设计出不同的配方。按原料种类分类有：①由单一营养素及其他辅料制成的复合营养素强化剂，如维生素 A 预混料、硒预混料、花生四烯酸（AA）预混料等；②由同类原料组成的预混料，如复合营养素、复合微量元素，复合氨基酸、复合核苷酸等；③由两类或多类强化剂组成的营养强化剂，如由维生素、微量元素、氨基酸和不饱和脂肪酸等组成的复合营养强化剂。

二、复合防腐剂

复合型防腐剂是由几种有协同效应的防腐剂复配而成，有增效和协同作用，可以克服单一防腐剂在防腐效力上的局限性以扩大抑菌范围和效力，改善防腐效能。如山梨酸和脂肪酸蔗糖酯及 DL-苹果酸复配可获得在水中易溶性的山梨酸，克服了山梨酸在水中溶解度小的缺点。以山梨酸为主的复配型防腐剂还可替代亚硝酸钠以防止梭状芽孢杆菌的繁殖。日本则有系列用于水产加工制品、农畜加工食品、肉食品、火腿香肠制品、面包蛋糕类食品、水果、饮料、酱油等复配型防腐剂。日本允许使用的单一防腐剂仅 43 种，而复配型防腐剂达 101 种之多。我国也已着手复配型防腐、保鲜剂的开发，如 MC 系列肉制品防腐保鲜剂、年糕防霉剂等，虽处于起步阶段，但有较大的发展潜力。此外，辐照等物理手段也是有效的防腐方法，用紫外线辐照贮藏成熟的番茄以防止腐烂已有报道。实验证明防腐剂和辐照等物理防腐方法也有协同作用，如在水果、蔬菜、果汁、乳酪及其他乳制品的防腐上二者配合使用可减少辐照量，对微生物仍有致命的杀伤力。山梨酸能增强紫外线的抑菌能力。因此物理防腐和防腐剂配合使用也是一种值得开发的复合防腐手段。

三、复合抗氧化剂

由两种以上的抗氧化剂混合或抗氧化剂与增效剂混合，以提高抗氧化功能的混合物称为复配型抗氧化剂。复配型抗氧化剂一般含有一个或几个主要抗氧化剂，复配以酸性增效剂，溶解于食品级溶剂中，如植物油、丙二醇、油酸单甘油酯、乙醇、乙酰化单甘油酯等。

1. 复配型抗氧化剂的优点　复配型抗氧化剂主要有以下优点：

① 复合几个抗氧化剂的抗氧功能，以发挥协同作用；

② 便于使用；

③ 改善应用时的针对性；

④ 抗氧化剂和增效剂复配于一个成品中可发挥协同作用；

⑤ 增强抗氧化剂的溶解度和分散性。

2. 复配型抗氧化剂抗氧化作用

（1）以茶多酚、大豆磷脂、抗坏血酸和大蒜提取物为基本组成复配成的复合天然抗氧化剂。在等量添加的情况下这种复合天然抗氧化剂对鱼油的抗氧化作用明显优于茶多酚、天然混合生育酚、BHT、PG、BHA，但不及 TBHQ 的抗氧化作用；鱼油添加复合天然抗氧化剂会出现 POV 低落期，随添加量的增加，因复合天然抗氧化剂出现的 POV 低落期及诱导期随之延长，表明其抗氧化作用随着增强；随存放温度的降低，复合天然抗氧化剂的抗氧化作用进一步增强，如为达到 0.02% TBHQ 的抗氧化效果，复合天然抗氧化剂所需要的用量随温度下降而降低，60℃ 为 0.1% 以上、25℃ 为 0.04%、−10℃ 为 0.02%。

（2）复合天然抗氧化剂对富含多不饱和脂肪酸食用油脂有很好的抗氧化作用，如

表 1-1 所示。

表 1-1 复合天然抗氧化剂对食用油脂的抗氧化作用（诱导期）　　单位：d

食用油	空白	茶多酚	复合抗氧化剂	TBHQ
菜子油	35	95	110	大于210
花生油	50	210	大于210	大于210
葵花子油	14	40	46	93

复合天然抗氧化剂在发挥抗氧化作用时，各组分间可能发生一系列复杂的反应，表现协同增效的作用，从而大大提高其抗氧化能力。复合天然抗氧化剂不仅能有效延缓多不饱和脂肪酸的氧化，而且能在一定程度上使已氧化为过氧化物的多不饱和脂肪酸还原。可见，复合天然抗氧化剂是多不饱和脂肪酸的一种高效天然抗氧化剂。

四、复合香料——香精

香精复配的原因首先在于弥补香料的局限性，香精的香气主要表现在头香、体香和尾香三个过程。头香是最先感受到的香气特征，香气轻快、新鲜、生动、飘逸。体香是主要香气，在较长时间内稳定一致的香气特征。尾香是最后残留的香气。不同的香精，其香气的三个过程特征不尽相同，没有一种香精能把这三个过程完美地表现出来，所以只选用一种香精就把产品做到尽善尽美会有一定难度。这需要根据不同的香气特征，从中选出纯正、柔和、连贯性佳的几种香精混合使用，以达到最佳效果。

其次是区域要求，不同地区的消费群体对风味的选择不同，同样是奶香，南方可能要求偏香草味，北方则要偏鲜奶味，有时需要带烘烤味，有时又要带焦甜香，这就需要靠香精复配来解决。

第三是产品开发的需要，不同香型复合的产品，有一定的独特性，可以减少仿冒产品出现的概率。同时，可以创造出一种别致的风味，从而吸引消费群体。

第四是降低成本。

第五是复配能起增香、矫味的作用。

五、复合增稠、凝胶剂

复合食品胶在复合食品添加剂中应最具代表性，目前国内外对其研究和应用也最多。复合食品胶（也可叫复配食品胶）是指将两种或两种以上食品胶体按照一定的比例复合而成的食品添加剂产品。而广义的复合食品胶定义还包括下面的情况：一种或一种以上食品胶与非食品胶类别的食品添加剂（或可食用化学物，如盐类）复合而得到的添加剂。

具体地说，利用亲水胶体的协同增稠、胶凝作用，在实际生产应用中，可以减少亲水胶体、特别是价格昂贵的胶体的用量，从而降低生产成本；也可拓宽食品胶体如卡拉胶、黄原胶、魔芋胶等的应用范围；并可提高一些产品的质量，如卡拉胶在食品工业中，常利用其胶凝性制作果冻、果酱、软糖、凝胶状人造食品等，它具有形成凝胶所需浓度低、透明度高等优点，但也存在凝胶脆性大、弹性差、易析水等问题，通过与魔芋胶等食品胶的复配胶凝，这些问题都可得到较好的解决。

六、复合乳化剂

各种单一的乳化剂往往有性质上的局限性，要想获得全面的理想效果，必须进行复配，取长补短，或取得协同效应。

食品乳化剂的复配是将几种乳化剂类食品添加剂根据一定的加工工艺配制成的一种复合物，添加到食品中能改善食品的品质、口感或加工工艺。

食品乳化剂的复配有三种类型：①将乳化剂、增稠剂、品质改良剂和防腐剂等不同功能的食品添加剂复配在一起，起着多功能的作用；②将乳化剂中具有不同功能的品种复配，由于其效果各有差异，复配后能叠加，显著大于单一品种的功能；③根据加工工艺上的特殊和使用上的需要，以一种乳化剂为主，添加一、两种甚至多种填充料或分散剂作为辅助剂加以复配。例如高碳饱和脂肪酸的多元醇酯乳化效果好，但这类乳化剂熔点高，要在70℃左右使用，所以在生产中造成不便。将这些乳化剂预先溶于水中，再加入适量淀粉、胶休物质、防腐剂等，经过干燥粉碎制成熔点低的复合产品，在15℃以下可以乳化，十分方便于生产中使用。

七、复合甜味剂

复配型甜味料是指利用多种甜味剂配合而成的食品甜味剂。其可起到增强甜味和风味，弥补或掩蔽不良口味的作用。

复合甜味剂具有以下特点：①糖精钠经常使用，但使用范围和量趋少；②甘草及其制剂大量采用；③柠檬酸钠普遍采用；④甜菊糖苷或其制剂有不少采用；⑤天然物包括糖类（如乳糖）乃至糊精等，主要作为填充料。

复配型甜味料按形态不同可分为固态和液态两大类，其中固态包括颗粒状、粉末状及颗粒粉末状。

八、复合鲜味剂

复合鲜味剂是由两种或两种以上鲜味剂复合而成。大多数是由天然的动物、植物、微生物组织细胞或其细胞内生物大分子物质经过水解而制成。复合增味剂可根据不同食品的不同需要，进行不同的组合和配比。例如，谷氨酸钠中加入$1\%\sim12\%$的肌苷酸钠混合而成强力味精等。

将两种或两种以上增味剂复合使用，可提高增鲜效果，降低鲜味阈值，很受人们欢迎。往往具有协同增效的作用。

例如：5′-肌苷酸二钠的鲜味阈值为0.025%，5′-鸟苷酸二钠的鲜味阈值为0.0125%，5′-肌苷酸二钠与5′-鸟苷酸二钠以1：1混合时，其鲜味阈值降低为0.0063%，比两者都要低。

再如，谷氨酸钠与5%的5′-肌苷酸二钠复合，其鲜味强度可提高到谷氨酸钠的8倍。谷氨酸钠与肌苷酸钠以1：1混合时，鲜味强度可达到谷氨酸钠的16倍。

九、复合品质改良剂

大量研究表明，几种食品品质改良剂配合使用，可起到互相补充、协调和叠加的效果。各种品质改良剂的各自添加量也比单独使用时少。实践证明，几种品质改良剂配合使用的效果要比单独使用任何一种的要好得多。

随着溴酸钾由于安全性而被 FAO/WHO 等国际组织及世界各国禁用，我国溴酸钾的禁用也成事实。虽然目前还没有发现一种单一物质能够完全替代溴酸钾在面包烘焙中的作用，但是，利用已被批准使用的其他食品添加剂，如氧化剂、乳化剂、酶制剂等品种，有针对性地开发复合的溴酸钾替代品是完全可行的。几年来，有关高校、科研机构、面粉企业及食品添加剂生产企业根据这一思路对溴酸钾替代工作进行了大量的科学实验和生产实践，取得了可喜的成果。目前，根据不同的面粉品质和用途，利用抗坏血酸、复合酶、乳化剂等研制出了多种较成熟的复配产品，填补了溴酸钾禁用后没有替代品的空白。

十、复合膨松剂

复合膨松剂一般由三种成分组成：碳酸盐类、酸性盐类、淀粉和脂肪酸等。复合膨松剂的特点是消除碱性膨松剂的不良现象（如制品有异味、表面或内部组织有黄色斑点），使制品不残留碱性物质，提高产品质量。复合膨松剂可根据碱性盐的组成和反应速度分类。根据碱性盐的组成可以分三类。

（1）单一剂式复合膨松剂　即 $NaHCO_3$ 与其他会产生 CO_2 气体的酸性盐作用产生 CO_2 气体，膨松剂中只有一种原料产生 CO_2。

（2）二剂式复合膨松剂　以两种能产生 CO_2 气体之膨松剂原料和酸性盐一起作用而产生 CO_2 气体。

（3）氨类复合膨松剂除能产生 CO_2 气体外，还会产生 NH_3 气体。

实际的复合食品添加剂的开发和应用还要大于上面所列举的范围，正是由于复合食品添加剂强大的市场竞争力和生命力，需要更多的投入于生产中，从而加强复合食品添加剂的研究、开发、生产、应用和管理工作，为增强我国食品添加剂行业的实力，参与国际市场竞争，为我国食品添加剂和食品工业的蓬勃发展做出贡献。

第四节　复合食品添加剂的发展现状与前景

复合型食品添加剂具有很多优势，因此在短短的十几年得到迅猛发展，从最早的几个应用品种发展到如今包括肉制品、烘焙食品、饮料、保健品、膨化食品等各种食品加工的上百个品种。食品添加剂的复配产品品种虽然较多，但目前普遍存在技术含量低、缺乏科学严密性等问题，各类功能性复合添加剂的开发深度还不够，品种只局限在一些常用的类别上。随着一些新型食品的出现，复合型食品添加剂的开发已经明显滞后于食品工业的发展。就乳化剂的复配而言，目前，我国乳化剂主要是依靠经验进行复配，带有一定的盲目性，缺乏必要的理论指导和先进测试仪器的辅助，不利于推广和应用。因此只有将科研工作与食品加工企业密切联合，与市场实际需要相结合，才能使成果迅速转化为现实生产力，更快地拓展复合食品乳化剂的应用空间。食用香料的复配有不少是以简单的调和为主，具有高技术含量的耐温型微胶囊产品很少，香型也比较单一，缺乏满足日益增长的个性化需求的复配产品。保鲜剂的复配有很多产品没有经过基础理论性研究，只是多种防腐剂的叠加组合，因此，其使用效果没有更准确的论证，达不到理想的保鲜目的。其他复合型食品添加剂也存在着类似的问题。

我们在提倡拓展复合型食品添加剂市场的同时，必须注意规范市场，必须注意相应的法规、管理办法和产品规格标准等方面的规范，否则将出现假冒伪劣产品横行的混乱局面，后果不堪设想。对于一些新出现的食品添加剂，必须及时出台科学合理的最新卫生管理标准，根据食品加工的新形式不断补充改进法规、标准，以便更好地指导复合型添加剂的健康发展。加强复合食品添加剂的开发生产和应用和立法、管理工作，可以为增强我国食品添加剂行业的实力，参与国际市场竞争，为我国食品添加剂工业的蓬勃发展做出贡献。

就整个食品行业来说，复合型食品添加剂还有待进一步深入开发及拓宽应用领域。近年来，随着食品科研技术的日益拓展，国内外食品添加剂产业发展迅速。据最近信息表明，世界食品开发最有影响力的一大趋势是重视新型食品添加剂的开发，一批具有特殊功能的新型食品添加剂正纷纷走向市场，受到了食品业界的关注，其中包括一些技术含量很高的复配型食品添加剂的开发。

复合型食品添加剂的开发必须紧跟食品工业发展的步伐，积极遵循"安全、高效"的方针，采用高新技术，大力开发安全健康的产品，抓住机遇，提高产品质量和档次，这样才能抵抗外来冲击，并进一步在国际市场上占有一席之地。坚持走以资源为基础，以科技为依托，走符合我国国情的食品添加剂开发生产道路。加快发展食品添加剂复合配方，加强复配技术理论研究并与实际应用相结合。复配技术努力的目标应是：以各种安全性较高的单体添加剂为基础，通过各自的特有性能以及相互间的协同作用达到低剂量，高效率的目的。并综合利用各种单体添加剂性能，最大限度的发挥各自的作用，实现少品种多功能的复配添加剂开发，以达到专用型添加剂的使用目的。"傻瓜型"及"专用型"必将成为复配型食品添加剂发展的必然趋势。

一、国外复合食品添加剂生产使用和管理情况

在一些发达国家，由于其食品添加剂生产和使用的历史比我国长，目前已经走到最终产品以复合食品添加剂发展为主的阶段。各类食品添加剂大型或跨国企业无不把食品添加剂产品的应用研究放在首位，而复合技术和配方正是应用研究中首要的形式。在管理上，各国都注意到复合食品添加剂的重要作用；在管理形式上，各国却不尽相同。

美国各类食品添加剂，包括复合食品添加剂都要由 FDA 批准才能使用；而英国、加拿大等国家食品添加剂法规中关于食品添加剂的管理较为明确：①单项原料要

有安全性评价；②所使用的单项原料需符合法规；③混合物中单项原料添加量不能超过限定。

国外对应用技术开发也十分重视，投入的技术力量约占产品整个开发过程的一半。国外产品的型号多，很重要的原因就是应用技术开发得好。如日本公布的已投放市场的食品添加剂复配品就达 1252 种之多，主要得益于其复配化和制剂化技术水平高。

二、我国复合食品添加剂发展现状

目前应用于我国的液态奶、蛋糕、肉制品及冰淇淋乳化稳定剂，糖果胶凝剂、饮料悬浮剂、果蔬及其制品保鲜护色剂、米面制品改良剂，甜味剂，营养强化剂，食用香精香料，合成色素等食品添加剂正逐渐采用复合形式添加使用。复合添加剂产品也正受到广大应用企业的普遍欢迎，产生了明显的经济效益和社会效益。复合食品添加剂很快成为食品添加剂市场的亮点，成为充满生机和活力的市场新品。我国复合食品添加剂的生产和应用可望有迅速的发展。

目前我国研究和开发复合食品添加剂的科研院所、企业还不多，远未形成气候。企业主要集中在沿海经济相对发达的地区，如上海、广东、浙江、江西等地区。目前已经有一批企业初具规模。但就总体来说，复合食品添加剂企业大都规模小，产品少，产量低。已经形成规模化生产，产品已形成系列，质量较稳定，品牌知名度较高的只有少数几家企业。这些企业目前正在不断地学习和借鉴国外的先进经验和技术。但是这些企业大都不是"实体企业"，它们自身并不生产任何单体添加剂产品，一般只是将采购来的各种食品添加剂进行复配，进行应用研究，以满足食品企业客户不断提出的有关产品品质、工艺性能以及成本等方面的问题而针对性地开展研究。

本书作者认为，开展复合食品添加剂应用研究的企业更应该是那些生产食品添加剂的"实体企业"，他们可以以本企业生产的添加剂产品为研究核心，同其他添加剂复配，研究开发出针对不同种类食品的应用技术和配方，而不是像目前这种状况，只管将自己生产出的添加剂产品销售给应用食品企业客户，而其他更深更广的应用研究都抛给应用企业。食品添加剂企业这样的销售经营模式是落后的，会将自己的添加剂产品置于一个很不利的地位。而前面提到的国外一些跨国配料或添加剂企业就完全不是这样，他们都把自己生产的产品复合技术和配方研究作为企业产品研究发展的重点。

必须看到，我国食品添加剂工业发展时间短，基础薄弱，科技含量低。当前，随着中国加入 WTO，中国食品添加剂工业的发展既带来机遇，更是面临着严峻的考验和挑战。世界发达国家食品添加剂产业基础雄厚，发展迅速。目前，美国的年总产值达到约一百亿美元；欧洲和日本达到一百二十亿美元，而且它们的最终上市产品均以复合产品为主；我国食品添加剂年总产值约为七十亿美元，以人均占有量相比，与发达国家有很大差距。而且，我国基本上以非复合食品添加剂产品上市为主。随着中国加入 WTO，一大批国外复合食品添加剂制造商进驻我国，给我国民族食品添加剂工业的发展带来不小的挑战。

随着人们对食品品种多样化、营养保健化、质量高档化日益增长的需求，复合食品添加剂的应用日趋广泛，复合食品添加剂的研究和生产逐步发展成为一个崭新的门类。通过实践和市场分析，使食品添加剂业内人士越来越认识到复合食品添加剂的重要作用。近来，食品界有远见卓识的专家称复合食品添加剂是"食品添加剂工业的发展方向和潮流"，把复合食品添加剂的重要性提高到很高的高度。这标志着人们对食品添加剂的认识又将有一次新飞跃，它也必将促使复合食品添加剂蓬勃发展。

三、我国复合型食品添加剂的发展途径

复合食品添加剂由于其十分显著的优势必将成为食品添加剂发展的方向。许多国外食品添加剂企业正是看准了这一点，并大大加强了对复合食品添加剂研究、开发和推广应用的力度。我国进入 WTO 以后，这些国际大公司对我国复合食品添加剂行业的冲击更加明显。

要大力发展我国食品添加剂工业，复合是一条捷径。发展复合食品添加剂产业，也适合我国的国情。它能使科技成果尽快地转化为生产力，提高食品添加剂工业的发展速度，加快实现食品添加剂工业现代化。所以，大力发展复合食品添加剂产业，是丰富食品和食品添加剂市场的需要，是保障食品安全性和人们身体健康的需要，是提高经济效益和社会效益的需要，是发展民族食品添加剂工业的需要。要大力发展复合食品添加剂产业，我国业内专家认为，应首先解决好如下问题：

（1）各复合食品添加剂厂家应大力增强企业实力，提升自己产品的质量和档次，从而提高我国复合食品添加剂整体的质量档次。一要增强科研实力，复合食品添加剂企业只有具备强大的科研实力，才能不断推出有独特功能的新产品并不断完善原有产品的性质和功能，降低成本，不断地发展壮大；二要增强经济实力，我国的复合食品添加剂企业普遍规模小、资金少，应通过引资、融资，有条件的可以通过合并来增强企业的经济实力，增强抗风险能力；三要强化企业管理，我们应努力学习外国企业最新的管理经验，不断提高企业管理的科学化、现代化水平；四要增强品牌意识，争创名牌产品，企业应严把产品质量关，不成熟的产品不投产，不合格的产品不出厂，杜绝企业短期行为。同时各厂家应把自己的产品做出特色，创出品牌，树立我国复合食品添加剂的良好形象。

（2）各复合食品添加剂企业应结合自己的产品和企业实力，加强对复合食品添加剂的宣传和推广力度，扩大复合食品添加剂在业内的知晓度和接受度。加强政府和社会对复合食品添加剂企业的支持、引导和扶助。疏通流通渠道，积极鼓励复合食品添加剂产品上市；帮助复合食品添加剂企业解决科研力量不足，产品科技含量不高，质量不够稳定，产品竞争力不强等问题。加强社会和媒体对复合食品添加剂的宣传力度，提高人们特别是业内人士对复合食品添加剂的认识，推广复合食品添加剂的应用。

同时，政府应加强对复合食品添加剂企业的管理力度，并经常通过协会组织会员进行交流，提高复合食品添加剂行业整体的技术和管理水平，加强产品质量监督，提升我国复合食品添加剂的质量和档次，增强国际竞争力。

（3）进一步修订、补充和完善食品添加剂卫生标准及其他相关标准、法规，使之尽快与国际接轨。国家质量技术监督局在"关于做好复配食品添加剂生产监管工作的通知"（国质检食监函〔2011〕728号）指出，复配食品添加剂的生产和使用应严格执行《食品安全法》、《工业产品生产许可证管理条例》等法律法规和食品安全国家标准的规定。生产企业应依法取得生产许可证后方可生产复配食品添加剂，食品企业应采购使用获得生产许可证的复配食品添加剂企业的获证产品。申请生产复配食品添加剂应当按照《食品添加剂生产监督管理规定》、《食品添加剂生产许可审查通则》（2010版）和GB 26687的规定提交复配食品添加剂生产许可申请材料。复合食品添加剂产业的发展，已经引起有关部门、专家学者和业内人士的高度重视，这将为复合食品添加剂的发展注入新的生机和活力。国家有关部门应加快复合食品添加剂使用卫生标准的增补、修订和完善的进度，加强对复合食品添加剂企业的审批和监管，完善复合食品添加剂生产企业的生产许可证和卫生许可证制度，使之尽快与国际接轨。

进一步修订、补充和完善食品添加剂卫生标准及其他相关标准、法规，使之尽快与国际接轨。这将为复合食品添加剂的发展注入新的生机和活力。

目前我国允许使用的食品添加剂共计23类2000多种，而现有食品添加剂国家标准和行业标准仅有400个左右（不包括香精香料），远低于国家允许使用的食品添加剂品种数。目前我国一些企业对GB 2760的意见主要集中在一是食品添加剂申报方式滞后，每个品种添加到新的食品品种中都要报，且过程复杂、程序烦琐；二是标准中食品分类与国民经济行业分类中食品的分类有所不同，执行起来有歧义；三是对某些种类在使用范围、使用量上的规定还缺乏科学性；四是标准的编排格式不便于查找，与国际相关标准不一致。新型复配食品添加剂正在不断进入市场，成为今后食品添加剂发展的一个方向，我国复合食品添加剂的生产应用也将更加规范、有序。

我们相信，复合食品添加剂的生产高科技化、使用"傻瓜化"，必将成为复合食品添加剂工业发展的方向和潮流，带动我国食品工业及其相关产业的迅猛发展。

第二章

复合营养强化剂

　　复合营养强化剂是一种经过特别配制的含有多种微量营养素成分的食品添加剂，又称复合营养素、营养素预混料。复合营养素具有强化及添加工艺简便，采购手续简化，便于贮存，减少浪费等优点，目前已经越来越受到广大食品企业的青睐，正在成为食品添加剂行业的新"亮点"。

　　据权威资料显示，我国是营养不良问题比较严重的国家。从总量上看，我国属于世界上营养不良人数最多的国家；从结构上看，我们正承受着营养摄入不足和营养结构失衡两类营养不良带来的双重负担。我们既有发达国家所需要解决的失衡型营养不良问题，又有在发展中国家存在的营养摄入不足问题。因此，通过添加复合营养强化剂来补充和平衡膳食营养是中国解决营养不良与失衡的重要手段，而采用食物营养强化的方式提高人民群众的营养健康水平也是国家的既定政策。

第一节　复合营养强化剂概述

　　复配型营养强化剂又称为复合营养素或复合营养强化剂，它是根据不同状态人群及生理需要，本着均衡营养的原则、依据国家有关标准，将人体所需要的各种维生素、微量元素、氨基酸等营养素经特殊工艺进行复配，专供营养强化食品生产企业使用的复合型食品添加剂。

　　复合营养强化剂的种类很多，它针对不同的人群、不同生理特点、不同劳动强度而设计有不同的配方。按原料种类分类有：①由单一营养素及其他辅料制成的复合营养素强化剂，如维生素 A 预混料、硒预混料、花生四烯酸（AA）预混料等；②由同类原料组成的预混料，如复合营养素、复合微量元素，复合氨基酸、复合核苷酸等；③由两类或多类强化剂组成的营养强化剂，如由维生素、微量元素、氨基酸和不饱和脂肪酸等组成的复合营养强化剂。

复合营养强化剂在食品中的强化必须遵守以下原则：

（1）针对性强　强化食品要经过严格的调查针对不同的人群来了解各地区的膳食模式及营养摄入量等，而且肯定某种疾病确实是由于某种营养素摄入不足引起的才可为这类人群提供强化食物。

（2）强化量要合适　不能太少也不能过量。强化量太少，不足以预防营养缺乏症，强化过量则会引起营养素间新的不平衡，甚至引起慢性中毒。各强化营养素之间也一定要注意平衡。我国规定：每种强化食品添加的营养素，都必须达到营养素含量标准的 2/3 以上。

（3）不影响食品质量　强化剂的使用不能影响和降低食品的原有品质，也不能影响其原有的风味，否则会使食品感官质量下降，如鱼肝油有腥味、维生素 C 有酸味等等。

（4）包装要求　强化食品必须在包装上注明"营养素强化食品"字样，并标明生产厂名，生产日期，强化剂种类、数量，使用对象，食用方法，食用量和保存期等。

一、复合营养强化剂使用方案的确定

目前，复合强化剂的使用还有大量基础性工作没有完成，强化剂如何用于食品，在很大程度上要取决于从事这一工作的人对强化的看法，强化方案的依据是现有营养知识的深度与广度和人们对于这些知识的掌握程度。最近几年，含膳食纤维食品的兴起与发展，就是如何运用新的营养知识进行食物合理营养配比的一个极好例子。强化方案的成功与否，通常取决于进行研究和加工人员的技能，所以，在对任何强化产品进行研究之前都必须进行周密考虑，如确定强化剂在人体中对新陈代谢的作用，对健康的效果和合理的用量，各种营养物质在加工后的变化等，以便达到最佳效果。

营养强化剂的理论基础是营养素平衡，滥加强化剂不仅不能达到增加营养的目的，反而会造成营养失调而有害于健康。强化剂的使用往往是"差之毫厘，谬以千里"的事，为了保证强化食品的营养水平，避免强化不当引起的不良影响，在使用强化剂时首先要合理地确定出各种营养素的使用量，下面介绍一种使用《营养强化指数表》（INQ 表）计算强化剂使用量的方法。

食品营养强化指数 INQ 是一个表明食品中营养素含量的简明指标。理想的食品各种营养素的 INQ 均为 1，从理论上说，凡是 INQ 小于 1 的营养素都可进行强化，但实际上人们并不只吃一种食品，小麦粉中不含维生素 A 和维生素 C，但它们完全可由蔬菜提供，不必专门强化。实践中总是强化人们最容易缺乏的营养素，强化的依据就是使强化后的营养素 INQ 为 1。以钙为例，首先要强化的倍数 $1 \div 0.36$（钙的 INQ）$= 2.8$，再求添加量，原 100g 小麦粉中含钙 38mg，所以 $(2.8 - 1) \times 38mg = 68mg$，即每克小麦可外加 68mg 钙。

使用 INQ 表可针对某一种食品或原料进行营养的合理强化，可从单个或较少种类的食品中获得较为全面的营养。但强化剂的使用一定要综合考虑，要根据营养标准和具体的膳食情况进行，随着科学技术的发展，营养平衡方面的计算已有现成的计算机程序，使计算更为迅速、精确，有的程序还能给出强化参考方案，可以合理采用。

在确定食品强化方案时，要考虑营养素的损失和"抗营养素"的影响，在某些食品中，存在一定数量影响强化剂吸收利用的物质，如豆类的蛋白酶抑制剂、蛋白中的维生素 A 转化剂、水果、蔬菜中的鞣质、植酸、络合剂和氧化还原剂等。在强化剂使用中还要防止相互之间的拮抗作用，要选择好它们之间的配比和平衡。

综上所述，食品的复合强化很复杂，复合强化剂使用一定要注意以下几点：

（1）严格执行《营养强化剂使用卫生标准》和《营养强化剂卫生管理办法》。

（2）强化剂要确实对人们具有生理作用，并力求达到最佳效果，例如：镁强化剂加入牛奶中不仅可以补镁，还可以对牛奶中的钙产生协同效应，使人体对其吸收更佳。

（3）强化剂的添加不会破坏必要营养素之间的平衡关系。

（4）添加的强化剂在正常加工过程和正常的贮存条件下性质是稳定的。

（5）强化对象最好是大众化的、日常食用的食品，如奶粉、主副食和调味品等，使用中应有适当的措施防止强化剂过量摄入，以防止引起副作用甚至中毒，产品中应有使用指导，防止消费者由于时尚或偏见而误食。

（6）食品加工中，没有必要将食物中原来所缺乏的和在加工过程中损失的某些营养素都进行强化补充，要在全面评定的基础上来确定是否需要强化营养素，如事先调查当地居民饮食和营养状况等。

（7）食品中强化剂是食品加工部门针对某一个问题来强化的。并非表明真正的合理营养，所以，在使用这种产品时，应有的放矢，非常谨慎。

（8）强化剂不能影响食品的形、色、香、味及降低其品质。

（9）大量临床实验结果表明，以"缺啥补啥"方式使用强化剂，不如以"平衡补充"方式使用强化剂效果更好。

二、复合营养强化剂在面粉及焙烤食品中的使用方法

（一）复合营养强化剂的强化方法

（1）在原料或必要食物中添加　如面粉、谷类和米等凡是规定添加强化剂的食品以及具有其营养内容的强化，都可以使用这个方法，不过这种强化方法对于强化剂有一定程度的损失。

（2）食品加工过程中添加　这是强化食品最普遍采用的方法，各类焙烤制品包括糕点一般都采用这一强化方法，选用该方法强化时要注意制定适宜的工艺，以保证强化剂稳定。

（3）成品中加入　为了减少强化剂在加工前原料的处理过程及加工中的破坏损失，可采取在成品的最后工序中加入的方法，部分压缩类粮食食品及一些军用食品常采用这种强化方法。

（二）复合营养强化剂的添加形式

营养强化剂在面粉及焙烤食品中的强化形式一般有以下两种：①混合，添加片剂或粉剂；②溶液，乳剂或分散悬浮液后添加。

第二节　复合营养强化剂在食品中的应用

在动植物食品生产过程中，若加入果蔬成分，某些维生素含量相应增加。但维生素在氧、热、基质 pH、金属离子等的影响下，会有不同程度的破坏，必须采用合理的生产工艺，如实现低温真空斩拌、真空灌装时，果蔬原料的加入，必定改变原来肉糜的导热特性，根据热递规律确立合理包装及杀菌方程式，尽量做到高温瞬时灭菌，另外，维生素 A、胡萝卜素、维生素 E 等对氧敏感，可添加食用抗氧剂加以保护。由于考虑到加工进程的损失，额外的维生素强化也是不可少的。目前，直接在肉糜中混入维生素 A、维生素 E 的强化方法效果不太明显，更多的是采用维生素盐或维生素酯，如维生素 A 醋酸酯、棕榈酸酯，维生素 C 磷酸酯，维生素 C 磷酸钙或异抗血酸钠等。这些维生素类似物效价高、性质稳定，生理作用基本相同，在食品工业中有一定应用。但也存在成本较高或效果降低的弱点。目前，一种新的方法——维生素缓释胶囊技术正在研究之中。如将维生素 C 制成乙基纤维素微囊、维生素 A 通过喷雾方法制成胶囊等。胶囊包埋有助于抵抗周围环境 pH、氧气、金属离子等对维生素的影响，有利于维生素的保存和利用。

复合氨基酸中的主要成分为多种氨基酸，包括 L-精氨酸、L-谷氨酰胺、L-酪氨酸、甘氨酸等。一方面这些氨基酸作为营养要素可以对人体起到营养补充剂的作用；另一方面，研究发现这些氨基酸都具有刺激大脑垂体释放生长激素的作用，而生长激素作为人体中最重要的调节因子之一，发挥着广泛的生理作用。科学证明，人体内的生长激素随年龄的增长而逐渐减少，有些科学家提出一种观点，认为衰老是由于生长激素分泌降低而引起的一种疾病，可见生长激素在调节人体生理机能方面的重要作用。因此采用氨基酸复合物刺激机体释放生长激素，必将起到多方面的有益作用。市场调查发现最近人们对服用复合游离氨基酸产生了极大的兴趣，出现了多种含有游离氨基酸的产品，如饮料、胶囊等。如果空腹服用氨基酸，这些氨基酸不需消化，即可迅速通过胃，到达小肠，然后进入血液，被肝脏吸收。当摄入的氨基酸量超过肝脏的吸收能力时，过剩的氨基酸就会在肌肉、血液和大脑等处贮存，因此长期坚持服用复合氨基酸食品对人体将产生有益的保健作用。

一、生产应用复合营养素应重视的几个环节

实践证明，营养强化是解决人体微量营养素缺乏症，提高国民整体健康水平的有效途径。由于营养素强化追求片面、均衡，一般需要针对某一特定产品（如奶粉）强化多种营养素，同时为了简便强化工艺、减少浪费和增强感官质量，国内外营养强化剂制造商已经趋向于提供营养素预混合物产品。营养素预混合物的种类很多，如维生素 A 预混料、硒预混料、花生四烯酸（AA）预混料等；复合维生素、复合微量元素、复合氨基酸等；由维生素、微量元素、氨基酸、不饱和脂肪酸等组成的预混料，又称复合营养素。

生产应用复合营养素预混合物是一项技术性很强的工作，简单地将各种营养强化剂与载体或稀释剂凑合在一起是极不负责任的行为，也是非常危险的。下面就复合营养素生产应用中应具备和重视的几个环节进行介绍。

（一）配方的确定

复合营养素预混料的配方是生产和应用的技术核心，其配方总体设计原则是：

（1）营养强化剂在食品中的添加量应参照"中国居民膳食营养素参考摄入量标准（DRIS，中国营养素学会发布，2000年）"，一般强化量为 DRIS 中 RNI 的 1/3～2/3，营养强化剂的品种、使用范围和添加量必须符合 GB 14880《食品营养强化剂使用卫生标准》的要求，还应考虑强化食品本身营养素的含量，强化量要足以补充被强化食品在加工和储藏时的损失，如维生素在强化时要考虑维生素本身的"保险系数"，使摄入量既不要过多，又不能太少。

（2）生产应用复合营养素必须考虑如何满足不同人群的需要，做好适应性、针对性、安全性、有效性的调研，考虑目标人群的营养特点和消费水平，添加营养素的成本费用应合理。在保证产品质量的前提下，如果功能效果一样，自然要选用成本较低的营养素组分来复配。

（3）不能片面强调某营养素的作用而忽略营养素间的平衡和相互协同或拮抗作用，如维生素 D 可以促进钙的吸收，但维生素 D 过多易中毒。镁与钙有协同作用，镁可促进钙的吸收，比较理想的钙镁比例为 2∶1。如果机体内缺镁，则不论钙摄取多少，都只能形成硬度极低的牙釉质，且这种牙组织很容易受到酸的腐蚀。铁与钙及磷、锌与钙、锌与铜等之间都存在拮抗作用，使用时必须注意。

（4）配方中各组分的有效物含量必须准确测定，有时要科学折算，尤其是易被破坏的维生素 A、维生素 C 等。强化量、配方及成品营养素含量的确定都必须经过"预算"，有条件的话，最好用计算机编程方法进行计算。

（二）原料的选择

生产复合营养素的原料主要包括营养强化剂单体、营养素载体或稀释剂等。原料的选择必须遵循以下四项基本原则，即安全性原则、配伍性原则、高效性原则、经济性原则；必须符合 GB 2760《食品添加剂使用卫生标准》和 GB 14880《食品营养强化剂使用卫生标准》的要求，还要充分考虑各组分间的相互反应、作用和单一营养素的生物利用率，不应对食品的感官特性产生不良影响、成本不应过高，如强化铁时往往会有铁腥味和颜色改变，同时还会增加脂肪酸败和其他化学反应。所以要按上述原则认真解决这样的问题。近年来研究发现，乙二胺四乙酸铁钠（NaFeEDTA）为淡土黄色结晶性粉末，易溶于水，无铁腥味，性质极为稳定。NaFeEDTA 本身还可促进铁、锌的吸收，避免植酸对铁剂吸收的阻碍，其吸收率可达硫酸亚铁的 2～3 倍，且极少引起食物色与味的改变，非常适合液体食品强化铁（如酱油），但价格较贵，使其推广应用受到限制。焦磷酸铁、正磷酸铁等铁含量可高达 24%～30%，为略带黄的白色无臭铁粉，不易使食品着色，但二者的铁利用率较低。

利用微胶囊技术可以遮蔽一些强化剂的不良风味，改进流动性和溶解性，控制释放速率，增强营养素的稳定性，防止吸潮风化降解等，延长产品的货架期，还可使液态原料固化或粉末化，方便使用，如微胶囊化的维生素 A、维生素 D、维生素 C 等。此外，不同的强化食品应选择不同的营养强化剂单体，如面粉强化钙时，一般选用非溶性的碳酸钙、磷酸氢钙、柠檬酸钙或复合钙等；生产高钙醋时，则应选用溶解度较大的乙酸钙（38.5g/100ml H_2O）。

二、如何确定复合强化剂中各营养素添加量

复合营养强化剂具有简便强化添加工艺、简化采购手续、便于储存、减少浪费等优点，受到广大食品企业的青睐。但是，复合营养素在生产与应用时，强化剂实际添加量的确定直接影响着强化食品的营养素含量。如果添加量不适当，不是使食品中标明的有效成分无法保证，就是造成营养浪费和过量危害，损害了生产厂家和消费者的利益。下面以配方奶粉为例，简单介绍如何合理地确定复合营养素预混料中营养强化剂的实际添加量。

膳食营养素供给量（RDA）是制定营养强化政策、确定强化食品中营养素添加量水平以及产品质量标准的基本依据。中国营养学会于 2000 年制定了"中国居民膳食营养素参考摄入量标准（DRIS）"，一般认为强化量应为 DRIS 中 RNI 值（相当于RDA）的 1/3～2/3。强化配方奶粉主要有婴儿奶粉、助长奶粉、中小学生奶粉、孕妇及乳母奶粉、中老年奶粉等，其中我国对婴儿配方乳粉和婴幼儿配方奶粉已制定了强制性国家标准（GB 10765～GB 10767、GB 10769、GB 10770—1997），还制定了《食品营养强化剂使用卫生标准》（GB 14880—1994），生产企业要严格执行这些国家标准。

从营养平衡和经济的角度出发，生产复合营养素时既要考虑各食品应用厂家的基础原料中维生素、矿物质及微量元素的含量，又要考虑生产加工及储存销售过程中的损失量，还要考虑营养协同和拮抗关系。如典型的锌、铁与铜之间的配伍关系，同时对于高剂量的铁与铜，还要增加维生素 A、维生素 D、维生素 E、维生素 K、维生素B_{12} 和维生素 C 的供给，以消除其造成它们分解破坏的影响。为了使复合营养素有准确可靠的保证，除了制定合理的强化配方标准，加强营养强化剂原料的采购与保管以及预混料生产的控制（复合微量元素和复合维生素分开加工与包装）外，在生产时还必须适当地超量添加。在生产储存期间微量元素和氨基酸的损失一般很小，但维生素的损失则必须根据储存时间加以确定。另外，各批营养强化剂原料本身含量有偏差，生产加工预混时由于称量准确性的限制、物料残留以及误操作等都会引起加工误差，在检验测定营养素含量时还要产生分析误差等。

一般来说，生产配方奶粉应先确定产品的标签营养素标示量（又称营养素的有效保证值），根据食物成分表查出各原料中营养素的含量总和，再考虑各因素的补偿量，选定强化剂的品种，折算出强化剂有效含量和理论用量，最后确定复合营养素中营养强化剂的实际添加量。如，复合营养素添加到牛乳中会在热加工和贮存过程中受到破坏，为弥补这种损失，复合营养素在配制时应该适当过量添加，但需注意奶粉中营养素损失量取决于时间、温度、湿度以及光线强度等因素，应具体分析。配方奶粉加工

储存等因素的损失补偿量维生素 A 为 40%、维生素 D 为 40%，维生素 E 为 20%、维生素 B_1 为 20%、维生素 B_2 为 20%、烟酸为 20%、维生素 B_6 为 20%～30%、维生素 B_{12} 为 40%、叶酸为 40%、维生素 C 为 40%、钙为 5%、铁为 5%、L-肉碱为 10%等。由此可见，复合营养素的加工在复杂程度及成本上差别很大，市场上有些产品价格很低，可能是营养素含量不足或剂型不同、加工工艺不同、稳定性差等原因。所以在生产和选择复合营养素时不能只顾价格便宜，不考虑营养素的有效含量和实际添加量等因素，以避免给企业带来不必要的损失。

三、乳制品企业如何用好复配型营养强化剂

乳制品生产企业与其他营养强化食品生产企业在生产配方奶粉及液态强化奶时，一般都是购买复配型营养强化剂添加到乳制品中进行营养强化。由于复配型营养强化剂从生产到使用都有一定的技术要求，食品生产企业如果不能正确使用，就会造成产品中营养素含量不合格。被抽查到的配方奶粉生产企业，有些就是由于复配型营养强化剂使用不当，造成产品不合格，这对于乳制品生产企业来说，是不应该发生的事情。

食品企业使用复配型营养强化剂可以方便生产、简化原料采购及仓库管理、减少资金占压、保证产品质量，因此深受食品生产企业欢迎。复配型营养强化剂的生产和使用与其他复合食品添加剂（如速发蛋糕油、面包改良剂、饮料中用复合稳定剂、面粉改良剂等）不同，它是根据每家企业的生产工艺、产品原料配方、成品包装而专门定制的。如果食品生产企业不能很好地与复合营养素生产企业沟通就不能正确使用复合营养素，就很可能造成食品中营养素含量不够或超标。

在乳制品的生产过程中，不同产品的生产工艺不同，而不同的生产工艺会对各种营养素造成不同程度的损失、如生产配方奶粉有喷雾干燥工艺和干混工艺，生产液态奶有巴氏杀菌和超高温灭菌，不同工艺、不同温度、不同时间，都会造成营养素的损失。甚至成品的包装不同，也会造成营养素损失。因此，在复合营养素的生产过程中，生产企业就必须考虑不同生产工艺流程及包装等造成的营养素损失量，否则就会造成成品中营养素含量不够。另外，在食品生产过程中，许多原料中本身含有一定量的营养素，如果在复合营养素的生产过程中不考虑这些原料本身的营养素含量，也会造成食品中营养素含量超标。

以婴儿配方奶粉为例，国家标准（GB 10766）对奶粉中二十多种营养素有强制性要求，不论采用何种工艺，选择何种原料，生产出来的产品中营养素含量必须达到国家标准，但由于各家企业采用的原料不同（鲜奶或奶粉），生产工艺不同（喷雾干燥或干混），使用的复合营养素中各种营养素的含量也不同，使用方法也不同。因此，乳制品生产企业在采购复配型营养强化剂时，应尽可能地向复合营养素生产企业提供有关产品的详细资料，如产品的企业标准、营养素标示量、所选用的原料及检验报告以及生产工艺、产品包装等，复合营养素生产企业才能根据每家企业的实际情况，生产合适的复合营养素，使乳制品生产企业能够生产出合格的营养强化食品。

但是营养强化不能作为乳制品销售的噱头，而应该实实在在地使消费者在食用乳

制品的同时，真正达到补充营养的作用。这就要求复合营养素生产企业与乳制品生产企业密切配合，生产出达到标准的合格产品，真正为提高消费者的营养与健康做出贡献。

（一）复合营养素在学生奶中的应用

国家出台了有关学生奶的生产政策，农业部、教育部、国家质量技术监督局、国家轻工业局联合颁布《学生饮用奶定点生产企业申报认定暂行办法》，以确保学生饮用奶的质量和稳定供应。

要生产学生饮用奶（简称学生奶），必须具备以下条件。

（1）学生奶生产企业应当有稳定和优质的奶源基地，日供应鲜奶在 50t 以上。

（2）奶源基地必须具有机械化挤奶设备，用管道输送生鲜奶，保证原料奶的冷链运输。

（3）供生产学生奶的原料奶细菌指标应符合 GB/T 6914—1986《生鲜牛乳收购标准》，牛奶中不含抗生素。

（4）学生奶产品质量必须符合 GB 5408.2—1999《灭菌乳》标准：

① 理化指标　蛋白质≥2.9%，脂肪：全脂≥3.1%，非脂乳固体≥8.1%，酸度≤18，杂质度≤2mg/kg；

② 卫生指标　商业无菌。

（5）学生奶纯牛奶的比例不低于 80%。使用食品添加剂必须符合 GB 2760—1996《食品添加剂使用卫生标准》。使用食品营养强化剂必须符合 GB 14880—1994《食品营养强化剂使用卫生标准》。

（6）产品标签：按 GB 7718—1994《食品标签通用标准》规定标示。还应表明产品种类和蛋白质、脂肪、非脂乳固体的含量，及营养强化剂含量。学生奶采用利乐包包装，盒上要印刷"中国学生饮用奶"统一标志，同时注明"不准在市场销售"字样。

学生奶生产的一般工艺流程为：

```
                稳定剂、复合营养强化剂
                        │
                        ↓
鲜牛奶（或奶粉）→标准化→预热→混合→过滤→定容→均质→灭菌→均质→冷
却→无菌包装→成品
```

以鲜牛奶为主的学生奶配方举例如下（100kg 计，单位：kg）：

鲜牛	83	奶稳定剂	0.4	卵磷脂	0.02
全脂奶粉	9.3	复合营养强化剂	0.1	牛奶香精	0.1
白砂糖	7				

生产工艺技术规程如下。

（1）牛乳的标准化　用鲜牛奶作原料时，需进行标准化，使产品达到 GB 5408.2 的标准。

（2）预热处理　鲜牛奶标准化后，进行 70℃预热处理；

（3）乳化稳定剂处理　用奶稳定剂加水混均匀，升温煮沸至完全溶解；

（4）复合营养强化剂处理　用 5 倍净化水溶解复合营养强化剂。卵磷脂投入温水中搅拌，用胶体磨细化；

（5）混合　把溶化后的稳定剂和营养强化剂，投入奶液中，使之均匀混合；

（6）过滤　把混合奶液通过 200 目单联过滤器过滤；

（7）定容　用无菌水使奶液达到标准容量，进行巴氏杀菌，并调温至 70℃便于均质；

（8）第一次均质　均质时奶温控制在 65～70℃，压力在 15～20MPa；

（9）超高温瞬时灭菌　奶液经 135℃，4s 杀菌处理，出料温度控制在 70℃；

（10）第二次均质　奶液经超高温灭菌后，进行第二次均质，奶温 65～70℃，压力 20MPa；

（11）冷却　通过板式热交换器，通入冰水降温，出料奶液可达到 5℃；

（12）无菌灌装　用利乐包灌装机进行无菌包装，单位包装净含量为 180ml、200ml、250ml；

（13）贮存　产品放入通风干燥、地面有垫仓板的仓库内；

（14）运输　车辆要清洁、卫生、干燥；

（15）保质期　无菌奶产品在常温下保质期为 3 个月。

（二）复合营养素在乳饮料中的应用

乳饮料系列分为发酵型和调配型两种，主要包括乳酸菌饮料、双歧奶、AD 钙奶和果味奶等，其中发酵型乳饮料不仅保质期短，而且需要有完善的冷藏设施，否则将会使风味劣化，保健效果降低。调配型乳饮料是由水、牛奶或奶粉、甜味剂、酸味剂、食用香精、乳化稳定剂、络合剂等原料经适当的加工工艺调制而成的，是当前市售各类乳饮料中最受消费者尤其是儿童欢迎喜爱的品种之一，市场前景广阔。因此，乳饮料适宜作为营养强化的载体，比较有代表性的营养强化型乳饮料主要有 AD 钙奶和铁锌钙果奶等。从现状来看，稳定性和口感较差是营养强化型乳饮料生产中存在的较为严重的问题，放置一周至一个月便出现分层和沉淀，有苦涩味或刺激性酸味、铁腥味等，严重影响产品的保质期和销售。选用适当稳定剂、乳化剂、络合剂、酸味剂、甜味剂、营养强化剂和有效控制加工条件（如均质压力、杀菌温度、时间）是解决问题的最好办法，乳饮料的酸味和风味的良好范围为 pH3.8～4.8，而饮料中主要蛋白质酪蛋白的等电点为 4.6 左右，这就带来了这类饮料稳定性不良、易于分层的问题，尤其是含钙乳饮料的沉淀问题一直是厂商头疼的问题。据调查，含钙乳饮料产生沉淀在很大程度上是由于加钙不当引起的，另外乳饮料在强化锌时易产生涩味，强化铁时易产生铁的腥味，同时还会与饮料中的有些成分发生反应，引起产品的颜色发生变化，影响吸收等。为此，国内一些研究人员专门进行了铁锌钙"三合一"和 AD 钙系列复合营养强化剂的研制，用其生产的铁锌钙乳饮料具有口感柔和清爽，无涩味腥味，香味协调，无沉淀分层出现，稳定性好等特点。值得注意的是营养强化型乳饮料还要考虑营养素之间的协同作用和强化量问题。

(三) 复合营养强化剂在调制乳粉中的应用

调制乳粉是指针对不同人的营养需要，在鲜乳中或乳粉中配以各种营养素经加工干燥而成的乳制品。配方乳粉包括婴儿乳粉、老人乳粉及其他特殊人群需要的乳粉。下面以婴儿乳粉为例加以说明。

1. 婴儿配方乳粉的调制原则

牛乳被认为是人乳的最好代乳品，但人乳和牛乳在感官、组成上都有一定区别，甚至某些成分太高或太低，远远不能满足婴幼儿发育需要，甚至不利于婴幼儿消化，所以需要将牛乳中的各种成分进行调整，使之近似于母乳。

(1) 蛋白质的调整　牛乳酪蛋白的含量大大超过人乳。所以，必须调低并使酪蛋白比例与人乳基本一致。一般用脱盐乳清粉，增加乳清蛋白量，调整酪蛋白与乳清蛋白接近人乳比例；或者用大豆分离蛋白调整；也可以用蛋白分解酶对乳中酪蛋白进行分解。

(2) 脂肪的调整　虽然牛乳与人乳的脂肪含量较接近，但构成不同。牛乳不饱和脂肪酸的含量低而饱和脂肪酸高，且缺乏亚油酸。调整时可采用植物油脂替换牛乳脂肪的方法，以增加亚油酸的含量。亚油酸的量不宜过多，规定的上限用量为：ω-6 亚油酸不应超过总脂肪量的 2%，ω-3 长链脂肪酸不得超过总脂肪的 1%。

(3) 碳水化合物的调整　牛乳中乳糖含量比人乳少得多，牛乳中主要是 α-型，人乳中主要是 β-型。调制乳粉中通过加可溶性多糖类，如葡萄糖、麦芽糖、糊精或平衡乳糖等来调整乳糖和蛋白质之间的比例，平衡 α-型和 β-型的比例，使其接近于人乳（$\alpha:\beta=4:6$）。较高含量的乳糖能促进钙、镁和其他一些营养素的吸收。麦芽糊精则可用于保持有利的渗透压，并可改善配方食品的性能。一般婴儿乳粉含有 7% 的碳水化合物，其中 6% 是乳糖，1% 是麦芽糊精。

(4) 无机盐的调整　牛乳中的无机盐量较人乳高 3 倍多。摄入过多的微量元素会加重婴儿肾脏的负担。调制乳粉中采用脱盐办法可除掉一部分无机盐。但人乳中含铁比牛乳高，所以要根据婴儿需要补充一部分铁。

(5) 维生素的调整　婴儿用调制乳粉应充分强化维生素，特别是维生素 A、维生素 C、维生素 D、维生素 K、烟酸、维生素 B_1、维生素 B_2、叶酸等。其中，水溶性维生素过量摄入时不会引起中毒，所以没有规定其上限。脂溶性维生素如维生素 D 长时间过量摄入时会引起中毒，因此须按规定加入。

2. 婴儿配方乳粉配方组成

婴儿配方乳粉可以进一步分成不同的类型，对于不同的婴儿配方乳粉，添加的添加剂也不同。例如按铁强化分类，分为铁强化婴儿配方乳，在标准稀释配方乳中，每升配方乳中铁含量不低于 10.0mg；低铁婴儿配方乳，在标准稀释配方乳中，每升配方乳中铁含量不低于 6.7mg。在我国，虽然婴儿乳粉品种很多，但经过轻工部鉴定并在全国推广的婴儿乳粉主要是配方Ⅰ、配方Ⅱ和配方Ⅲ。在此以国内的配方乳粉进行介绍。

婴儿配方乳粉Ⅰ是一个初级的婴儿配方乳粉，产品以乳为基础，添加了大豆蛋白，强化了部分维生素和微量元素，营养成分的调整存在着不完善之处，但产品价格低廉，易于加工。婴儿配方乳粉Ⅰ的配方组成见表2-1。

表2-1　婴儿配方乳粉Ⅰ的配方组成

原　料	牛乳固形物/g	大豆固形物/g	蔗糖/g	麦芽糖或饴糖/g	维生素D_2 IU	铁/mg
用量	60	10	20	10	1000～1500	6～8

婴儿配方乳粉Ⅱ，曾经称为"母乳化乳粉"，产品用脱盐乳清粉调整酪蛋白和乳清蛋白的比例（酪蛋白∶乳清蛋白＝40∶60），同时增加了乳糖的含量（乳糖占总糖量的90％以上，其复原乳中乳糖含量与母乳接近），添加植物油以增加不饱和脂肪酸的含量，再加入维生素和微量元素，使产品中各种成分与母乳接近。婴儿配方乳粉Ⅱ配方组成见表2-2。

表2-2　婴儿配方乳粉Ⅱ的配方组成

物　料	每吨投料量	物　料	每吨投料量
牛乳	2500kg	棕榈油	63kg
乳油	67kg	维生素A	6g
维生素C	60g	维生素B_1	3.5g
亚硫酸铁	350g	维生素B_2	4.5g
乳清粉	475kg	三脱油	63kg
蔗糖	65kg	维生素D_2	0.12g
维生素E	0.25g	维生素B_6	35g
叶酸	0.25g	烟酸	40g

3. 婴儿配方乳粉的生产工艺

一般婴儿乳粉的生产是以牛乳为基本原料，添加一定量的植物蛋白、植物脂肪以及一定量的平衡乳糖或蔗糖、饴糖、葡萄糖、糊精，然后在上述基础上再补充多种维生素、氨基酸、钙盐、铁盐等。一般婴儿乳粉的主要成分含量为：蛋白质12％～15％；脂肪15％～20％，碳水化合物55％～60％，矿物质≤5％。婴儿乳粉的主要生产工艺过程大体与全脂乳粉相似，仅多了一个配料过程，若使用大豆蛋白质，便增加了大豆的预处理、成浆及热处理等工艺过程。干燥方法及使用的干燥设备则与一般乳粉生产完全一致。其工艺流程如图2-1。

四、复合营养强化剂在粮食制品中的应用

随着保健意识的提高，现在越来越多的人认识到，以粮食为主的膳食是一种良好的膳食结构。与动物性食物为主食的西方膳食相比，粮食为主的饮食可以减少肥胖、高血压、心脏病、糖尿病、癌症等的危险性。但是，粮食本身也存在着某些营养缺陷，在主食中进行营养强化很有必要。谷类食物中虽然含有人体所需的各种营养成分，但这些营养成分并不完全符合人体营养的需要，特别是粮食的蛋白质含量不足，缺少赖氨酸、苏氨酸及色氨酸等人体所必需的氨基酸。加工精度过高，烹调过度会丢失可观的微量营养素。

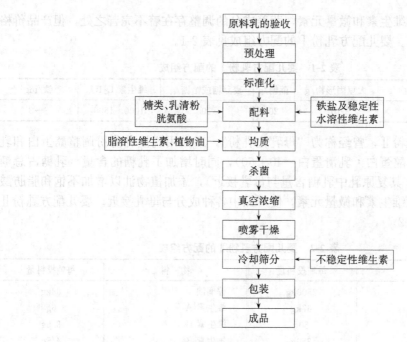

图 2-1 婴儿配方乳粉的生产工艺流程

由于粮食特别是面粉、玉米粉一类的粉类主食覆盖人群广、价格低廉、方便可行、安全可靠，所以，面粉是向人类提供微量营养素的适宜载体。

目前国家已制定面粉营养强化标准。通过添加某些营养素可以获得以下效果：①弥补了谷类本身某些营养素的不足；②弥补了在加工、烹调过程中营养素的损失；③提高谷类食品的营养价值，满足不同人群特定营养素的需要；④提高人民营养水平，促进身体健康。

主食营养强化时应遵守以下几个原则。

（1）必须遵照我国《食品营养强化剂使用卫生标准》GB 14880—1994、GB 2760—1996规定的强化量和强化范围进行，使用的营养强化剂要经国家有关部门审定、批准，产品要质量可靠、安全卫生。根据《食品营养强化剂的使用卫生标准》（GB 14880—1994），可强化在面粉及其制品中的营养素品种及强化量（每100g）明确规定如下：维生素 B_1 0.3～0.5mg，维生素 B_2 0.3～0.5mg，烟酸 4～5mg，钙 160～320mg，铁 2.4～4.8mg，锌 2～4mg，硒 14～28μg，牛磺酸30～50mg。

各生产企业可按照以上给出的品种及范围进行工作，经省及中央直辖市食品卫生监督部门申报后即可投入市场。

（2）谷类食物的消费覆盖面越大越好（特别是营养失衡最普遍的农村地区），而且这种谷类食品应该是工业化生产的。

（3）强化的营养素和强化工艺应该是成本低和技术简便。

（4）在进一步烹调、加工、储藏及货架期内，营养素应具有较高的稳定性，不发生明显的损失。

（5）加入的营养强化剂应具有相应的检测方法，对其实际含量进行测定。

（一）复合营养强化剂在面粉中的应用

1. 氨基酸类强化剂在面粉中的应用

面粉蛋白中赖氨酸、色氨酸等限制性氨基酸的含量很低，是影响面粉蛋白营养价值的一个重要因素。针对这种情况，可采取不同的方法来强化面粉中的氨基酸。据测试在面粉中添加 0.2％的赖氨酸，可使面粉的蛋白价从原来的 47％提高到 71.1％。对面粉进行氨基酸强化可通过多条途径实现，如对面粉进行蛋白质强化、向面粉中添加小麦胚芽粉、氨基酸盐以及复合氨基酸等等。

研究表明，在谷类食物中添加 1g L-赖氨酸盐，可增加 10g 可利用的蛋白质。在面粉中添加 0.25％的 L-赖氨酸可将其营养价值提高 128％。经发酵法制得的食用级赖氨酸，可直接在面粉生产线上加入面粉制成强化面粉。在我国，一般 100t 的上白粉中，添加赖氨酸盐 300g。利用上述的 100kg "强化面粉" 再加入 1500g 黄豆磨出的豆汁、1500g 食盐，制得强化营养面条。经过蛋白质和氨基酸含量测定，强化营养面条中赖氨酸、缬氨酸、蛋氨酸的含量比单纯上白粉明显增加，氨基酸总量增加 11.2％，蛋白质增加 11.73％，其营养价值明显提高，面粉中植物蛋白得到更充分的利用。

2. 维生素类强化剂在面粉及其制品中的应用

维生素在食物中含量较少而且在加工过程中极易被破坏，所以为了满足人体对维生素的正常需要就应向食物中补充必要的维生素。

面粉强化中常用的维生素 B 类强化剂有维生素 B_1（硫胺类），维生素 B_2（核黄素），维生素 B_5（烟酸）。面粉中维生素 B_1 和维生素 B_2 的损失很大，日常生活中也极易出现维生素 B_1、维生素 B_2 摄量不足，所以往往对面粉进行 B 族维生素的强化。对维生素 B_1 进行强化，常用的是盐酸硫胺结晶性粉末，它可以在人体内参加糖类代谢，而且对维持人体正常的神经传导及心脏、消化系统的正常生理活动具有重要作用。通常采用的做法是，每千克强化面包、饼干粉中添加 5mg 的维生素 B_1。近年来，在国内外核黄素不仅用于治疗人体核黄素缺乏症，更广泛用作主食食品和饮料的添加剂。在实际生活中人们通过水果、蔬菜等每日得到核黄素 1mg 左右，人体健康标准每日需要量为 2mg，因此向面粉中添加核黄素是非常合理和必要的。一般在面包、饼干中添加约 0.002～0.004g/kg。维生素 B_5 又称烟酸，强化粉中烟酸的用量一般为 40mg/kg。

维生素 C 类通常使用的是 L-抗坏血酸，是面粉中的重要添加剂之一，它可以参与人体新陈代谢过程，能促进生长和抗体的形成，增加人体对疾病的抵抗力，而且对面粉具有增筋和改良作用。维生素 C 在面粉中常用添加量 300mg/kg。维生素 C 不能在人体内合成，必须由食物供给，因此一些国家和地区专门对维生素 C 制定了食品强化法规。常对面粉、面包、玉米粉、面条和大米等强化一定量的维生素 C，以满足各类消费人群对其的不同需要量。由于对于粮油食品强化普通维生素 C 制剂，在具体操作过程中受到一定的限制，在食品加工过程中容易损失。食物经过粉碎、调制、焙烤、膨化以及经过货架期后，其维生素 C 含量往往是很低的，有时甚至为零。因此，普通维生素 C 作为食品强化剂时必须经过稳定化处理。通常对维生素 C 进行化学处理来提高其稳定性。化学处理常采用酯化方法，如磷酸酯维生素 C（ASPP）和硫酸酯维生素 C（ASTOS）等。酯化维生素 C 的成本较高，化学处理还可采用另一种方法：维生素 C 成盐反应，可以使其变为维生素 C-Na、维生素 C-Ca，虽然成本较低，但试验表明，维生素 C 盐类在稳定性方面存在某些不足。

改进食品营养强化剂稳定性的方法，目前首选的是微胶囊技术。维生素 C 经微胶囊化后大大提高了其有效利用率。应该指出的是，不论化学改性或微胶囊化都会使营养强化剂中的有效成分含量降低，因此，在计算添加量时，应考虑稳定化处理后的营养强化剂的有效含量。

在食品的维生素 A 的强化中最常用的是类胡萝卜素。类胡萝卜素作为强化剂有着极为重要的生理意义。类胡萝卜素在食品工业中的用途极为广泛，除了用于脂肪、面粉、方便面、膨化食品、糕点及其他面制品的营养强化，还可用作许多食品的着色剂，如饼干、糕点、速溶粉等等的上色。例如，在方便面生产中，每千克面粉中一般添加 10～40mg/kg 的类胡萝卜素。

3. 矿物质类强化剂在面粉及其制品中的应用

目前在粮油食品中强化最多的为钙、磷、锌、碘、铁等矿物质元素的盐类和富含这些矿物质元素的天然原料。食品中最广泛补充的矿物质元素是钙和锌，地区性增补的微量元素有碘。

谷类食物为钙含量低的膳食原料，其中还含有很多影响钙元素吸收的物质，因此在面制品生产过程中可以考虑对钙元素进行强化。钙营养强化剂种类很多，应用最多的是碳酸钙。其他还有磷酸氢钙、乳酸钙及葡萄糖酸钙等。动物骨骼经粉碎、脱脂、干燥制得的骨粉也可作钙强化剂。骨粉易得且便宜、加工方便，粉碎后直接加入面粉中即可。但传统的粉碎方法得到的含钙骨末物质加入面粉中时会影响制品的口感和滑爽性，现在有的厂家已研制出超微骨粉，效果比较好而且又提高了钙的吸收率。骨粉的加入量以 1％～3％为宜。钙强化剂的选择要遵循三个原则：一是生物效价高，易于为人体吸收利用；二是与面粉混合的配伍性好，即容易和面粉均匀混合；三是成本低，能为大多数人所接受。一般有机钙的吸收率较高，但价格较贵，且分子质量大，含钙的比例低。因此采用成本低廉、钙含量高、易于和面粉混匀的碳酸钙是比较适宜的。但是，选用的任何一种钙强化剂，都要符合国家颁布的卫生标准法规。

锌的吸收率较低，一般在 20％～30％。在我国约有 60％儿童日常主食摄入的含锌量低于正常量甚至有 1/3 儿童每日摄入的锌量低于正常值很多。针对儿童饮食的缺锌状况，美国、英国、巴西等国家在法令中强制规定必须向面粉中施加强化锌剂，我国对锌在食品中的添加也制定了标准。人们日常对面粉的食用量是大致恒定的，以面粉作为锌元素的载体，便于掌握其用量，所以在面粉中添加锌强化剂是预防锌缺乏的重要途径。锌强化剂使用量的确定：正常人每日锌的需要量为 10～19mg，据美国推荐的成人一般膳食构成，锌日强化量为 15mg，全美营养协会现行的面粉强化标准中规定锌营养素的强化标准为 22mg/kg，我国营养强化剂使用标准规定锌加入量为 20mg/kg。目前，国内常用的锌强化剂有无机锌和有机锌两种。因无机锌味苦涩，对肠胃有刺激作用，常用有机锌在粮油食品中作营养强化剂。主要实用的有机锌剂有：葡萄糖酸锌、乳酸锌和柠檬酸锌。经实践证明，用柠檬酸锌强化面粉效果较好且成本低、含锌量高，柠檬酸锌是白色的结晶粉末，不易水解，并且柠檬酸参与人体中代谢的三羧酸循环，增强了人体的消化吸收功能。

我国 1993 年 6 月 8 日颁布的有关食品营养强化剂使用卫生标准中规定，在谷类及其制品中可添加的铁盐主要有柠檬酸铁、柠檬酸铁铵、富马酸铁铵、硫酸亚铁、葡萄糖酸亚铁及乳酸亚铁，其中葡萄糖酸亚铁和乳酸亚铁在面粉食品中较为常用。选用铁营养强化剂时，一般从两方面来衡量其优劣。一是生物利用率，通常以硫酸亚铁作标准，其他铁剂与其相比之值×100 得出的相对生物利用率（RBV）作为指标；另一方面是看其加入后是否改变食物的色泽和味道。另外，铁含量和成本的高低、溶解度的大小及卫生安全性等也是应着重考虑的因素。一般来说，二价铁较三价铁更有利于人体的吸收，有机铁比无机铁对肠胃刺激性小且易于吸收，血红素铁较非血红素铁易于吸收等。儿童、孕妇、乳母用面粉添加葡萄糖酸亚铁 41.7mg/kg、乳酸亚铁 25.8mg/kg；中老年人面粉添加葡萄糖酸亚铁 16.7mg/kg、乳酸亚铁 10.3mg/kg。由于植酸盐和磷酸盐可降低铁的吸收，且谷物中铁利用性差，在实用中可适当多添加一些。在面粉中的实用添加量为：儿童、孕妇、乳母用面粉添加葡萄糖酸亚铁 50mg/kg，乳酸亚铁 30mg/kg；中老年人用面粉添加葡萄糖酸亚铁 20mg/kg、乳酸亚铁 15mg/kg。

通常在向面粉中添加 $CaHPO_4$ 的同时也进行其他富含磷元素的添加剂的强化以达到钙元素和磷元素之间的平衡，在强化磷的同时也促进了钙的吸收。磷酸的钙盐有营养强化效果，其中有效成分如表 2-3 所示。

表 2-3　几种含钙磷酸盐的有效成分

品名	分子式	相对分子质量	钙含量(以钙计)/%	磷含量(以磷计)/%
磷酸氢钙	$CaHPO_4 \cdot 2H_2O$	172.10	23.29	18.00
磷酸二氢钙	$Ca(H_2PO_4)_2 \cdot H_2O$	250.07	16.03	24.77
磷酸三钙	$Ca_3(PO_4)_2$	310.18	38.76	19.97

其中，磷酸氢钙的钙：磷为 1.29，属于儿童与成人消化系统吸收钙、磷比之间，是目前食品配料中应用较多者。

（二）几种营养强化面粉的强化方式及工艺

1. 钙营养强化面粉

钙是人体中含量最多的矿物质元素，但也是食物中最易缺乏的元素。所以在面粉进行钙营养强化尤为重要。

钙的强化量可按下式计算：

$$A = 1.06(R - X' + S)$$

式中　A——所需营养素的强化；

　　　R——标准中营养素供给量；

　　　X'——产品中自然营养素含量的平均值；

S——X'的标准偏差。

为了提高钙营养强化剂在面粉中的均匀度，在强化面粉的生产中往往采用二次混合的添加工艺。可将计算好添加量的钙强化剂与一定量的面粉混合，配成强化剂浓度为 30%的稀释强化剂。再将稀释好的钙强化剂加到配粉系统混合机中，然后经制粉过程得到钙营养强化面粉。在生产过程中必须保证强化剂的粉末能够通过筛孔，而且混合后的面粉不能在检查筛中停留过长时间，以免强化剂与面粉发生自动分级。钙营养强化面粉食用性能很好，一般的钙营养强化剂也很稳定，所以可以像普通面粉一样制作成各种面食。

2. 强化锌面粉

锌强化剂的添加量要符合消费对象在日常膳食中各种营养素的供给量和保持平衡的需要，一般情况下，具体添加量以相当消费对象对该营养素正常供给量标准的 1/3 至全额供给量为宜。我国卫生部 1994 年颁布的《食品营养强化剂使用卫生标准》规定：谷物粉中锌强化量为每千克谷物粉 20～40mg（以 Zn 计）。锌强化面粉的流变学特性基本没什么变化，是补锌的一条有效途径。

由于锌剂颗粒细，而且添加量少，所以应采用二次混合的方法，以提高混合的均匀度。以面粉为添加剂的载体，先将锌强化剂与少量的面粉混合（一次混合），制成含有一定强化剂浓度的添加剂，然后再将其与生产线中的面粉定量混合（二次混合），工艺流程如下：

经一次混合后的添加剂 →称量 面粉→ 批量混合机 →检查筛→缓冲仓→打包秤→打包机→成品

理想的完全均匀混合状态应该是：如果在混合物中任取一组小样，其中都含有与配方同样比例的各组分。但实际上由于受各组分的工艺性状如粒度、密度、水分、流散性、配伍性以及颗粒表面粗糙度等因素的影响，各小样组分与配比总有一定的差异。混合均匀度的高低，就是参与混合的各组分在混合物中的不同部位所占的比例、偏离配方比例值的高低。所以可以引用统计学上"变异系数"的计算方法，来评定混合均匀度的高低。变异系数计算公式如下：

$$cv = S/X \times 100\%$$

式中　cv——变异系数；

　　　S——测定值的标准偏差；

　　　X——测定值的平均数。

变异系数 cv 值越小，混合的均匀度就越高，反之则混合的均匀度就越低。对于此种强化微量营养元素的预混合面粉，其混合均匀度要求较高，混合的变异系数 cv 值应不超过 7%。

强化锌面粉的安全性是可靠的，食用性锌是相对无毒的，但过量的锌也可能引起中毒，这通常只发生在一次性服用过量的锌剂情况下，中毒的症状为恶心、呕吐、腹泻和发热。锌强化面粉的强化量远远低于中毒量，非缺锌人群食用也是安全的。乳酸锌为常用的面粉锌强化剂，是白色粉末状物质，化学性质比较稳定，经过各种面食实验表明，各种指标不会发生变化，营养值不会因温度、压力或其他外界因素而变化。

强化锌以后的面粉面团流变学特性没有什么变化。锌在人体中虽然含量较低，但却起着不可替代的作用。锌强化面粉的开发和利用给缺锌人群增加了一条安全、经济和有效的补锌途径。

3. 铁强化面粉

人体缺铁的最普遍原因是膳食中铁含量低和食物中铁的生物利用率低。联合国粮农组织及世界卫生组织（FAO/WHO）专家委员会认为摄取低生物利用率膳食时，防止贫血的铁摄入量男性应为 23mg，女性应为 48mg。显然若要想从普通膳食中获取这么高的铁摄入量很困难，所以应通过对食物进行强化来解决。一般面粉铁含量很低，随加工精度提高而减少，只有 2.6～4.2mg/100g，在面粉中强化铁元素生产富铁面粉，是安全、经济、理想有效的补铁途径。人们无需改变现有的饮食方式就可保证较为稳定的铁摄入量。

一般认为可溶性的乳酸亚铁、硫酸亚铁、葡萄糖酸亚铁、柠檬酸铁、富马酸亚铁等在面粉中添加并不理想，因为它们可使面粉带上颜色，性质不稳定，易氧化，而且口感不好，有铁腥味。难溶性的淡黄色正磷酸铁、浅黄白色焦磷酸铁、焦磷酸铁钠、甘油磷酸铁等在各种条件下都很稳定，但吸收率较低。最新的研究表明，用于强化面粉的还原铁粉在人体中的相对生物利用率平均可达 130%。淡黄色的益尔铁（NaFeEDTA）和双氨基乙酸亚铁螯合物（甘氨酸亚铁）是目前最佳补铁剂，在面粉中添加无铁腥味，不易氧化和着色，还可避免植酸的吸收阻碍作用，吸收率是硫酸亚铁的 2～3 倍，但价格相对较高。

铁的强化量原则上是要符合消费对象在日常膳食中各种营养素供给量和保持营养平衡需要。一般情况下，具体添加量以相当消费对象对该营养素正常供给量标准（RDA）的 1/3～1/2 为宜，为符合上限和下限之规定，还应考虑面粉本身的含量及加工过程中的损失量。我国 GB 14880—94 标准中规定：以元素 Fe 计，谷类及其制品中铁强化量为 24～48g/kg。

生产铁强化面粉既可在具有配粉工艺的面粉厂的配粉工序中进行，也可以脱离生产线单独进行。一般是先将铁强化剂或其他辅料制成含量极高的基料，利用梯度稀释筛混法，再将基料与数百倍的面粉进行混合而成。基料的制法主要有喷雾法和直接混合法两种，有时也要进行二次混合。对于强化微量元素的预混合面粉，其混合均匀度要求较高，混合的变异系数（CV 值）应不超过 7%。

目前国际上普遍采用的强化工艺流程如下。

强化剂→粉碎→过筛→预混合→用微量喂料器加入面粉→混合→进入输送绞龙→进存料斗→振动卸料器→自动定量秤→包装

4. 老年保健面粉

下面是一种老年保健面粉的配方，每千克面粉中各营养素的强化量分别为：

L-盐酸赖氨酸 1g，乳酸钙 20g，葡萄糖酸亚铁 64.6mg（或乳酸亚铁 40mg），葡萄糖酸锌 116.9mg（或乳酸锌 67.6mg），维酶素原粉 52mg。

其工艺流程与其他强化面粉加工相似。强化剂首先制成含量很高的基料，然后再添加入面粉中。

(三)强化面粉生产及加工中应注意的问题

面粉强化主要有三方面的技术问题，一是各营养素在面粉中的混合是否均匀；二是营养素对面粉的营养品质和加工品质的影响；三是强化营养素在面粉中的稳定性和损失情况。解决这些技术问题必须充分了解面粉的加工工艺、营养强化剂的理化特点和面粉保藏条件及食品加工方式对面粉中营养素的影响。

就目前而言，食品的营养强化对食品添加剂工业提出了一些新的课题，比如大米的强化就比面粉的强化困难得多。目前强化大米的方式主要有喷涂法和制造营养米粒法。采用喷涂法强化会对大米外观有影响，因为有的营养素如维生素 B_2 等颜色较深。一种免去淘洗之苦、又可补充营养的新型大米近来由国内一研究机构研制成功，并通过专家鉴定。据介绍，该"营养米"又称营养强化米，是指添加了铁、锌、钙等 7 种微量元素的大米。该营养大米的生产过程为：首先，对普通大米进行精加工，达到免淘洗的标准；然后将复合营养剂与免淘米一同置入真空设备搅拌并进行"真空喷涂、浸吸"流程；最后用非水溶性蛋白质在大米表面涂膜。

五、复配型营养强化剂配方举例

(1)维生素 A、D 粉（粉末状）　维生素 A 100000IU/g，维生素 D_3 20000IU/g。

(2)维生素 A、D 油（油状）　维生素 A 100000~500000IU/g，维生素 D_3 10000~100000IU/g。

(3)面包等强化维生素 B_2（粉末状，％）　维生素 B_2 10，乳糖 90。

(4)粉末果汁、小麦粉、婴儿食品用（粉末状，％）　L-抗坏血酸 95，单甘油酯 5。

(5)奶粉、谷物制品、营养饮料等用（粉末状）　维生素 A 18000IU/g，维生素 D_3 1500IU/g，维生素 B_2 11mg/g，二苯硫胺素 8mg/g，L-抗坏血酸 500mg/g，烟酰胺 130mg/g，乳糖。

(6)面包、面条、曲奇饼干用（粉末状，％）　二苯硫胺素 0.65，维生素 B_2 0.04，烟酰胺 4.3，吡哆醇盐酸盐 0.6，泛酸钙 1.2，焦磷酸铁 9.7，碳酸钙 45，单甘油酸 0.14，山梨糖醇酐脂肪酸酯 0.14。

第三章

复合防腐、保鲜剂

科学家已经发现食品防腐剂中尚未有一种能有效抑制所有的致病菌和腐败菌，也没有发现只杀灭一种菌的药剂。这就是说，各种杀菌剂都有一定的杀菌谱。一种食品中所含的菌有时不是一种防腐剂所能抑制的。从理论上讲，多种防腐剂复配使用的杀菌谱与单一种防菌剂的杀菌谱不同。因此，防腐剂的复配使用就可以抑制一种防腐剂不能抑制的，或者需要在很高浓度下才能抑制的菌。

近年来，防腐保鲜剂行业逐渐出现一些问题，其中主要问题是使用超标。每年国家对食品进行的抽样检查，有相当食品不合格是因为防腐剂使用超标，特别是苯甲酸钠的超标，是一个复杂而综合性的问题，这些问题对防腐保鲜剂行业发展是一个瓶颈，怎样突破这个瓶颈呢？社会工业革命发展趋势都是逐渐向市场化、细分化方向发展，防腐保鲜剂行业同样应该并正在向这个方向发展，逐步出现了专业从事相关复配食品添加剂生产企业，并且取得了不菲的成绩。近年来，防腐剂的科研、生产和应用企业携手共同研究这一课题，新型复合食品添加剂企业参与进来，现在已经有了一些进展。研究开发出针对一些主要产品的专用型复合防腐保鲜剂，如国内一些企业生产的肉制品专用的、鲜湿面专用的、豆制品专用的、酱菜专用的等复合防腐保鲜剂，并有些复合品种已形成系列化，走出了一条很好的路子，很有发展潜力。由于复合防腐保鲜剂的出现，使得科研、生产和应用紧密结合在一起，形成一个个具有高效性、专用性、广谱性、方便性、安全性极佳的新型产品。

复合防腐保鲜剂产品优势如下：①解决单一防腐保鲜剂允许使用量内很难达到防腐效果，复合的多种防腐保鲜剂共同作用，提高防腐的高效性。②单一防腐保鲜剂为达到防腐保鲜作用，易发生超标问题，而复合型防腐保鲜剂则可保证各种成分单体低于国家卫生标准，大大提高产品安全性。③单一防腐保鲜剂易受环境因素影响，一般抑菌谱都较窄，而复合型防腐保鲜剂可提供更加宽松的环境要求和更广的抑菌谱，使用更加安全。④避免使用多个单体防腐保鲜剂带来复杂和不确定因素，复合型防腐保鲜剂使用方便、简单。⑤复合型防腐保鲜剂更加经济、适用，由于利用单体各自优点，避开缺点，同时发挥之间的协同增效作用，使产品在尽可能低用量情况下发挥最大的效能。

当然，复合型防腐保鲜剂不但有很大的优势，并且代表防腐保鲜剂行业发展趋势和方向之一，但同时在发展过程中也碰到一些障碍。主要体现在以下几点：

（1）近年复合防腐保鲜剂科研获得长足发展，出现了不少新产品，但与生产结合不强，使得许多新原料、新产品还停留在科研水平上，成本过高，不能尽快转化为产品。这需要科研单位与生产企业联合起来共同研发，开发出更多市场需要，市场认可的新品种、新技术。

（2）复合型防腐保鲜剂企业本身涉及时间不长，技术和经验不够，应尽快吸收优秀人才，培养优秀人才，走专业化、高科技发展道路，把这一新型行业发展壮大。

当然，解决防腐保鲜剂这一瓶颈问题是相当重要的，涉及众多的食品领域和行业，需要科研、生产、技术应用、生产应用企业共同来协作完成，并在行业协会、政府机关等部门指导、监督、管理下，寻求防腐保鲜剂更大的发展。

第一节　复合防腐保鲜剂的使用

研究表明，复合防腐剂的防腐效果远较单一的防腐剂效果好，这与它们的协同增效性相关。乳酸链球菌素对革兰阳性细菌有效，但对革兰阴性细菌、酵母、霉菌的效果不好；溶菌酶可以溶解革兰阳性细菌的细胞壁而具有溶菌作用，特别是对革兰阳性菌中的枯草杆菌、耐辐射微球菌有强力分解作用，对大肠杆菌、普遍变形菌和副溶血性弧菌等革兰阴性菌也有一定溶解作用；尼泊金酯对霉菌、酵母和细菌都有一定的抑制作用，特别是革兰阳性细菌；脱氢醋酸钠对细菌及酵母、霉菌均有一定的抑制能力，但对革兰阴性细菌能力较差；EDTA-二钠作为一种金属离子螯合剂，对微生物防腐有增效作用。可见，以上一些防腐剂在食品中的应用均有一定效果，但单独使用其抗菌谱较窄，针对性较强，因而防腐期限相对较短。而一般的复合防腐剂就是将几种防腐剂经一定配比组合而成，拓宽了抗菌谱，往往对无论是革兰阳性细菌、革兰阴性细菌、酵母及霉菌等均有较强的抑制能力，一般较单一防腐剂能延长食品保质期。

一、正确选择食品防腐剂

为了有效地使用防腐剂，我们必须正确选择防腐剂。首先，我们应考虑该食品腐败微生物的种类、拟采用防腐剂的性质、抑菌谱以及防腐效果等因素。这样，我们就可以按照食品的保藏状态和预期保藏时间来确定防腐剂的品种、使用量和使用方法。

为抑制有害微生物在食品中的生长繁殖，在食品加工、贮藏、流通过程中，可以人为造成不适于微生物生长的环境，如降低食品贮藏的温度（冷冻或冷藏），调节食品的 pH 和降低食品的水分活度（A_w）等。在这样不利的环境条件下，添加食品防腐剂可以达到很好的使用效果。

例：某企业将剔肉后的鸡架，经调味、熟化后加防腐剂进行真空包装。产品在不杀菌的条件下在常温下销售，要求有 3 个月的保质期。这是一种低档产品，主要销往农村市场，产品附加值低，用不杀菌、不冷藏，只加防腐剂的方法可以降低产品的成本，增加利润空间，又能达到规定的保质期。从经济效益、营销角度考虑，这样做有一定的道理。但是，不杀菌也就是不减少食品中原始的细菌数，防腐剂的效果就差（因为防腐剂与热处理有协同作用，可以增加防腐的效果）。另外，产品在常温下销售，有利于各种腐败微生物的生长繁殖，又影响了防腐剂的抑菌能力。显然，防腐剂在这里使用效果不好的原因，不是防腐剂的本身，而是不合理的工艺造成的。

根据防腐理论，下述两种技术方案是切实可行的：

（1）在真空包装前，添加 Nisin 的复合产品，不杀菌，但要在冷藏的条件下（如超市中的冷柜）销售；

（2）添加 Nisin 的复合产品经真空包装，再经加热杀菌，这样才可以在常温下销售。因为在冷藏的条件下，肉制品中残留的微生物会受低温的不利影响得到抑制，再结合防腐剂，抑菌性能增加，可提高防腐剂的使用效果。同样，用加热杀菌的方法结合使用防腐剂，也可达到同样的目的。

另外，防腐剂的作用还受食品原料和食品中各种成分的影响，食品中的某些组分如香料、调味剂和乳化剂等具有时有抗菌作用，或者某些组分能选择性地与防腐剂发生物理化学作用，这样会不同程度影响防腐剂的使用效果。

食品成分中对防腐剂具有普遍影响的是食盐、碳水化合物和酒精，它们都可以降低微生物中酶的活性，也有助于防腐。然而食盐可以改变防腐剂的分配系数，使其分布不均匀，因而可能对防腐作用产生不利影响。碳水化合物中的糖本身是一种微生物的营养源，在浓度合适时可以促进微生物的生长，但糖类对分配系数的影响一般比食盐低。酒精在较高浓度是杀菌剂，在低浓度时有抑菌效果，一般酒精能增强防腐剂的作用。

综上所述，注意防腐剂的使用方法，我们就可以在国家标准允许的范围之内，达到延长食品保质期的目的，也可以防止因防腐剂添加过量而超标。

所以，我们只有正确选择防腐剂，才能达到良好的防腐效果。

（1）适当增加食品的酸度（降低 pH 值） 酸型防腐剂通常在 pH 较低的食品中防腐效果较好。此外，在低 pH 的食品中，细菌也不易生长。因此，若能在不影响食品风味的前提下增加食品的酸度，可减少防腐剂的用量。

（2）与热处理并用 热处理可减少微生物的数量。因此，加热后再添加防腐剂，可使防腐剂发挥最大的功效。如果在加热前添加防腐剂，则可减少加热的时间。但是，必须注意加热的温度不能太高，否则防腐剂会与水蒸气一起挥发掉而失去防腐作用。

（3）分布均匀 防腐剂必须均匀分布于食品中，尤其在生产时更应注意。对于水溶性好的防腐剂，可将其先溶于水，或直接加入食品中充分混匀，对于难溶于水的防腐剂，可将其先溶解于乙醇等食品级有机溶剂中，然后在充分搅拌下使其分布均匀。

（4）不同防腐剂并用 两种或两种以上的防腐剂并用，往往可有协同作用，而比单独使用更为有效。例如在饮料中可并用二氧化碳和苯甲酸钠，有的果汁并用苯甲酸和山梨酸。并用防腐剂必须符合我国有关规定，用量应按比例折算且不超过最大使用量。由于使用卫生标准的限制，不同防腐剂并用的实例不是很多，但同一类防腐剂并用如山梨酸及其钾盐，对羟基苯甲酸酸类的并用则较多。

此外，将防腐剂与冷藏、辐射等并用可收到更好的效果。

二、复合防腐剂的使用

正确选择防腐剂时要注意采用不同防腐剂并用的方法，也即要使用复合防腐剂。各种防腐剂都有一定的作用范围，没有一种防腐剂能够在食品中抵抗可能出现的所有腐败性微生物，而且，许多微生物都会产生抗药性，这两种情况都会给防腐剂效果带来不利的影响，为了弥补这种缺陷，可将不同作用范围的防腐剂复合使用，复合防腐剂的使用扩大了作用范围，增强了抵抗微生物的作用，防腐剂并用时要配成最有效的比例。

在防腐剂复合使用中，可能有三个效应使抗菌作用发生变化：①增效或协同效应；②增加或相加效应；③对抗或拮抗效应。

相加或增加效应是指各单一物质的效果简单地加在一起，增效或协同效应是指使用混合防腐剂的抑菌浓度比各单一物质的要求低，对抗或拮抗效应是指增效效应的相反效应，即使用复合防腐剂的抑菌浓度要高于单一物质的浓度，前两种效应是我们所需要的，后一种效应是我们要防止的，在复合防腐剂的使用中，一般是同类型防腐剂并用，如酸性防腐剂与其盐，同种酸的几种酯。不同类型防腐剂并用的成功实例并不是很多，这方面有待进一步探索。

有机酸中加异丁酯、葡萄糖酸和抗坏血酸对防腐剂有增效效应，金属盐类中重金属盐往往也具有增效作用，而轻金属盐中有些对防腐剂有拮抗作用，如 $CaCl_2$ 能轻微地减弱山梨酸和苯甲酸的抗菌效果，将具有长效作用的防腐剂如山梨酸等和具有作用迅速而耐久性较差的防腐剂等复合使用，能增强防腐剂的作用，这样的防腐剂能确保迅速杀灭食品中的微生物，并能防止其再度大量繁殖。

要注意以上的三种效应对不同微生物也可能不一样，例如山梨酸与一些防腐剂共同使用对真菌具有增效作用，而对大肠埃希杆菌的作用反而明显减弱。

肉制品营养物质丰富且水分活度大，pH 又偏中性，在这样的环境条件下，各种 G^+ 细菌、G^- 细菌（包括厌氧、好氧、兼氧菌）、霉菌、酵母都能生长繁殖。最先导致肉制品腐败的微生物是细菌。在低 pH 的果汁饮料中，细菌一般受到抑制，而霉菌、酵母是造成果汁腐败的主要微生物。但实际上果汁饮料中仍可检测到不少细菌的存在，特别是耐酸、耐热细菌的生长繁殖，也常引起果汁饮料的酸败。从这两个例子可以看出，引起食品腐败的微生物种类繁多，十分复杂。目前，往往只用一种防腐剂不能够抑制可能出现的各种腐败微生物，除非被污染食品的典型微生物恰好是该防腐剂能够抑制的微生物。但是这只是一种理想情况，实际并不多见。所以，最有效的解决办法是使用复合防腐剂，这也是一种符合国际潮流的防腐剂应用技术。在某些情况下，两种以上防腐剂复合使用，可以协同增效，有扩大抑菌范围、提高防腐剂的效果。如上例中的肉制品和果汁饮料，若用 Nisin 和山梨酸盐复合使用，其防腐效果比单独使用要好得多。

三、尼泊金酯防腐剂的复配

（一）尼泊金酯的复配技术

总的来讲，尼泊金酯和尼泊金酯钠对霉菌、酵母和细菌都有良好的抗菌性能，其抗菌活性随烷基碳链长度的增长而增高。但是，不同碳链长度的尼泊金酯和尼泊金酯钠又有不同的特性，长链尼泊金酯和尼泊金酯钠对革兰阳性菌的抗菌作用更强一些，短链尼泊金酯和尼泊金酯钠对革兰阴性菌的作用更敏感。在尼泊金酯和尼泊金酯钠中，尼泊金庚酯对乳酸菌的抗菌效果最好；尼泊金丁酯和尼泊金丁酯钠对霉菌和酵母有极强的抗菌作用，对细菌充分发挥作用的 pH 接近中性；尼泊金丙酯和尼泊金丙酯钠对苹果青霉、黑根霉、啤酒酵母、耐压渗透酵母等有很好的抗菌作用。整个尼泊金酯和尼泊金酯钠防腐剂所组成的抗菌谱系范围，是其他任何种类防腐剂所无法比拟的，这就是尼泊金酯和尼泊金酯钠防腐剂复配使用的基础。

防腐剂复配使用应遵循的原则是：①只有确有增补作用和增效作用的药剂才能复配使用；②杀菌谱互补的可以复配使用；③使用方式互补的，如保护性杀菌剂与内吸剂、速效杀菌剂和迟效杀菌剂可以复配使用。尼泊金酯和尼泊金酯钠防腐剂为同系物，复配使用无拮抗作用，具有良好的互补作用和增效效应。有报道表明，将尼泊金甲酯和尼泊金丙酯各 100mg/kg 复配使用，即可抑制肉毒杆菌 NCT2021 产毒，尼泊金甲酯和尼泊金丙酯各 200mg/kg 复配使用也可抑制其生长。还有报道发现尼泊金甲酯和尼泊金丙酯复配使用抑制了产气荚膜梭状芽孢杆菌的生长。尼泊金酯类复配使用还有一个目的是增加水溶性，文献报道，尼泊金丁酯、尼泊金异丙酯和尼泊金异丁酯复配使用可用作水包油型乳化剂，用于酱油等食品中，其溶解度比单用尼泊金丁酯可提高 2～3 倍。

尼泊金酯和尼泊金酯钠防腐剂的抑菌谱系与其烷基碳链的长度有关，长、短链尼泊金酯和尼泊金酯钠防腐剂的复配使用，可以扩大防腐剂抑菌谱系。不同的食品有不同的致病菌、腐败菌谱系，不同的防腐剂有不同的最佳适用条件。防腐剂的复配使用就是要把这二者有机结合起来，而这种结合可以通过大量的常规性应用试验加以实现。

尼泊金酯和尼泊金酯钠防腐剂不但相互间复配使用效果良好。而且还能和其他食品添加剂复配使用以提高防腐效果，它是复配型食品防腐剂最理想的原料之一。文献报道，英国在 20 世纪 80～90 年代开发一个食品防腐剂新品种，平均要花费 120 万英镑，国内企业一般很难承受。利用尼泊金酯和尼泊金酯钠产品的抑菌活性与烷基碳链长度有关，采用长短链复配，或者和其他食品添加剂复配，实现防腐剂产品的多品种化、实用化和专用化，开发食品防腐剂新品种，则国内企业完全能做到，是一条开发周期短、开发费用低、经济效益好的有效途径。

"但要注意的是，对于尼泊金酯，我国目前只允许使用对羟基苯甲酸甲酯钠（尼泊金甲酯钠），对羟基苯甲酸乙酯及其钠盐（尼泊金乙酯和尼泊金乙酯钠），在食品中使用前务必查询我国最新的使用标准。对于本书中阐述到的其他添加剂，也是这样。"

（二）尼泊金酯的发展趋势

尼泊金酯20世纪30年代就被用作食品和药品防腐剂，由于水溶性很差等原因，限制了尼泊金酯在食品工业的应用，自苯甲酸大量生产后，尼泊金酯的应用大量减少。利用尼泊金酯对位酚基的酸性，生产的尼泊金酯盐易溶于水，便于在食品工业推广应用。值得指出的是，同苯甲酸盐和山梨酸盐的作用一样，生产尼泊金酯盐是为了提高水溶性，起抗菌作用的还是分子态的尼泊金酯。以干基计，1g尼泊金甲酯钠、尼泊金乙酯钠、尼泊金丙酯钠和尼泊金丁酯钠分别相当于0.873g尼泊金甲酯、0.883g尼泊金乙酯、0.891g尼泊金丙酯和0.898g尼泊金丁酯。

食品防腐剂的主要发展趋势之一是，品种多样化，使用微量化和应用技术制剂化（傻瓜化）。从尼泊金酯的分子结构看，既有亲水活性基团酚基，通过适当的改性，可以大幅度增加尼泊金酯的水溶性，彻底改变尼泊金酯不溶于水这一缺陷。另外，利用不同链长烷基醇可以生产系列产品，特别是长链尼泊金酯系列产品。而尼泊金酯类系列产品间的复配，特别是长短链的搭配，可以复配出适用于各类食品的专用防腐剂。这些都是其他类食品防腐剂所难以达到的。因此，尼泊金酯类生产技术今后主要发展趋势为产品系列化，特别是长烷基链尼泊金酯类的开发研究，而这些产品的开发又能使食品防腐剂使用微量化；其次是产品改性技术和复配技术的研究，提高产品的水溶性和稳定性，增强抑菌效果，使产品使用制剂化和专业化（傻瓜化）。

国内已有多家企业生产销售尼泊金复合酯，并在调味品领域已经成功地解决了尼泊金酯溶解性和分散性的问题，使产品的性价比要高于苯甲酸钠和山梨酸钾。如在酱油中的应用，通过对尼泊金酯的科学复配，成功地解决了酱油易产生沉淀和出油的问题，使尼泊金酯均匀地溶解在酱油中，只要0.15g/kg的用量就能抑制细菌的增长，比国标规定的0.25g/kg要低很多。在醋中的应用，基本解决了北方醋在夏季易返混发臭的行业共性问题，而添加量在国标规定的范围内。在酱中的应用，解决了一些酿造厂甜面酱易胀袋的问题，既保证了厂家的产品质量，而且由于保质期的延长，使其销售半径扩大，在为厂家降低生产成本的同时，也保证了消费者的食用安全。

第二节　常用于复合的防腐剂

食品防腐剂能抑制微生物活动，防止食品腐败变质，从而延长食品的保质期。但单一防腐剂存在抑菌谱窄、使用量大、安全性差等缺点，而通过多种防腐剂共同作用则可以扩大产品的抑菌谱，提高防腐的高效性和安全性。防腐剂复配使用应遵循的原则是：①只有确有互补作用和增效作用的单体防腐剂才能复配使用；②杀菌谱互补的可以复配使用；③使用方式互补的可以复配使用，如保护性杀菌剂与内吸剂、速效杀菌剂与迟效杀菌剂。通常用于复配的防腐剂有苯甲酸及其盐类、山梨酸及其盐类、双乙酸钠、脱氢醋酸钠、对羟基苯甲酸酯、乳酸链球菌素、纳他霉素、聚赖氨酸等。

一、酸性防腐剂

1. 苯甲酸及其盐类

苯甲酸及其钠盐价格便宜，是我国最主要的防腐剂。苯甲酸在空气（特别是热空气）中微挥发，有吸湿性，在常温下难溶于水，但溶于热水，也溶于乙醇、氯仿和非挥发性油。苯甲酸钠大多为白色颗粒，无臭或微带安息香气味，味微甜，有收敛性，易溶于水（常温53.0g/100ml左右）。由于苯甲酸在常温条件下难溶于水，而苯甲酸钠易溶于水，且苯甲酸和苯甲酸钠的防腐性能相近，故一般都使用苯甲酸的钠盐。

苯甲酸在偏酸性的环境中具有广泛的抗菌谱，其对细菌的抑制力较强，对酵母、霉菌的抑制力较弱，防腐的适宜pH为2.5~4.0。苯甲酸钠也是酸性防腐剂，其防腐最佳pH是2.5~4.0；在碱性介质中无杀菌、抑菌作用；在pH 5.0时，5%的溶液杀菌效果也不是很好。

苯甲酸钠的防腐机理是：因其亲油性较大，易穿透细胞膜进入细胞体内，干扰细胞膜的通透性，抑制细胞膜对氨基酸的吸收；进入细胞体内的苯甲酸分子，会电离酸化细胞内的碱性物质，并能抑制细胞呼吸酶系的活性，使三羧酸循环中乙酰辅酶A-乙酰醋酸及乙酰草酸-柠檬酸之间循环过程难于进行，从而起到对食品的防腐作用。苯甲酸钠在我国主要作为风味冰、冰棍、果酱、腌渍的蔬菜、调味糖浆、醋、酱油、酱及酱制品、半固体复合调味料、液体复合调味料、果蔬汁饮料、蛋白饮料类、风味饮料、茶、咖啡、植物饮料、碳酸饮料等的防腐剂。

2. 山梨酸及其盐类

山梨酸不溶于水，使用时须先将其溶于乙醇或硫酸氢钾中，使用不便且有刺激性，故一般不常用。将山梨酸、脂肪酸蔗糖酯和DL-苹果酸复配可增加山梨酸在水中的溶解度，扩大其使用范围。山梨酸钾易溶于水、使用范围广，经常可以在一些饮料、果脯、罐头等食品中看到它的身影。

山梨酸及其盐类能有效地抑制霉菌、酵母菌和好气性细菌的活性，还能抑制肉毒杆菌、葡萄球菌、沙门菌等有害微生物的生长和繁殖，但对厌氧性芽孢菌与嗜酸乳杆菌等有益微生物几乎无效。其抑菌机理是：山梨酸利用自身的双键与微生物细胞中的酶的巯基结合形成共价键，使其丧失活性；还能干扰传递机能，抑制微生物的增殖，从而达到防腐的目的。其抑制发育的作用比杀菌作用更强，从而有效地延长食品的保存时间，并保持食品的原有风味。

山梨酸的防腐效果随pH的升高而降低，pH=3时防腐效果最佳。其适宜的pH范围比苯甲酸广，在pH在5.5以下为宜，pH达到6时仍有抑菌能力，但最低浓度不能低于0.2%。山梨酸类防腐剂对细菌、霉菌、酵母菌均有抑制作用，防腐效果明显高于苯甲酸类，是苯甲酸盐的5~10倍；产品毒性比尼泊金酯还要小，相当于食盐的一半，在我国作为酱油、醋和果酱、豆制品、糖果、面包、糕点、复合调味料、蜜饯凉果、腌渍的蔬菜、酱及酱制品、饮料类、果冻等的防腐剂。

彭家泽应用山梨酸钾、脱氢醋酸钠、双乙酸钠、乳化剂及其复配形式对柑橘、巨峰葡萄、早熟梨的防腐效果进行了研究，结果表明：脱氢醋酸钠、山梨酸钾、双乙酸钠、乳化剂组成的复合制剂能有效地抑制水果的呼吸强度，增强抗菌能力；其在柑橘果实中的最佳防腐组合为脱氢醋酸钠 0.08％＋山梨酸钾 0.02％＋双乙酸钠 0.10％＋乳化剂 0.10％，在巨峰葡萄果实中的最佳防腐组合为脱氢醋酸钠 0.15％＋山梨酸钾 0.05％＋双乙酸钠 0.15％＋乳化剂 0.15％，在早熟梨果实中的最佳防腐组合为脱氢醋酸钠 0.10％＋山梨酸钾 0.05％＋双乙酸钠 0.05％＋乳化剂 0.12％。

3. 双乙酸钠

双乙酸钠是白色晶体，带有醋酸气味，易吸湿，极易溶于水，主要是通过有效地渗透进入霉菌的细胞壁而干扰酶的相互作用，抑制霉菌的产生，从而达到高效防霉、防腐的功能。其对食品中所需要的乳酸菌、面包酵母几乎不起什么作用，能保护食品的营养成分。由于双乙酸钠在人和畜禽体内的代谢终产物是二氧化碳和水，因此适量应用对人和畜禽无毒副作用，具有高度安全性，对环境和生态也无污染。

4. 脱氢醋酸钠

脱氢醋酸钠是继苯甲酸钠、山梨酸钾、尼泊金乙酯之后的新一代食品防腐保鲜剂，是 FAO/WHO 批准使用的一种安全的防腐保鲜剂。脱氢醋酸钠为白色或浅黄色结晶状粉末，无臭，微溶于乙醇，易溶于水，25℃时在水中的溶解度为 33g/100g；其水溶液呈微碱性，耐光、耐热性较好，于 120℃加热 2h 仍保持稳定。脱氢醋酸钠的抑菌机理是通过渗透进入微生物的细胞壁，干扰细胞内各种酶体系，从而产生作用。

脱氢醋酸钠在酸性、中性及碱性环境下均有理想的抑菌作用，对霉菌和酵母的抗菌能力尤甚。在 pH＜5 的条件下，对酵母菌的抑制效果比苯甲酸钠大 2 倍，对灰绿青霉素菌的抑制效果比苯甲酸钠大 25 倍。其在水溶液中降解为醋酸，对人体无毒，具有高度的安全性，目前广泛用于肉类、鱼类、蔬菜、水果、饮料类、糕点类等的防腐保鲜。

5. 丙酸及其盐类

丙酸钙，白色结晶性颗粒或粉末，无臭或略带轻微丙酸气味，对光和热稳定，易溶于水。其对霉菌有抑制作用，对细菌抑制作用小，对酵母无作用，抑菌作用较弱，使用量较高，常用于面制品发酵及奶酪制品防霉等。丙酸是人体内氨基酸和脂肪酸氧化的产物，可认为是食品的正常成分，也是人体内代谢的正常中间产物，所以丙酸钙是一种安全性很好的防腐剂。

杜荣茂等研究了丙酸钙、脱氢醋酸钠及其复配形式对面包的防腐效果，结果表明：脱氢醋酸钠和丙酸钙均能有效地延迟面包的霉变时间，且随用量的增大，效果增强；脱氢醋酸钠和丙酸钙的最佳比例为 2∶3。

6. 乳酸钠

乳酸钠为无色或微黄色透明液体，无异味，略有咸苦味，混溶于水、乙醇、甘油。乳酸钠是一种新型的防腐保鲜剂，主要应用在肉、禽类制品中，对肉食品细菌有很强的抑制作用，如大肠杆菌、肉毒梭菌、李斯特菌等。其通过对食品致病菌的抑制，从而增强食品的安全性，同时还能增强和改善肉的风味，延长货架期。乳酸钠在原料肉中具有良好的分散性，且对水分有良好的吸附性，从而有效地防止原料肉脱水，达到保鲜、保润作用，主要适用于烤肉、火腿、香肠、鸡鸭禽类制品和酱卤制品等。

二、酯型防腐剂

酯型防腐剂包括对羟基苯甲酸酯类，成本较高，具有广泛的抗菌作用，对霉菌和酵母的作用较强，但对细菌特别是革兰阴性杆菌及乳酸菌的作用较差。作用机理为抑制微生物细胞呼吸酶和电子传递酶系的活性，破坏微生物的细胞结构。其抑菌的能力随烷基链的增长而增强，溶解度随酯基碳链长度的增加而下降，但毒性则相反。对羟基苯甲酸乙酯和丙酸复配使用可增加其溶解度，且有增效作用，在胃肠道内迅速完全吸收，并水解成对羟基苯甲酸而从尿中排出，不在体内蓄积。

三、生物型防腐剂

这是一种从生物体通过生物培养、提取和分离等技术获得的具有抑制和杀灭微生物的防腐剂，有生物体质型和生物菌生型之分。对微生物的抑制作用是通过影响细胞亚结构而实现的，这些亚结构包括细胞壁、细胞膜、与代谢有关的酶、蛋白质合成系统及遗传物质。生物防腐剂具有杀菌、抑菌范围广，对使用环境无特殊要求等优点。常用的天然防腐剂有以下几种。

1. 乳酸链球菌素

乳酸链球菌素亦称乳链菌肽，是由乳酸链球菌产生的一种多肽物质，由 34 个氨基酸组成，其氨基末端为异亮氨酸，羧基末端为赖氨酸。1969 年，联合国粮食及农业组织/世界卫生组织食品添加剂联合专家委员会确认乳酸链球菌素可作为食品防腐剂。作为为一种高效、无毒、安全、性能卓越的天然食品防腐剂，乳酸链球菌素是一种浅棕色固体粉末，使用时需溶于水或液体中，其溶解度与 pH 值有关：在 0.02mol/L 盐酸中为 118.0mg/ml；在 pH＝7 的水中，溶解度为 49.0mg/ml；在碱性条件下几乎不溶解。它能有效抑制引起食品腐败的许多革兰阳性细菌的生长和繁殖，如肉毒梭菌、金黄色葡萄球菌、溶血链球菌、李斯特菌、嗜热脂肪芽孢杆菌，尤其对产生孢子的革兰阳性细菌有特效。乳酸链球菌素的抑菌机理类似于阳离子表面活性剂，抑制了细胞壁中肽聚糖的生物合成，从而使细胞壁质膜与磷脂化合物合成受阻，造成细胞膜的渗透，并引起细胞内含物和三磷酸腺苷等外泄、膜电位下降，甚至导致细胞裂解，从而导致病菌和腐败菌细胞死亡。

乳酸链球菌素抗菌效果最佳的 pH 值为 6.5～6.8。作为防腐剂，它天然、无毒，对食品的色、香、味、口感等无不良影响。作为一种多肽，它在人体的生理 pH 条件和胰凝乳蛋白酶的作用下，能很快水解成氨基酸，不会改变人体肠道内正常菌群以及产生如其他抗生素所出现的抗性问题，更不会与其他抗生素出现交叉抗性。

由于革兰阴性细菌细胞壁结构最外层的脂多糖对其细胞的稳定性起着非常重要的

作用，而要维持脂多糖结构的稳定性，必须有 Ca^{2+}、Mg^{2+} 等阳离子存在，如果用螯合剂去除阳离子、降低离子键强度，就会使脂多糖解体，从而使细胞内壁层的肽聚糖分子暴露出来，容易被溶菌酶等物质水解。目前食品中广泛使用的螯合剂为 EDTA、柠檬酸及其盐、葡萄糖及葡萄糖内酯、氨基酸等。乳酸链球菌素和乳酸合用能抑制肉中的金黄色葡萄球菌和沙门菌。乳酸链球菌素对某些革兰阴性菌也有较强的抑制作用，特别是其与 EDTA 共同作用可抑制沙门菌和其他革兰阴性菌，扩大了乳酸链球菌素的杀菌谱。乳酸链球菌素与柠檬酸盐、磷酸盐合用也能提高其对革兰阴性菌的抑制效果。乳酸链球菌素对酵母、霉菌没有影响。现已广泛应用于乳制品、罐头制品、鱼类制品和酒精饮料中。

2. 纳他霉素

纳他霉素，是由纳他链霉菌受控发酵制得的一种白色至乳白色的无臭无味的结晶粉末，通常以烯醇式结构存在，属于多烯大环酯类。纳他霉素是一种两性物质，分子中有一个碱性基团和一个酸性基团，等电点 6.5，溶于稀酸、冰醋酸，微溶于水、甲醇，难溶于大部分有机溶剂，室温条件下在水中的溶解度为 $30\sim100mg/L$，在 pH 值高于 9 或低于 3 时，其溶解度会有所提高。纳他霉素是一种天然、广谱、高效、安全的酵母菌及霉菌等丝状真菌抑制剂，它不仅能够抑制真菌，还能防止真菌毒素的产生。它的作用机理是与真菌的麦角甾醇以及其他甾醇基团结合，阻遏麦角甾醇生物合成，从而使细胞膜畸变，最终导致渗漏，引起细胞死亡。用纳他霉素对焙烤食品面团进行表面处理，有明显的延长保质期作用。在香肠、饮料和果酱等食品的生产中，添加一定量的纳他霉素，既可以防止发霉，又不会干扰其他营养成分。

纳他霉素对人体无害，很难被人体消化道吸收，而且微生物很难对其产生抗性，同时因为其溶解度很低等特点，通常用于食品的表面防腐。纳他霉素是目前国际上唯一的抗真菌微生物防腐剂。1997 年我国卫生部正式批准纳他霉素作为食品防腐剂。目前该产品已经在 50 多个国家得到广泛使用，主要应用于乳制品、肉制品、发酵酒、饮料等食品的生产和保藏。

3. 聚赖氨酸

聚赖氨酸是由链霉素产生的一种具有抑菌功效的多肽，是一种天然的生物代谢产品，具有很好的杀菌能力和热稳定性，是具有优良防腐性能和巨大商业潜力的生物防腐剂。它具有抑菌谱广、水溶性好、安全性高、抑菌范围广等特点。赖氨酸发酵液对多种菌有抑制作用，其中作用明显的有金黄色葡萄球菌、枯草芽孢杆菌、红酵母。同时聚赖氨酸也具有一定的抗噬菌体的能力，它能吸附到细胞膜上，破坏微生物的细胞膜结构，引起细胞的物质、能量和信息传递中断，并导致胞内溶酶体膜破裂而诱导微生物产生自溶作用，最终导致细胞死亡。

聚赖氨酸进入人体后可以完全被消化吸收，不但没有任何毒副作用，而且可以作为一种赖氨酸的来源。在日本，聚赖氨酸已被批准作为防腐剂添加于食品中，广泛用于方便米饭、湿熟面条、熟菜、海产品、酱类、酱油、鱼片和饼干的保鲜防腐中。在美国，研究者建议把聚赖氨酸作为防腐剂用于食品中。实践发现聚赖氨酸可与食品中的蛋白质或酸性多糖发生相互作用，导致抗菌能力的丢失，并且聚赖氨酸有弱的乳化能力。因此聚赖氨酸被限制用于淀粉质食品。

在我国聚赖氨酸的应用处于研发阶段，在食品方面目前尚未列入使用卫生标准。徐红华等通过饱和试验设计研究了ε-聚赖氨酸和甘氨酸对牛奶的保鲜作用，结果表明单独使用ε-聚赖氨酸和甘氨酸，其抑菌能力明显低于二者混合使用的效果；混合使用时其增效随二者用量的增加而增加；但当ε-聚赖氨酸用量过高时，这种增效作用会有所减弱；其中添加420mg/L的ε-聚赖氨酸和2%的甘氨酸抑菌效果最佳。吕志良等以新鲜玉米为原料，研制成保鲜期可达30d以上的玉米汁饮料。研究表明：玉米汁饮料中ε-聚赖氨酸的最适添加量为30×10^{-6}g/ml；复合稳定剂最佳配比为蔗糖脂肪酸酯0.1%、卡拉胶0.1%、羧甲基纤维素钠0.2%。

4. 溶菌酶

溶菌酶是一种无毒蛋白质，一般蛋白质含溶菌酶3%左右，所以可从蛋白质中提取。在pH为6～7、温度在50℃条件下，溶菌酶能选择性地分解微生物的细胞壁，在细胞内对吞噬后的病原菌起破坏作用，从而抑制微生物的繁殖，特别是对革兰阳性细菌有较强的溶菌作用，可作为清酒、干酪、香肠、奶油、生面条、水产品及冰淇淋等食品的防腐保鲜剂。此外，溶菌酶是婴儿生长发育的一种必需蛋白，还能杀死肠道腐败菌，增加抗感染能力，促进婴儿肠道双歧乳酸杆菌增殖和乳酪蛋白凝乳，利于消化，很适合用做婴儿食品、饮料的添加剂。由于食品中的羟基和酸会影响溶菌酶的性质，因此，它一般与酒、植酸、甘氨酸等物质配合使用。

5. 壳聚糖

壳聚糖又叫甲壳素，是从蟹壳、虾壳中提取的一种多糖类物质。壳聚糖及其衍生物用做保鲜剂主要是利用其成膜性和抑菌功能。甲壳素经脱乙酰基后成为壳聚糖，它是由葡萄糖胺单体及N-乙酰基葡萄糖胺单体按不同比例（这一比例取决于脱乙酰度）组成的直链分子。由于葡萄糖胺单体上有游离的氨基，故带正电荷，它可以干扰细胞表面的负电荷，导致细胞物质外泄，使微生物死亡；分子较短的壳聚糖可以进入细胞内，并与DNA结合，抑制mRNA的转录，因而起到抑制微生物细胞生长活动的作用。

壳聚糖对细菌、酵母菌、霉菌都有效，尤其是对大肠杆菌、荧光假单胞菌、普通变形杆菌、金黄葡萄球菌、枯草杆菌等具有很好的抑制作用。在23～30℃的气候条件下，在酱油中添加0.2%的壳低聚糖，其抑制酵母菌繁殖的效果优于苯甲酸和苯甲酸钠，且不影响酱油品质，同时具有抑制鲜活食品生理变化的作用。壳聚糖的抗菌性主要来源于分子链上带正电的取代基—NH，它与构成微生物细胞壁的唾液酸磷脂等阴离子相互吸引，束缚了微生物的自由度，阻碍其代谢和繁殖。研究发现，壳聚糖的抑菌效果与其分子量的大小有关，抑菌率最高的为6200u，最低的为2300u，且分子量为2300u最低用量的壳聚糖的抑菌效果也优于山梨酸钾。在22～30℃的环境中，当酱油中壳聚糖的浓度保持在0.07%的条件下，敞开存放1个月以上，酱油的品质和风味均不发生改变。

第三节　复合防腐、保鲜剂在食品中的应用

复配型防腐剂是由几种有协同效应的防腐剂复配而成，有增效和协同作用，可以克服单一防腐剂在防腐效力上的局限性，以扩大抑菌范围和效力，改善物理性能。如山梨酸、脂肪酸蔗糖酯和DL-苹果酸复配可获得水中易溶性的山梨酸，克服了山梨酸在水中溶解度小的缺点；还有替代亚硝酸钠以抑制梭状芽孢杆菌的以山梨酸为主的复配型防腐剂。谢俊杰等在研究鲢鱼鱼精蛋白作为天然防腐剂时得出结论：鲢鱼鱼精蛋白具有较好的耐热性；在中性及弱碱性（pH7～9）条件下抗菌效果明显；随着环境中二价金属离子浓度增大，鲢鱼鱼精蛋白的抗菌活性明显降低；胃蛋白酶可引起鲢鱼鱼精蛋白的抗菌活性完全丧失；胰蛋白酶、木瓜蛋白酶可引起鲢鱼鱼精蛋白的大部分抗菌活性丧失。故将0.5％鲢鱼鱼精蛋白、0.2％甘氨酸、0.2％醋酸钠三者复配，抗菌作用增强。叶银枝等研究湿面条在农贸市场的常温存放条件下，使用不同保鲜剂来达到保鲜的目的。实验证明，不添加或只是加入单一的防腐剂的湿面条保鲜效果均不理想，而在复配保鲜剂的作用下，面条保鲜效果明显。在pH值为6.2情况下，使用0.05％脱氢醋酸钠防霉剂，结合使用复合3％乳酸钠抑菌剂生产出来的湿面条，在室温30℃能保鲜24h，达到了预期的目的。吕心泉等实验结果表明，香辛料提取物与尼生素（Nisin）共同使用具有相乘效果，其最佳配方是0.4％尼生素加上5％香辛料提取物。盐水鸭是大众喜爱的佳肴，但货架时间很短，且不宜冷藏，否则重新加热后肉质变老而失去原有风味，采用0.1％尼生素＋3.5％乳酸钠＋微波增效剂配方，对盐水鸭进行微波灭菌，可大大延长货架时间，且不影响风味和口感。日本则有用于水产加工制品、农畜加工食品、肉食品、火腿香肠制品、腌制品、面包蛋糕类食品、水果、饮料、酱油等复配型系列防腐剂。日本允许使用的单一防腐剂仅11种，而复配型防腐剂有101种之多。我国已开始着手复配型防腐保鲜剂的开发，如MC系列肉制品保鲜、年糕防霉剂等，然而尚处于起步阶段，有较大的发展潜力。

各种防腐剂都有其各自的作用范围，在某些情况下两种以上的防腐剂并用，往往可起协同作用而比单独使用更为有效。例如饮料中并用苯甲酸钠与二氧化碳，有的果汁中并用苯甲酸钠与山梨酸，都可达到扩大抑菌范围的效果。苯甲酸与对羟基苯甲酸酯类一起用于清凉饮料中可增效。当然防腐剂的并用，必须符合使用标准，要经反复实践决定最有效的配合比例。并用的使用总量要按比例折算不超过最大使用量。同一类防腐剂并用，例如山梨酸与山梨酸钾并用、几种对羟基苯甲酸酯并用，是普通的复合使用方法。

有些有防腐作用的物质，如食盐、糖等与防腐剂也有协同作用。如将几种有协同作用的物质配制成防腐剂制剂，亦能取得良好效果。

另外，还要提到一些具有防腐增效作用的螯合剂，由于螯合物具有消除金属过氧化物的作用，过去仅是将它们作为抗氧剂的稳定剂和多价螯合剂而用于食品，近

些年才发现它们在食品和化妆品中还有抗菌作用。食品中常用的螯合剂有柠檬酸盐、乳酸盐、焦磷酸盐和 EDTA 等。螯合剂如 EDTA 既能抑制革兰阴性菌也可抗革兰阳性菌。这些螯合剂常和一些防腐剂复合使用。

一、肉制品复合防腐剂的应用

由于食品防腐剂的防腐效果是受微生物种类、食品成分、pH 值和溶解性等多种因素影响，目前主要以单一方式使用的各种防腐剂，其抗菌力、抗菌谱、可应用的食品种类都有很大的局限性。当前，广谱、低毒、高效、天然的新型食品防腐剂是国内外研究发展的重点，复配型防腐剂则是主要研究方向之一。它能弥补食品防腐剂单独使用时的缺陷，通过利用配方中各种物质的协同作用，增加其抗菌效果和抗菌谱。肉制品是复配型防腐剂最重要的应用领域之一。如国内有研究机构采用正交试验方案筛选得到 nisin 为主的复合防腐剂，应用于低温火腿肠中，明显地延长了低温火腿肠在常温下的保质期。结果表明，以 nisin 为主的复合防腐剂可以延缓低温火腿肠中的微生物引起的腐败，保质期达到 3 个月以上。

（一）肉制品中复配型防腐剂配方的设计及筛选

肉制品复配型防腐剂的开发一般以肉糜制品中应用的专用复配型防腐剂配方为对象，进行复配配方设计，并对其进行微生物实验及防腐效果对照实验。实验菌株选取肉品中常见腐败微生物中有代表性的大肠杆菌、蜡状芽孢杆菌、乳酸菌及青霉等。

梁琪采用微生物学中的纸蝶法确定由具有抗菌作用的天然抽提物、水分保持剂、乳化剂、防腐剂以及酸度调节剂组成的不同配方的复配型防腐剂与单一型防腐剂的抑菌圈直径相对比，筛选出抗菌力强、抗菌谱广的复配型配方。实验结果表明，筛选出的配方抗菌力及抗菌谱均高于单一型防腐剂。然后将优选配方用于新鲜肉糜的保藏实验中，结果发现其防腐效果显著高于对照组。简单介绍如下。

肉品中常见的微生物除好气性菌、霉菌、酵母菌外，还有兼气性芽孢形成菌及嗜酸乳杆菌。山梨酸钾是我国在肉制品加工中常用的防腐剂，其特点是对霉菌、酵母菌和好气性菌均有抑制作用，但对兼气性芽孢形成菌与嗜酸乳杆菌几乎无效。而且通常宜在 pH 5～6 以下范围内使用，从而单一使用山梨酸钾于肉糜制品中的防腐效果并不理想，不同类型抗菌剂的抗菌谱与抗菌力存在差异是与抗菌剂作用于微生物细胞的呼吸途径及抑制强度有关，而具有抑制相同呼吸途径的抗菌剂间混用对抗菌谱无明显影响。据此，可把山梨酸钾与具有抑制不同呼吸途径的其他类型食品添加剂（均符合 GB 2760—1996 的使用范围及使用限量）有机组合，形成新的结构配方，以扩大抗菌谱并提高抗菌效果，制成适合于肉糜制品的专用复配型防腐剂。根据肉糜制品的加工特点及肉制品中食品添加剂的使用卫生标准（GB 2760—1996），配方设计中选择防腐剂山梨酸钾、乳化剂单硬脂酸甘油酯、水分保持剂焦磷酸钠和磷酸三钠、酸度调节剂柠檬酸钠以及从天然辛香料中抽提的具有防腐抗氧化性的物质，组成 4 种配方及其配比（表 3-1）。

表 3-1　复配配方成分及配比

名　　称	配　　方				
	配方 1	配方 2	配方 3	配方 4	对照组
山梨酸钾	40	40	40	40	100
焦磷酸钠	20	20	20	20	—
磷酸三钠	2	2	2	2	—
天然抽提物	35	35	38	37	—
柠檬酸钠	2	3	—	—	—
单硬脂酸甘油酯	1	—	—	1	—

　　配制浓度为 2% 的配方溶液及山梨酸钾溶液（作为对照组）。制备大肠杆菌、蜡状芽孢杆菌、乳酸菌及青霉的菌悬液。采用纸碟法观察并测定对照组及各配方抑菌圈直径大小（细菌在 33℃ 恒温箱中培养 24h，青霉在 29.5℃ 恒温箱中培养 3 天后，测定抑菌圈直径），重复实验 2 次（表 3-2）。肉糜防腐效果对照实验：将筛选出的配方及对照组按新鲜肉糜质量的 0.075% 分别添加，搅拌均匀、放置在恒温（8℃）状态中连续观察，并重复 2 次。

表 3-2　纸碟法测定复配配方抑菌圈直径

配　　方	菌　　种			
	E. Coli	B. M	乳酸菌	青霉
	A	B	C	D
配方 1	8.56	6.78	6.33	7.83
配方 2	8.11	7.11	7.01	8.05
配方 3	8.67	11.78	7.33	11.67
配方 4	8.67	9.06	7.61	10.83
对照组	8.06	6.94	6.72	7.28

1. 复配型配方抗菌力

　　结果显示，复配配方的抗菌力均好于对照组。复合配方显示出对兼性芽孢形成菌及嗜酸乳杆菌较强的抗菌性，对青霉的抗菌性也明显高于对照组，即抗菌力和抗菌谱比单一使用山梨酸钾增强。梁琪认为增强的原因有以下几方面：山梨酸钾能与微生物酶系统中的巯基结合，破坏酶的作用，起到抑制微生物繁殖的作用；天然辛香料抽提物中含有类萜类物质可降低微生物的生物膜稳定性，从而干扰了菌体能量代谢的酶促反应，而起到抗菌作用；乳化剂属于表面活性剂能吸附在微生物细胞表面，使细胞壁的通透性改变，促使细胞内的物质排出，呈现杀菌作用。水分保持剂中的磷酸盐可以改善肉的品质，同时由于解离后的离子强度高，增加肉的离子强度，增强了肉的保水性，起到防腐保鲜作用。根据不同配方的结果，柠檬酸钠对配方的抗菌增效作用不很明显。通过上述微生物实验证明复配配方的设计是合理的，也就是说将抑制不同呼吸途径抗菌剂有机组合使用，则会产生较显著的增效作用。

2. 结论

复配型防腐剂比单一型防腐剂抗菌效果好。上述配方符合高效、广谱、低毒、天然的发展要求。配方中各组分不仅符合食品添加剂使用卫生标准（GB 2760—1996），而且在正常使用下配方中的山梨酸钾用量仅有单一使用山梨酸钾防腐时的40%。此配方防腐效果提高显著。因此，复配配方可以弥补目前食品中广泛单一使用防腐剂的缺陷，通过实验可以认为这是一种可行的方法。

(二) 肉制品防腐剂的一般组成

随着夏季的到来，令肉制品生产厂家头疼的问题也接踵而来，其中最大的麻烦就是肉制品的防腐问题，尽管各厂家都采取了一定的防范措施，添加了不同种类的防腐剂，以期解决问题，但大都收效甚微，不能令人满意。目前在肉制品中应用的复合防腐剂一般分为下面四类：

① 苯甲酸钠（肉制品中已禁用）、山梨酸钾类。需要pH<4.5，而且按照国标规定的添加量使用效果不理想。

② 醋酸钠、双乙酸钠类。防腐效果较好，但会使产品本身pH变得很低，要充分达到防腐效果，则会使肉制品pH太低，产品太酸，无法正常食用。

③ 乳酸钠、Nisin类。防腐效果较好，但添加量太高，造成肉制品成本过高。

④ 对羟基苯甲酸酯类（尼泊金酯类）。对霉菌、酵母有较好的抗菌作用，其防腐效果好于苯甲酸钠、山梨酸钾类，其使用量约为苯甲酸钠的1/10，在pH4～8范围内都有良好效果。但其缺点是水溶性较差，常用醇类溶解后使用，操作麻烦，不利于工业化生产。

在结合如上四类防腐产品优缺点基础上，根据栅栏防腐理论，综合肉制品生产销售特点，国内一食品企业经过多次试验，研制出新型高效复合防腐剂"腐霉灵"，其作用机理是通过"腐霉灵"中各有效成分的协同增效作用，控制影响微生物生长的栅栏因子，抑制与微生物代谢有关的酶、蛋白质合成，破坏微生物细胞膜，从而达到抑制肉制品中腐败微生物生长繁殖，防止了肉制品包括真空包装肉制品发黏拉丝、产气胀袋、产酸变味等变质现象的发生。该复合防腐剂具有以下优点：不受肉制品pH的影响，无须额外添加酸性物质；不受环境或加工温度的影响，夏季高温条件下，防腐效果尤其明显。其他主要成分为葡萄糖、有机酸、异维生素C-Na等。添加量：6g/kg馅。使用方法：可配制成注射液；也可在滚揉或斩拌后期加入。

目前国内外食品防腐技术中，能有效控制微生物的手段，首推热力杀菌。但在很多食品的生产过程中，工艺操作及产品属性不便于热力杀菌，只能采用其他抑菌措施。诸如：冷冻、紫外线、微波、电磁场、食品防腐剂等手段。前几个方法在许多场合不适用，因而通常采用添加防腐剂来达到抑菌防腐，从而达到保鲜保质目的。食品防腐剂中，山梨酸及其盐类、苯甲酸及其盐类、双乙酸钠、丙酸钙等均为酸性食品防腐剂，但在中性食品中应用几乎无效。针对这种现状，一些企业研究选用几种在中性条件下具有抗菌作用的食品防腐剂，如：乳酸链球菌素、溶菌酶、尼泊金酯类、脱氢醋酸钠、EDTA-二钠等进行复合试验，通过比较，拓宽了抗菌谱。并在米面制品、卤制豆干、面粉素食、酱肉、兔丁、酱菜等食品中应用该技术，大大延长了中性食品的保质期，取得了极显著的防腐效果。

乳酸链球菌素对革兰阳性菌有效，但对革兰阴性菌、酵母、霉菌的效果不好。溶菌酶可以溶解革兰阳性菌的细胞壁而具溶菌作用，特别是对革兰阳性菌中的枯草杆菌及耐辐射微球菌有强力分解作用，对大肠杆菌和副溶血性弧菌等革兰阴性菌也有一定溶解作用。尼泊金酯对霉菌、酵母和细菌都有一定的抑制作用，特别是革兰阴性菌。脱氢醋酸钠对细菌及酵母、霉菌均有一定的抑制能力，但对革兰阴性菌能力较差。EDTA-二钠作为一种金属离子螯合剂，对微生物防腐有增效作用。以上几种防腐剂在食品中的使用均有一定效果，单独使用，其抗菌谱相对较窄，针对性较强，因而防腐期限较短。复合防腐剂是将以上几种防腐剂经一定配比组合而成，拓宽了抗菌谱，无论是对革兰阴性菌和革兰阳性菌及霉菌、酵母均有较强的抑制能力，较单一防腐剂延长产品保质期 3～5 个月。产品在卤汁豆干、麻辣豆干中应用，常温下保质期可达 3～4 个月；在兔肉丁、兔肉丝应用上，保质期可达 6 个月以上；在酱骨头（面粉素食）中应用，浓度为 0.2％时，保质期可达 7 个月。

（三）复合防腐剂在香肠制品中的应用

香肠制品常因氧、热、光、酶、微生物的作用而发生复杂的化学变化，产生腐败变质现象。因此使用适量的防腐剂用以提高灌肠制品的质量稳定性，防止这类食品过快变质，达到延长存放期之目的是非常有必要的。

1. 山梨酸及其盐类

香肠制品常用防腐剂主要有山梨酸类、对羟基苯甲酸酯类，统称为酸性防腐剂。前面提到过，通过添加山梨酸及其钾盐，不仅可抑菌大大延长保存期，还可以降低亚硝酸钠用量而又能减少可能引起的肉毒素危害，一般是添加 0.10％～0.26％的山梨酸钾，用 0.1％～0.2％山梨酸钾也可代替肉制品中亚硝酸盐的抑菌作用。0.2％山梨酸钾与亚硝酸盐、磷酸盐等复合使用，对抑制病原体生长、延缓香肠中肉毒素的产生效果更佳。山梨酸盐甚至可抑制一些亚硝胺的形成，这对减少亚硝胺以及其他致癌剂的潜在毒性对人体危害具有重要意义。

在加工香肠中，用 10％～20％山梨酸钾液浸渍香肠，可在常温下有效抑制表面霉菌的生长；0.10％山梨酸钾可使熟香肠（不含亚硝酸盐）毒素生成期延迟到 10 天，在山梨酸钾中加入 25～50mg/kg 亚硝酸钠可增加其抗菌效果。用 0.26％山梨酸钾加工的牛肉香肠，不论是否使用亚硝酸钠（50mg/kg），其抗肉毒杆菌的效果同用 156mg/kg 亚硝酸钠一样。用 20％山梨酸同 0 或 20mg/kg 亚硝酸钠一起加工鸡肉香肠馅，27℃时抑制肉毒杆菌毒素的效果同 156mg/kg 亚硝酸钠相等，同 40mg/kg 亚硝酸钠一起使用时，其效果是 156mg/kg 的亚硝酸钠的 4 倍。大部分腌熏肉制品的 pH 为 5.5～6.5，因此，山梨酸盐/亚硝酸钠配料能有效地抑制这些肉制品中肉毒杆菌毒素生成；在制作培根时，40～80mg/kg 亚硝酸盐和 0.2％的山梨酸混合使用可替代单独使用 120mg/kg 的亚硝酸盐，抑制肉毒梭状芽孢杆菌的生长和产毒，同时也可以抑制金黄色葡萄球菌和腐败菌的生长。在肉馅中添加磷酸盐（一磷酸盐、二磷酸盐或三磷酸盐）、山梨酸和山梨酸钾以及任意一种有机酸（柠檬酸、酒石酸、乳酪或醋酸）和它们的盐类，就可延长香肠货架期，使用山梨酸钾添加在肉制品中不会改变肉的 pH，但山梨酸可降低肉的 pH。

用 40mg/kg 亚硝酸钠和 0.20％山梨酸加工接种过 500 株肉毒杆菌孢子的鸡肉香肠，真空包装，27℃贮存 48 天无有毒样品出现，0.30％山梨酸加工的，27℃贮存 48 天也无有毒样品出现。在火鸡肉或鸡肉香肠中添加 0.20％～0.40％山梨酸比单独用亚硝酸钠贮存期长，但是山梨酸含量过大会减弱香味。用 15％山梨酸钾浸渍过的香肠 4 周后才能出现霉菌，而未经浸渍山梨酸钾的香肠 6～9 天就出现霉菌。

2. 乳酸钠

在法兰克福肠、热狗肠及肝酱类等乳化型肉制品中，乳酸钠可用于延长产品的保质期。添加 1％乳酸钠和没有添加乳酸钠的猪肝酱相比，微生物繁殖期向后推迟 4 周，而在第 5 周微生物才开始生长繁殖，添加 2％乳酸钠的样品在 1～4 周内微生物有下降的趋势，在第 4 周以后才开始生长繁殖，但繁殖速度相当缓慢。

为了达到延长保质期的效果，在禽肉制品中乳酸钠添加量为全部配料的 1.5％～3.5％，由于乳酸钠具有轻微的咸味，所以添加乳酸钠后食盐用量可根据具体情况适当降低。通常将食盐用量降低 0.2％～0.3％。

在台式香肠中，水分活度（A_w）约为 0.94 左右，不足以抑制微生物的生长。3.5％的乳酸钠和 0.1％醋酸钠配合使用，可有效地抑制台式香肠中微生物的生长。在川味腊肠中，A_w 值达 0.84，又为常温下流通产品。复合添加 0.1％抗坏血酸、2％乳酸钠和 1％山梨酸钾可极大地延长产品的保质期。

3. 乳酸链球菌素

Taylor 发现，于培根中添加 100～150mg/kg 乳酸链球菌素配合 120mg/kg 硝酸盐比只添加硝酸盐者保存期可延长 2 星期。用鸡肉制成的法兰克福香肠中，添加 156mg/kg 硝酸盐，保存期为 4 星期，若再配合 50mg/kg 乳酸链球菌素保存期可增加 1 星期。若以 100mg/kg 乳酸链球菌素配合 120mg/kg 硝酸盐比添加 156mg/kg 硝酸盐保存期限又高许多。

（四）复合防腐剂在低温肉制品中的应用

复合防腐剂在低温肉制品保鲜中大有作为，在生产过程中，使用天然、高效、低残留、低毒的防腐剂，可以对低温肉制品起到很好的保鲜作用。随着人们对健康需求度的提高，肉品贮藏保鲜添加剂将向高效、天然、生物型方向发展，这些类型的添加剂将逐步或部分取代现在使用的多种化学合成添加剂。壳聚糖（Chitosan）、植酸（Phyticacid）、乳酸菌（如 *Lacoto bacillus*）、细菌素（Bacteriocin，如 Nisin）、纳他霉素（Natamycin）、红曲色素（Monascuscolor）、抗菌肽（*Antimicrobial peptides*）等防腐剂在肉制品加工过程中添加时，具有明显的保鲜效果。另外，鱼精蛋白、溶菌酶、葡萄糖酸-δ-内酯、植物提取物（如绿茶多酚、大豆异黄酮、竹叶提取物、葡萄子提取物、迷迭香抽提物、荔枝精油、肉桂醛、银杏叶提取物、生姜提取液等）、类黑精（美拉德反应生成物）、烟熏液、有机酸及其盐（如乳酸钠、反丁烯二酸、柠檬酸钠）等生物反应或天然防腐剂的防腐机理和防腐程度正在进一步的研究之中。不少植物提取物不仅具有防腐作用，其抗氧化效果也很显著。根据栅栏技术理论，使用复配型防腐保鲜剂，不仅可以降低单一防腐保鲜剂的添加量，而且还可以扩大抑菌范围、增强防腐效果。例如，山梨酸钾＋尼森素（Nisin）组合、甘氨酸＋溶菌酶（lysozyme）组合、聚赖氨酸（polylysine）系列，都有很好的协同增效作用。

1. 乳酸钠与尼森素（Nisin）的复合应用

Nisin 通常称乳酸链球菌素，是由 *LactococcusLactic* 菌株产生的一种由 33 个氨基酸残基组成的多肽，是第一个应用于食品的细菌素，其生产基因稳定，陆续被许多国家所接受和使用，主要用于乳和乳制品、肉和肉制品的防腐保鲜之中。Nisin 对革兰阳性菌有很好的抑制作用，特别是对于可以形成芽孢的细菌。研究表明，Nisin 与 EDTA 配合使用，在一定条件下，对革兰阴性菌也有一定的抑制作用。

将乳酸钠与 Nisin 共同添加到真空包装切片的西式乡村火腿之中，可以提高产品的卫生安全性，同时，也可以将亚硝酸钠的添加量由 160mg/kg 降为 80mg/kg，这为在肉制品中减少亚硝酸钠的使用量找到了一种有效的方法。实验表明，在 4℃时贮藏，单独添加用量为 300IU/g 的 Nisin 的切片乡村火腿，其货架寿命可达 28 天，与对照组切片高亚硝酸钠样品 28 天的货架期相当；单独添加 1.5％的乳酸钠，可以将切片乡村火腿的货架寿命期延长到 35 天，而将乳酸钠与 Nisin 复合应用，则可以将切片乡村火腿的货架寿命期延长到 70 天，可以较好地解决目前切片产品非无菌化包装货架寿命期较短的问题。在 10℃时贮藏，单独添加用量为 300IU/g 的 Nisin 或单独添加 1.5％的乳酸钠的切片乡村火腿，其货架寿命均都可以达到 21 天，而将两种保鲜剂复合使用，则可以将产品的货架期延长到 56 天，这也显示了低温肉制品非制冷而可以贮藏的潜力。目前，国内已有企业以乳酸钠和 Nisin 为原料，制成复合型保鲜剂，并向肉制品企业出售。

2. 壳聚糖与茶多酚的复合应用

国内有报道称，在西式火腿中，当壳聚糖的添加量≥0.1％时，能够产生较好地抑制微生物的效果。虽然壳聚糖具有广谱抗菌的特性，对于常见的病原菌、腐败菌、食物中毒菌等细菌、霉菌以及酵母菌具有较强的抑制和杀灭作用；但是，壳聚糖对于大肠杆菌、福氏痢疾杆菌、炭疽杆菌和白色念珠菌等微生物只有抑制作用，而没有杀灭作用。壳聚糖的抑菌、杀菌作用受到多种因素的制约。食品用一定浓度的壳聚糖处理后，残存的杂菌主要是好氧和兼性厌氧的芽孢杆菌。采用复配技术，增强其他防腐剂对食品中杂菌的针对性，利用配料中各个组分的互补、增效作用，可以获得满意的抑菌和杀菌效果。实验表明，在西式火腿的生产过程中，同时添加 0.1％用量的壳聚糖、0.1％用量的茶多酚，则可以较好地抑制火腿中的杂菌，体现出明显的增效作用。

3. 双乙酸钠和葡萄糖酸内酯复合防腐剂的应用

将双乙酸钠和葡萄糖酸内酯分别用水溶解之后，与其他辅料相混合后，加入待腌制的肉块中，保持其他既定的工艺不变，添加量分别为：双乙酸钠 0.06％、葡萄糖酸内酯 0.01％，以这种方法生产的香肠或火腿制品，均具有较好的保鲜效果。

二、复合保鲜剂在米粉中的应用

国内市场上的干制米线、米粉制品货架期较长，而新鲜的米线产品一般是现制现售。近年来也出现经包装和高温杀菌的湿米粉、米线制品，但高温杀菌对于鲜米线、米粉的风味均有不同程度的影响。通过研究添加国家食品卫生标准所允许的食品添加剂来改进米粉、米线加工、保存工艺的新方法，可延长湿米线、米粉在常温下的保鲜时间，为湿米线、米粉的商品化生产和销售提供科学的依据。

添加剂：山梨酸钾、尼泊金乙酯、富马酸二甲酯等，均为食品级添加剂，复配保鲜剂由上述保鲜剂复合配制而成。

包装材料：食品级聚乙烯薄膜。

生鲜米线货架储藏：在有空调的大型超市中控温储存。

米线品质检测：生米线在超市的货架上放置一段时间，打开包装，在沸水中煮2min 左右捞出，冷开水冲淋 10s，对米线的色泽、形态、适口性、韧性、黏性、光滑性、食味进行品质评价。

卫生指标测定：细菌测定参考 GB 4789.2—94，霉菌测定见 GB 4789.15—94。

（一）保鲜剂的选择

湿米线含水量较高，在 30℃左右的条件下存放极易变质。虽然米线变质的速率与原料及制作工艺等因素有关，但不添加保鲜剂的米线存放 48h 后均有变质、发黏现象。另一方面，米线的基本物理性质，如 pH、水分活度等均不利于一般防腐剂发挥抗菌效果。因此，将几种在其他食品中防腐保鲜效果较好的防腐剂添加于湿米线中，保鲜效果均不太明显，在超市中保鲜时间不超过 72h（表3-3），只有添加复配保鲜剂的米线其保鲜效果才有明显提高，达 120h。这是因为复配保鲜剂中含有氯化钠及柠檬酸等化合物，可改善面条的品质和抗菌环境，能充分发挥保鲜剂的抑制细菌繁殖生长的性能，因此在以后的应用中均添加复配保鲜剂。

表 3-3　保鲜剂对米线保鲜效果比较

试　剂	添加量/%	保鲜时间/h	试　剂	添加量/%	保鲜时间/h
山梨酸钾	0.1	30	Nisin	0.1	24
尼泊金乙酯	0.1	60	复配保鲜剂	0.1	120
富马酸二甲酯	0.1	36			

（二）保鲜剂的用量

在米线中添加不同比例的复配保鲜剂（卫生标准范围内），在超市货架上 30℃下进行放置，米线品质变化如表 3-4 所示。

表 3-4　复配保鲜剂用量对米线保鲜效果的影响

添加量/%	保　鲜　率/%					
	0	1d	2d	3d	4d	5d
0	100	83	44	0	0	0
0.01	100	87	70	40	0	0
0.03	100	100	88	68	51	0
0.07	100	100	100	100	85	70
0.1	100	100	100	100	100	100

如表所示，随着复合保鲜剂用量的增加，保鲜效果也有所增加，但保鲜剂用量超

过 0.5％时，保鲜效果的提高变得不明显。由于添加剂的提高会增加成本，并且对产品的风味也会带来不利的影响，因此，复配保鲜剂的添加量以 0.1％为宜。

三、溶菌酶复合保鲜剂对水产品的保鲜作用

随着人民生活水平的提高，对水产品鲜度的要求也越来越高。在我国，水产品鲜活销售量占总渔获量的 65％～70％。迄今为止，我国的水产品保藏与流通主要应用冻结保鲜的方法，有 70％是冷冻、冷藏保鲜的。包括超市货架期冷藏（0℃以上）的制品很少。冷冻会引起蛋白质变性和质构的破坏，对风味产生不良影响，但普通冷藏保质期较短，很难保证水产品安全性、适口性、营养性、新鲜度，使水产品难以进入流通领域。保鲜剂的推广使用，对我国传统的水产品加工方式来说，不啻一场革命。2001 年陈舜胜等以较有代表性的海洋鱼、虾、贝类为试样，确定了溶菌酶复合保鲜剂的作用效果及配方，各种水产品的使用配比很相似，溶菌酶的使用浓度为 0.05％。保鲜的机理主要是抑制腐败微生物生长，这可从细菌总数的明显减少得以证实。利用溶菌酶复合保鲜剂与冷藏结合，既可延长保质期，又不使水产品的质构与风味遭受损害，这种复合保鲜剂卫生安全、作用显著，且随着保藏时间的延续添加复合保鲜剂的效果越来越明显。这些保鲜剂不仅能抑制细菌繁殖，还能使鱼体表面鲜艳好看。这是一种很有应用前景的保鲜方法。

四、复配防霉乳化剂在广式月饼中的应用

傅小伟等采用霉菌总数快速测定方法筛选出一种较理想的复配型防霉乳化剂，以山梨酸钾、苯甲酸钠、丙酸钙作为对照试验。再将筛选出来的乳化剂应用于典型的中偏碱性食品——月饼中，结果发现，此防霉乳化剂具有一定的防霉保鲜作用，并在 0.4％、0.5％用量上能达到满意的效果。

乳化剂是用于焙烤食品中非常有效的一类添加剂，它是一种多功能的表面活性剂，作用于多相界面的表面，不仅能促进乳化，还能与蛋白质、淀粉结合而增强面团耐揉和耐机械加工性，同时也可提高面筋网络持气能力，延长月饼等焙烤食品的货架寿命等特性。单一乳化剂不可能同时具有以上特性，往往是将两种或两种以上的乳化剂复配，以改善乳化剂的使用特性。通过复配防霉乳化剂的筛选实验，并在典型中性偏碱性食品（月饼）中的应用验证试验，来进一步证明：此复配防霉乳化剂不仅在中偏碱性条件下具有较理想的防霉效果，而且也可以初步得出它能改变月饼的质构特性。

添加复配型防霉乳化剂的月饼的防霉效果明显优于对照组，且随着添加量的增加，防霉效果增强。而且 0.4％、0.5％的用量能使月饼在 75 天内不长霉，明显延长了月饼的保质期。添加量为 0.4％的试验样中只发现一个月饼有霉斑，这可能由于月饼包装环节出现的污染。添加复配型防霉乳化剂后，对广式豆沙月饼的色泽、气味、滋味、柔软性、湿润性等方面进行感官评定，结果发现，添加乳化剂后，月饼的质构特性明显改善，这说明此防霉乳化剂具有品质改良剂的性质。由于月饼是典型的中偏碱性的糕点，用传统的山梨酸钾、苯甲酸钠、丙酸钙

较难解决此类食品的防霉保鲜问题，通过用霉菌总数快速测定方法筛选出来的复配型防霉乳化剂，能有效地解决月饼的防霉保鲜问题，明显提高其保质期；而且随着复配型防霉乳化剂添加量的增加，防霉能力增加，通过验证试验得知0.4%、0.5%的添加量能使月饼保存期长达两个半月，可以大大解决食品厂家亟须需解决的防霉问题。

通过感官评定（表3-5），添加此类复配防霉乳化剂后，能够增加月饼的柔软性和湿润性，即其具有品质改良的性质，不过这一性质需要进一步实验证明。筛选出来的复配防霉乳化剂不仅能应用于月饼中，而且能应用于其他中偏碱性食品中，如糯米团、馒头等传统食品，也能起到一定的防霉保鲜效果和品质改良作用。而且此产品是一种安全无毒的食品乳化剂，有较好的开发应用前景。

表3-5　广式豆沙月饼的感官评定结果

样　品	色　泽	气　味	柔软性	湿润性	滋　味
未加任何防霉剂的广式豆沙月饼	棕黄色	正常月饼香味	稍硬	次好	正常
添加此复配型防霉乳化剂的广式豆沙月饼	棕黄色	正常月饼香味,无异味	柔软	好	正常,无异味

五、复配植酸保鲜剂对果实的保鲜作用

植酸又称肌醇六磷酸，是从谷物种子加工副产品中提取和纯化而得，安全无毒性。它具有很强的螯合能力，能有效地螯合果蔬表层中的铁、锌等金属离子，使其失去原有的催化特性，以延缓和防止果蔬的颜色和品质劣变；它可以封闭果蔬表皮的气孔抑制果蔬旺盛的呼吸作用，减少果蔬水分的散失，抵御外界病菌的侵入和抑制真菌的繁殖；它还是一种很好的抗氧化剂，能显著抑制维生素C的氧化作用，与维生素E的混合物有相乘效果的抗氧化性，可以防止由于氧化作用而降低果蔬的新鲜程度，保持果蔬的营养。增效剂本身没有抗氧化作用，与抗氧化剂混合使用能增强抗氧化剂的效果。

王陆玲应用天然保鲜剂植酸对草莓进行保鲜，结果表明，植酸与增效剂复合使用效果好；温度对结果有影响，实验得出最佳保鲜条件：在低温条件下，保鲜液组合为：植酸浓度1%、柠檬酸浓度0.1%、抗坏血酸浓度0.05%。

吴国欣等报道了植酸复配苯甲酸和柠檬酸对荔枝果实的保鲜效果。新鲜荔枝经复配植酸保鲜剂处理5～10min，3℃±1℃贮藏40天，根据果皮褐变、感官指标、腐烂程度和营养成分的变化评定保鲜效果，结果表明：复配植酸保鲜剂可使荔枝果实保鲜达到40天左右，果肉品质、风味、果皮色泽保持良好。复配植酸保鲜剂一方面以多元有机酸——植酸和柠檬酸提供一个低pH环境，使花色苷表现红色，并使之稳定；另一方面植酸和柠檬酸都是有效的金属络合剂，可络合金属离子，抑制多酚氧化酶活力，具有良好的抗氧化作用。此外低pH也能降低PPO活性。因此它能有效延缓荔枝果皮褐变的速率，提高果皮的保色期。复配植酸保鲜剂一方面以植酸辅以苯甲酸作为抗菌，另一方面植酸在果皮表面形成一层薄膜，可在一定程度

上抑制呼吸作用。因此它能有效延缓荔枝果肉品质、风味的劣变速率，提高果实的贮藏期。

六、聚赖氨酸复合防腐剂在食醋中的应用

在食醋中单独使用聚赖氨酸作防腐剂时，当使用量在 $0 \sim 100 mg/kg$，随聚赖氨酸用量增加其抑菌率也提高，但抑菌效果并不理想，表现为随着食醋贮存时间的延长，其抑菌率逐渐下降。虽然随着聚赖氨酸用量的增加，其抑菌率也增加，但考虑到成本问题，聚赖氨酸的推荐使用量为 $60 mg/kg$。

通常将聚赖氨酸与甘氨酸或 EDTA 复合制成不同的制剂。聚赖氨酸-甘氨酸制剂对食醋的防腐效果见图 3-1。由图 3-1 可知：GA-2 试验组（甘氨酸 0.3％、聚赖氨酸 $40 mg/kg$）对食醋的防腐效果较其他三组好。但从总体来讲，聚赖氨酸-甘氨酸制剂对食醋的防腐效果并不理想，试验组中最高抑菌率只有 68.9％，不能满足食醋生产企业的防腐要求。EDTA 制剂对食醋的防腐效果见图 3-2。由图 3-2 可以看出，EDTA-2 试验组的防腐效果比较好，即聚赖氨酸和 EDTA 皆为 $40 mg/kg$ 时防腐效果最佳。从防腐效果来看，聚赖氨酸-EDTA 制剂的防腐效果要比聚赖氨酸-甘氨酸制剂好。

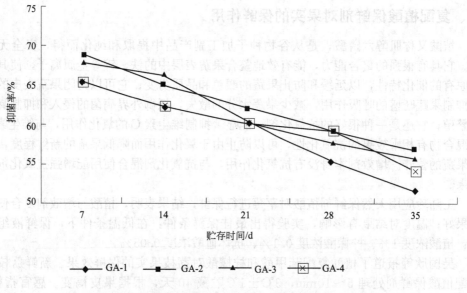

图 3-1　聚赖氨酸-甘氨酸制剂对细菌总数的抑制效果
注：GA-1 甘氨酸 0.1％＋聚赖氨酸 $40 mg/kg$
GA-2 甘氨酸 0.3％＋聚赖氨酸 $40 mg/kg$
GA-3 甘氨酸 0.5％＋聚赖氨酸 $40 mg/kg$
GA-4 甘氨酸 0.7％＋聚赖氨酸 $40 mg/kg$

将聚赖氨酸-EDTA 制剂与山梨酸钾、纳他霉素复合用于食醋的防腐，利用正交试验设计配方，防腐试验结果见表 3-6。

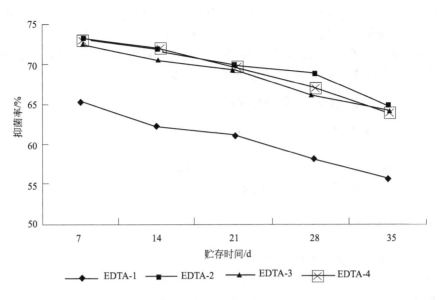

图 3-2　聚赖氨酸-EDTA 制剂对细菌总数的抑制效果

注：EDTA-1　EDTA 20mg/kg＋聚赖氨酸 40mg/kg

　　EDTA-2　EDTA 40mg/kg＋聚赖氨酸 40mg/kg

　　EDTA-3　EDTA 60mg/kg＋聚赖氨酸 40mg/kg

　　EDTA-4　EDTA 80mg/kg＋聚赖氨酸 40mg/kg

表 3-6　聚赖氨酸复合防腐剂的防腐试验结果

因　　素	A	B	C	平均抑菌率/%
	聚赖氨酸-EDTA 制剂	山梨酸钾	纳他霉素	
1	1(0mg/kg)	1(0g/kg)	1(0mg/kg)	0
2	1	2(0.2g/kg)	2(10mg/kg)	92.3
3	1	3(0.4g/kg)	3(20mg/kg)	95.4
4	1	4(0.6g/kg)	4(30mg/kg)	93.7
5	2(10mg/kg)	1	2	92.5
6	2	2	1	94.6
7	2	3	4	95.2
8	2	4	3	92.6
9	3(30mg/kg)	1	1	94.7
10	3	2	4	96.5
11	3	3	1	95.3
12	3	4	2	96.1
13	4(50mg/kg)	1	4	95.2
14	4	2	3	94.3
15	4	3	2	95.7
16	4	4	1	96.5
均值1	70.4	70.6	71.6	
均值2	93.8	94.4	94.2	
均值3	95.7	95.4	94.3	
均值4	95.4	94.7	95.2	
极差	25.3	24.8	23.6	

由表 3-6 极差分析可以看出：在复合防腐剂中，对食醋细菌总数抑菌率的影响顺序依次为：聚赖氨酸、EDTA 制剂（聚赖氨酸与 EDTA 的比例为 1∶1）＞山梨酸钾＞纳他霉素，3 种因素的最佳组合为 A3B3C4，即聚赖氨酸 30mg/kg、EDTA 30mg/kg、山梨酸钾 0.4mg/kg、纳他霉素 30mg/kg。

七、复合食品防腐保鲜剂配方举例

1. 复合食品防腐剂（单位：%）

山梨酸钾	66.0	无水三磷酸钠	11.6
甘油单脂肪酸酯	46.2	富马酸	2.8

2. 复合食品防腐剂（肉制品用防腐剂，单位：%）

柠檬酸	0.5	95%乙醇	54.2
乳酸	1.4	蒸馏水	42.0
乳酸钠	2.0		

3. 复合酱油保鲜剂（单位：%）

蛋壳粉	30.0	氢氧化钠	3.3
碳酸氢钠	14.0	10%食醋	适量

4. 生面、饺子皮用（单位：%）

（1）

95%乙醇	75	50%乳酸钠	3.2
甘油	10	米糠油萃取液	0.6
单甘油酯	1.7	水	10.5

（2）

95%乙醇	54.7	米糠油萃取液	0.7
甘油	7.3	水	34
50%乳酸钠	3.3		

5. 柑橘类用（单位：%）

噻唑苯并咪唑	20	硅树脂	0.15
蔗糖酯	13	山梨糖醇酐脂肪酸酯	0.015
乙醇	1.3	单甘油酯	0.005
丙二醇	10		

6. 乙醇类复合防腐剂

在乙醇的复配型防腐剂中加入脂肪酸甘油酯、甘氨酸、醋酸钠、柠檬酸钠和蔗糖酯等可以起到协同作用，可降低乙醇用量而避免对食品风味的负面影响。为防止水分随乙醇而挥发，还可在复配制剂中加入单甘酯，乳酸钠等保水剂，以克服食品的干燥，如用 80%乙醇、1%～3%乳酸钠、0.5%～1.5%单甘酯、0.05%蔗糖酯及 18% 的水复合而成的固体酒精、在 15℃下用于蛋糕可保存 10 天，用于奶油和草莓均为 8 天，也可用于液状食品及裱花奶油、色拉、鱼糕、蛋糕、草莓和生面条等食品中。

（1）用于色拉、蛋糕奶油 乙醇 25%～60%，低级脂肪酸甘油酯 0.1%～3%，溶菌酶 0.1%～0.5%；

（2）用于鱼丸 无水乙醇 0.6g，二氧化硅 0.4g，还原铁粉 10g，食盐 0.2g，甘氨酸 0.1g；

（3）用于生奶油、草莓、蛋糕　乙醇 75%～85%（体积分数），乳酸钠 1%～3%（质量分数），单甘油酯 0.5%～1.5%（质量分数），蔗糖酯 0.02%～0.05%（质量分数），水 11%～27%（体积分数）。

7. 西式糕饼用（单位：%）

丙酸钠	45	玉米淀粉	7
葡萄糖酸-δ-内酯	45	脂肪酸类	3

8. 面包用（单位：%）

丙酸钙	40	脂肪酸类	3
葡萄糖酸-δ-内酯	20	富马酸	10
玉米淀粉	20	烧明矾	7

第四章

复合抗氧化剂

由于各种食品的性质、加工方法不同，单个的抗氧化剂不可能适合加工食品的所有要求，因此发展复配型的抗氧化剂是一个很好的方法。此外，抗氧化剂也可与其他功能的食品添加剂复配，制成多功能的复配制剂。

在食品抗氧化剂的应用过程中，当将两种抗氧化剂混合使用时，其抗氧化效果要比单独使用一种抗氧化剂好，此时作用小的抗氧化剂就称作为增效剂、协和剂或相乘剂。另有一种情况即增效剂本身没有抗氧化的效果或效果极小，可当与抗氧化剂混合使用时就能明显地增加抗氧化的效果。如在酚类物质的抗氧化剂中加入酸性抗氧化剂（如抗坏血酸等）能明显地增加其抗氧化作用的效果。油脂中的一些微量金属能促进油脂的氧化，这些金属是油脂自动氧化的催化剂，通过抑制铜、铁等金属的活性来增强主要抗氧化剂作用的金属减活剂也被称为增效剂，这种化合物的作用主要通过与金属形成螯合物，从而抑制金属促氧化的作用。

在食品中用得最多的螯合剂是各种有机酸（多元羧酸，如柠檬酸、苹果酸、酒石酸、植酸、琥珀酸等），而其中以柠檬酸及其衍生物的螯合作用为最强（在有机酸范围内），用得也较多。因此，几种抗氧化剂复合使用和抗氧化剂中加入增效剂能增进抗氧化剂的抗氧化功能。为了提高抗氧化功能，便于使用，常将一个或几个主要抗氧化剂复配以酸性增效剂，溶解于食品级溶剂中如植物油、丙二醇、油酸单甘油酯、乙醇、乙酰化单甘油酯等中，组成复配型抗氧化剂。

复配型抗氧化剂有下列优点：①复合几个抗氧化剂的抗氧化功能可发挥协同作用；②一般是液体，便于使用；③改善应用时的针对性；④抗氧化剂和增效剂复配于一个成品中可发挥协同作用；⑤增强抗氧化剂的溶解度及分散性。

合理配伍的复合抗氧化剂能明显提高抗氧性能。农业部批准进口的复合抗氧化剂一般为 BHT、BHA、PG、柠檬酸等按一定比例混合，其使用的安全性均高于单一品种的抗氧化剂，其原因是，在达到同样抗氧效果的前提下，复合抗氧化剂中使用的浓度低于单一抗氧化剂。但这些进口产品的销售价格高，往往是原料成本的数倍，增加了用户的负担；另外推荐用量较低，达不到预期效果。目前，国内某些生产厂也在研制生产复合抗氧化剂产品，但产品质量良莠不齐。

从抗氧化剂的安全性角度考虑，首选品种是维生素E，但以安全性、价格和效果等综合考虑首先品种是BHT。复合抗氧化剂各品种的性能、抗氧化效果、使用安全性及价格等差别极大。复合抗氧化剂除了不易被分解破坏外，其抗氧化功效明显优于各单体抗氧化剂，这是由于复合抗氧化剂的各种抗氧化剂单体之间以及与金属离子螯合剂的协同增效作用。这种情况的发生与它们的化学结构有关，如由于茶多酚含有4个不同结构的儿茶素和黄烷醇类及少量的酚酸、黄酮醇，它们的分子中均有多个酚羟基。而BHT分子中只有1个酚羟基，因此在对油脂的抗氧化作用中，可互相弥补，达到增效目的。柠檬酸是抗氧化剂的增效剂，它能与油脂自动氧化反应的催化剂如Fe^{3+}、Cu^{2+}、Mn^{2+}等形成稳定的化合物，间接起抗氧化作用。复合抗氧化剂中金属螯合剂的作用则更为明显，这样也显著提高了油脂的抗氧化能力。

增效剂是一种本身不具有抗氧化作用但能增强抗氧化剂作用效果的物质。如在果蔬的酶促氧化褐变过程中，添加抗氧化剂的同时，用某些酸性物质如柠檬酸、磷酸等，能显著地提高抗氧化剂的作用效果。此外，有一些抗氧化剂混合使用比单独使用能更有效地发挥抗氧化作用，具有增效或协同作用。现已广泛使用的增效剂有柠檬酸、磷酸、苹果酸、乙二胺四乙酸二钠（EDTA）和葡萄糖酸钙等。曾经有一段时间人们把增效剂也列为抗氧化剂，但是这些物质并未直接参与抑制氧化反应，而是在使用过程中，与食品中存在的金属离子形成金属盐，使金属不再具有催化作用，或者增效剂向抗氧化剂的自由基基团（A·）提供氢，使抗氧化剂获得再生。抗坏血酸、柠檬酸、酒石酸等都是优良的抗氧化助剂，有的与促进氧化的金属离子结合，使金属离子失去催化能力，从而防止油脂的酸败、变味和变色等；有的酸可与抗氧化剂被氧化后的自由基作用，从而使抗氧化剂获得再生，尤其对酚型的抗氧化剂。

抗氧化剂的发展趋势，一是开发天然提取物抗氧化剂，前景看好。另一趋势就是复合抗氧化剂的应用，不单独使用某一种，而是与其他抗氧化剂复配使用，增加使用效果，与增效剂并用也可产生协同效应，增效剂有丙氨酸等氨基酸类、柠檬酸等有机酸等及其盐类、磷酸盐类、山梨醇等。

第一节　常用于复合的抗氧化剂

抗氧化剂按其溶解性可分为油溶性和水溶性两类：油溶性的有丁基羟基茴香醚（BHA）、二丁基羟基甲苯（BHT）、特丁基对苯二酚（TBHQ）、没食子酸丙酯（PG）等，水溶性的有抗坏血酸及其盐类、异抗坏血酸及其盐类等。另外，有些物质，其本身虽没有抗氧化作用，但与抗氧化剂混合使用却能增强抗氧化剂的效果，如柠檬酸、磷酸、苹果酸、酒石酸及其衍生物被称为增效剂。另外，氨基酸与糖生成的类黑素等物质，在油炸食品中经常发现，它与BHA、生育酚等酚类抗氧化剂有很好的辅助效果。

一、叔丁基羟基茴香醚

BHA虽然抗氧化效果优于BHT，但由于价格相对贵一些，通常在复合抗氧化剂中少量使用。1949年由对甲氧基苯酚和异丁烯缩合制成BHA，同时被报道对油脂有防止氧化效果，开始在食用油脂中使用。BHA的抗氧化效果很强，其抗氧化效果与二丁基羟基甲苯相同或优于它，不因铁而着色。我国《食品添加剂使用卫生标准》（GB 2760—1996）规定：BHA可用于食用油脂、油炸食品、干鱼制品、饼干、方便面、速煮米、果仁、罐头、腌腊肉制品，最大使用量为0.2g/kg。BHA与BHT、没食子酸丙酯混合使用时，其中BHT与BHA总量不得超过0.10g/kg，没食子酸丙酯不得超过0.05g/kg。BHA与BHT混合使用时，总量不得超过0.2g/kg（使用量均以脂肪计）。

FAO/WHO（1984）规定：用于一般食用油脂，BHA最大使用量0.2g/kg。与BHT、没食子酸丙酯类、TBHQ复配合用时，没食子酸丙酯不得超过100mg/kg（暂定），总量为0.2g/kg；用于人造奶油，单用或与BHT、没食子酸丙酯合用时，没食子酸丙酯不得超过100mg/kg。不得用于直接消费，也不得用于调制奶及其制品。日本规定：BHA可用于棕榈原料油及棕榈仁原料油。可使用抗坏血酸、异抗坏血酸、柠檬酸等有机酸作为增效剂。可与其他抗氧化剂BHT、没食子酸丙酯等合用起增效作用。用于油脂、奶油，使用量0.02%以下；用于鱼、贝冷冻品的浸渍液，使用量0.1%以下；用于鱼贝腌制品，可拌在食盐中使用。制造鱼贝干制品时，可在含有0.07%～0.12%的BHA的悬浮液内浸泡数分钟，也可将0.02%～0.1%的溶液喷在包装纸上使用。

在实际使用中，用于压缩饼干和油脂含量高的饼干，每升加0.035gBHA和0.035g没食子酸丙酯及0.07g增效剂柠檬酸复合使用。使用时将所用的油脂加热至60～70℃，并充分搅拌，以保证充分溶解。市场出售的BHA均为2-BHA和3-BHA的混合物，两者混合之比为3-BHA：2-BHA=（95～98）：（5～2），两者效力之比为3-BHA：2-BHA=（1.5～2）：1。两者混合有一定的协同作用。此外，BHA若与其他抗氧化剂混合或与增效剂柠檬酸等并用，可大大提高其抗氧化作用。

二、二叔丁基羟基甲苯

BHT可作为抗氧化剂使用，由于BHT价格低廉，亦是饲料中常用的抗氧化剂品种之一。BHT可单独使用，也常与其他抗氧化剂和抗坏血酸等合用。BHT在食品中的添加量根据不同食品而不同。

按我国《食品添加剂使用卫生标准》（GB 2760—1996）规定：BHT的使用范围和最大使用量与BHA相同。我国《食品添加剂使用卫生标准》（GB 2760—1996）规定：BHT可用于油脂、油炸食品、干鱼制品、饼干、方便面、速煮米、干果罐头、腌腊肉制品，其最大使用量为0.2g/kg。BHT与BHA混合使用时，总量不得超过0.2g/kg；BHT、BHA与没食子酸丙酯混合使用时，BHT、BHA总量不得0.1g/kg；用于口香糖，最大使用量0.75g/kg。FAO/WHO（1984）规定：一般食用油脂单独使用 BHT 或与 BHA、TBHQ、没食子酸丙酯合用，其最大使用量为 0.2g/kg（其中没食子酸丙酯不得超过 100mg/kg）；BHT 用于乳脂肪，最大使用量为 0.2g/kg；与 BHA、没食子酸丙酯合用总量为 0.2g/kg，而没食子酸丙酯不得超过 100mg/kg；BHT 不得用于直接消费，也不得用于调配奶及其制品；用于人造奶油，单用或与 BHA、没食子酸丙酯合用，最大用量为 0.1g/kg。

BHT 的使用方法根据食品的种类而有所不同，可以细粉末分撒，也可将其溶于乙醇中然后喷雾，还可按抗氧化剂的需要量和浓度直接将其溶于油脂等。BHT 对于油炸食品所用油脂的保护作用较小，对人造黄油贮存期间没有足够的稳定作用，一般很少单独使用。BHT 与柠檬酸、抗坏血酸或 BHA 复配使用时，能显著提高抗氧化效果。对于动物油脂，使用浓度为 0.005%～0.02%，与 BHA、没食子酸酯、柠檬酸混用时，用量为 0.001%～0.01%；对于植物油，可使用 BHT、BHA 和柠檬酸组成比为 2∶2∶1 的混合物。

三、特丁基对苯二酚

特丁基对苯二酚是一种较新的抗氧化剂，也是一种高效食品抗氧化剂，可使食用油脂的抗氧化稳定性提高三至五倍，如在棕榈油中添加 0.02% 的 TBHQ 可以使棕榈油及方便面的稳定性大为提高。TBHQ 特点是低毒，用量少，它属于安全的 A（1）类产品，抗氧化能力大于 PG、BHT、BHA，它的复配型产品抗氧效果更佳。

TBHQ 能溶于多种油剂和油脂，由于价格较高，仅在部分复合氧化剂中少量使用。相对于 BHA、BHT 等，它可与某些有机酸配合使用，能起增效作用和较强的协同效应。如柠檬酸对 TBHQ 抗氧化作用具有一定增效作用。TBHQ 可以与 BHA/BHT、柠檬酸或抗坏血酸合用，但 TBHQ 不得与 PG 混合使用。

目前，油脂及其制品最常用抗氧化剂是 BHA、BHT、PG 和 TBHQ。就植物油而言，它们抗氧化能力顺序为：TBHQ＞PG＞BHT＞BHA。就动物性油脂而言：它们抗氧化能力顺序为：TBHQ＞PG＞BHA＞BHT。对于无水乳脂，它们抗氧化能力顺序为：PG＞TBHQ＞BHA＞BHT。对于某些富含油脂加工食品，如油炸土豆片等，具有很大表面积，易于氧化变质，抗氧化能力顺序为：TBHQ＞PG＞BHT＞BHA。

据研究表明：在常温下贮存鱼油，未加 TBHQ 时，达到鱼油过氧化值（POV）卫生限量标准的时间是 13 天，而加入 TBHQ 后达到这一值的时间是 80 天左右。不论是 60℃还是常温下，对鱼油抗氧化能力强弱依次是：TBHQ＞BHA＞BHT＞PG。添加柠檬酸对 TBHQ 抗氧化有一定的增效作用。添加 0.02%TBHQ 和 0.01%柠檬酸的新鲜鱼油在常温下贮存 70 天后 POV 仍低于卫生标准，有效成分 DHA 和 EPA 保存率达到 87.2%；而未加抗氧化剂的鱼油中 DHA 和 EPA 保存率为 60.3%。

四、没食子酸丙酯

PG 由于价高和溶解度差，仅在复合抗氧化剂中少量使用。我国《食品添加剂使用卫生标准》（GB 2760—1996）规定：没食子酸丙酯可用于食用油脂、油炸食品、干鱼制品、饼干、方便面、速煮米、果仁罐头、腌腊肉制品，其最大使用量为 0.1g/

kg；与 BHA、BHT 混用时，BHA、BHT 总量不得超过 0.2g/kg，PG 不得超过
0.05g/kg。最大使用量以脂肪计。

　　FAO/WHO（1984）规定：PG 用于食用油脂、奶油，最大使用量为 0.1g/kg。
按日本食品卫生法规规定：用于油脂、奶油，最大使用量为 0.1/kg。PG 与 BHA、
BHT 混用时，抗氧化性增强，加柠檬酸有增效作用。使用时，先将本品与少量油脂
共热混溶，然后与全部油脂混合。也可取一份本品加 0.5 份柠檬酸，溶于 3 份 95%
乙醇中，将此溶液徐徐加入油脂中混匀，一般在油脂精炼后立即添加。

　　PG 的抗氧化能力很强，远超过 BHT 等的抗氧化能力，常与其他抗氧化剂复合
使用并起到很好的增效作用，0.02% 的 PG 与 0.01% 的 BHT 混合物对黄油制作的面
包有良好效果。但 PG 也因一些原因而在使用上有所限制，它会因铁等金属的影响而
出现紫色，所以它与柠檬酸、酒石酸及其酯类等合用时可防止着色。应用时应避免使
用铁、铜容器。PG 对猪油的抗氧化作用较 BHA 或 BHT 强，与增效剂并用效果更
好，但不如 PG 与 BHA 和 BHT 混合使用时的抗氧化作用强。我国规定：没食子酸
丙酯的使用范围与 BHA、BHT 相同，最大使用量为 0.1g/kg，PG 与 BHA、BHT
混合使用时，BHA、BHT 的最大使用总量不得超过 0.2g/kg、PG 的用量不得超过
0.05g/kg（以脂肪计）。

五、茶多酚

　　茶叶中的茶多酚类物质，由约 30 种以上的酚类物质组成，通称茶多酚。从茶叶
中提取的抗氧化活性物是一类多酚化合物，按化学结构可分为四类：儿茶素、黄酮及
黄酮醇类、花白素及花青素和缩酚酸类，其中起抗氧化作用的主要成分是儿茶素及其
化合物，约占茶多酚总量的 60%～80%。儿茶素主要为多酚类结构，而酚类物质具
有较活泼的酚羟基氢，能提供氢质子。因此酚类物质作为抗氧化剂，能阻止或延缓油
脂的自动氧化。茶多酚的抗氧化性能随温度的升高而增强，对动物油脂的抗氧化效果
更好。它与维生素 E、维生素 C、卵磷脂配合使用，有明显增效作用，见表 4-1。另
外它与柠檬酸一起使用效果也很好。

表 4-1　茶多酚对菜子油的抗氧化作用

添　加　剂	添加量/%	贮藏期中过氧化值的变化/（meq/kg）		
		0d	90d	180d
对照	0	0.3	41.0	250
茶多酚	0.04	0.3	4.0	18.0
BHT	0.04	0.3	5.0	91.0
茶多酚和维生素 E（2∶1）	0.04	0.3	1.0	16.0

六、维生素 E

　　由于维生素 E 本身非常容易被氧化成相应的醌，因此，维生素 E 是一种良好的
天然抗氧化剂。该品为生育酚混合物，为黄色至浅褐色黏稠液体，不溶于水，易溶于
油脂。维生素 E 的抗氧化效果虽然比不上其他抗氧化剂品种，但使用极为安全，是

值得推广的抗氧化剂品种，但主要用途还是药用。在食品中为了降低成本，维生素 E 常与 BHT、PG、柠檬酸等复合使用。

另外，有报道表明柠檬酸和维生素 C 能对维生素 E 的抗氧化作用产生增效作用。为了延长月饼的保质期，李军生等研究了维生素 E、维生素 C、柠檬酸对月饼油脂氧化酸败的抑制作用。通过跟踪样品中过氧化值（POV）的变化来检测月饼油脂的氧化酸败程度。结果表明维生素 E、维生素 C、柠檬酸对月饼油脂氧化酸败均有明显的抑制作用。维生素 C、柠檬酸对维生素 E 的抗氧化作用有协同增效作用。直接添加适当比例的维生素 E、维生素 C、柠檬酸到月饼馅中可以延长月饼的保质期。抗月饼油脂氧化复合维生素最佳配方为：维生素 E0.020％，维生素 C0.005％，柠檬酸 0.010％。

七、抗氧化剂在不同食品中的复配使用

以上是几种抗氧化剂的简单介绍，具体应用时常将不同的抗氧化剂复合并用，其不同品种的复合使用对不同食品的抗氧化效果也不同。

(一) 动物脂肪

动物脂通常用于油炸食品和焙烤食品中，一般需要加入耐高温和油溶性好的抗氧化剂。通常使用的抗氧化剂为 BHA、PG 和 CA（柠檬酸）的复合物，也可使用 BHA、BHT、PG 和 CA 复合物，其抗氧化效果比较如下：0.01％ BHA ＜ 0.01％ BHT ＜（0.01％ BHA ＋ 0.01％ BHT）＜ 0.01％ PG ＜（0.01％ PG ＋ 0.05％ CA）＜（0.01％BHA＋0.003％PG＋0.02％CA）＜（0.0098％BHA＋0.0042％PG＋0.0021％CA）＜（0.0075％BHA＋0.0075％BHT＋0.0045％PG＋0.0045％CA）。

(二) 植物油

植物油常常含有一些天然抗氧化剂，如生育酚等，但在加工精制时易被除去，所以仅靠其自身所含的天然抗氧化剂并不能阻止氧化酸败的发生。植物油同动物脂相比含有较多的不饱和脂肪酸，容易受空气中的氧所氧化，所以应选择抗氧化效果好的抗氧化剂如 PG、NDGA 等。植物油中添加的抗氧化剂大多为 PG 和 CA 的复合物，热加工用植物油需要使用耐高温的抗氧化剂。

通常用 BHA、BHT、PG 和 CA 的复合物。其抗氧化效果如下。

(1) 玉米油中　0.02％ BHA ＜（0.01％ BHA ＋ 0.01％ BHT）＜ 0.02％ BHT ＜（0.0075％BHA＋0.0075％BHT＋0.0045％PG＋0.0045％CA）＜（0.02％ PG ＋ 0.01％CA）。

(2) 棉子油中　（0.02％ BHA ＋ 0.01％ BHA ＋ 0.01％ BHT）＜ 0.02％ BHT ＜（0.0075％BHA＋0.0075％BHT＋0.0045％＋0.0045％CA）＜ 0.02％PG ＜（0.02％PG＋0.01％CA）。

(三) 高油脂食品

高油脂食品如油炸核桃仁、花生仁和土豆片等所用的抗氧化剂必须依照所用油的种类、油炸温度和油的酸碱性情况而定，通常也使用 BHA、BHT、PG 和 CA 的复

合物。

(四) 肉类制品

肉类制品含油量高，油脂在这类制品中呈均匀的小球分布，所以很容易加入抗氧化剂处理，通常用 BHA 和柠檬酸的复合物，添加量为 0.02％BHA 和 0.01％CA。

(五) 鱼类制品

抗氧化剂应用在鱼类制品不太成功，这是因为鱼类制品中含有非常多的不饱和脂肪酸，容易被氧化，此外，这类制品还含有许多天然的氧化催化剂，如血红素等。

鱼类制品包括鱼油和鱼肉制品，鱼油中富含维生素 A 和维生素 D，这两种维生素含不饱和键多，故易被氧化。为了防止鱼油品质变劣，必须添加抗氧化效果好的抗氧化剂，本应使用含多羟基的 PG，但由于鱼油中含有大量的铁，不易被柠檬酸等有机酸全部络合，而铁容易与 PG 形成不良的颜色，所以通常不用 PG，而选用 BHA和 CA 的复合物。

(六) 使用注意事项

各种抗氧化剂均有其特殊的化学结构与理化性质，使用时必须全面考虑。一般应注意以下几点。

(1) 充分了解抗氧化剂的性能　由于不同的抗氧化剂对食品的抗氧化效果不同，一旦需要添加抗氧化剂的食品确定后，应在充分了解抗氧化剂的性能的基础上，选择最适宜的品种。若不能肯定则最好通过试验来确定。

两种或两种以上抗氧化剂复合使用，常会增加抗氧化效果。国外销售的抗氧化剂常为复合品，如 Tenox (2) 为 BHA、PG、CA 的复合品，Tenox (6) 为 BHA、BHT、PG 和 CA 的复合品，G-50为 BHA、BHT 及分子蒸馏甘油单酯的复合品。各种复合品对某种食品有特殊的抗氧化效果，使用时应注意使用说明。

(2) 正确掌握添加时机　抗氧化剂只能阻碍氧化作用，延缓食品开始败坏的时间，但不能改变已经变坏的后果。因此，必须尽早在油脂氧化以前使用抗氧化剂，才能充分发挥其抗氧化作用。

(3) 选择合适的添加量　使用抗氧化剂的浓度要适当，虽然浓度较大，抗氧化效果较好，但它们并不成正比。由于溶解度、毒性等问题，油溶性抗氧化剂使用浓度一般不超过 0.02％，浓度过大，除了会造成使用困难外，还会引起不良作用。水溶快抗氧化剂的使用浓度较高，但一般不超过 0.1％。

(4) 均匀分布　抗氧化剂用量一般很少，只有充分地分散在食品中，才能有效地发挥其作用。水溶性抗氧化剂的溶解度较大，在水基食品中一般分布较均匀。油溶性抗氧化剂在油脂中的溶解度较小，一般先将其溶解在有机溶剂如乙醇、丙二醇、甘油等中，搅拌均匀后再加到油基食品中，尤其在与油溶性抗氧化剂并用时，更要考虑每种抗氧化剂的溶解特性，如 BHA、PG、CA 混用，前两者可溶于油脂，而后者难溶于油脂，但三者都溶于丙二醇，因此，可选用丙二醇作溶剂。

(5) 避免光、热、氧、金属离子对抗氧化剂的影响　光 (紫外线)、热等能促进氧化反应的进行，经过加热的油脂，极易被氧化，一般的抗氧化剂，经过加热特别是在油炸等高温处理下，也很容易分解或挥发，例如几种抗氧化剂在大豆油中经加热至170℃，其完全分解的时间分别是：BHT 90min，BHA 60min，PG 30min。

氧化反应在氧的存在下当然会加速进行，所以在使用抗氧化剂的同时，应采用充氮或真空密封等措施，以更好地发挥抗氧化剂的作用。若任由食品与空气接触，即使大量添加抗氧化剂，也难以达到预期的效果。

铜、铁等金属离子是促进氧化的催化剂，尤其铜的作用更强。所以必须尽量避免混入这些离子，或同时使用能螯合这些离子的增效剂。某些油溶性抗氧化剂如 BHA、BHT、PG 等遇见金属离子，特别是在高温的情况下，颜色会变深。因此，使用这些抗氧化剂时必须加入增效剂，以螯合金属离子。

第二节　复合抗氧化剂在食品中的应用

一、含 TBHQ 复合抗氧化剂效果

（一）TBHQ 抗氧化效果

就植物油而言，现用各种抗氧化剂在现行各国规定的最高允许使用量条件下使用，其效果顺序为：（TBHQ＋柠檬酸）＞TBHQ＞PG＞BHT＞BHA。对动物性油脂而言，现用各种抗氧化剂基本效果顺序为：TBHQ＞PG＞BHA＞生育酚；在土豆片、玉米片之类油炸食品中可含油达50％，油炸法制成方便面中含油量一般也在20％以上，且这类产品具有很大的比表面积，故易致酸败。实验证明，在各种煎炸用植物油中加入 TBHQ 可有效抑制产品的氧化。在焙烤制品中，采用 BHA、BHT 和生育酚，抗氧化作用较明显。但在植物油脂生产中，往往购得的植物油中一般常添加TBHQ 或 PG，以提高油脂的稳定性，因此在植物油中再加一点 BHA、BHT 或 PG，或加 BHA、BHT 和 TBHQ 以配合，将起更好的效果。对猪油而言，当 TBHQ 与BHA 配合使用时，抗氧化效果却出奇的好。对果仁类食品，一般将抗氧化剂配成酒精溶液后喷涂。在各种抗氧化剂中，一般更有效的是 TBHQ，并广泛用于糖果、小吃食品、早餐谷物等方面。虽然谷类中所含的油脂很低，但基本上由不饱和脂肪酸组成，因此当它们在焙炒、挤压和煎炸等加热过程中，其稳定性明显下降，如用一定的抗氧化剂进行保护，就会提高其稳定性。

（二）TBHQ 抗氧化效果实验

油脂是人类生存不可或缺的六大营养物质之一。然而无论食用油脂还是含油食品，在其生产、加工、贮藏、使用过程中，会发生自动氧化反应，引起油脂酸败和食品变质，对人类身体健康造成危害。

添加抗氧化剂可延缓油脂、含油食品的氧化变质。常用的油脂、食品抗氧化剂有：丁基羟基茴香醚（BHA）、二丁基羟基甲苯（BHT）、没食子酸丙酯（PG）、特丁基对苯二酚（TBHQ）、茶多酚等。特别是 TBHQ，因其使用效果好、成本低、耐高温、遇铜、铁等金属离子不变色、食用更安全而在近年异军突起，成为油脂、食品生产厂家首选。

为了使油脂、食品生产企业对各种不同抗氧化剂的抗氧化效果和使用方法有更进一步的认识，暨南大学实验课题组特对此方面进行了深入的实验研究，就抗氧化剂TBHQ、BHT及复合抗氧化剂 BHT＋TBHQ（其中 TBHQ、BHT 各 50％）进行了较具体研究。从实验结果中发现，无论是花生油还是菜子油，其自动氧化过程都必须经过一个诱导期，诱导期过后氧化反应急剧加快。延长油脂、食品货架期，必须以延长诱导期入手，添加除诱导油脂氧化自由基的物质，即添加抑制自由基形成的添加剂，以阻断氧化反应的进行。TBHQ、BHT 均属于抑制自由基型抗氧化剂，从实验结果可以看到，添加此类抗氧化剂后，诱导期均有不同程度提高。当添加量相同时，TBHQ 的抗氧化效果最好，复合抗氧化剂（BHT＋TBHQ）次之，BHT 效果不理想。添加不同浓度 TBHQ 时，其抗氧化效果：50mg/kg＜100mg/kg＜150mg/kg＜200mg/kg。国家规定 TBHQ 的添加最大量是 200mg/kg，综合实验结果，课题组推荐 TBHQ 最为合适的添加量为 150mg/kg 左右，其抗氧化效果可达到较佳水平。

尽管从实验研究得到的结果是 TBHQ 的抗氧化效果最好，复合抗氧化剂（BHT＋TBHQ）次之，BHT 效果不理想。似乎复合抗氧化剂（BHT＋TBHQ）没有增效作用，实际上从成本上或性价比上分析，由于 BHT 市场价格较便宜，而 TBHQ 却相对昂贵，所以复合抗氧化剂（BHT＋TBHQ，各 50％）的性价比才是最高的，更有市场应用价值，增效作用明显。

二、油脂复合抗氧化剂的抗氧化协同增效作用

李书国等以易氧化酸败的核桃油为试验原料，取等量的 9 组样品，将抗氧化剂 TBHQ、PG、BHT、维生素 E（VE）及增效剂柠檬酸、抗坏血酸（维生素 C，VC）分别以不同的组合方式和配比添加到上述 9 组样品中，然后与空白样一起利用 Schall 烘箱法每隔 24h 测一次过氧化值（POV），比较它们的氧化稳定性。试验结果表明：添加 0.02％TBHQ、0.01％PG 和 0.015％维生素 E 复合抗氧化剂的油样（在 60℃通风条件下贮藏 17 天）的过氧化值最低为 0.75meq/kg，经计算其在 20℃储存保质期可达 20 个月以上。核桃油的脂肪酸组成主要是亚油酸 54.3％、油酸 20.3％、亚麻酸 19.25％，其不饱和脂肪酸的含量高达 87％，其中亚油酸、亚麻酸为人体必需脂肪酸。但是核桃毛油中含有游离脂肪酸、磷脂、蛋白质、色素类物质及其他杂质，造成酸价高、色泽深、烟点低、存在絮状沉淀（透明度差）等问题，这样的核桃油很容易氧化而酸败变质，尤其是在高温的夏季，贮存不足 1 个月就发现酸败变质现象，过氧化值明显过大，同时产生有刺激性气味的醛、酮等物质，使其失去食用价值，故核桃油的抗氧化问题成为核桃油生产中的关键技术之一。

（一）油脂氧化机理及影响因素

1. 影响油脂氧化变质的主要因素

根据油脂自由基连锁反应可知，油脂的自动氧化由外界催化剂如热、光、氧气和金属离子等因素引发，因而采用避光、低温、抽真空保存可以延缓这一过程的发生，但是成本将大大增加。而油脂的制备加工过程和使用过程中伴随有光、热、氧气等因素，这就决定了自动氧化是不可避免的。油脂的自动氧化速度与油脂的脂肪酸组成与

温度、氧气、光和射线、水分及金属离子催化剂等诸多因素有关。油脂中不饱和脂肪酸的含量越高，即不饱和程度越高（或碘值越高），越易氧化，如油酸、亚油酸、亚麻酸、花生四烯酸，由于它们的双键数不同，其氧化过程和氧化速度不同，其相对氧化速度约为1∶10∶20∶40，而核桃油的不饱和脂肪酸含量高达87%，且亚麻酸含量为9.25%，居所有植物油之首，故极易氧化酸败；高温、高热及强光和可变价金属（Fe、Cu、Mn、Cr等）可显著促进油脂的氧化速度，但油脂的氧化也会受到抗氧化剂（多酚类、氢醌类、亚硫酸盐等）和过氧化物分解剂的抑制作用而有效延缓油脂氧化败坏的速度；此外在油脂中添加金属螯合剂如EDTA、有机酸（柠檬酸、抗坏血酸、异抗坏血酸、植酸等）、磷酸盐等将金属离子螯合，具有良好的抗氧化增效作用，可在很大程度上延长油脂的保存期。

2. 抗氧化剂的抗氧化作用机理

根据油脂自动氧化机理，我们可以将抗氧化剂的抗氧化机理作如下解释：抗氧化剂（AH，AH2）所提供的一个氢原子与油脂产生的自由基（R·）和过氧化自由基（ROO·）作用，分别生成原来的油脂分子（I）和氢过氧化物（ROOH），其本身则生成没有活性的氧化剂自由基，从而中止自由基连锁反应，起到防止油脂自动氧化酸败的作用，不同的抗氧化剂，其提供氢原子的羟基位置不同，则其抗氧化活性也不同。目前世界卫生组织（WHO）批准使用的合成抗氧化剂主要有2,6-特丁基对甲酚（BHT）、没食子酸丙酯（PG）、特丁基对苯二酚（TBHQ）、BHA、抗坏血酸棕榈酸酯等10种。此外还有茶多酚、类胡萝卜素、芝麻酸、棉酚、天然维生素E等天然抗氧化剂。因为油脂中的脂肪酸组成及甘油三酸酯结构不同，油脂中所含天然抗氧化剂的类型及含量不同，不同的油脂所适合的抗氧化剂类型不同。此外不同类型的抗氧化剂、抗氧化增效剂合理复配使用可大大提高抗氧化剂的抗氧化效果。李书国等研究了以TBHQ、PG、BHT、维生素E单体抗氧化剂为基础，并配柠檬酸、抗坏血酸以增效剂，通过复配发挥其协同增效作用，寻求最佳的复合型高效核桃油抗氧化剂。

（二）油脂复合抗氧化剂的抗氧化协同增效作用

不同抗氧化剂提供氢的羟基位置不同，其活泼程度不同。所以抗氧化性能不同，试验结果分析表明：几种抗氧化剂抗氧化能力依次为：TBHQ、PG、维生素E、BHT。BHT的抗氧化效果最差，与空白对照样相比稍好。

核桃油初期过氧化值增长速度是比较缓慢的。接着就进入加速氧化期，缓慢氧化的初期称为诱导期，诱导期的长短是油脂稳定性的一种度量，同时反映其抗氧化能力。空白样的氧化诱导期最短，为10～12h，而添加抗氧化剂的样品的诱导期均有明显的提高，其氧化诱导期为3～4天，这表明抗氧化剂可以延长核桃油氧化的诱导期，延缓核桃油开始败坏的时间。核桃油中存在的某些金属离子如Cu^{2+}、Fe^{2+}、Mn^{2+}、Ni^{2+}等对油脂氧化的催化能力很强，同时加入一定量金属离子螯合剂如柠檬酸、抗坏血酸、异抗坏血酸、植酸、磷酸盐等将金属离子螯合，具有良好的抗氧化增效作用，可在很大程度上延长油脂的储存期，所以柠檬酸、植酸、抗坏血酸、异抗坏血酸都是抗氧化增效剂，在抗氧化剂存在的情况下能显著提高其抗氧化能力，一般可达50%～90%，另外异抗坏血酸和抗坏血酸同时又是水溶性抗氧化剂，它们在油体系中可有效分布在空气和油分子的界面，提供氢原子与介质中的氧发生反应从而减少油脂中的氧含量达到延缓油脂氧化的作用，异抗坏血酸的抗氧化效果优于抗坏血酸，（TBHQ与抗坏血酸组合的抗氧化效果优于TBHQ与柠檬酸组合），TBHQ与抗坏血酸复配时在试验条件下经17天时其过氧化值为0.85meq/kg，而PG与抗坏血酸的复配为1.58meq/kg。不同抗氧化剂复配使用时，其抗氧化效果优于单独一种抗氧化剂的抗氧化效果，这是因为两种或两种以上的抗氧化剂复配使用时，各种抗氧化剂在抗氧化之后，产生的游离基会相互作用生成新的酚类化合物，继续发挥抗氧化作用，使其抗氧化性能得以增强。经试验结果表明：TBHQ＋PG＋VC的过氧化值小于TBHQ＋VC和PG＋VC的过氧化值，TBHQ＋PG＋柠檬酸的过氧化值小于PG＋柠檬酸、TBHQ＋柠檬酸的过氧化值，因此，TBHQ＋PG＋VC的组合为最佳组合。

（三）结语

（1）核桃油中不饱和脂肪酸含量较高，在外界因素如金属离子的作用下易于发生氧化反应，抗氧化剂与增效剂（金属离子螯合剂）如柠檬酸、VE、异VC复配后，由于增效剂将金属离子螯合消除它们的影响，可以提高油脂的氧化稳定性，抗氧化能力可提高50％～90％，试验结果表明VC的增效作用优于柠檬酸。

（2）复合抗氧化剂的各种抗氧化剂之间以及与增效剂（金属离子螯合剂）通过复配可有协同增效作用，在本试验中TBHQ＋PG＋VC组合的抗氧化能力最好，经Schall试验表明：在60℃的温度、通风条件下，17天后其过氧化值为0.85meq/kg，据货架寿命系数和国标规定值计算其保质期可达20个月以上，所以，通过不同抗氧化剂和增效剂的复配可显著提高核桃油的氧化稳定性。

三、天然复合抗氧化剂的研制

乔本志、陈树伟等对天然复合抗氧化剂进行了研究，将甘草甜素提取后的甘草渣进行连续萃取，萃取液浓缩得到具有较强抗氧化性能的提取物，该提取物与另外的天然食品添加剂复配，复合抗氧化剂的抗氧化性能明显优于各单一组分的抗氧化性能，具有较强的协同增效作用，采用计算机调优技术——混料回归设计确定复配方案，通过计算机处理数据得出二次多项式回归方程，预测最佳配料比例，然后经实验验证，证明预测准确，确认数学模型具有较高精度，由此确定的复合抗氧化剂抗氧化性能明显优于目前通用的天然或合成抗氧剂，具有良好的应用前景。研究内容概括如下。

1. 甘草渣抗氧化成分的提取

选用一定量的甘草，切成小段，用稀氨水提取甘草酸后，分离残渣，用水洗，晾干，然后用无水乙醇在连续提取器中提取3h，然后用旋转蒸发仪浓缩，真空干燥即得棕色甘草抗氧化剂产品，研碎，待用。

2. 复合抗氧化剂的复配

以甘草抗氧化剂为主成分，与其他三种天然食品添加剂按混料回归设计的方案复配，测定其抗氧化性能，通过计算机处理实验数据得出二次多项式回归方程，由此数学模型预测其最佳配比，最后进行实验验证。

3. 复合抗氧化剂复配方案的设计

复合配比问题是工农业生产及科研中常遇到的一个问题。混料回归设计就是合理地选择少量的试验点，通过一些不同百分比的组合试验得到试验指标与各成分百分比间的回归方程——数学模型，进而预测整个多分量系统的性质，从而得出最佳配比的方法。

4. 三元复合抗氧化剂最佳配比的确定及抗氧化性能

测定条件如下：①温度为 60℃（烘箱）；②抗氧化剂加入量为 200mg/kg；③油品为葵花油、核桃仁。

按混料回归设计所确定的实验方案进行试验。把所得最佳配比的三元复合抗氧化剂与各单一组分及通用抗氧化剂合成品 BHT 的抗氧化性能做一比较。结果显示，三元复合抗氧化剂优于各单一组分的抗氧化性能，说明甘草抗氧化物与各组分间有协同增效作用，且优于通用的抗氧化剂合成品 BHT 的抗氧化性能。

5. 四元复合抗氧化剂最佳配比的确定及抗氧化性能

（1）按混料回归设计所确定的实验方案进行试验。把所得最佳配比的复合抗氧化剂与各单一组分及通用抗氧化剂合成品 BHT、天然品维生素 E 的抗氧化性能作一比较，结果显示，四元复合抗氧化剂明显优于各单一组分的抗氧化性能，说明甘草抗氧化物与各组分间有较强的协同增效作用；且其优于通用的抗氧化剂合成品 BHT 和天然品维生素 E 的抗氧化性能。

测定条件如下：①温度为 60℃（烘箱）；②抗氧化剂加入量为 200mg/kg；③油品为葵花子油；④存放时间为 7 天。

（2）复合抗氧化剂在实用条件下的抗氧化性能

① 试验物料：市售菜子油、市售动物油脂。

② 抗氧化剂及加入量：天然四元复合抗氧化剂，加入量为 200mg/kg；茶多酚，加入量为 200mg/kg。

③ 试验温度：100℃左右，模仿烘烤温度；沸腾状态（250℃左右），模仿炸制温度。

试验结果见表 4-2～表 4-5。

表 4-2　100℃左右菜子油抗氧化性能比较　　POV 值/(meq/kg)

时间/h	空　　白	茶　多　酚	复合抗氧化剂
0	0.1906	0.1899	0.1082
1	0.2017	0.1946	0.1838
2	0.2116	0.1966	0.1938

表 4-3　沸腾状态下对菜子油的抗氧化性能比较　　POV 值/(meq/kg)

时间/h	空　　白	茶　多　酚	复合抗氧化剂
0	0.2005	0.1997	0.1984
1	0.2175	0.2061	0.2037
2	0.2302	0.2077	0.2056

表 4-4 100℃下对动物油脂的抗氧化性能比较 POV 值/(meq/kg)

时间/h	空　白	茶多酚	复合抗氧化剂
0	0.1896	0.1888	0.1876
1	0.1920	0.1905	0.1900
2	0.1905	0.1913	0.1902

表 4-5 沸腾状态下（250℃）对动物油脂抗氧化性能比较

POV 值/(meq/kg)

时间/h	空　白	茶多酚	复合抗氧化剂
0	0.1906	0.1900	0.1900
1	0.2020	0.2012	0.1986
2	0.2311	0.2195	0.1944

上述试验结果表明，在实用条件下，在较短的时间内已明显显示出复合抗氧化剂优良的抗氧化性能，对油品及其加工食品具有良好的保护作用，可以有效地防止在加工制作和贮存过程中的氧化变质。

甘草抗氧化剂的提取工艺简单，提取复配后的复合抗氧化剂的抗氧化性能优且无毒副作用，具有良好的应用前景。

四、天然中药紫草复合抗氧化剂

夏金虹等研究了紫草的乙酸乙酯提取物对花生油的抗氧化活性，发现紫草提取物具有显著的抗氧化活性，随后对紫草提取物与苏木、知母、七叶一枝花提取物的复合抗氧化剂的抗氧化活性进行了实验，结果显示这些复合抗氧化剂的抗氧化活性明显优于单一组分紫草及常用的合成抗氧化剂 BHT，同时还研究了酒石酸对这些复合抗氧化剂的抗氧化活性的影响，以寻求高效、安全的天然复合抗氧化剂。

（1）中草药复合抗氧化剂的制备：分别将三种中草药置于索氏提取器中，加入乙酸乙酯，加热提取约 48h 后用旋转蒸发仪蒸干溶剂，干燥。

（2）抗氧化实验：取 50g 油样放入 100ml 烧杯中，敞口，按一定量加入抗氧化剂和增效剂，混合均匀，将油样放入 60℃±0.5℃，恒温箱中强化保存，每隔 24h 搅拌一次，并交换它们恒温箱中的位置，定期测定油样的过氧化值（POV）。

（3）过氧化值的测定按 GB/T 5009.37—1996 测定。

实验结果显示，不同种类和配比的复合抗氧化剂均表现出较强的抗氧化活性，由于其比例不同所表现出的抗氧化效果亦略有差异，它们的抗氧化效果一般都好于单一植物的抗氧化效果。不同配比的复合抗氧化剂的抗氧化效果也并不相同。三种中草药提取物按不同配比组合而成的复合抗氧化剂的抗氧化效果要好于两种中草药提取物按不同配比组合而成的复合抗氧化剂。对于复合抗氧化剂的抗氧化活性要强于单一植物的抗氧化活性：可能的原因是不同配比的抗氧化组分间相互作用，有的有协同增效作用，有的有削弱作用，使得其抗氧化活性表现不同。酒石酸对这几种抗氧化剂复合物均表现出一定的协同增效作用。

五、啤酒用复合抗氧化剂

复合抗氧化剂能给啤酒提供多重的抗氧化保护，如由异维 C 钠和偏重亚硫酸钠混合而成的复合抗氧化剂产品兼有偏重亚硫酸钠高效快速的抗氧化性能和异维 C 钠的持久抗氧化性能，给啤酒双重抗氧化保护；并能帮助去除啤酒里各种醛类形成的陈腐异味，使啤酒具有更新鲜纯正的风味，保质期更加长，更加稳定。啤酒用复合抗氧化剂产品形状一般为晶状粉末，颜色为白色，气味为轻微硫化味，完全溶于水。

（1）制备抗氧化剂溶液　啤酒用复合抗氧化剂能完全溶于水，最佳方式为：将一份抗氧化剂溶于十份的脱氧水（1kg/10L）中，并慢慢地、不断地搅拌。溶解和定量添加应使用不锈钢设备。

（2）添加量　啤酒用复合抗氧化剂的准确添加量应根据各啤酒厂的条件和啤酒含氧量来决定。所有操作应尽可能避免抗氧化剂溶液暴露在空气中与铁离子接触。啤酒用抗氧化剂的正常用量为少于 30mg/kg。因抗氧剂会使啤酒含有少量的 SO_2 所以应经常监测，并控制添加量。

（3）添加到啤酒中　为了能对啤酒起到完全保护作用，应在啤酒分离酵母后即时加入，以便将啤酒中的氧即时除去。通常是在啤酒初滤后或终滤前加入。包装和贮存：每桶净重 250kg。应储存在密封容器里，并置于凉爽和干燥的环境中。避免高湿和高温的环境，可以延长复合抗氧化剂的保存期。

（4）安全防范　应严格按照标准的处理程序进行操作，防止直接与啤酒用抗氧化剂接触和吸入它的粉尘。啤酒用复合抗氧化剂的成分已被允许使用于啤酒酿造，在国内已被多家啤酒厂选用。

（5）啤酒复合抗氧化剂的使用　为了能对啤酒起到完全的保护作用，应均衡定量地将抗氧化剂溶液添加到发酵罐至储酒罐的啤酒传送管线里。抗氧化剂溶液应使用 CO_2 背压方式添加，以减少氧的进入。如果没有定量添加装置，应在储酒罐装入了 50~100 百升啤酒后，用 CO_2 将抗氧化剂溶液压入到啤酒管线内。不要将这类抗氧化剂溶液添加到空的储酒罐内。因为最初泵入储酒罐的啤酒会带有足够的氧气，这些氧气会立即和抗氧化剂反应并消耗掉抗氧化剂。

六、复配抗氧化剂配方举例

（1）复配抗氧化剂配方　没食子酸丙酯 10.0 份，柠檬酸 5.0 份；95％乙醇 30.0份。制作方法：各组分均匀混合。

（2）复配抗氧化剂配方（油脂抗氧化剂 G-1000）　没食子酸丙酯：95％，抗坏血酸棕榈酸酯 5％。制作方法：两组分均匀混合。

（3）复配油脂抗氧化剂配方　天然生育酚 58.8％，蔗糖酯 0.4％，抗坏血酸棕榈酸酯 11.2％，95％乙醇 29.6％。制作方法：各组分分散于乙醇中得油脂食品抗氧化剂。

（4）食品脱氧保鲜剂配方　特丁基对苯二酚 5.0 份，氯化亚铁 5.0 份，氢氧化钙 25.0 份，活性炭 5.0 份，丙三醇 25.0 份，二氧化硅粉 15.0 份，水 15.0 份。制作方法：将各物料投入搅拌机内，于氮气保护下均质 0.5h，出料，用纸袋或透气量 500ml/（m² · h）的聚乙烯薄膜袋分装，然后密封在大薄膜袋内备用，一般 500ml 容器内装 2～4g 即可达脱氧保鲜作用。

（5）食品脱氧保鲜剂配方　无水氯化钙 0.5 克，氢氧化钠 20.0 克，活性铁粉 10.0 克，聚乙烯醇 20.0 克，水 4.0 克。

（6）鱼贝干制品、腌制品、冷冻品用　BHT 5％，BHA 5％。

（7）油脂、一般食品用　维生素 C 2.8，dl-α-生育酚 17.2，蔗糖酯 0.1，乙醇 10。

（8）肉类加工品用：抗坏血酸钠 50％，烟酰胺 50％。

（9）洋火腿、香肠、汤料、奶油预制粉及干面用　香辛料抽提液 10％，糊精 60％，阿拉伯胶 20％，大豆精炼油 10％。

第五章

复合香料——香精

　　食品香料是指能够用于调配食品香精，并使食品增香的物质。它不但能够增进食欲，有利消化吸收，而且对增加食品的花色品种和提高食品质量具有很重要的作用。香精是各种香料调配而成的混合型食用香料，又称调和香料，如菠萝香精、橘子香精等。

　　食用香精是由芳香物质、溶剂或载体以及某些食品添加剂组成的具有一定香型和浓度的混合体。其中芳香物质指天然香料、天然等同香料和人造香料；溶剂可以是食用乙醇、蒸馏水、丙二醇、精制食用油和三乙酸甘油酯等。载体可以是蔗糖、葡萄糖、糊精、食盐、二氧化硅等，主要用于吸附或喷雾干燥的粉末状食用香精中。食用香精的产品形式可以是液体、浆体或粉末。香精一般由主香剂、顶香剂、辅助剂、定香剂四部分组成。主香剂是构成香精香气类型的基本香料，决定香精所属品种，顶香剂是易挥发的气味强烈的天然香料和人造香料，它使得代表香气类型的成分更显突出。辅助剂可分为协调型和变调型两种，协调型是衬托主香剂，使香气显露明显；变调型则是使香气别致，独具特性。定香剂是使各种香料挥发均匀，从而使香精保持均匀持久的芳香。

　　从上面香精的定义和组成可以看出，食用香精也是一种复合食品添加剂，同样具有前面介绍的复合食品添加剂的各种特点和优势。由于有关介绍食用香精的各种文献资料较多，在这里仅主要介绍食用香精的调配或食用香料的复配方面的内容。

第一节　香精的复配

一、香精复配的原因

　　香精复配的原因一是在于弥补香料的局限性，香精的香气主要表现在头香、体香和尾香三个过程。头香是最先感受到的香气特征，香气轻快、新鲜、生动、飘逸。体香是主要香气，在较长时间内稳定一致的香气特征。尾香是最后残留的香气。不同的香精，其香气的三个过程特征不尽相同，没有一种香精能把这三个过程完美地表现出来，所以只选用一种香精就把产品做到尽善尽美会有一定难度。这需要根据不同的香气特征，从中选出纯正、柔和、连贯性佳的几种香精混合使用，以达到最佳效果。

二是区域要求，不同地区的消费群体对风味的选择不同，同样是奶香，南方可能要求偏香草味，北方则要偏鲜奶味，有时需要带烘烤味，有时又要带焦甜香，这就需要靠香精复配技术来解决。

三是产品开发的需要，不同香型复合的产品，有一定的独特性，可以减少仿冒产品出现的概率。同时，可以创造出一种别致的风味，从而吸引消费群体。

四是降低成本。

五是复配能起增香、矫味的作用。

香精复配是一种趋势和时尚，尤其是冷饮消费的主体——青少年，更是这种潮流的追随者。

二、香精复配的基本原则

原则1：近似相配　香气类型接近的较易搭配。如果香配果香：柑橘类、香蕉、菠萝、梨、桃、苹果草莓和热带水果等。坚果配坚果：咖啡、可可、巧克力、果仁等。奶香、类奶香搭配：香草配奶香、牛奶配白脱等。

原则2：相互衬托　既突出各自风味，又能互补、协调。如：果香配奶香、蛋香配奶香、果香配茶香等。

原则3：习惯用法　已被普遍接受的传统搭配。如：桂花和赤豆、糯米和红枣等。

香精、香料的选择目前在食品新产品的开发中，起了重要的作用。

三、评香的基本要点

要掌握香料的复配即香精的调香技术，必须首先了解有关香气、香味方面的概念及评香的基本要点。

（一）香气、香味

（1）香气　是指某种挥发性物质刺激位于鼻腔内的神经时所产生的感觉，关于嗅香机理目前主要有两种观点，即微粒子学说和波动学说。

（2）香味　是指食品在品尝时，通过嗅觉和味觉同时感受到的感觉。

（3）香型　是比较具体地描写一种香精的整体香气。

（二）评香的基本要点

（1）头香要鲜明，拿起来一闻就知道橘子是橘子，菠萝是菠萝，清清楚楚。

（2）体香要稳定，在一定时间内香韵基本一致，留香长短视产品而定。所谓香韵是香气的韵调，即人的主观意识对客观香气现象的反应和测度，也就是把香气作为艺术的形象而对之领略和评价，香韵是比较抽象的，有时难以用语言或文字表达。

生产饮料、冷饮用的香精只需要稍有留香，这样成品食用后味香而不腻。了解正确的评香方法后，就可选择合适的香精，例如开发一个可乐饮料，首先设想一个理想的口味，是可口可乐型还是百事可乐型？其区别是可口可乐偏重于肉桂，以肉桂为主，以白柠檬为辅；而百事可乐以白柠檬为主，肉桂为辅。第二步是同一香型的多个香精样品中，选择较好的香精，第三步是做成饮料后品尝，这是香味的综合感觉。

四、香精、香料的搭配

随着食品工业的发展，除了原有的加香产品如饮料、肉类、糖果、焙烤制品等食品外，近年来各种快餐、点心、膨化休闲食品等的出现，扩大了食品用香精、香料的应用范围，同时，由于消费者口味在不断变化，使得香精、香料品种不断增加，而且在加香的浓度及其香精、香料的搭配上也有创新。

客观地说，香精搭配是一个取长补短、不增加香精品种而使香气更加完善的技艺，香精的搭配可以产生新的口味，开发食品新品种，但是搭配技术没有既定的规则，必须通过实验复配比例，达到理想的效果。

由于近年来冰淇淋的迅猛发展，香精、香料在冰淇淋中的应用也日趋广泛。冰淇淋生产厂商对决定产品口味的香精要求越来越高。为使产品在市场上更具竞争力，除了选择好的香精外，香精搭配也就成了新型冷饮产品开发的关键，为此下面重点介绍香精在冰淇淋中的应用及搭配。

用于冰淇淋的香精基本分三类。

(1) 果蔬类　包括甜橙、橘子、柠檬、白柠檬、苹果、梨、杏子、梅、香蕉、菠萝、荔枝、龙眼、草莓、杨梅、西瓜、哈密瓜、西番莲等。

(2) 干果类　①坚果类：咖啡、可可、花生、芝麻、核桃、红枣、板栗等；②豆类：红豆、绿豆等；③粮食类：玉米、红薯、香芋等。

(3) 奶香类　包括牛奶、奶油、白脱、乳酪、干酪等香型。

果蔬类香气主要是青香（果青），甜香（果甜）和酸香，酯类成分占主要。奶类香气主要是甜香（糖香）和酸香，高碳酸和内酯类成分占主要。干果类香气主要是甜香（糖香）、焦香，噻唑、吡嗪成分占主要。香气类型接近的较易搭配，因此，水果与奶类、干果与奶类易搭配，水果类与干果类之间较难搭配。

水果型之间可互相搭配，实践中往往以一种为主，另一、二种为辅：

(1) 甜橙为主

① 乳化甜橙香精 0.10%＋柠檬香精 0.02%～0.05%；

② 乳化甜橙香精 0.10%＋西番莲香精 0.01%～0.02%；

③ 乳化甜橙香精 0.10%＋芒果香精 0.01%～0.02%；

④ 乳化甜橙香精 0.10%＋乳化菠萝香精 0.02%～0.04%。

(2) 柠檬为主

① 柠檬香精 0.05%＋青梅香精 0.05%；

② 柠檬香精 0.05%＋南国梨香精 0.05%；

③ 柠檬香精 0.05%＋白柠檬香精 0.03%。

(3) 香蕉为主

① 香蕉香精 0.07%＋乳化苹果香精 0.03%；

② 香蕉香精 0.07%＋菠萝香精 0.04%；

③ 香蕉香精 0.07%＋柠檬香精 0.03%；

④ 香蕉香精 0.07%＋甜橙香精 0.03%。

（4）菠萝为主

① 乳化菠萝香精 0.1%＋乳化芒果 0.01%～0.02%；

② 乳化菠萝香精 0.1%＋水蜜桃香精 0.02%；

③ 乳化菠萝香精 0.1%＋白柠檬香精 0.03%。

（5）什锦搭配　即不分主次、产生说不清的舒适味道

① 甜橙香精 0.04%＋香蕉香精 0.03%＋菠萝香精 0.03%；

② 密瓜香精 0.05%＋葡萄香精 0.02%＋甜橙香精 0.03%；

③ 南国梨香精 0.06%＋菠萝香精 0.04%＋苹果香精 0.02%；

④ 香蕉香精 0.04%＋菠萝香精 0.03%＋橘子香精 0.03%。

五、调香的技术

（一）调香的必备知识

调香不仅是一项工业技术，也是一门艺术，香精调配，首先应学习和掌握以下几方面的知识。

（1）要熟悉和掌握各种香料的香气及性能，了解各种香花和天然精油的挥发香成分以及天然香料的产地、取香部位、加工方法、合成香料的起始原料、工艺路线及精制方法等。

（2）掌握各种典型的香型配方，尤其是对某些固定的成分以及某些基本的花香型的配方结构要牢记。

（3）消费者的民族、文化、风俗习惯、年龄、生活环境、自然条件、职业、心理等情况的不同，对香型及香韵的认识有所不同，可根据消费对象来调配不同的香精产品。

（4）调香是一种技艺。调香者除了上述必备的科学知识外，还必须具备艺术鉴赏力。虽然随着近代食品工业的发展，可以应用某些现代化的仪器和设备来进行调香，但就目前而言，主要的调香鉴赏工具仍然是调香者嗅觉灵敏的鼻子，并且要有好的嗅觉记忆力，以便辨别真伪、辨别不同来源的产品。食品香精的调配离不开香精原料，如植物精油、人工合成香料、天然果汁及各种调味料（药味料、辛香料、刺激味料）等。各种香料经混合后，经过一定时间的陈化圆熟后制得食用香基，再将香基调配成水溶性、油溶性、乳化和粉末等各种类型的香精。

（二）典型的香精配方

（1）水溶性香精　在水溶性香精中，一般香基占 10%～30%，作溶剂使用的乙醇或丙二醇占 20%～60%，水占 20%左右。例如草莓水溶性香精：草莓香基 20 份、麦芽酚 1 份、水 24 份、乙醇 55 份。香蕉水溶性香精：香蕉香基 20 份、水 25 份、乙醇 55 份。

（2）油溶性香精　油溶性香精中一般香基占 10%～30%，作溶剂使用的植物油、丙二醇等约占 70%～90%。例如香蕉油溶性香精：香蕉香基 30 份、植物油 67 份、

柠檬油 3 份。菠萝油溶性香精：菠萝香基 15 份、植物油 83 份、柠檬油 2 份。

（3）乳化香精　乳化香精是一种以油溶性香精为内相，水为外相的乳化液，采用适宜的稳定剂调整内外相的相对密度使其保持稳定的乳化状态，再加入适当的色素制成乳化香精。如菠萝乳化香精，其组成是：内相菠萝香基 5 份、柠檬油 1 份、外相 20% 阿拉伯树胶水溶液 94 份。将外相阿拉伯树胶水溶液装入反应缸内，高速搅拌下慢慢添加内相物料使其乳化，然后再进行高压喷射，内相粒度可达 $1\sim4\mu m$，形成乳化香精。

（三）食用香精的感官检验

香的检验简称评香，目前主要还是通过人的嗅觉和味觉等感官进行。感官检验的结果往往因人而异，为减少误差，香精的感官检验一般采用统计感官检验法。

（1）两点识别检验法　取出两个试样，检验其中哪一个较受喜爱。

（2）两点嗜好检验法　取出两个试样，凭检验者的嗜好检验出最喜爱的试样。

（3）三点比较法　将 A、B 两种试样分为如 A、A、B 或 A、B、B 的三点一组，对各组进行品尝的检查人数相等，选择三点中感觉不同的一点。

（4）三点嗜好检验法　在三点比较法的基础上，将选出的一个和另外两个进行比较，选出所喜爱的一方。

（5）一对二点检验法　先将作为标准试样的 A 或 B 给检验员，在对其特征充分记忆后，再同时给以 A、B 两种试样，从中选择与标准样品相同的一种。

（6）排序法　给以 A、B、C... 几个试样，然后把对于某种特性的强弱或嗜好度按顺序记下的方法。

（7）评分法　分别对于所给试样的质量采用 $1\sim100$ 分、$1\sim10$ 分或 $-5\sim+5$ 分等数值尺度进行评分的方法。

（8）风味描述法　对于加香产品入口时的味、香强度、回味等全部效果加以综合考虑，对其式样、优缺点等加以讨论、总结。

除了上述 8 种方法外，还有许多其他检验方法，如两点双定检验法、三点识别检验法、组合检验法、二对二点检验法、极限法等。

（四）食用香精检验时应注意的问题

（1）香精质量的检验　可以采用香精纯品通过评香纸进行检验。亦可将香精稀释至一定浓度（溶剂主要是水或某种浆液）放入口中，香气从口中通过鼻腔，从稀释度与香之间的相互变化关系评价香质量。

（2）香强度的检验　香强度一般采用阈值来表示，所谓阈值是指能够感觉到香气的有香物质的最小浓度。阈值越小的香精，其香强度越高，但此概念也不是绝对的，由于溶剂的不同，亦有微妙的变化。

（3）留香时间的检验　香精香料中，有些品种的香气很快消失，有些香料的香气能保持较久，香料的留香时间就是对该特征的评价。一般是将香精香料粘到评香纸上，再测定香料在评香纸上的香气保留时间。

另外，即使使用同一种香精，由于加香介质不同，其香亦要产生变异。因此加香产品一般需要恒温槽等装置，进行恶性条件试验后，才能进行最后的香检验。此外，香精在食品中的使用量虽然很少，但对加香产品的香气却起着决定性作用。食品要取得良好的加香效果，除了选择好的香精外，还要在使用时注意香精的均匀性、其他原料的质量、产品酸甜度的配合、产品加香时的温度以及香精的使用量等因素。

第二节　香精复配在食品中的应用

一、肉制品用香精的复配

肉制品用香精的复配使用不仅可以满足消费者对肉制品风味需求的多样化，而且也是肉制品加工企业实现自我保护的重要手段之一。肉制品用香精可以通过香精之间的复配，协同增香，实现肉制品香气、香味的完美结合。

（一）肉味香精之间的复配

根据肉制品用香精在加香产品的功能作用，可进行香精之间复配使用。例如红烧排骨香精，可赋予肉制品红烧排骨的肉香，它可以与液体猪肉香精复配使用，来进一步增强产品的头香，具体比例可根据产品的风味来确定。提供头香为主和提供底味为主的调味香精可以复配使用，可以克服使用单一香精加香的局限性。例如，牛肉香精与热反应牛粉香精复配，可形成五香酱牛肉的风味特征。为了实现肉制品的美味要求，猪肉香精可以和鸡肉香精复配使用。猪肉香精也可以和牛肉香精复配使用。

（二）肉味香精与香辛料香精的复配

用户还可以根据自己产品的风味特点，进行肉味香精与香辛料香精复配使用。一些肉味香精与香辛料香精复配使用可形成哈尔滨红肠，风味烤肠等产品风味，且蒜香纯正，没有蒜臭味，并可以避免因使用鲜大蒜而影响产品保质期等问题。

肉制品用香精一般还可以与烟熏香味料和粉状香辛料配合使用，在肉制品中协同增香。

肉制品用香精的加香量是对肉制品配方中配料总量而言的，确切地说是以最终出成品的质量（实际出品率）计算的。

一般情况下：出品率为100%～200%，用量为0.15%～0.2%；出品率为200%～300%，用量为0.2%～0.3%。

香精复配使用时，单品种香精的使用量要不高于建议加香量。酱卤制品一般按卤汤（老汤）量的0.3%～0.6%的比例添加。

二、香精复配在冷饮中的应用

香精在中低档冷饮产品中的应用有很大的前景。

（一）低档奶香型产品

白砂糖	10%	甜蜜素	0.1%
葡萄糖浆	10%	起酥油	2%

乳化稳定剂	0.5%	盐	0.06%
淀粉	3%	香精适量	加水至100%
奶粉	1%		

注：因含有一定量的淀粉，致使料液黏度较大，通过板式换热器杀菌时会产生堵塞现象，所以要选用含有 α-淀粉酶的稳定剂，以降解淀粉，从而使操作顺利进行。

香精使用

（1）鲜奶香精 0.06%＋炼奶香精 0.04%＋白脱香精 0.02%：有新鲜牛奶香气，口感纯正，回味足；

（2）鲜奶香精 0.04%＋炼奶香精 0.06%＋牛油香精 0.03%：天然酶解黄油的奶香、浓郁、醇厚；

（3）香草香精 0.04%＋纯奶香精 0.02%＋白脱香精 0.02%＋炼奶香精 0.02%：奶香中透出香草特有的香甜气息，较愉悦。

(二) 中档产品中各类香精的复配

白砂糖	14%	麦芽糊精	2%
葡萄糖浆	5%	起酥油	3%
奶粉	4%	乳化稳定剂	0.5%
植脂末	1.5%	香精适量	加水至100%

香精使用

（1）奶香与其他香型复配：鲜奶香精 0.05%＋炼奶香精 0.04%＋冬瓜茶香精 0.03%：奶香中透出焦甜香。淇淋蛋黄香精 0.05%＋淇淋炼奶香精 0.03%＋鲜奶香精 0.03%：烘烤香、蛋糕香、奶香、甜香等很好地融合在一起，口感佳。鲜牛奶香精 0.08%＋香蜜瓜香精 0.008%：清新爽口的奶香。淇淋炼奶香精 0.08%＋烤面包香精 0.01%：白脱曲奇的美味。

（2）果香之间复配（在原有配方基础上添加 0.2%的柠檬酸）：菠萝香精 0.07%＋乳化菠萝香精 0.05%：同香型互补，水质香精头香飘逸、透发，乳化香精后劲足、回味佳，结合使用，效果不错。菠萝香精 0.06%＋甜橙 0.02%＋青苹果 0.008%：不同香型配合，以一种为主香，其他为辅香。菠萝香精 0.03%＋香蕉香精 0.03%＋橙汁香精 0.04%：多果混杂，风味别致。

（3）果香为主，奶香为辅：香蕉香精 0.075%＋炼奶香精 0.03%＋蛋黄香精 0.02%；甜橙香精 0.09%＋鲜奶香精 0.03%＋冬瓜茶香精 0.02%。

(三) 水冰类产品中香精的复配

白砂糖	15%	淀粉	2%
葡萄糖浆	5%	稳定剂	0.5%
甜蜜素	0.06%	香精适量	加水至100%
柠檬酸	0.2%		

香精使用：以含酸水果香精为主，辅以其他香型，较别致。荔枝香精 0.07%＋薄荷香精 0.01%：在果香中添加少量薄荷的清凉味，食用起来特别冰爽可口；柠檬香精 0.09%＋西洋参香精 0.05%：酸酸的柠檬香气中透出西洋参淡淡的苦味，有生津止渴

的感觉；水蜜桃香精0.06％＋绿茶香精0.03％：借用饮料中的冰茶风味，新颖别致。

三、复合香辛料在食品中的应用

（一）混合香辛料

混合香辛料，是将数种香辛料混合起来，使之具有特殊的混合香气。它的代表性品种有咖喱粉、辣椒粉和五香粉。

（1）五香粉　五香粉常用于中国菜，用茴香、花椒、肉桂、丁香、陈皮等五种原料混合制成，有很好的香味。

（2）辣椒粉　辣椒粉主要成分是辣椒，另混有茴香、大蒜等，具有特殊的辣香味。

（3）咖喱粉　主要由香味为主的香味料、辣味为主的辣味料和色调为主的色香料等三部分组成。一般混合比例是：香味料40％，辣味料20％，色香料30％，其他10％。当然，具体做法并不局限于此，不断变换混合比例，可以制出各种独具风格的咖喱粉。

（二）复合香辛料的配制

国内外调味料发展很快，国际市场上新型复合调味料琳琅满目，有中式、西式，形成了系列，如瑞士的"康粒鸡精"，荷兰的"牛肉精"等。但目前国内市场香辛料品种较单一，如生姜粉、五香粉、大蒜粉等，易受潮，使用也不甚方便。因此可以将多种香辛料科学复配，并使其具有专门功能，如用于鱼肉汤、羊肉、烧鸡中，使之风味独特，香味柔和。另外，将大块原料经净化、粉碎，并以棉纸袋包装作为最终处理，不仅使用方便，不牙碜，而且可多次使用，适应了厨房消费社会化的趋势。研究人员已成功研制了五香茶叶蛋、烧鸡、鱼肉汤、红烧羊肉等多种复合香辛料，取得了较好的效果。

在香辛料复配前，首先是净化、打磨工作。可以先把一些常用的香辛料用植物粉碎机打磨成粉末状。另外，调配前要了解不同香辛料所具有的不同特点和作用。如八角，其性状辛甘温，有特殊香气。作用：调味、温阳、散寒、理气。能避秽去异味，使肉味鲜美。

其次，要考虑原料的不同情况和使用要求，选择与被调原料风味相适应的香辛料，这样才能使香辛料充分发挥助香、助色、助味的作用。

再者，要考虑香辛料对被调味原料不快气味的遮蔽效果。对于鱼类，就要采用对鱼臭具有强烈抑制作用的葱类、月桂、洋苏叶等。另外肉桂、丁香、生姜、麝香草也有一定的抑制效果。

最后，还要控制香辛料的用量。用量的变化对产品质量会产生不同的影响，如芫荽用量过多，会有化妆品气味；豆蔻用量过大，会产生涩味和苦味。根据以上的规则和注意事项，经科学配兑及小样试验得到了以下几类配方。

1. 五香茶叶蛋复合调配料

基准配方：八角4份；丁香1份；白芷1.5份；姜粉0.5份；红茶粉1份。

配方1：八角4份；丁香1份；白芷1.5份；姜粉0.5份；红茶粉1份；肉桂0.5份。

配方2：八角4份；丁香1.5份；白芷1.5份；姜粉0.5份；红茶粉2.5份；桂

皮 1 份；肉桂 1 份；黑胡椒 0.5 份。

　　首先，是对配方 1 进行小样试验，结果为：具有茶叶蛋味道，但颜色、气味都较淡。于是改变原料配比，同时增加了黑胡椒和桂皮，得出配方 2。再对它进行小样试验，结果为：鸡蛋外皮为茶褐色，剥皮后颜色已渗入到蛋清，并已具有五香味。因效果较好，所以便进行大样试验，烹调操作基本一致，由 8 个人进行感观评定。一切均按感观评定的要求和条件进行。

2. 鱼肉复合香辛料

　　基准配方：胡椒 2 份；葱粉 1 份；姜粉 0.5 份。

　　配方 1：白胡椒 2 份；葱粉 1 份；姜粉 0.5 份；芫荽子 0.25 份；咖喱 0.25 份；小茴香 0.25 份；大蒜 0.1 份。

　　配方 2：白胡椒 2 份；葱粉 0.8 份；姜 0.6 份；肉桂 0.1 份；芫荽子 0.25 份；小茴香 0.1 份；大蒜 0.2 份；香菜 0.3 份；豆蔻 0.1 份；八角 0.2 份；胡萝卜粉 0.6 份。

　　对配方 1 进行小样试验，结果是较清香，有腥味，葱味浓，似乎香出于此。因此减少葱、姜用量，并去除咖喱粉，因它的存在使汤色泽变差，同时加入去腥物质胡萝卜粉，研制出配方 2。

3. 烧鸡复合香辛料

　　基准配方：砂仁 1.5 份；豆蔻 0.5 份；丁香 2.5 份；白芷 2 份；葱粉 1 份；肉桂 1.5 份；八角 0.5 份；姜粉 0.2 份；山柰 2.5 份。

　　配方：砂仁 1.5 份；豆蔻 0.7 份；丁香 2.5 份；白芷 2.5 份；姜粉 0.2 份；葱粉 1 份；肉桂 1.5 份；八角 0.5 份；桂皮 0.1 份；山柰 2.5 份。

　　对基准配方进行小样试验，结果香气迫人，但味道较淡。因此适当增加一些香辛料的用量，同时增添了桂皮，得出配方 1。

4. 红烧羊肉复合香辛料

　　基准配方：丁香 0.5 份；白花 1 份；八角 4 份；生姜 2 份；桂皮 0.5 份；山柰 1.5 份；小茴香 0.5 份；红曲粉 0.25 份。

　　配方 1：丁香 0.6 份；白芷 1 份；八角 4 份；生姜 1 份；桂皮 0.6 份；山柰 1.5 份；小茴香 0.5 份；红曲粉 0.25 份；肉豆蔻 0.2 份；白胡椒 0.4 份。

　　配方 2：丁香 0.5 份；白芷 1 份；八角 3 份；生姜 2 份；桂皮 0.5 份；山柰 0.5 份；小茴香 0.5 份；红曲粉 0.25 份；葱末 0.2 份；洋葱 1 份；肉豆蔻 0.2 份；香菜 0.3 份。

　　配方 1 进行小样试验，结果为：香气迫人，有明显的膻味。因此针对配方 1，又增添了洋葱、葱末、香菜等香辛料，得出配方 2。

5. 结论

　　(1) 五香茶叶蛋复合香辛料最佳配方为配方 2。样品有优雅的五香味，色、香、味较佳。

　　(2) 鱼肉复合香辛料最佳配方为配方 2。样品去腥和掩盖异味效果较好，有淡淡的清香。同时得出，胡萝卜有较好的去鱼腥作用，但无增香作用。在增香方面可作进一步研究。

　　(3) 烧鸡复合香辛料最佳配方为配方 1。样品色泽是橘红色，肉质鲜嫩，香味独特。

（4）红烧羊肉复合香辛料最佳配方为配方2。样品无明显膻味，色泽酱红，味香鲜嫩，带有微辣，爽口不腻，效果较好。并确知洋葱具有较好的去羊膻味的作用。

随着人民生活水平逐步提高，开始讲求新鲜、方便，要求厨房劳动社会化，所以开发和生产复合调料符合食品工业发展及人民生活水平的需求，具有一定的社会效益和经济效益，具有广阔的发展前景。复合香辛料精油的提取是复合香辛料今后发展的又一个趋势。

四、红茶香精的调配

红茶作为中华民族的传统饮料，由于其性平缓、温和，有提神和健胃、利尿、强心防病功效，至今仍受广大民众的喜爱。在茶饮料、茶食品制造过程中，一方面要降低成本，而另一方面在需要加香的食品中具有茶的色、香、味。因此要开发研制红茶香精来适应和满足社会大众化的需求。

（一）红茶的茶香成分

红茶香味是通过鲜茶叶的发酵，导致茶叶中香味前体的重要变化而产生的。茶叶香味前体主要有三类物质：多酯类（黄烷醇类）、类胡萝卜素类、不饱和脂肪酸类（主要是亚油酸）及其他一些可热解的组分。主要香气成分为芳樟醇、香叶醇、苯乙醇、丁酸、苯乙酸、苯乙醛、乙酸乙酯、甲酸香叶酯、苯甲酸甲酯、水杨酸甲酯、苯莉酮酸甲酯及二氢猕猴桃醇酸内酯等。

（二）实验方法

原料的选取时第一要考虑原料来源稳定，质量稳定。采用容易生产且耐贮存便于运输的原料。二是考虑原料的价格。三是食用安全方面的，应选用具有 FEMA 编号的原料，以保证香精食用的安全性。

要保证红茶香精的香气稳定，前后香气不要变化太大，但也不能过于平淡，在每一路香韵选择中考虑到头、体、底香三段香气的衔接，使之紧密相连散发自然。

调香时，要寻求组成构型的各种香味特征之间的平衡，同时要注意香味顶部和在口内的持久性能，并且要防止不适或不协调的香味产生，不断地解剖和改进香精配方，通过香味辨别，剔除一些不宜成分，并通过应用试验，直至达到预期目标为止。

优化配方数据与感官评定如下。

（1）配方设计　在红茶香味分析与讨论的基础上，调配红茶香精力求使之体现红茶的醇厚甜韵，带清爽的茶的芬芳香，使整个香气和谐圆润。红茶的香韵结构配方如下。

原料	配方1	配方2	配方3
乙酸叶醇酯	0.004	0.002	0.003
芳樟醇	0.4	0.2	0.2
氧化芳樟醇	0.6	0.12	0.12
香叶醇	6	6	6
乙酸香叶酯	4	2	2
乙酸芳樟醇	0.4	0.2	0.2
丁-癸内酯	0.2	0.4	0.4
丙-壬内酯	0.2	0.4	0.4

原料	配方1	配方2	配方3
丙-戊内酯	0	0.2	0.2
香兰素	0	0	0.28
乙位-紫罗兰酮	0	0	0.2
乙位-突厥酮	0	0.002	0.005
乙酸乙酯	0.4	0.2	0.2
丁酸乙酯	0.84	0.4	0.4
乙酸异戊酯	0.4	0.4	0.4
丁香花蕾油	0.4	0.1	0.1
乙-石竹烯	4	0.4	0.4
茶醇	0.4	0.4	2.54
二氢猕猴桃内酯	0.38	0.38	0.58
异丁酸	0	0.002	0
柳酸甲酯	0	0	0.14
乙基麦芽酚	1	2.5	2.5
甲基环戊烯醇酮	0	1.5	5.6
其他(丙二醇等)	980.376	984.194	977.133
总计	1000	1000	1000

（2）感官评定　配方1把红茶香精香韵的框架构形组成了，但香精头香中嫩叶的青香成分显得太多，头香太尖刺，单一的酸气较重，而体、基香的辛、木甜气太多，红茶的焙炒、焦糖甜气没有显出，总体给人的感觉是香气不协调。适当降低叶青、木青及辛甜香韵的比例，增加红茶经发酵后的干果及焦糖甜气重新调整配方。配方2香精整体感觉比配方1好，但茶甜韵还不够，主要是酮甜气不足，茶甜特征不足，酸气也较大，焙炒香也较重。调整比例，增加一点茶甜特征香及草青香韵，降低陈茶酸气的比例和焙炒余韵的焦味，见成型配方3，整体香气协调，具有红茶的甜花香，头香清鲜飘逸，体香、基香香味较浓郁醇和，用适当比例把红茶香精加入食品中，被加香食品可闻出、食出红茶特有的茶香味。

五、西番莲食用香精的调配

（一）西番莲香精的调配目的

西番莲又名鸡蛋果，是西番莲科西番莲属的攀援藤本植物，引作制作果汁用的热带水果。原产中美洲及巴西，我国于20世纪50年代引进，80年代末开始大面积种植。西番莲香精具有类似桃子、香蕉、菠萝等多种水果的令人愉快的气息，其香非常诱人，使人垂涎欲滴，是近年来新开发的具有很大潜力的一种热带水果香精。可用于冰淇淋、饮料、糖果、酸乳酪等食品中，并能和芒果、甜橙等一起形成西番莲-芒果、西番莲-甜橙的复合口味，是一种有发展前景的香精。

（二）香气分路

根据西番莲的成分分析资料以及国外公司调配的西番莲香精样品，确定其香气分路为：

（1）头香　热带水果所特有的硫化物香气　　1%～2%

（2）体香　果香　　　　　　　　　　　　　50%～70%

（3）修饰香　青香，酸香　　　　　　　　　　　5%～10%

（4）基香　甜香　　　　　　　　　　　　　　　10%～15%

（三）调配中易出现的问题

1. 果香的协调　果香是西番莲香精的主体香。因此，果香是否协调是整个香气成败与否的关键。刚开始调配时，调香者在乙酸乙酯、丁酸乙酯、丁酸丁酯这三者上用量很拘谨，担心其果香中的梅臭气（主要是丁酸乙酯）会对整个香气不利，因此，在果香上一直有很大的问题，香气非常单薄。随后加大它们的用量，并增加了一些果甜并带花香类的原料：有带浆果梨样的青甜果香和轻微花香及青气的乙酸己酯；醚样果实甜的三乙酯；甜的花香、似橙叶果香、香柠檬、梨样的乙芳；带香蕉果甜的乙酸异戊酯；果香-花香的丁酸苄酯；果香并有酿香的庚酸乙酯等。这些果甜类的原料搭配起来，使果甜气非常丰满。注意个别原料的用量，可避免香气偏桃子样。硫代薄荷酮是一个在热带水果香精中起到画龙点睛作用的原料。在前期配制中，若一味地用硫代薄荷酮，试图以此来体现西番莲的特殊头香，它与其他的果甜原料极易使香气偏于桃子香。后来经实验证明，硫代香叶醇要比硫代薄荷酮更能体现西番莲的特征头香。另外，还可以用3-甲硫基己醇来丰富头香。

2. 例方

原料名	配方1/%	配方2/%	原料名	配方1/%	配方2/%
叶醇	1.5	/	己酸甲酯	0.25	/
芳樟醇	/	0.5	乙酸异戊酯	0.25	0.25
芳樟醇氧化物	/	0.5	丁酸丁酯	0.5	0.5
松油醇	0.25	0.25	丁酸乙酯	2	2
麦芽酚	0.5	0.5	乙芳	/	0.25
乙基麦芽酚	0.25	/	苯甲酸乙酯	/	0.05
10%呋喃酮	2	2	庚酸乙醇	0.5	0.5
十二酸甲酯	0.5	0.5	甜橙油	0.5	1
十四酸乙酯	/	0.5	10%乙酸	0.25	0.25
β-突蔊酮	0.02	0.02	柠檬酸	/	0.2
玫瑰花油1%	1	1	β-紫罗兰酮	/	0.02
乙酸乙酯	1	1	乙酸二甲基苄基原酯	/	0.1
三乙酯	0.25	0.25			
丁酸苄酯	0.25	0.25	硫代香叶醇1%	适量	适量
乙酸苄酯	0.25	0.25	硫代薄荷酮1%	适量	适量
乙酸己酯	0.5	0.5	丙二醇	至100	至100
己酸己酯	0.5	0.5			

配方1：香气为偏青的西番莲香气，叶醇强大的青气赋予了头香的强劲。麦芽酚和乙基麦芽酚的糖甜构成了甜香，呋喃酮使前两者的焦甜气更突出。同时十二酸甲酯亦起到了圆和及留香的效果。带有甜香、花香的β-突蔊酮和玫瑰花油为果香增加了果甜气。庚酸乙酯的酿香使甜香更浓郁、柔和。甜橙油圆和了果香酯类原料的化学气

息，使香气天然感突出。硫代薄荷酮和硫代香叶醇的适量使用突出了热带水果的特征头香，从而使香气和谐、圆满。

配方2：改用芳樟醇及其氧化物的柔和青气以及乙芳的清甜来取代叶醇的粗、强，营造出一个清新、透发的头香。增加似鸢尾香的十四酸乙酯与十二酸甲酯共同对香气的留香贡献出一份力量。果香中增添了乙酸二甲基苄基原酯（DMB-CA）（亦可用丁酸二甲基苄基原酯）与β-紫罗兰酮这两个略带花香的原料，使果香更显厚实、多韵。但DMB-CA用量不能过多，否则会有黑加仑香气般感觉。柠檬酸使味觉和香气达到了统一协调。

六、黄酒香精的调配

（一）黄酒为何需加香

绍兴黄酒的生产是选用精白糯米、优质小麦为原料，用麦曲比例较高。绍兴酒一般有麦曲特有的香味，正像瓜干酒有白菜味、葡萄酒有果味、朗姆酒有甘蔗味一样。鉴于传统工艺和传统配方，黄酒的发酵是霉菌、酵母、细菌等多种微生物共同参加下的复式发酵，糖、醇、酸、酯、醛等复杂成分同时产生，形成了错综复杂的香气。绍兴酒一般要陈放3～5年才供市场销售，由于长时间贮存，使得酒变得更芬芳、醇厚，主要原因是酒内的有机酸与醇结合生成各种酯，如乙酸与乙醇的反应。由于酯化反应是分子反应，因此它的反应速度非常慢。酯化反应要完全达到平衡，在常温下要经过几年或更长时间。黄酒生产后由于经过贮存，各有机物之间的化学反应更趋于完全。正因为黄酒在发酵和熟化过程中周期较长，发酵黄酒在香气上有独特的风格。而在发酵、熟化周期短的情况下，黄酒香气不足，影响产品质量。所以许多黄酒生产厂家一直在寻求一种黄酒香精以补充香气，从而改善产品质量，黄酒香精便应运而生。

（二）黄酒香精如何调配

绍兴酒中香气物质很多，香味多样，也没有一个化合物的气味明显突出，而且香气成分相互间有减弱和增香的作用，因此香气是十分复杂的，主要由酯类、酸类、羰基化合物等物质构成，嗅辨有许多困难。应用气相色谱法分析，测得黄酒香气的主要成分是异丁醛、乙酸乙酯、正丙醇、乙醛、异丁醇、乙酸乙酯等。绍兴酒用曲比例高于其他黄酒，其曲用量为原料的15%～19%。在制曲过程中，麦曲升温为55～58℃，由于温度作用，小麦的蛋白质和衰老死亡微生物蛋白残体自溶转化为氨基酸，产生了氨基酸的芬芳香，由此形成了特殊的曲香。根据气相色谱分析资料和绍兴酒的氨基酸成分表，就可以确定黄酒香精的大体配方。而绍兴酒的辣味成分主要是酒精，故黄酒香精的基料采用酒精，参考配方如下：

异丁醛	1	乙酸戊酯	0.1
乙酸乙酯	1.5	赖氨酸	3.5
正丙醇	4	组氨酸	1
乙醛	7	精氨酸	0.5
异丁醇	3	其他	3
乙酸己酯	0.5	酒精	74.9
合计	100		

第六章

复合增稠、胶凝剂

亲水胶体通常是指能溶解于水、并在一定条件下充分水化形成黏稠、滑腻或胶冻溶液的大分子物质，在食品、医药、化工及其他许多领域中都有着广泛应用。亲水胶体在性能上既有共性又有各自的特异性。当前在常用单体胶方面已有广泛的研究，有关各自化学组成、分子结构、理化性质及实际应用等方面已有大量详细的研究报道，但在复合胶方面的研究还较少，尤其对于国内更是这样。有些亲水胶体之间能相互作用，达到一种协同效应，产生各单体胶本身并不具有的特性，或能改善各单体胶在某些方面的性能。此外，某些亲水胶体由于产地及环境的影响、产量低、来源不稳定、价格偏高；也限制了实际生产应用；因而，复合食品胶已逐渐成为亲水胶体研究的热点，也是今后食品胶生产与发展的一个重要趋势。

复合食品添加剂与单体相比具有十分显著的优点，同样复合食品胶也不例外。食品胶的协同效应，既有功能互补、协同增效的效应，也有功能相克、相互抑制的效应，但在食品工业中有应用价值的一般是协同增效效应。复合食品胶在复合食品添加剂中应最具代表性，目前国内外对其研究和应用也最多。复合食品胶（也称复配食品胶）是指将两种或两种以上食品胶体按照一定的比例复合而成的食品添加剂产品。而广义的复合食品胶定义还包括下面的情况：一种或一种以上食品胶与非食品胶类别的食品添加剂（或可食用化学物，如盐类）复合而得到的添加剂。

复合食品胶在食品中的应用一般都是作为增稠、胶凝剂使用。增稠剂溶液的黏度对其使用效果有很大的影响，而影响增稠剂黏度的因素是多方面的，除其结构、相对分子质量外，还取决于系统的温度、pH、切变力等。随着增稠剂浓度的提高，增稠剂分子体积增大，相互作用的概率增加，吸附的水分子增多，因此黏度增大。溶液的pH 对增稠剂的黏度和稳定性有重要影响，选用和使用增稠剂时必须引起注意。增稠剂的黏度通常随 pH 发生变化，如海藻酸钠的黏度在 pH6～9 时稳定，pH 小于 4.5时黏度明显增加。pH 2～3时，海藻酸丙二醇酯呈现最大的黏度，但海藻酸钠却析出沉淀。明胶在等电点时黏度最小，而黄原胶特别在少量盐存在时，pH 变化对黏度的影响不大。多糖类苷键的水解是在酸催化条件进行的，因此在强酸溶液的饮料中，直链的海藻酸钠和侧链较小的羧甲基纤维素钠等易发生降解，导致黏度下降，因此酸性汽水和乳饮料应选用侧链较大或较多、且位阻较大又不易发生水解的海藻酸丙二醇酯和黄原胶等增稠剂。海藻酸钠和 CMC 等则适合豆奶等中性饮料使用。此外随温度的升高，分子运动速度加快，一般溶液的黏度降低。经验表明，多数胶类的溶液，当其温度每升高 5℃，其黏度约降低 15%。例如通常条件下使用的海藻酸钠溶液，温度每升高5~6℃时，黏度就下降 12%。温度升高，化学反应速度加快，特别是在酸性条件下，大部分胶体分解速度也大大加快。高分子胶体解聚时，黏度下降是不可逆的。为避免黏度不可逆的下降，应尽量避免胶体溶液长时间的高温加热。在胶类增稠剂中，黄原胶和海藻酸丙二醇酯的热稳定性较好。温度每升高 5℃时，黄原胶溶液的黏度仅降低 5%左右。在少量氯化钠存在下，黄原胶的黏度在−4~93℃温度范围内变化很小，这是增稠剂中的特例，也是黄原胶广泛用于食品的有利特性。

增稠剂粒子的分散和溶解也影响其应用特性。亲水性胶体分子的化学构造直接影响其溶解性。实际溶解应按以下两个步骤进行，即亲水性胶体向水介质的很好分散以及水介质适当的化学和物理的环境，如 pH、温度等。亲水性胶体粉末在向液体中分散时，首先应注意混合粒子的均匀分散，防止发生结团即"疙瘩"现象。粒子分散的方法有：①使用粗粒（100~150μm）胶体直接分散。将胶体分散在中间溶剂中，如糖浆等能使胶体与水成结合状态，很少发生粒子水合作用溶剂。预先将胶体与原料中的其他粉末，如砂糖进行混合，使粒子相互离开，混合的原料具有物理分散剂的作用。②将胶体粉末慢慢加到强烈搅拌的水溶液中。在食品制造的连续过程中，特别是溶液中的粒子形成悬浮状态时，胶体必须均匀分散在整个溶液中，因此在分散时必须进行一定的而且有效的搅拌。胶体的均匀分散可以提高液体的黏度，较好地保持粒子的悬浮状态。

当胶体的干燥粒子适当分散于水中时就开始水合作用，水进入胶体分子的亲水基部分发生膨润。在巨大分子间没有牢固结合时，胶体会进一步膨润，直至巨大分子逐个分离、完全溶解。瓜尔胶、黄原胶、海藻酸钠、果胶、卡拉胶可溶解在冷水中，但需要搅拌和时间。另一方面，当干燥状态下巨大分子间牢固结合时，必须加热才能分离和溶解。胶体完全溶解时的最低温度，明胶为 40℃、刺槐豆胶 85℃。有些胶体在加热时也不能溶解，例如要使海藻酸钙溶解必须先离解钙。亲水胶一般很难溶解于高浓度食盐水、高钙（硬水、牛乳）和高糖液（糖浆）中。胶体完全溶解时需要注意温度和时间两种参数。通过减少粒子半径和强力搅拌则可以缩短胶体溶解的时间。

另一方面，某些增稠剂之间有协同作用，两种或两种以上的增稠剂混合使用时，往往具有协同增效作用，混合使用时其黏度高于体系中任一组分的黏度，具有良好的加工特性，因此注意增稠剂的搭配，使用复合型增稠剂可以起到更好的效果。例如卡拉胶与刺槐豆胶、黄原胶与刺槐豆胶或瓜尔胶、黄原胶与海藻酸钠等都有增效作用，黄原胶与 CMC 混用可防止凝聚反应。协同增效的特点是其混合溶液经过一定时间后，系统黏度大于系统各组分黏度之和。例如卡拉胶是以硫酸根取代基的半乳糖残基组成主链的高分子多糖；刺槐豆胶以甘露糖残基为主链，每 4 个甘露糖残基侧换一个半乳糖残基。在卡拉胶与刺槐豆胶形成的凝胶系统中，不能被刺槐豆胶置换的甘露糖的"平滑区"（即无侧链区）可以与卡拉胶的双螺管部分结合，这种反应可以形成类似于卡拉胶的网状结构，从而使凝胶更具有弹性。再如具有固定螺旋结构的黄原胶的巨大分子可以与没有半乳糖甘露聚糖置换基的甘露糖相结合，因此由黄原胶与刺槐豆胶协同作用产生的凝胶根据不规则排列的甘露糖链的置换程度而有不同的变化，而黄原胶与瓜尔豆胶组合，其黏度比期望的黏度高，不会凝胶化。两种增稠剂混合使用时有时还有减效作用，例如阿拉伯胶可降低黄蓍胶的黏度，80％黄蓍胶与20％阿拉伯胶的混合溶液具有最低黏度，比其中任一组分的黏度都低，用此混合物制备的乳液具有均匀流畅的特点。

增稠剂的协同可以产生1＋1＞2的相乘效果。在增稠剂的使用中，以往较多地使用单一品种。随着对增稠剂协同效应的认识，我国目前使用增稠剂的水平大大提高，为食品饮料成本的降低、质量的提高起到了关键性的作用。应特别提出的是，我国冷冻粮食制品，如饺子、汤圆等在开始起步时的设备条件是较低水平的，那么我国的冷冻食品又是如何保证质量的呢？其中的秘密武器就是复合增稠剂。复合增稠剂保证了水饺、汤圆在冷冻加工和冷冻运输、冷藏出售和加热食用中最重要、最基本的品质指标。可以说，我国目前速冻食品企业能迅速完成资本的原始积累，我国能跃居为世界最大的以谷物为原料的冷冻食品生产、消费国，复合增稠剂在其行业最初的发展上起到了关键的作用，而且现在仍在发挥着重要的作用。

另外，乳化剂和增稠剂的配合也十分重要，两者的配合也在我国已取得了很好的成功。例如，西式蛋糕产品都要涂上一层厚厚的奶油，绘上精美的图案。厚厚的奶油之所以又便宜又不腻人，就是乳化剂、增稠剂科学配合的结果。同样对于冰淇淋、植物蛋白饮料等食品，乳化剂和增稠剂的配合应用也不可缺少。

第一节　常用于复合的食品胶

食品胶是一类能提高食品黏度或形成凝胶的食品添加剂，是在食品工业中有着广泛用途的一类重要的食品添加剂。食品胶一般具有这样一些特性：在水中有一定溶解度；在水中强烈溶胀，在一定温度范围内能迅速溶解或糊化；水溶液有较大黏度，在大多数情况下具有非牛顿流体的性质；一部分食品胶在一定条件下可形成凝胶和薄膜。

一、食品胶的分类

食品胶体广泛分布于自然界，按其来源一般可分为：来自作物或植物子实体，如瓜尔胶，刺槐豆胶等；来自植物果仁的罗望子胶及木瓜子胶等；来自树木分泌物的树胶，如阿拉伯胶、黄蓍胶、刺梧桐胶等；从植物果皮中提取的果胶；来自植物的茎块如魔芋；从植物树干中萃取的，如落叶松胶；以及从植物叶子，如蔬菜和芦荟叶中提取的黏质多糖；从海藻中提取的琼脂、卡拉胶、海藻酸钠等；微生物的代谢产物，如黄原胶、结冷胶等；用天然大分子再经化学改性的变性淀粉、羧甲基纤维素及其衍生物、聚乙烯聚吡咯烷酮等；来自甲壳类如虾蟹的甲壳素等。

迄今为止，世界上用于食品工业的食品胶已有 50 种左右，为了更方便地研究和应用它们，有必要将它们合理分类。根据其来源，一些食品胶研究者都提出了他们自己的分类方法。20 世纪 70 年代，美国 M. Glicksman 等提出了他们的分类方法，他们将食品胶分成六类，分别是：植物分泌物、提取物、粉末状物质、微生物发酵多糖、化学修饰胶、人工合成胶。具体分类见表 6-1。

表 6-1　M. Glicksman 等提出的食品胶分类

植物分泌物	提取物	粉末状物质	微生物发酵多糖	化学修饰胶	人工合成胶
阿拉伯胶 黄蓍胶 刺梧桐胶	琼脂 海藻酸盐 卡拉胶 果胶 阿拉伯半乳聚糖 明胶	瓜尔胶 槐豆胶 淀粉 微晶纤维素	黄原胶 苗霉多糖	羧甲基纤维素 甲基纤维素 羟丙基纤维素 羟丙基甲基纤维素 低甲基果胶 藻酸丙二醇酯	聚乙烯吡咯烷酮 聚环氧乙烷

这种分类方法尽管比较科学，但却比较繁琐，不容易记住，并未被研究同行广泛接受。

我国的杨湘庆等在《食品胶和工业胶手册》一书中将食品胶和工业胶分为三类，一类为天然食品胶和工业胶，一类为半合成食品胶和工业胶，另外一类为合成食品胶和工业胶；黄来发等在《食品增稠剂》一书中将食品增稠剂分为四类，分别是：一、由植物渗出液制取的增稠剂；二、由植物种子、海藻制取的增稠剂；三、由含蛋白质的动物原料制取的增稠剂；四、以天然物质为基础的半合成增稠剂。

在以上基础上，对于食品胶的分类，依据科学合理兼顾易于辨别区分的原则，我们将食品胶分为下面五类：①由植物渗出液、种子、果皮和茎等制取获得的食品胶（简称"植物胶"）；②由含蛋白质的动物原料制取的食品胶（简称"动物胶"）；③由微生物代谢产物中获得的食品胶（简称"微生物胶"）；④由海藻制取获得的食品胶（简称"海藻胶"）；⑤以天然物质为基础经化学合成、加工修饰而成的食品胶（简称"化学改性胶"）。具体分类见表 6-2。

表 6-2　食品胶分类表

种　类	主　要　品　种
植物胶	
植物子胶	瓜尔胶、槐豆胶、罗望子胶、他拉胶、沙蒿胶、亚麻子胶、田菁胶、葫芦巴胶、皂荚豆胶
植物树胶	阿拉伯胶、黄蓍胶、印度树胶、刺梧桐胶、桃胶
其他植物胶	果胶、魔芋胶、印度芦荟提取物、菊糖、仙草多糖
动物胶	明胶、干酪素、酪蛋白酸钠、甲壳素、壳聚糖、乳清分离蛋白、乳清浓缩蛋白、鱼胶
微生物胶	黄原胶、结冷胶、苗霉多糖、威兰胶、酵母多糖
海藻胶	琼脂、卡拉胶、海藻酸(盐)、海藻酸丙二醇酯、红藻胶、褐藻岩藻聚糖
化学改性胶	羧甲基纤维素钠、羟乙基纤维素、微晶纤维素、甲基纤维素、羟丙基甲基纤维素、羟丙基纤维素、变性淀粉、聚丙烯酸钠、聚乙烯吡咯烷酮

在表 6-2 中，对于纤维素胶及其衍生物和变性淀粉，从它们来源来看，实际上和阿拉伯胶、瓜尔胶、魔芋粉、槐豆胶和果胶一样也属于植物类多糖胶，但由于它们从植物中获得之后，要进行化学修饰或化学改性加工，一般将它们归属于化学改性胶类。从严格意义上来讲，分别归类为动物胶和海藻胶的壳聚糖、海藻酸丙二醇酯也应该都属于"化学改性胶"。

除了一般可按来源分类外，还可按其用途分类，食品胶又可被分类为增稠剂和胶凝剂。主要的增稠剂为黄原胶、瓜尔胶、羧甲基纤维素、槐豆胶等，实际上几乎所有的食品胶都具有增稠的作用；主要的胶凝剂包括明胶、琼脂、海藻酸钠、结冷胶、卡拉胶和果胶等，具有胶凝作用的食品胶只占了其中的一部分。具体用途可参考表 6-3。

表 6-3　主要食品胶的来源分类表

来　　源	食品胶名称	主　要　功　能
植物胶	瓜尔胶	增稠
	槐豆胶	增稠
	亚麻子胶	增稠、稳定
	他拉胶	增稠
	阿拉伯胶	增稠、稳定、乳化
	黄蓍胶	增稠
	高酯果胶	增稠、稳定、胶凝
	低酯果胶	胶凝
	魔芋胶	胶凝、增稠
	大豆蛋白	胶凝
动物胶	明胶	胶凝
	酪蛋白酸盐	胶凝
	乳清蛋白	胶凝
微生物胶	黄原胶	增稠、稳定、胶凝
	结冷胶	胶凝
海藻胶	琼脂	胶凝
	卡拉胶	胶凝、稳定
	海藻酸盐	胶凝、增稠、稳定
化学改性胶	羧甲基纤维素钠	增稠
	微晶纤维素	稳定

但是应该指出的是，上述按用途分类的方法并不理想。很多食品胶既可被用作增稠剂也可被用作胶凝剂。例如海藻酸钠和卡拉胶都可被用作增稠剂或胶凝剂，一般可以说所有的胶凝剂同时又都是增稠剂；另外，有些食品胶在单一使用时仅是增稠剂，不能成为胶凝剂，但在与其他食品胶共存时，又可被用作胶凝剂。例如黄原胶和槐豆胶在单独使用时，均为增稠剂，但都不能形成凝胶，而当将这两种胶质复配使用时则可得到弹性胶体，这样的例子还有很多，在本书后面关于食品胶的复配章节中还会详细提到。

除了上述两种分类方法以外，食品胶还有其他一些分类方法。如按照其离子性质可分为两类：离子性食品胶体如海藻酸、羧甲基纤维素钠、黄原胶、卡拉胶、明胶等；非离子性食品胶体如海藻酸丙二醇酯、淀粉、羟丙基淀粉等。按照其化学结构可分为多糖类食品胶，如纤维素胶类、海藻酸、果胶、槐豆胶、淀粉类等；多肽类食品胶，如干酪素、明胶、乳清浓缩蛋白、鱼胶、蛋清粉。此外，食品胶体还可以按照其流变性质分为牛顿性食品胶和非牛顿性食品胶、凝胶性食品胶和非凝胶性食品胶等。

二、各食品胶特性比较

世界上的食品有成千上万种，数不胜数，人们往往为了不同的目的而需要在其中使用食品胶作为增稠剂使用，以改善或赋予食品在口味、外观、形状、贮存性等方面的特性，因此在使用食品胶时，需根据不同食品胶的特性进行选择，如在用于食品增稠时，首先可考虑使用瓜尔胶、黄原胶；用于胶凝时，可考虑选用凝胶强度最高的琼脂；用于乳化稳定时，可首先考虑选用阿拉伯胶。

食品胶剂有着特定的流变学性质，抗酸性首推海藻酸丙二醇酯；增稠性首选瓜尔胶；溶液假塑性、冷水中溶解度最强为黄原胶；乳化托附性以阿拉伯胶最佳；琼脂的凝胶性强于其他食品胶，但凝胶透明度以卡拉胶为好，卡拉胶在乳类稳定性方面也优于其他胶。在使用海藻酸盐类作增稠、黏结剂时，采用中、高黏度胶为宜，若作为分散稳定剂、胶凝剂，一般用低黏度胶。各类常见食品胶的特性比较见表6-4。

表 6-4　各类食品胶的特性比较（各种特性强度按顺序排列）

特　　　性	食品胶种类
抗酸性	海藻酸丙二醇酯、羧甲基纤维素钠(抗酸型)、果胶、黄原胶、海藻酸盐、卡拉胶、琼脂、淀粉
增稠性	瓜尔胶、黄原胶、槐豆胶、魔芋胶、果胶、海藻酸盐、卡拉胶、羧甲基纤维素钠、琼脂、明胶、阿拉伯胶
吸水性	瓜尔胶、黄原胶
冷水中溶解度	黄原胶、阿拉伯胶、瓜尔胶、海藻酸盐
凝胶强度	琼脂、海藻酸盐、明胶、卡拉胶、果胶
凝胶透明度	卡拉胶、明胶、海藻酸盐
凝胶热可逆性	卡拉胶、琼脂、明胶、低酯果胶
快速凝胶性	琼脂、果胶
溶液假塑性	黄原胶、槐豆胶、卡拉胶、瓜尔胶、海藻酸盐、海藻酸丙二醇酯
乳类稳定性	卡拉胶、黄原胶、槐豆胶、阿拉伯胶
乳化托附性	阿拉伯胶、黄原胶
悬浮性	琼脂、黄原胶、羧甲基纤维素钠、卡拉胶、海藻酸钠
口味	果胶、明胶、卡拉胶

第二节　食品胶之间的协同效应

食品胶可提高食品的黏稠度或形成凝胶，从而改变食品的物理形状，赋予食品黏润、适宜的口感，并兼有乳化、稳定或使食品颗粒呈悬浮状态等作用，所以食品胶在食品中往往可以作增稠剂、稳定剂、胶凝剂、乳化剂或悬浮剂等食品添加剂使用。但是由于食品胶的种类较多，组成、结构和物理化学特性各异，在食品中应用时，单用一种食品胶体往往会有这样那样的缺点，尤其是在食品市场竞争日益激烈的今天，因为应用的某种食品胶有一点点缺陷就有可能造成该食品在市场竞争中的明显劣势。与单体食品胶相比较，复合食品胶具有明显的优势：通过复合，可以发挥各种单一食品胶的互补作用，从而扩大食品胶的使用范围或提高其使用功能。复合食品胶也正是在这种情况下应运而生的。

随着人们对食品和健康关系的意识不断地提高以及方便食品对现代生活节奏需要的满足，高纤维、低脂肪食品越来越受到青睐，促进了食品多糖的广泛应用。同时多糖的黏性和胶凝性还可以改善和控制食品的结构和质构，为食品加工的多样性提供了条件。而多糖之间存在的协同作用，可以增强食品的流变学性质，改善产品质量，并降低生产成本，所以在过去的 20 年间，对各种协同作用的性质和机理进行了大量的研究。

利用各种食品胶体之间的协同效应，采用复合配制的方法，可以产生无数种复合胶，以满足食品生产的不同需要，并有可能达到最低用量水平。例如一定比例的黄原胶、魔芋胶复合使用，即使它们在水中的浓度低达 0.02%，仍可以形成凝胶。卡拉胶和槐豆胶，黄原胶和槐豆胶，黄蓍胶和海藻酸钠，黄蓍胶和黄原胶都有相互增效的协同效应，这种增效效应的共同特点是：混合溶液经过一定时间后，体系的黏度大于体系中各组分黏度的总和，或者在形成凝胶之后成为高强度的凝胶。下面就各种常见的食品胶之间的协同效应分别做简要论述。

一、卡拉胶的复配性能

卡拉胶具有胶凝、增稠、乳化、成膜、稳定分散等优良特性。卡拉胶形成凝胶所需浓度低、透明度高，但存在凝胶脆性大、弹性小、易脱液收缩等问题，不过这些问题可以通过与其他食品胶的协同增效作用来解决，因此有关卡拉胶协同作用的研究对于卡拉胶在食品中的应用十分重要。

在卡拉胶中添加其他多糖后，甚至是不胶凝的多糖，其胶凝性质会得到改善。例如，加入半乳甘露聚糖后，即使卡拉胶含量低于正常胶凝浓度时，也能形成凝胶，另外，不能胶凝的低分子质量卡拉胶在添加了半乳甘露聚糖之后，也能形成凝胶或沉淀。例如，卡拉胶在与槐豆胶（LBG）混合后，形成的凝胶弹性、强度和稳定性有明显提高。这种复配胶可以应用于肉冻、调味料、果汁和糖果的加工中，目前在点心、低热量果冻、饼馅、肉制品及宠物食品中得到了广泛使用。

卡拉胶与各类半乳甘露聚糖的交互作用会产生这种协同作用。使 κ-卡拉胶溶液稀释到能正常形成凝胶的最低浓度以下，这时 κ-卡拉胶不能形成凝胶，但只要有 LBG 存在，当 κ-卡拉胶与 LBG 混合后即可形成凝胶。还有研究结果显示，单一的卡拉胶在胶凝时需要的最低相对分子质量为 60000，当加入 LBG 后，30000 相对分子质量的卡拉胶也能胶凝。κ-卡拉胶与他拉胶（TG）混合后也能形成凝胶，但需较高浓度。非胶凝浓度下，κ-卡拉胶与瓜尔胶或胡卢巴胶就不能形成凝胶。葡甘露聚糖（魔芋胶）在使卡拉胶在非胶凝浓度下形成凝胶的能力与 LBG 相近。而且罗望子胶（纤维素主链上 75% 葡萄糖残基上带有单糖或多糖分支）及羧甲基纤维素（每两个葡萄糖残基带有一个三糖分枝）也可使非胶凝的 κ-卡拉胶胶凝。

已有人研究了卡拉胶与其他食品胶混合后的凝胶强度，认为从凝胶强度来看，κ-卡拉胶与琼脂、黄原胶、瓜尔胶、β-环糊精、木薯淀粉、羧甲基纤维素、海藻酸钠、果胶间无协同作用，而与 LBG、魔芋胶有协同作用，魔芋胶比 LBG 与卡拉胶的作用更强，最适比例为 5.5：4.5。

还有人研究了卡拉胶与不同来源的 LBG 混合系的黏弹性，发现 M/G 值的增加会增强其协同作用，κ-卡拉胶/LBG 的值对混合系的流变学及微观结构会产生很大影响。

可以认为，卡拉胶与槐豆胶、他拉胶、魔芋精粉之间存在明显的协同作用。其中在与槐豆胶的混合体系中，协同作用与槐豆胶中甘露糖/半乳糖（M/G）的比率、KCl 浓度及槐豆胶的浓度有很大关系。

（一）卡拉胶与槐豆胶的复配性能

卡拉胶为凝胶多糖，而槐豆胶为非凝胶多糖，但两者共混可以得到凝胶，这是两种多糖分子间相互作用的结果。在卡拉胶和槐豆胶体系中，卡拉胶是以具有半醋化硫酸酯的半乳糖残基为主链的高分子多糖。槐豆胶是以甘露糖残基组成主链，平均每四个甘露糖残基就置换一个半乳糖残基，其大分子链中无侧链区与卡拉胶之间有较强的键和作用。在槐豆胶和卡拉胶形成的凝胶体系中，卡拉胶的双螺管结构与槐豆胶的无侧链区之间的强键合作用，使生成的凝胶具有更高的强度。而另一种与槐豆胶结构相似，但侧链平均数增加一倍的瓜尔胶，因为其侧链太密而不具有这么明显的增稠效应。

κ-型卡拉胶单体所形成的强而脆的凝胶，其收缩脱水性在许多应用中会带来不利。但当与其他胶结合后所引起的组织结构的变化，却使之具有很多实用价值，尤其在食品方面，当 κ-型卡拉胶加入槐豆胶后，卡拉胶的双螺旋结构与槐豆胶的无侧链区之间的强键合作用，使生成的凝胶具有更高的强度，不仅使该体系的弹性和刚性因之提高，并随着槐豆胶浓度的增加，其内聚力也相应增强。当两种胶的比例达 1：1 时，凝胶的破裂强度相当高，因而产生相当好的可口性。从感官的角度来看，槐豆胶可使 κ-型卡拉胶凝胶的脆度下降而弹性提高，使之接近于明胶凝胶体的组织结构，但如果槐豆胶的比例过高，凝胶体会愈益胶稠。

有研究报道当卡拉胶与槐豆胶质量分数为 0.01%，共混比例为 50/50，在 80℃下加入 KCl 浓度为 0.2mol/L 时，二元体系多糖可以达到协同相互作用的最大值。卡拉胶与槐豆胶共混时最佳膨化温度为 70℃，其膨化熟成放置时间为 50～70min。在二元多糖体系中加入一定浓度的盐离子，有利于提高其凝胶强度和凝胶的热稳定性。

（二）卡拉胶与魔芋胶的复配性能

魔芋胶主要化学组成为葡萄甘露聚糖，其中的葡萄糖和甘露糖的分子比约为 2：3，因为甘露糖单位的第 6 位 C 上有乙酰基，故其水溶液不能形成凝胶，但在稀碱性溶液中水解去掉乙酰基后则可形成有弹性的凝胶。魔芋胶和 κ-卡拉胶都是食品工业常用的胶凝剂，但前者必须在 2% 以上的浓度、pH＞9 即强碱性条件下才能形成凝胶。除了用量大之外，应用于碱性食品中常有咸味和涩味，口感欠佳，不受欢迎；后者在有钾或钙等离子存在时，具有形成凝胶所需浓度低、透明度高等优点，但其凝胶脆性大，弹性小，易出现收缩脱液现象。这些缺陷，在很大程度上影响二者作为胶凝剂在食品工业上应用。将卡拉胶与魔芋胶进行适当复合，在中性偏酸性的条件下，可以形成对热可逆的弹性凝胶，且所形成的凝胶还具有所需胶凝剂用量少、凝胶强度高、析水率低等特点。魔芋胶可全部或部分取代槐豆胶，而获得卡拉胶与槐豆胶混合体所具有的凝胶结构。

总之，魔芋胶和κ-卡拉胶有很强的协和作用，能显著增强卡拉胶的凝胶强度和弹性，减少卡拉胶的泌水性，其作用效果比槐豆胶还强，在食品工业上具有很好的应用价值。

（三）卡拉胶与其他胶的复配性能

酰胺化低酯果胶对κ-型卡拉胶的形成没有显著的影响，但由于它具有良好的持水性，可降低κ-型卡拉胶的使用浓度，并使凝胶柔软可口。但如果还将少量的槐豆胶的复合在内，则可增加其凝胶的内聚力。采用酰胺化低酯果胶的另一长处是可使凝胶有很好的风味释放能力。但这种果胶的不利因素是可使凝胶呈浑浊状，即由酰胺化低酯果胶配合制成的凝胶甜食，不能像由单纯卡拉胶所制得的凝胶那样透明。

黄原胶对κ-型卡拉胶有类似的影响，即可形成较柔软、更有弹性和内聚力的凝胶。此外，黄原胶能像κ-型卡拉胶那样降低失水收缩作用，瓜尔胶却不能左右κ-型卡拉胶的收缩析水作用。由于瓜尔胶含有两倍量的半乳糖，且未被取代的区域的长度远短于槐豆胶，这就解释了为什么卡拉胶与槐豆胶有良好的复配共伍作用而与瓜尔胶无明显共伍作用。

另外，卡拉胶的凝胶强度取决于分子链的整齐程度，但 KCl 添加量的增加可提高强度。卡拉胶及复配胶的凝胶强度测量值会随时间延长而不同；强度值也会因凝胶体的温度而不同，温度越低强度越高，在 5～10℃时达到极限。因此比较凝胶强度时应以凝胶后相同的时间和温度测量为条件。胶体溶液加入柠檬酸量越多，冷却后强度越低，并且加酸温度越高强度降低越显著。然而，过低的温度下加酸也会干扰凝胶的形成，因此最适的加酸温度在 60～70℃。同样，卡拉胶溶液体系在不同的 pH 下加热，pH 降低则凝胶强度降低，pH3.5 以下基本不能形成凝胶，但有意思的是已形成的凝胶即使在 pH3.5 这样低 pH 下凝胶态仍稳定。复配胶体系所观察到的结果与卡拉胶相似，一般在碱性环境下，强度会降低。而卡拉胶在 pH9 左右仍稳定。

二、槐豆胶的复配性能

槐豆胶本身无法形成凝胶，由于在槐豆胶的构架上有相对较多的未被取代的甘露糖基，因此与黄原胶等其他胶的相互作用比瓜尔胶更为明显。最重要的是它与琼脂、卡拉胶和黄原胶等亲水胶体有良好的凝胶协同效应，槐豆胶与这些聚合物在溶液中形成复合体而得以形成或加强凝胶作用。槐豆胶与其他天然胶产生协同效果，可大大增加其黏度、凝胶能力及强度；根据不同配比，可制成各种弹性或脆性规格的胶冻。所以槐豆胶与黄原胶、琼脂及κ-卡拉胶有相互增效作用。

（一）槐豆胶与黄原胶的复配性能

槐豆胶和黄原胶单独都无法形成凝胶，但当它们两者复合后，"奇迹"就发生了——形成了很强的凝胶。槐豆胶非常显著的特性就是与黄原胶的协效增稠性和协效凝胶性，可按一定比例同黄原胶复配成为复合食品添加剂后即能成为理想的增稠剂和凝胶剂，并可使复合后的用量水平很低并能改善凝胶组织结构。

尽管在溶液中显示出较强的分子间的相互作用，但黄原胶本身并不凝胶。当它与另一种不凝胶的多糖——槐豆胶混合后，在较低的浓度时形成了坚实而有弹性的凝胶。黄原胶是由葡萄糖、D-甘露糖、D-葡萄糖醛酸、丙酮酸和乙酸组成的"重复单元"经 β-1,4 糖苷键聚合成的双螺旋聚合体。槐豆胶与黄原胶相互作用的机理与槐豆胶半乳甘露聚糖的精细结构有关。半乳甘露聚糖具有相同的基本结构，分子是由线形的 1,4 连接的 β-D-甘露糖残基为主链和以 1,6 连接的 α-D 吡喃半乳糖残基为支链的结构组成，这种结构已被大家所公认。1,6 连接的 α-D 吡喃半乳糖群在 1,4 连接的 β-D-甘露糖主链上的分布称为半乳甘露聚糖的精细结构（fine structure），不同来源的半乳甘露聚糖的精细结构不同。不同的研究人员用不同的方法对半乳甘露聚糖的精细结构进行了广泛的研究，规则的（regular）、块状的（block-type）和随机的（random）等结构都曾被提出，但尚未达成一致意见。通过透射电镜对槐豆胶的观察研究认为，槐豆胶的精细结构是由"毛发区"和"光滑区"交替组成，其中，L-半乳糖分布密集的区域称为"毛发区"，连续的没有被取代的甘露糖区域称为"光滑区"。黄原胶与槐豆胶的结合区位于半乳甘露聚糖的"光滑区"。二者结合形成三维的网状结构，水分子充满于网眼内。"毛发区"使结合的分子悬浮在水溶液中而不发生沉淀现象，从而使混合胶的黏度大幅度提高，而瓜尔胶与黄原胶则只有协同增稠效果。一般解释是槐豆胶上不带支链的片段可与常温下螺旋（如黄原胶等）或双螺旋结构的亲水胶体（如卡拉胶等）形成稳固的连接。一般认为槐豆胶的黏度与其协同效应能力无关。

槐豆胶与黄原胶有较高的协效性，混合液浓度达到 1% 左右时，槐豆胶与黄原胶复配胶的黏度是槐豆胶单溶液黏度的 150 倍左右，是黄原胶单体溶液的 3 倍左右。黄原胶在任何浓度下都不凝胶，但与槐豆胶结合后，当混合液浓度达到 0.5%～0.6% 时能形成凝胶，混合液为非牛顿流体，在碱性液中较为稳定。

槐豆胶与黄原胶可形成有弹性的凝胶，其强度取决于两者比例，在 pH 为 8 时，以 4∶6 配比可达最大凝胶强度。同时还发现这种相互协同作用的强弱除了两者的共混比例外，还与槐豆胶的 M/G（甘露糖与半乳糖之比）比值有关，此外，凝胶的制备温度和盐离子浓度等因素对共混凝胶化也有不同程度的影响。

目前，在欧美许多国家常利用黄原胶和半乳甘露聚糖的协效性来开发新的复配型食品添加剂，既明显提高了食品的质量，又降低了每一种胶的用量，应用十分广泛。因此，作为理想的半乳甘露聚糖胶资源，槐豆胶不仅单独可作为增稠剂、稳定剂、悬浮剂等广泛应用于食品工业中，还可以以常见的复配胶配料形式作为凝胶剂在食品工业中应用。

（二）槐豆胶与其他胶的复配性能

据研究槐豆胶与琼脂之间也有较强的协同增效作用，在最适比例下可使槐豆胶的凝胶强度提高16.0%以上。槐豆胶与琼脂的这种协同增效性能，在食品加工中也有很大的使用价值。槐豆胶与琼胶产生协同效果，可大大增加其黏度、凝胶能力及强度。根据不同配比，可制成各种弹性或脆性规格的胶冻。

在食品工业中，槐豆胶主要用作增稠剂、乳化剂和稳定剂。槐豆胶通常与其他胶配合使用，如黄原胶、卡拉胶和瓜尔胶等。用槐豆胶与卡拉胶复配可形成弹性果冻，而单独使用卡拉胶则只能获得脆性果冻。槐豆胶、海藻胶与氯化钾复配广泛用作宠物罐头中的复合胶凝剂。槐豆胶/卡拉胶/CMC复合添加剂是良好的冰淇淋稳定剂，用量为0.1%~0.2%。

三、阿拉伯胶的复配性能

作为已知所有水溶性胶中用途最广泛的食品胶之一，阿拉伯胶能与大部分天然胶和淀粉相互兼容，它可以和大多数其他的水溶性胶、蛋白质、糖和淀粉相配伍，也可以和生物碱相配伍混溶应用。所以阿拉伯胶常与其他胶复配使用。不论处于溶液还是薄膜状态下均可和羧甲基纤维素（CMC）配伍使用。阿拉伯胶与明胶复合后可用于某些胶囊生产。

对于阿拉伯胶作为增稠剂而言，还有一种叠加减效的效应，如阿拉伯胶就可降低黄蓍胶的黏度，前者和后者按4∶1比例复合的混合物溶液就有比任一单体胶体都低的黏度，但这并不影响应用，相反这种复合胶溶液具有均匀和流畅的优点，它在制备低糖度的稳定乳液方面有良好的应用，这是由于阿拉伯胶的结构和黄蓍胶中的阿拉伯半乳糖的结构相似，由于黏度的变化增强了其水溶性，由于阿拉伯胶结合更多的水，因而制约了黄蓍胶在水中的溶胀，其结果就降低了黄蓍胶单体或复合胶的黏度。

四、瓜尔胶的复配性能

瓜尔胶是直链大分子，链上的羟基可与某些亲水胶体及淀粉形成氢键，与小麦淀粉共煮可达更高的黏度。瓜尔胶能与某些线型多糖，如黄原胶、琼脂和κ-型卡拉胶相互作用而形成复合体。瓜尔胶与黄原胶有一定程度的协同作用，这种相互作用比之黄原胶和槐豆胶之间的作用则相对较弱。瓜尔胶与卡拉胶无协同效应。

瓜尔胶和黄原胶复配使用时，其黏度远高于两者黏度之和，这说明两者具有良好的增效作用。当两者比例变化时，其增效作用效果也发生变化。有报道指出，当瓜尔胶∶黄原胶配比为3∶2时，增效作用最好。其增效机理可能是瓜尔胶分子平滑，没有支链部分与黄原胶分子的双螺旋结构以次级键形式相互结合形成三维网状结构，而使胶液亲水性更好。而瓜尔胶与卡拉胶复配时，几乎无增效作用，其原因可能是：瓜尔胶分子结构的主链和支链上基团主要是羟基，而卡拉胶几乎为直链大分子，且主要基团也是羟基，同时都含有大量的半乳糖，作用较弱，从而增效作用不明显。

魔芋精粉与瓜尔胶复配能提高水溶液的黏稠度，二者之间具有良好的增效作用，且在6∶4比例时协同增效作用最显著，这与魔芋葡甘聚糖与瓜尔胶的分子结构具有相似性有关。瓜尔胶价格便宜，与魔芋精粉复配具有很好的应用前景。魔芋精粉和瓜尔胶按3∶2比例配成二元复合添加剂或魔芋精粉、瓜尔胶与海藻酸钠以4.8∶3.2∶2

比例配成三元复合添加剂，并添加一定比例的单甘酯形成冰淇淋复合乳化稳定剂，应用于冰淇淋生产中，效果良好。

在低离子强度下，瓜尔胶与阴离子聚合物和阴离子表面活性剂配合后有增强黏度的协同作用。这些阴离子化合物被吸附在中性聚合物上，并因此而扩大了瓜尔胶的分子，这是在所吸附的带阴离子的功能基团之间发生相互排斥作用的结果。如果加入电解质，导入相反的离子从而中和了阴离子电荷，并因此会破坏协同作用。

五、黄原胶的复配性能

凝胶化性质是多糖大分子生物功能的重要方面，许多生命过程就是在凝胶态中完成的。黄原胶与其他食品胶在一定条件下共混可以得到令人满意的凝胶和1+1＞2的增效作用。利用这种作用可以拓宽多糖产品的应用范围，也有利于认识许多生命现象；同时达到减少用量，降低成本，为食品工业更好地开发利用食品胶，尤其是为高盐食品优选食品胶提供理论和方法的指导。

黄原胶具有良好的配伍性。黄原胶能与绝大多数食品、化妆品和药物配伍。这种配伍性在酸、碱、高浓度盐条件下同样有效。黄原胶也可与其他增稠剂相容，无论是天然的还是合成的，如淀粉、卡拉胶、果胶、明胶、琼脂、海藻胶、纤维素衍生物等，因此使黄原胶可用于多种稳定溶液中。黄原胶与多糖的协同作用可以赋予多糖共混体系新的功能，然而对多糖的作用机理却存在着诸多争议。目前黄原胶主要与半乳甘露聚糖、葡萄甘露聚糖有协同作用，对这类凝胶模型普遍认为是由于处于线团结构的黄原胶分子与半乳甘露聚糖或葡萄甘露聚糖主链之间的结合所致。

黄原胶与瓜尔胶配合使用，通过协同作用可形成黏稠溶液，但这种协同作用很弱，且当存在盐类时是可逆的。而与槐豆胶配合其相互作用就强得多，可形成黏弹性凝胶。黄原胶与魔芋葡甘露聚糖也有很强的协同作用，可形成强黏弹性凝胶。

槐豆胶是一种半乳甘露聚糖，它是以甘露糖为主链，部分甘露糖的C-6位被半乳糖取代，分子中甘露糖（M）与半乳糖（G）之比（M/G）因其来源和提取方法不同而异。前面已经叙述，黄原胶与槐豆胶有较强的复配性能，即黄原胶与槐豆胶内部反应很强，当两种胶的0.005%～0.1%溶液以1∶1混合时，就形成黏稠性胶体，而胶体浓度较高时，就可以形成黏弹性凝胶。这种凝胶在50～55℃左右就能融化或再形成。研究结果表明黄原胶与槐豆胶在总浓度为1%、共混比例为60∶40时，它们之间可以达到协同作用的最大值。

（一）黄原胶与魔芋胶的复配效应

魔芋葡甘聚糖是一种复合多糖类，它是由 D-葡萄糖和 D-甘露糖按2∶3或1∶1.6的摩尔比以 β-1,4 键结合起来的。而黄原胶是由黄杆菌产生的一种阴离子多糖，分子主链由 D-吡喃型葡萄糖经 β-1,4 键连接而成，具有类似纤维的骨架结构，每两个葡萄糖中的一个 C_3 上连接有一个三糖侧链，侧链为两个甘露糖和一个葡萄糖醛酸组成。黄原胶与魔芋胶在溶液中有明显的协同增效作用，共混合胶黏度比同浓度单一胶的黏度有数倍增加或成胶冻状，这种现象称为黄原胶与魔芋胶分子的协效增稠性和协效凝胶性。这主要是因为黄原胶分子的双螺旋结构易和含 β-1,4 键的多糖分子发生嵌合作用所致。黄原胶和魔芋胶均为非凝胶多糖，但是它们在一定的条件下共混可以得到凝胶和明显的协同增效作用，这就是多糖之间相互作用的结果。利用这种相互作用，使得凝胶强度达到最大值。随着两种多糖共混比例继续增大，凝胶强度又呈下降趋势。这说明了两种多糖共混要有一个合适的比例，才能达到两种多糖分子间协同作用的最大可能，凝胶能力最强，表现为凝胶强度最大。

黄原胶与魔芋胶共混所生成的凝胶是一种热可逆凝胶，即加热凝胶可变成溶胶，溶胶室温放置冷却又能恢复凝胶。黄原胶无论在什么浓度下都不凝胶，当与魔芋胶混溶，在共混胶浓度为1％时形成坚实的凝胶。还有研究表明，当黄原胶魔芋精粉的共混比例为70∶30，多糖总浓度为1％时，可达到协同相互作用的最大值。这种性能既增加了增黏的效果，又降低了胶的使用量。所以魔芋胶与黄原胶两者的复配胶，可以作为增稠剂和凝胶剂，广泛应用于食品和非食品工业。

（二）黄原胶与瓜尔胶的协同增效作用

瓜尔胶是由半乳甘露聚糖（半乳糖和甘露糖组成比例为1∶2）组成的高分子胶体多糖。前面已叙述，黄原胶与瓜尔胶也有良好的协同效果，复配虽然不能形成凝胶，但可以显著增加黏度和耐盐稳定性，而且彼此之间存在合适的配比。

（三）黄原胶与两种食品胶的增效作用

黄原胶与瓜尔胶和槐豆胶三者联合使用时，在某些食品中，尤其是乳制品中，具有非常有效的效果。有研究报道，黄原胶、槐豆胶、瓜尔胶的含量分别为0.2％、0.01％、0.9％时耐盐性最好，用量最少，成本最低；在魔芋精粉和瓜尔胶溶液中加入黄原胶后发现，当黄原胶、魔芋精粉、瓜尔胶的含量分别为0.3％、0.01％、0.8％时耐盐性最好，用量最少，成本最低。

（四）影响黄原胶与其他食品胶共混凝胶强度的因素

共混比例影响共混凝胶强度，共混时要有一个合适的比例，才能达到不同分子间相互作用力最大，使凝胶强度最大，如黄原胶与魔芋精粉的共混比例为70∶30。共混凝胶强度还受制备温度（T_p）的影响，在最佳制备温度时凝胶强度最大。黄原胶从有序态（螺旋结构）变到无序态（无规线团）的温度为转变温度（T_m）。只有当$T_p > T_m$时，黄原胶中的无序分子即活化分子才逐渐增多，这种无序分子就可与其他多糖活化分子充分绞合在一起。若温度继续升高，这种无序分子就不断增多，这两种多糖分子间相互作用凝胶强度明显增大，在一定的温度下达到协同相互作用的最大值。若继续升温，多糖发生部分降解，则凝胶强度发生下降。可见黄原胶分子构象对共混凝胶化有着极为重要的作用。

此外，盐离子浓度对凝胶强度也有影响。随着盐离子浓度的增大，多糖之间凝胶化能力不断提高，其凝胶强度明显增大，分子间相互作用进一步增强，达到一定的浓度时，其凝胶强度最大，分子间相互作用达到最大值。若盐离子浓度再继续增大，凝胶强度反而有所降低。

制备凝胶的原理有多种，其中通过聚电解质络合原理制备凝胶是采用较多的一种。壳聚糖是由甲壳素经过脱乙酰作用得到的一种聚氨基多糖。壳聚糖溶于酸性水溶液中时，其氨基在酸性溶液中带正电荷，可与带负电的阴离子多糖黄原胶通过聚电解质络合作用形成共混凝胶。壳聚糖与黄原胶在一定条件下共混可以得到凝胶，这也是多糖分子间相互作用的结果。

另外，黄原胶在 pH 大于 5 的条件下能与阿拉伯胶配伍，但它在 pH 小于 5 时就不与高浓度的阿拉伯胶相容。

六、海藻酸盐及海藻酸丙二醇酯的复配性能

海藻酸钠与壳聚糖在一定条件下共混可以得到凝胶，这是多糖间相互作用的结果。当多糖总浓度为 4%，壳聚糖质量分数为 0.8%，盐离子浓度为 1.2mol/L 时，在 80℃恒温 30min，共混凝胶的强度达到最大值；壳聚糖的分子质量和脱乙酰度对凝胶化有较大影响，分子质量越大，脱乙酰度越高，共混凝胶的强度越大。

海藻酸盐以及海藻酸丙二醇酯（PGA）除能单独使用外，也能和大多数天然和合成的食品胶体配合使用，效果和性价比会比单独使用要好一些。可以和 PGA 复配使用的稳定剂包括耐酸性 CMC、黄原胶、果胶等。在食品中应用时总用量一般在 0.5% 以下，其中 PGA 用量一般占 60%～70% 左右，但 PGA 与其他稳定剂的确切配比和用量必须针对具体的不同饮料并通过实验来确定，通过对比优化实验，发现用含 PGA 为主的复合稳定剂生产出来的产品稳定性和口感方面都较好，完全能满足该类产品的品质要求，产品贮藏 9 个月无沉淀和分层现象出现。而对于海藻酸盐，则必须注意，有些食品胶所含的多价离子可能会使海藻酸盐形成凝胶，影响其在食品工业中的应用。

七、琼脂的复配性能

琼脂与槐豆胶、卡拉胶、黄原胶以及明胶之间都存在着协同增效作用，只是增效程度有所差异。琼脂和瓜尔胶、果胶、羧甲基纤维素钠以及海藻酸钠之间不会有增效作用，相反却会产生拮抗作用。

琼脂是已知最强的食品凝胶形成剂之一，即使质量分数低至 0.04%，其凝胶作用仍然显而易见。此外它还具有重要的增稠、稳定、乳化、成膜等性能。同时琼脂在人体内不能被消化吸收，却含有人体必需的二十多种元素，是一种公认无毒的低热值保健食品原料，在食品工业中具有广泛的应用。但它在食品加工中应用还存在许多不足之处，如琼脂形成的凝胶脆性大且口感粗糙、弹性差、易发生脱液收缩。国内大部分生产的琼脂凝胶强度较低，有时会达不到加工食品的要求，而凝胶强度高的琼脂，价格又较高，这些问题随着琼脂在食品工业中日益广泛的应用表现得越来越突出。

琼脂的凝胶性能首先取决于琼脂本身的分子结构，但环境条件，如电解质、食品胶及其他非电解质对其凝胶性能也有很大的影响。

通过琼脂与电解质、食品胶之间相互作用进行较全面的研究，证实了电解质、其他食品胶对琼脂的凝胶强度、黏弹性、持水性、透明度有很大的影响。在所研究的电解质中，六偏磷酸钠、氯化钾、磷酸二氢钾在一定添加范围内可显著提高琼脂的凝胶强度和改善其凝胶性能。磷酸三钠、磷酸二氢钠、焦磷酸钠、氯化钠、磷酸氢二钾能

降低琼脂的凝胶强度，但对其持水性、黏弹性会有所改善。钾、明矾、磷酸氢二钙、氯化钙不但降低琼脂凝胶强度，而且使琼脂难溶，凝胶组织变脆，透明度下降。

在中性 pH 附近，琼脂可与大部分其他胶质和蛋白质配伍。在食品胶中，在一定的添加比例范围内槐豆胶、明胶、卡拉胶、黄原胶、糊精等与琼脂之间可产生协同增效作用，并可以改善其凝胶性能。这些食品胶的分子结构中，有的具有部分结构能参与到琼脂的双螺旋结构中，有的具有类似琼脂的双螺旋结构，这些均有助于琼脂凝胶三维网状结构的形成。

果胶、瓜尔胶、海藻酸钠、淀粉、羟丙基淀粉、β-环状糊精、羧甲基纤维素钠则会与琼脂产生拮抗作用，海藻酸钠和淀粉可使琼脂的凝胶强度下降，它们的结构均阻碍琼脂三维网状结构的形成。此外，一定浓度的蔗糖可显著提高琼脂的凝胶强度。羧甲基纤维素对其凝胶强度无明显影响。

琼脂与其他食品胶的相互作用如下。

1. 槐豆胶、瓜尔胶、黄原胶、明胶与琼脂的复配效应

槐豆胶、黄原胶、明胶与琼脂之间存在着协同增效作用，呈现相似的变化趋势，只是增效程度和最适添加范围有所不同。而瓜尔胶与琼脂产生拮抗作用，这主要是由于它们的分子结构所决定的。

槐豆胶是由半乳甘露聚糖构成，以甘露糖残基为主链，平均每隔 4 个相邻的甘露糖残基就连接一个半乳残基支链，但支链倾向于连接在一系列连续的甘露糖残基上形成"毛发链段"和"光秃链段"，可与琼脂双螺旋结合，产生附加交联以增强凝胶强度，而"毛发链段"虽不能与琼脂双螺旋键合，但可增强凝胶的黏弹性、持水性，且不易发生脱液收缩。

黄原胶为类似琼脂的双螺旋结构，少量的黄原胶分子可与琼脂分子共同形成三维网状结构，超过一定比例则会阻碍琼脂分子之间的交联，使琼脂的凝胶强度降低。

明胶为 α-氨基酸构成的单股螺旋，且含有较大比例的甘氨酸，同样具有类似槐豆胶的"毛发链段"和"光秃链段"，可用类似的机理来解释。

瓜尔胶虽然也是由半乳甘露聚糖分子构成，但每隔 2 个甘露糖残基就侧连接一个半乳糖残基，侧链密而且很短，故不仅不能与琼脂分子交联，反而会阻碍其交联，从而使琼脂的凝胶强度随瓜尔胶的增加而降低。

2. 卡拉胶、海藻酸钠、果胶与琼脂的复配效应

研究显示，卡拉胶在一定比例范围内（0～11％）与琼脂会发生协同增效作用，在 0～5.0％范围内随着卡拉胶添加比例的增加，琼脂的凝胶强度迅速增强，在添加比例超过 5.0％后，凝胶强度随着又逐渐降低，而且在低比例范围内添加了卡拉胶的琼脂，其黏弹性、持水性比单一琼脂凝胶好，透明度变化不大。卡拉胶具有类似琼脂的双螺旋结构，可用前面已阐述的类似黄原胶的增效机理来解释。

海藻酸钠、果胶与琼脂发生拮抗作用，随着这两种胶所占比例的增加，琼脂的凝胶强度急剧降低，果胶降低琼脂的凝胶强度要比海藻酸钠更快。果胶和海藻酸钠均为直链的高分子化合物，无明显的侧链基团，故无法与琼脂分子交联，反而会阻碍琼脂分产形成凝胶，因此，与琼脂之间产生拮抗作用。

3. 糊精、β-环状糊精、淀粉、羧甲基纤维素钠与琼脂的复配效应

研究显示，糊精在添加比例为 11% 以内的范围内，与琼脂存在协同增效作用，在添加比例为 5.0% 时，可使琼脂的凝胶强度提高近 12%，同时使琼脂黏弹性、持水性有明显提高。由于生产糊精的原料直链淀粉和支链淀粉所占比例不同、水解程度不同，这样所得糊精的结构就可能出现类似槐豆胶的"毛发链段"和"光秃链段"，与琼脂分子产生协同增效作用。β-环状糊精、淀粉、羧甲基纤维素钠的加入，均使琼脂的凝胶强度迅速下降，呈现相似的变化趋势。这是由它们的分子结构所决定的，它们不能参与琼脂分子所形成的三维网状结构，反而阻碍琼脂三维网状结构的形成，故与琼脂分子之间产生拮抗作用。

八、结冷胶的复配性能

结冷胶与亲水胶体如槐豆胶、瓜尔胶、CMC、黄原胶等复配一般都会降低凝胶强度而增加凝胶的脆弱性。但与另外一些胶类可顺利配伍，如淀粉、黄原胶/刺槐豆胶的混合物，组织结构可从脆的到有弹性的任意转变。

九、果胶的复配性能

果胶最普通的用途是制造果酱、果冻和软糖，这是作为胶凝剂使用。而当高酯果胶与海藻酸盐共同按一定比例配合成 100% 的混合胶时，其凝胶强度在两者各占 50% 时达到最高（图 6-1）。这样的复配可大大降低果胶的用量，同时由于海藻酸盐的加入，在低酸条件下，可使高酯果胶的凝胶体变成为对热呈可逆状态的果胶凝胶体。

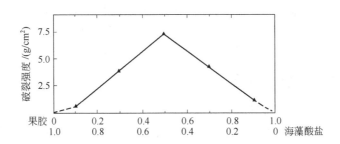

图 6-1　果胶与海藻酸盐不同浓度变化对破裂强度的影响

在应用时，酸性乳饮料比较适宜的稳定剂是果胶与海藻酸盐或 PGA 复合得到的复配胶稳定剂或果胶，尽管使用果胶或以果胶为主的复合稳定剂的饮料产品在稳定性和口感方面有一定的优势，但若从总体考虑其性价比，前者更有市场竞争力。

十、黄蓍胶的复配性能

黄蓍胶与瓜尔胶具有协同效应。黄蓍胶是一种化学结构极复杂、多支链的弱酸性多糖，由半乳阿拉伯聚糖及含有半乳糖醛酸基团的黄蓍胶酸组成。瓜尔胶则是由半乳甘露聚糖组成的直链大分子。瓜尔胶与黄蓍胶的协同增稠作用机理可能是因为瓜尔胶分子链上的羟基与黄蓍胶分子中的羧基等基团形成氢键，从而形成更大的胶束，使体系达到更高的黏度。

十一、明胶的复配性能

明胶是一种常用的蛋白质胶凝剂，溶解性好，价格低，但一般质量的明胶形成凝胶时所需浓度较高；卡拉胶在低浓度虽可形成凝胶，但凝胶的持水性较差，易脱水收缩（尤其是 κ-型）。因此，这两种胶在应用上均受到一定的限制。试验证明明胶与 κ-卡拉胶之间存在协同作用。在合适条件下可得到凝胶强度和持水性均较好的凝胶体，因此在实际应用上可利用这一协同作用生产优质的凝胶食品如果冻，既可提高质量又可降低成本。但明胶-卡拉胶的复配作用与其他蛋白质-多糖体系有所不同，特别是与酪蛋白-卡拉胶的相互作用比较，发现后者体系的凝胶强度在不同 pH 条件下与持水性存在正相关关系。而对于明胶-卡拉胶复合体系，在 pH 5～11 之间，明胶与 κ-卡拉胶体系的凝胶强度相对较稳定。但持水性却随 pH 值的增大而增加。明胶与卡拉胶共混凝胶体系中，随卡拉胶浓度的增加，贮能模量也会增加。体系中明胶与卡拉胶的配比、pH、氯化钠浓度都会影响到共混凝胶体的破裂强度及质构特性。低氯化钠浓度有利于改善共凝胶体的质构。明胶与卡拉胶形成凝胶体的力学特性是较为复杂的，两种分子在水相体系中表现出的宏观特性是由其微观的网络结构所决定的，也就是说，结构特性决定了功能特性。

明胶与海藻酸钠之间也有协同作用。明胶与海藻酸钠在适宜的比例、pH、离子强度条件下，通过 Ca^{2+} 的桥架作用形成不可逆凝胶，在食品中应用可以制造出品质很好的仿生食品如仿鱼翅、燕窝和海蜇等。明胶及海藻酸钠的浓度都会影响溶胶体系的黏度。随着明胶浓度上升，黏度升高；随着海藻酸钠浓度的上升，黏度上升较快。pH、离子强度对明胶与海藻酸钠体系黏度的影响显著。明胶与海藻酸钠的交互作用可能是范德华力、氢键、疏水作用和静电作用等多种力的作用结果。

十二、亚麻子胶的复配性能

亚麻子胶与卡拉胶有很好的协同作用，这种协同性表现在：提高溶液的黏度，增强饮料的悬浮稳定性；增加食品的持水量和保湿性，提高食品成品率；使食品保持新鲜，延长食品货架期；增强凝胶的强度、弹性，改善咀嚼感，消除凝胶的析水收缩现象。

亚麻子胶与黄原胶、瓜尔胶、魔芋胶、阿拉伯胶等其他多糖类天然亲水胶体的协同作用也很显著，主要表现在溶液黏度大幅度提高，耐酸、耐盐性增强，乳化效果更好，悬浮稳定性、保湿性得到改善等方面。

十三、罗望子胶的复配性能

罗望子胶与黄原胶按一定比例混合溶解后具有协同增黏效应，同样为 10g/L 的质量分数，如果罗望子胶与黄原胶以 4∶1 比例混合，其黏度几乎是单一使用罗望子胶溶液的 4 倍。

罗望子胶在凝胶性上与柠檬酸同样具有协同增效作用，添加适量柠檬酸的罗望子胶凝胶强度相当于不加柠檬酸的凝胶强度的 2 倍。

另外，将未达到凝胶临界浓度的卡拉胶溶液与 13g/L 的罗望子胶溶液混合后会产生具有一定强度和黏度的凝胶块。这一现象说明了罗望子胶与卡拉胶之间也存在着协同增效作用。在冰淇淋生产中罗望子胶与卡拉胶一起复配添加往往可大部分取代或全部取代槐豆胶。

十四、CMC 的复配性能

CMC 能与其他各种稳定剂（黄原胶、瓜尔胶、海藻酸钠、明胶、卡拉胶、淀粉等）进行复配使用并具有协同增效作用。另外柠檬酸钠等螯合盐也可增强其黏度。CMC 与其他稳定剂的协同增效效果见表 6-5。

表 6-5　CMC 与其他稳定剂的协同增效效果

配　　料	水液浓度/%	NDJ79 黏度/(Pa·s)
CMC	1	0.21
淀粉	10	0.078
CMC∶淀粉(1∶10)	11	2.7
瓜尔胶	1	0.4
瓜尔胶∶CMC(1∶1)	2	1.7
卡拉胶	1	0.86
卡拉胶∶CMC(1∶1)	2	0.25
明胶	2	0.002
明胶∶CMC(2∶1)	3	0.39
黄原胶	1	0.23
黄原胶∶CMC(1∶1)	2	0.56
海藻酸钠	1	0.153
海藻酸钠∶CMC(1∶1)	2	1

第三节　复合食品胶在食品工业中的应用

增稠剂由于品种多，产地不同，黏度系数不等，在具体应用时，如果选择不当，不仅造成使用量加大、生产成本上升，而且也达不到预期的效果。国外当前发展的趋势是为不同用户提供有针对性产品及工艺条件需求的复合胶。食品胶生产商与食品制造商之间的技术性合作是当前食品工业中专业分工的必然发展趋势。为食品加工企业提供多重选择性，各种胶的优选组合应用也就成为今后发展特色食品的秘密。增稠剂另一个发展趋势是除了充当体系的稳定、增稠等品质改良功能之外，也向功能性食品的成分之一发展，对多糖化合物所具有的功能更加重视，果胶、阿拉伯胶、低聚果糖等发展前景看好。

和其他复合食品添加剂类似，复合食品胶与单体胶相比具有十分显著的优点。通过食品胶的复合，可以发挥各种单一食品胶的互补作用，使各种食品胶协同增效，从而扩大食品胶的使用范围或提高其使用功能，并还可能同时降低每一种食品胶的用量和成本；通过食品胶的复合，可以方便食品生产企业采购、运输、储存和使用，可以大大缩短食品企业新产品开发的周期，降低费用。前面谈到过，食品企业要在激烈的市场竞争中不断推出适合消费者需求的新产品，而目前我国越来越多的食品新产品的开发都离不开食品胶的选择和使用，其中相当数量的食品都不是使用一种食品胶单体就能解决问题的。若食品企业研发部门自己选用多种单体食品胶进行试验，其所需花费的时间和开发费用都是相当巨大的。而若选用市场上相应的复合食品胶或同时与生产该复合食品胶类添加剂的厂家联合开发，利用其在食品胶复合技术上的优势便可以大大缩短相应产品的开发周期，节省开发费用，提高产品在目前竞争日趋激烈的市场的竞争力。

　　复合食品胶使用方便，安全可靠。某个品种复合食品胶对应地使用于某种或某些食品加工工艺或贮藏中可解决某个或某类问题，且一般正规厂家对各种产品都有详细的使用说明，使用时只需按使用说明一次性添加即可，省去了食品企业对多种单体食品胶进行多次称量、溶解并按序添加的繁琐过程，且大大减少了因食品胶称量、溶解等步骤的不合理导致的产品质量波动。

　　具体地说，利用上节所阐述的亲水胶体的协同增稠、胶凝作用，在实际生产应用中，可以减少亲水胶体、特别是价格昂贵的胶体的用量，从而降低生产成本；也可拓宽食品胶体如卡拉胶、黄原胶、魔芋胶等的应用范围；并可提高一些产品的质量，如卡拉胶在食品工业中，常利用其胶凝性制作果冻、果酱、软糖、凝胶状人造食品等，它具有形成凝胶所需浓度低、透明度高等优点，但也存在凝胶脆性大、弹性差、易析水等问题，通过与魔芋胶的复配胶凝，这些问题都可得到较好的解决。此外，在我国，魔芋作为一种特种经济作物，主要分布于中西部地区，资源十分丰富。由于魔芋胶独特的理化性质和优良的保健功能，同时其价格低廉，在食品、医药、化工等工业中已得到日益广泛的应用，而魔芋胶与黄原胶、卡拉胶的协同作用，大大拓宽了魔芋胶的应用范围，这对于我国魔芋的产业化，有着十分重要的经济价值和社会意义。

一、复合食品胶在果冻中的应用

　　果冻和果酱是当前儿童、青少年十分喜爱的一种小食品。果冻亦称啫喱，因外观晶莹通透、色泽鲜艳多样、口感软滑爽脆、风味可口、清甜滋润、营养丰富、卫生可靠而深受喜爱，近几年来风靡全国各地。果冻不但外观可爱，同时也是一种低热能高膳食纤维的健康食品。工业上果冻的生产原料主要是白砂糖、食品胶、柠檬酸、香精等，按白糖添加量15％计算，每一个15g的果冻在体内产生的热能为37.36kJ（8.93kcal），而普通成年人每日热能供给量约为10460kJ（2500kcal），因此果冻在体内产生热能所占比例极低。又因果冻成本低廉、生产工艺简单、设备投资少、成品率高、市场需求量大，可给厂家带来可观的经济效益。

　　果冻的食品胶配料通常是采用琼脂、明胶、魔芋胶、槐豆胶、黄原胶、果胶和卡拉胶等胶体。用琼脂做成的果冻凝胶强而脆，弹性和色泽差、且脱水收缩严重，使用量大，成本高；使用明胶的缺点是凝固点和融化点低，制作和贮存需要冷藏；魔芋胶本身在果冻体系条件下就根本无法形成凝胶；槐豆胶和黄原胶也都不具有单独成胶的能力；高酯果胶的缺点是需要加高浓度的糖和较低的 pH 才能凝固，而低酯果胶使用不方便，且成本较高，都给生产带来了局限性；卡拉胶的缺点也比较明显，制成的果冻也易析水收缩，咀嚼性不强。而使用复配了多种食品胶体的果冻粉制作成的果冻可很好地解决果冻凝胶强而脆、弹性差、脱水收缩严重、色泽差、单独不能成胶以及用料成本高等缺点，在凝胶强度、弹性和持水性等方面具有明显的优势。果冻常用的复配胶体之一是由卡拉胶、魔芋胶混合煮沸后、冷却凝结而成，这类复合胶在果冻中的总添加量为 0.8%～1%。

应用实例如下。

（一）新型果冻粉

凝胶是胶体质点为高聚物分子相互联结所形成的空间网状结构，能显示出固体的力学性质，如具有一定的弹性、强度等；另一方面，条件的改变又可恢复流动性。凝胶形成后在放置过程中，因体积收缩而分泌出液体，这种现象称为脱液收缩或析水。所排除的液体并不是纯水而是具有一定浓度的溶胶，有时还含有原来就存在于凝胶中的电解质，所以脱液收缩既影响外观，也易引起产品质量的变化，是优良的胶凝剂亟待解决的问题。

魔芋精粉或魔芋胶也与其他食品胶（如卡拉胶）一样，形成凝胶时同样会产生脱液收缩现象，且必须在少量碱或大量中性盐的作用下才能生成凝胶，中性盐形成的凝胶组织松软，而碱作用下形成弹性凝胶的魔芋精粉或魔芋胶浓度须在 1.5% 以上，这些不足极大地限制了魔芋胶作为胶凝剂在食品工业中的应用。复配胶的应用将极大地改善这些不足。目前，果冻中用得最多的是海藻胶如卡拉胶、海藻酸钠，但海藻胶制得的果冻脱液收缩率很高，影响了产品质量，给消费者带来了不便。

因此，利用魔芋胶、卡拉胶和槐豆胶（如按 2∶2∶1 比例复配）等为原料，通过实验设计，以抗剪切强度、凝胶强度和脱液收缩率（果冻中易出现）为指标，研究出一种新型复配胶。在果冻中的应用表明，凝胶性能得到了很大改善，特别是降低了脱液收缩率。果冻配方见表 6-6。

表 6-6　实验得出的果冻配方

配　料	配比/%	配　料	配比/%
复配胶（魔芋胶 0.35、卡拉胶 0.35、刺槐豆胶 0.2）	0.90	氯化钾	0.07
		山梨酸钾	0.04
砂糖	15.00	天然香精、色素	适量
柠檬酸	0.21	水	加至 100

（二）常见果冻粉

卡拉胶因具有独特的凝胶特性而成为果冻首选凝胶剂之一。以卡拉胶为主要配料的复配胶制作的果冻，透明度极好，口感清新滑爽，析水少，且可调节果冻的弹性和强度，明显优于其他同类产品。其配方见表 6-7。

表 6-7　以卡拉胶为主要配料生产果冻的配方

原 料 名 称	含量/%	原 料 名 称	含量/%
白砂糖	12～18	柠檬酸	0.2
κ-卡拉胶	0.4～0.8	果汁	适量
槐豆胶	0.4～0.8	香精	适量
氯化钾	0.1～0.15	色素	适量
柠檬酸钠	0.2	水	加至100

参考工艺如下：①将复配胶（κ-卡拉胶＋槐豆胶）、氯化钾、白砂糖，柠檬酸钠干混，在搅拌状态下加入水中，搅匀，放置 3h；②加热至 85℃以上，保温 5～10min；③降温至 65℃左右，加果汁，柠檬酸，香精，色素；然后灌装；④85℃以上水浴中杀菌 30min；⑤冷水中冷却；⑥包装，入库。

(三) 家庭式速溶型冲泡果冻粉

1. 中老年人

果冻配方：1.0g 复配胶（κ-卡拉胶 0.5g＋槐豆胶 0.5g)＋12.5g 砂糖＋0.20g 柠檬酸＋0.10g 氯化钾＋100ml 水。

2. 青年人

果冻配方：1.2g 复配胶（κ-卡拉胶 0.6g＋槐豆胶 0.6g)＋12.5g 砂糖＋0.20g 柠檬酸＋0.10g 氯化钾＋100ml。冲泡温度：80～90℃。

二、复合食品胶在液态奶中的应用

液态奶，就是指有别于固态或粉末状态的乳制品，在常温下能够呈液态或半固体的一类乳制品的通称。包含巴氏杀菌奶、UHT 奶、活性乳、中性乳饮料和酸性乳饮料等。从胶体化学角度分析，液态奶是十分复杂的分散体系，但从它所具有的连续和分散相来看，可分为如表 6-8 所示的四个体系。

表 6-8　液态奶的胶体系统分类

连 续 相	分 散 相	类别名称	典型液态奶举例
液体	液体	乳状液	UHT 奶、稀奶油
液体	液体	悬胶体	可可奶
液体	固体	溶胶	果汁奶饮料
液体	固体	凝胶	凝固型酸奶

从表中可以看出，液态奶属于胶体分散体系，但对于液态乳制品来讲，一般都不是单一的一种分散系，既有溶液状态物质，又有胶体状态物质，还有一些悬浮物质。

在液态奶乳制品的生产和贮藏过程中，经常会出现一些质量缺陷：①对于中性液态乳制品（主要是指巴氏杀菌奶、UHT 奶和风味乳）易产生不良风味、脂肪上浮、蛋白凝固、透明化、奶味不足、分层、沉淀等现象。②对于酸性液态乳制品（主要指酸奶、酸奶饮料、活性乳、酸化乳饮料等）会造成酸味不足、乳清析出、脂肪上浮、蛋白沉淀、分层、口感差、奶味不足等。

由此可知，在液态奶制品生产和贮藏过程中，产品的稳定性及由此带来的产品感官品质问题直接关系到消费者对产品的可接受性，此时，选择合适的增稠稳定剂就显得十分重要。

选择合适的食品胶需要考虑到液态奶中的蛋白质种类及含量、pH 和生产中所应用的加工条件等。食品胶对所使用的剪切及加热处理非常敏感，同时也会受到体系酸度的影响，因为上述条件会改变它们的一些特性。和食品胶在其他种类食品中的应用一样，各常用单体胶在液态奶中的应用往往有一些缺点，应用都会受到不同程度的限制，所以目前国内外越来越倾向于将单体胶复配应用于液态奶中，这样不但比使用单体胶更能增强液态奶的稳定性，在液态奶生产和贮藏过程中避免出现质量问题，而且还经常能降低稳定剂成本以及改善液态奶的口感和风味。

目前，复合稳定剂在液态奶中越来越发挥着积极的作用。可以这样认为，如果没有复合稳定剂，目前市场上很多花色的液态奶是很难生产出来的。例如，可可奶、果汁奶、杀菌酸奶、各种搅拌型酸奶和调配型酸乳应用的一般都是复合稳定剂。所以在目前食品添加剂市场上，针对不同乳制品的产品特点和工艺要求开发出了一系列乳品生产专用复合稳定剂，如普通型奶类饮料乳化稳定剂、酸性奶专用型乳化稳定剂（适用于乳酸奶、果汁奶、酸豆奶等各种酸性蛋白饮料）、高脂奶专用型乳化稳定剂（适用于花生奶、椰子奶、核桃奶、杏仁奶、芝麻奶、甜牛奶等各种高脂肪含量的中性或酸性蛋白饮料）、低脂奶专用型乳化稳定剂（适用于豆奶、咖啡奶、巧克力奶等各种中性蛋白饮料）、发酵奶专用型乳化稳定剂、强化乳高脂奶（植脂奶）专用稳定剂（适用于植脂乳、植脂末、杏仁奶、芝麻奶、核桃奶等含油脂和蛋白质特别高的蛋白饮料）。

同时需要指出的是，一般来讲，复合稳定剂也是在一定工艺条件下起作用的，所以对于液态奶生产厂家来说，不能离开具体液态奶产品工艺来选择上述复合稳定剂，否则同样达不到稳定增稠及改善产品感官品质的效果。

【应用实例】 复合食品胶在调配型酸性豆乳饮料中的应用

1. 基本配方

以 1L 酸豆奶的用量计：大豆 50g，白砂糖 80g，复合酸（乳酸＋柠檬酸＋苹果酸）4～4.5g，复合稳定剂 3～4.2g，柠檬酸钠 0.6g，山梨酸钾 0.5g，多聚磷酸钠，香精等适量。

复合稳定剂配方：PGA 1.5～2.0g，果胶 1.0～1.5g，单甘酯 0.5～1.0g。

2. 工艺流程

大豆→浸泡→热烫（100℃，15min）→冷却→磨浆→过滤→稀释调制→豆乳（加复合稳定剂、白砂糖、多聚磷酸钠）→搅拌混合→预热（70℃）→均质（20MPa）→冷却（30℃以下）→酸化（加柠檬酸钠和复合酸）→调制（加山梨酸钾和香精）→预热（70℃）→均质（20MPa）→装瓶→封盖→杀菌（70℃，30min）→冷却→成品

3. 操作要点

（1）稳定剂的溶解 将复合稳定剂与为其重量的 4～10 倍的白砂糖预先混合，搅拌均匀，然后在正常搅拌速度下将稳定剂和糖的混合物加入到稀释豆乳中，并不停搅拌至完全溶解。

（2）酸化　酸化过程是调配型酸性含乳饮料生产中最重要的步骤之一，成品酸豆奶的品质在很大程度上取决于调酸过程。为得到最佳的酸化效果，酸化前应将豆乳温度降至30℃以下，否则温度过高，酸化时容易出现沉淀。另外，为易于控制酸化过程，在复合酸添加前，应先将其溶解成10%～20%的溶液，同时为避免局部酸度偏差过大，可在酸化前加入一些缓冲盐类如柠檬酸钠等。酸化时，加酸也不能过快，否则可能导致局部豆乳与酸液混合不均匀，从而使形成的蛋白颗粒过大，且大小不匀，同样易产生沉淀。

（3）均质　经过多次摸索实验，均质温度确定为70℃，均质压力为20MPa时，产品品质最好。

（4）杀菌和冷却　杀菌条件为70℃，30min。杀菌后迅速冷却至室温。

4. 影响调配型酸豆乳饮料质量的因素

（1）稳定剂的种类和质量　调配型酸性含乳饮料最适宜的稳定剂是果胶或其与其他稳定剂的混合物。但目前果胶市场价格较高，且性能相对较单一，考虑到上述两个因素，国内一些生产调配性酸牛乳饮料的厂家通常采用其他一些胶类为稳定剂，如耐酸的羧甲基纤维素（CMC）、藻酸丙二醇酯（PGA）和黄原胶等。在实际生产中，两种或三种稳定剂混合使用比单一效果要好，使用量根据酸度、蛋白质含量的增加而增加。目前，一些国内厂家生产酸奶复合稳定剂，主要用于调配型酸性含乳饮料，但据作者了解，这些复合稳定剂通常也不含果胶。总的来说，用不含果胶的复合稳定剂生产出来的酸豆奶产品与用果胶为稳定剂生产出来的产品，在口感方面存在一定的差距，但稳定性方面并不占劣势。若考虑总的性价比，使用不含果胶的复合稳定剂有一定的优势。

（2）酸的种类和质量　酸味是酸性豆奶的特色，调配型酸豆奶饮料可以使用柠檬酸、乳酸和苹果酸作为酸味剂，以乳酸生产出的产品的质量最好，但由于乳酸一般多为液体，运输不便，价格较高，同时考虑到消费者对酸味的接受程度，本实验采用了柠檬酸、乳酸和苹果酸三种有机酸复合使用作为该产品的酸味剂。根据柠檬酸、苹果酸、乳酸这些常用酸的特性运用感官评定的方法得出最终的混合酸质量比时，发现酸味比较柔和、爽口，最能为大众接受。

（3）酸豆奶成品的质量　依照酸豆奶的基本配方与试验的参数制成5批产品，在室温下储存3个月后检测（感官质量指标参照GB 2746—85酸奶标准），结果见表6-9和表6-10。

表6-9　酸豆奶的感官质量指标

项　　目	指　　标
色泽	呈乳白色
组织形态	均匀一致，无分层，无凝块，允许有少量沉淀
风味口感	具有酸豆奶特有香味，酸甜适中，圆滑爽口，无异味

表6-10　酸豆奶的主要理化指标

可溶性固形物 /(g/100g)	蛋白质 /(g/100g)	总　酸 /(g/100ml)	pH	离心沉淀率 /(g/100ml)
11.6	1.10	0.58	4.05	0.81

由检测结果可知，酸豆奶的感官质量指标和可溶性固形物、蛋白质及总酸总量等主要理化指标均符合国家酸奶饮料标准。此外，从离心沉淀率的测定结果也可看出，其值低于1%，证明该产品是稳定的，产品在储存期间也能保持较高的稳定性。

5. 结论

大豆蛋白质主要由球蛋白组成，在酸化调制过程中，很容易发生凝集反应，制成的酸豆奶稳定性较差。为了提高酸豆奶的稳定性，除了控制生产工艺中的酸化操作、高压均质与热处理条件，以使蛋白质粒子稳定地保持分散状态外，还必须对配方中使用的稳定剂、酸味剂、乳化剂及其他添加剂的种类、配比、添加量等影响因素加以选择和比较。实验确定：本研究研制出的复合稳定剂对酸豆奶具有良好的稳定效果，其总添加量为0.4%；复合酸化剂由乳酸、柠檬酸和苹果酸配合而成，酸豆奶的风味和稳定性十分理想，最佳添加量为0.44%。酸豆奶酸甜适中，口感柔和，酸豆奶制品在室温下储存6个月后，未见到沉淀出现，表明其稳定性也良好。

三、复合乳化稳定剂在发酵乳中的应用

在搅拌型酸奶中通常会添加稳定剂，常用的稳定剂有明胶、CMC、果胶和琼脂等，其添加量一般控制在0.1%～0.5%。在此重点介绍前面两种。

(1) 明胶　明胶可以用于不同类型的酸奶，最突出的作用是作为稳定剂。明胶可使低脂酸奶达到类似高奶油含量酸奶的组织状态，提高消费者可接受性。

在酸奶制品中，明胶分子功能是形成弱的凝胶网状结构，防止乳清渗出和分离。乳产品乳清析出是乳清蛋白分离产生的，通常发生在杀菌阶段和终产品储藏过程中。乳中酪蛋白收缩产生张力，其结果使蛋白质和固体产生类似被"榨出"的现象。明胶分子可以通过氢键的形成阻止乳清析出，使酪蛋白避免产生收缩作用，因而阻止了固相从液相中的分离。

高强度明胶比低强度明胶能提供更稳定的结构，因此可获得较好的稳定作用。高强度明胶的长链状结构提供了使乳蛋白质与明胶分子间更多的键合可能性。因此高强度明胶完全能阻止乳清析出。如果使用低强度明胶则需要更大的剂量才能达到同样的效果，但这并不能充分保证在储藏和销售过程中的货架寿命。高强度的明胶的稳定能力和较高的熔点，使其可单独用于酸奶制品中。

(2) CMC　在酸乳制品中使用稳定剂主要是提高酸乳的黏稠度并改善其质地、状态与口感，CMC在凝固型酸奶中应用可防止成品在保质期内乳清析出并改善酸奶的结构。

在水中进行布朗运动的酪蛋白分子由于重力作用，再加上带电荷粒子的排斥作用，由于乳酸菌的作用生成的乳酸，当乳中的pH接近酪蛋白的等电点时，如失去电荷就会产生沉淀，形成所谓的凝胶，但如在搅拌下破碎凝胶，就会得到酪蛋白的悬浮液，如静止会再次集合而沉淀。这时如加入CMC，并不增加溶液的黏度，酪蛋白粒子的表面上的亲水基与CMC结合成表面膜，形成稳定的悬浮，实验证明，加十倍的水后静止，也不会生成沉淀。但一般的稳定剂热稳定性较差，如加热上述胶体，由于表面膜的破坏，酪蛋白粒子再次集合凝固，这时热凝固的酪蛋白粒子中没有亲水性，

降低温度后，继续搅拌，在水中不会再次分散。现在一般都使用 CMC 作酸奶的稳定剂，由于 CMC 带负电荷，而又具有较好的热稳定性，在 pH 4~5 时与酸奶中的蛋白质基结合形成分散系，在酸性 pH 时凝固而不沉淀。此 pH 的大小与蛋白质的种类、CMC 的性质有关，大致在 4.6~5.5 之间。

根据斯托克斯定律，饮料中微粒的沉降速度与粒子直径的平方和粒子的密度差成正比，与液体的黏度成反比。沉降速度越小，悬浮液的动力稳定性越大。使用高黏度的 CMC 产品既可以减少蛋白粒子与料液的密度差也可以增加料液的黏度，从而达到稳定体系的作用。但是，高的黏度会给饮料带来不良的口感，并使饮料的各种风味难以很好的发挥。国内有企业针对以上矛盾和客户的需求开发生产了相关产品，此类产品的最大特点是黏度低、取代度高、取代均匀性好，因此产品的耐酸耐盐性和悬浮稳定性突出。

CMC 对酸奶的稳定性影响很大，这不仅取决于 CMC 的平均取代度和聚合度（表观上即 CMC 溶液的黏度）的测定值对酸奶的适合性，而且要考虑 CMC 的羧甲基在无水葡萄糖单个分子上的分布（取代均匀性）以及无水葡萄糖分子间的分布差异。

【应用实例】 复合食品胶在搅拌型酸奶中的应用

在酸奶制品中使用稳定剂的主要目的是提高酸奶的黏稠度并改善其质地、状态与口感。例如在脱脂酸奶中，选用适合的稳定剂可使产品仍具有类似含脂酸奶的质地和口感；在凝固型酸奶中选用适宜的稳定剂可以防止成品在保质期内乳清析出并改善酸奶结构；在搅拌型酸奶中添加适宜稳定剂，可以使产品口感细腻、滑润，黏稠度和质地均有较大的改善。在酸奶中可使用的稳定剂有许多种，其来源、功能及使用条件各不相同。为了克服单一稳定剂作用的局限性，越来越多的产品中使用稳定剂的混合物，以达到成品对稳定剂综合要求。

1. 稳定剂的筛选

（1）根据稳定剂的功能和作用机理选择最佳使用　由于各种稳定剂的功能和作用机理不同，它们的使用量直接影响到产品质地、口感特征和限制生产工艺。过量使用稳定剂不仅使产品成本上升，同时使产品口感不佳。而有些稳定剂由于其溶解度和溶液中分散度的限制，给酸乳生产的混料工艺带来特殊要求。

（2）稳定剂对酸乳发酵过程的影响　有些稳定剂能够破坏酪蛋白的稳定性进而影响酸乳的凝胶过程，造成乳清析出。

（3）物料的浓度、温度、酸度对稳定剂的影响　酸乳生产过程中物料的浓度、加热温度、发酵时菌种产酸情况以及冷却过程等均可以影响某些稳定剂在成品中的功能体现，从而影响成品质量。因此，应根据生产工艺和菌种的特性选择最佳效果的稳定剂。

（4）稳定剂的卫生指标　稳定剂同其他加入原料奶中的组成一样，稳定剂的卫生指标影响着成品的质量与保质期，故必须严格把关。

（5）胶凝速度对产品质量的影响　一般情况下稳定剂胶凝速度过缓达不到增稠效果，速度过快会使气泡不易逸出，影响酸奶的口感和组织状态。本研究中参加筛选的稳定剂包括：蔗糖酯、瓜尔胶、酪盐酸钠、耐酸 CMC、单甘酯、黄原胶、明胶、变性淀粉，添加量均为 0.7%（质量分数）做酸奶发酵实验。其结果只有酪盐酸钠和变性淀粉不影响发酵，所以选择变性淀粉与酪盐酸钠二者制成复配稳定剂。

2. 复配稳定剂最佳配比的确定

变性淀粉与酪盐酸钠的混合比例确定为 2：5，3：5，4：5，5：1，6：5，7：5，8：5，9：5。混合稳定剂在搅拌型酸奶配料中的质量分数为 0.7%，加入汉森菌种 YC-350，进行酸奶发酵实验。在培养时间相同的情况下，样品各项指标如图 6-2、表 6-11 所示。

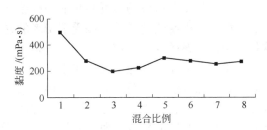

图 6-2　黏度随复配比例的变化曲线

由表可知，黏度随酪盐酸钠的增加变化较大，当混合比在 4：5 到 6：5 之间，黏度随变性淀粉含量的增加而增加；当混合比例大于 6：5 时，黏度降低，考虑到酪盐酸钠成本较贵，所以选择变性淀粉与酪盐酸钠的混合比例为 6：5。

表 6-11　实验及测量指标结果

实验编号	混合比例	pH 值	滴定酸度 /T°	黏度 /(mPa·s)	淀粉沉淀	口　　感	乳清析出
1	2：5	3.95	95	500	无	细腻、黏稠	无
2	3：5	4.01	105	310	无	细腻、黏稠	无
3	4：5	3.96	98	220	无	细腻、中等黏稠	2ml
4	1：1	4.05	92	250	无	细腻、中等黏稠	11.5ml
5	6：5	4.45	70	290	无	细腻、润滑	无
6	7：5	4.34	74	280	无	细腻、润滑	极少量
7	8：5	4.39	86	270	无	细腻、润滑	3.5ml
8	9：5	4.08	99	280	无	细腻、润滑	无

3. 复配稳定剂添加量的确定

选择菌种 YC-350，原料奶干物质用脱脂粉调至质量分数为 12%，加入质量分数为 6% 的白砂糖，复配稳定剂的添加量（质量分数）分别为 0.2%，0.4% 和 0.6%。以市售混合稳定剂（普遍使用帕斯加 P5846，添加量 0.4%）为对照，选择出复配稳定剂的适宜添加量，并将 4 个样品分别搅拌相同次数（即 60 次/min），培养相同时间后测各样品的黏度（图 6-3）。

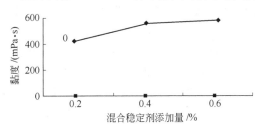

图 6-3　黏度值随稳定剂添加量变化曲线

加入质量分数为 0.4% 市售稳定剂 P5846 的样品经培养后测得黏度为 510mPa·s，与复配稳定剂添加量 0.4%（质量分数）的黏度相近。

4. 感官鉴定

采用 1：2 的点识别实验法，以添加市售混合稳定剂的样品作为标准试样，然后将标准试样和添加混合稳定剂的试样进行综合评判，选择哪一个试样与标准试样相同。

四、复合食品胶在悬浮饮料中的应用

悬浮饮料是我国市场新近兴起的一种新型天然饮料，由于直观、真实、配以透明包装，能给人以明快的感觉，深受消费者的喜爱，并且当今社会崇尚自然饮料，悬浮饮料中漂浮流畅的食物颗粒正好符合消费者的这种心理，所以有巨大的市场潜力。悬浮是指食物颗粒能较好地均匀分布于饮料之中，在保质期中，不产生明显的分层和下沉现象。自然成粒的果蔬、如柑橘、桃、梨、苹果等，以及通过人工造粒成型物都可以加工成悬浮饮料，因此悬浮技术是一种涉及面广的技术。一般认为，悬浮饮料的悬浮并不是靠食品胶的黏度，而是依靠食品胶所形成的凝胶网络来实现的，也就是说，没有胶凝就没有悬浮。由胶凝作用而实现的悬浮，关键是胶凝能力所形成的凝胶三维网络是否有足够的承托力把食物颗粒"固定"在相应的网络内，并经常利用食品胶在某些介质离子存在时具有凝胶能力的特点来实现真正的、长时间的悬浮，只有这样才具有真正的货架效果。

琼脂的悬浮能力很强，但获得的悬浮饮料的流动性和透明度却不太理想，还有时会出现凝胶析出现象；添加低酯果胶获得的悬浮饮料透明度很好，但悬浮能力却较差；卡拉胶的悬浮能力和饮料透明度都还可以，但主要缺点是它不太耐酸和耐高温，也就在一定程度上影响了饮料的悬浮稳定性；结冷胶悬浮效果很理想，并且其耐酸性耐高温能力都较强，悬浮饮料在贮藏过程中也就能表现出很好的稳定性，但目前其市场价格很高，这一点却是它的不足之处。而目前市场上使用复配了上述多种食品胶体的复合食品添加剂制作成的悬浮饮料悬浮性能好、透明度高、耐酸、耐高温，稳定性好、口感舒适滑爽。

1. 琼脂的悬浮作用

影响琼脂凝胶的主要因素有浓度、温度、pH 值和电解质等。在实际应用中，影响琼脂凝胶好坏的关键因素是温度、高温持续时间和溶液 pH 值。高温和高温持续时间过长，溶液酸度较强都会引起琼脂降解和失效。同时，加入 CMC 也会对琼脂的凝胶强度和流动性产生较大影响。琼脂在 pH 值较低的溶液中的凝胶强度和黏度较小，随着 pH 值的增大，凝胶强度和黏度增大。在 pH6.1 左右时，溶液黏度最大。琼脂溶液凝胶强度和黏度随着高温持续时间长度的增加而减小。在高温持续时间超过 5h 后，溶液黏度很小，不能形成胶凝。因此，严格掌握工艺温度和高温持续时间、选择合适的酸味剂和 pH 值是琼脂的悬浮作用成败之关键，这也预示着琼脂在形成凝胶网络和维持这种网络时的不稳定性。以下是琼脂和琼脂与其他配料组合复配的实验结果：

由表 6-12 实验结果可知，在制作出的明列子悬浮饮料中、琼脂的悬浮效果不甚理想。琼脂浓度高一些，尽管悬浮能力可以提高，但透明度会明显下降并且会有胶感，反过来，琼脂浓度低一些，透明度较好也不太有胶感，但悬浮能力却不能满足要求。同时作者经过三个月的持续观察发现，由于琼脂的本身属性特点，其凝胶的稳定性差，几乎上面实验的所有样品在贮藏过程中琼脂都会在饮料瓶的底部和瓶壁或多或少地产生凝胶析出现象，影响饮料产品的稳定性、透明度和感官品质。不过也发现，

表 6-12　琼脂与其他配料的复配悬浮效果

（琼脂浓度为 $0.04\%\sim0.16\%$，其他配料浓度 $0.02\%\sim0.08\%$）

种　　类	稳定性	透明度	悬浮能力及口感(90 天后)
琼脂（低浓度）	不稳定	透明	明列子不能悬浮，并略有胶感
琼脂（高浓度）	不稳定	半透明	明列子均匀悬浮，有明显胶感
琼脂-CMC	较好	透明	明列子均匀悬浮，略有胶感
琼脂-多聚磷酸钠	尚可	透明	明列子均匀悬浮，略有胶感
琼脂-果胶	尚可	半透明	明列子距液面约 3cm，略有胶感
琼脂-黄原胶	较好	不透明	明列子均匀悬浮，有胶感
琼脂-魔芋粉	尚可	半透明	明列子距液面 2cm，有胶感

注：浓度范围指每组配料多次实验时的不同添加量的范围，悬浮效果描述为每组实验的最佳结果，下同。

以琼脂-CMC 为悬浮剂主剂的饮料，溶液的流动性好、稳定性相对较好、透明且不易析出凝胶，表现出较好的组合协同性。从结果中还可以看出，琼脂与多聚磷酸钠的复配效果也较好，而和其他各种胶体的复配效果不甚理想。

2. 果胶的悬浮作用

果胶是目前应用得较广的一种重要稳定剂，可分为 HMP（高酯）果胶和 LMP（低酯）果胶，HMP 依靠氢键与糖、酸结合形成凝胶，所要求的糖浓度较高，因此一般难以在悬浮饮料中得到应用。而 LMP 果胶依靠游离羧基与多价阳离子形成离子键凝胶，因此只需有一定浓度的阳离子的存在和一定的温度条件就可以在少糖或无糖的条件下形成胶凝。LMP 果胶是一种对酸性较稳定的多糖，在 pH3.1 左右时凝胶强度和黏度最大。因此，在用 LMP 果胶作稳定剂时，在不影响悬浮饮料滋味前提下要尽可能地将 pH 值调低，使明列子形成较好的悬浮。因此从理论上讲严格控制阳离子浓度、pH 值等对果胶形成较好的悬浮效果有很重要的意义。

在实验中，加入的阳离子是 Ca^{2+}，控制饮料 pH 值为 4.0，LMP 果胶与阳离子复配的悬浮效果具体实验结果见表 6-13。

表 6-13　LMP 果胶与其他配料的复配悬浮效果

（果胶浓度为 $0.1\%\sim0.4\%$）

种　　类	稳定性	透明度	悬浮能力及口感(90 天后)
LMP 果胶-Ca^{2+}（10mg/g LMP）	不稳定	透明	明列子不能悬浮，无胶感
LMP 果胶-Ca^{2+}（20mg/g LMP）	尚可	透明	明列子距液面约 1cm，无胶感
LMP 果胶-Ca^{2+}（30mg/g LMP）	不稳定	透明	明列子距液面 2cm，无胶感

由以上结果可以看出，LMP 果胶即使在相对较高添加量（0.4%）情况下明列子的悬浮效果也不是很好，当然再提高 LMP 果胶的添加量，效果很可能会好一些，但目前市场上 LMP 果胶价格较高，从而我们认为，LMP 果胶目前并不太适合用于明列子悬浮饮料中作悬浮剂主剂使用。

3. 卡拉胶的悬浮作用

卡拉胶是一种线性多糖化合物，由于残基上有半硫酸盐基，因此卡拉胶成为一种离子型分子电解质，卡拉胶主要有 κ-型、ι-型和 λ-型三种。κ-型对 K^+ 敏感，易形成强烈的凝胶；ι-型对 Ca^{2+} 敏感，易形成强度较高的凝胶，而 λ-型不能形成凝胶。κ-卡拉胶在 K$^+$ 存在下加热至 70℃以上。双链 4 位负电荷的硫酸基对准和接近，被 K$^+$ 中和形成 H 键冷却后可形成热可逆的凝胶。

表 6-14　卡拉胶与其他配料的复配悬浮效果

（卡拉胶浓度为 0.1%～0.4%，K$^+$ 浓度为 0.2%，Ca^{2+} 浓度为 0.2%）

种　类	稳定性	透明度	悬浮能力及口感(90 天后)
κ-卡拉胶	不稳定	透明	明列子不能悬浮，无胶感
λ-卡拉胶	不稳定	透明	明列子不能悬浮，无胶感
κ-卡拉胶-K$^+$	较好	透明	明列子均匀悬浮，无胶感
ι-卡拉胶-Ca^{2+}	较好	透明	明列子均匀悬浮，无胶感
κ-卡拉胶-刺槐豆胶-K$^+$	较好	透明	明列子距液面 1cm，略有胶感
κ-卡拉胶-魔芋粉-K$^+$	较好	透明	明列子距液面 1cm，略有胶感
κ-卡拉胶-琼脂-K$^+$	较好	半透明	明列子均匀悬浮，有胶感

从表 6-14 中可以看出，以 κ-卡拉胶-K$^+$、卡拉胶-刺槐豆胶-K$^+$、卡拉胶-魔芋粉-K$^+$ 复配的悬浮剂悬浮效果最为理想，后两者表现了良好的组合协同性，一般地在一定浓度范围内 κ-卡拉胶分别与魔芋粉和刺槐豆胶复配时，它们的凝胶强度会显著提高，从而由上表结果也可验证前面提到的"悬浮并不是靠增稠剂的黏度，而是依靠具有形成凝胶网络的胶体来实现，没有胶凝就没有悬浮"的理论。同时可以看到 ι-卡拉胶也有较理想的悬浮效果，但目前其市场价格较高，应用为悬浮剂将受到限制。

4. 结冷胶的悬浮作用

结冷胶是一种线形聚合物，当有电解质存在时可形成凝胶。在结冷胶热溶液中加入一定量的电解质（通常为钙盐、镁盐或钠盐等）冷却后得到凝胶。如需凝胶，则可在不低于 70℃时加入电解质，这时还不会形成凝胶，冷却至 45℃左右才能形成凝胶。钙离子的最佳浓度为 5mol/L，但所形成的凝胶再加热时不会熔化。钠盐和钾盐也能导致凝胶，但它们各自所需浓度约为钙离子的 25 倍左右。尽管这样，但它们形成的凝胶都是热可逆的。

表 6-15　结冷胶与其他配料的复配悬浮效果

种　类	稳定性	透明度	悬浮能力及口感(90 天后)
结冷胶-K$^+$	尚可	透明	明列子距液面 0.5cm，无胶感
结冷胶-Na$^+$	尚可	透明	明列子距液面 0.5cm，无胶感
结冷胶-Ca^{2+}	好	透明	明列子均匀悬浮，无胶感

注：结冷胶浓度为 0.12%～0.4%，K$^+$ 和 Na$^+$ 浓度均为 0.4%，Ca^{2+} 浓度为 0.02%。

由表 6-15 可知，结冷胶-Ca^{2+} 好于结冷胶-K$^+$ 和结冷胶-Na$^+$ 的悬浮效果，同时结冷胶的添加量也不要求太高而影响成本，结冷胶在 pH 3.5～7.0 之间均能形成凝胶，在酸性至中性配方中都能获得优质凝胶和预期的凝胶强度，这一点在悬浮饮料中的应用很重要，它比起卡拉胶来有优势，因为后者在酸性同时加热杀菌条件下易降解而最终削弱了卡拉胶的悬浮能力。另外结冷胶和卡拉胶类似，与其他胶类如黄原胶、刺槐豆胶等也有良好的相容性和配伍性，也能复配在悬浮饮料中得到很好的应用。

5. 其他胶体的悬浮作用

此外，我们还就其他具有形成凝胶能力的四种常见胶体作为明列子饮料的悬浮剂主剂进行了实验，包括海藻酸钠、黄原胶、魔芋粉和明胶，经过大量试验并进行贮藏仔细观察后发现，前两者开始在饮料中都能较好地胶凝而使明列子颗粒得到悬浮，但贮藏一段时间（少于 90 天）后表现得很不稳定，都会出现明列子颗粒沉于瓶底或分层现象；后两者在正常使用量情况下，一开始在明列子饮料中就难以较好地胶凝而使明列子颗粒得到悬浮。总之，根据我们的实验认为四种胶体都不适合作为明列子饮料悬浮剂的主剂使用。

6. 结论

以琼脂为悬浮剂主剂的悬浮能力很强，但饮料溶液的流动性和透明度相比较而言却不太理想，还经常会出现凝胶析出现象，从而在明列子饮料中的应用难度较大，但发现以琼脂-CMC 为主剂添加的明列子饮料的各项感官指标较好，表现出较好的组合协同性。以低酯果胶为悬浮剂主剂的明列子饮料虽然透明度较好，但悬浮性较差，较正常添加量在加入适量阳离子以及在 pH4.0 条件下并不能形成较好的悬浮效果，从而在明列子饮料中的应用难度也较大。以 κ-卡拉胶为悬浮剂主剂的明列子饮料在加入适当浓度的 K^+ 以及与其他胶体复配时均能表现出良好的悬浮效果，主要缺点是它不太耐酸和耐高温，一定程度上影响了饮料的悬浮稳定性，但仍不失为一种较为理想的明列子饮料悬浮剂。以结冷胶为悬浮剂主剂的明列子饮料悬浮效果理想，并且它耐酸性强，在贮藏过程中表现出很好的稳定性，但目前其市场价格相对较高，这一点却是它的不足之处。

以海藻酸钠、黄原胶、魔芋粉和明胶四种具有形成凝胶能力的常见胶体分别作为悬浮剂主剂应用于明列子饮料中发现，它们的悬浮效果都很不理想，难以在明列子饮料中得到有效应用。

另外，通过对琼脂、黄原胶、卡拉胶、海藻酸钠、CMC-Na 5 种食品胶的研究发现，它们的胶液在低浓度范围内黏度和悬浮力均随食品胶浓度增加而呈指数规律变化。在同一浓度下悬浮力由大到小依次为：琼脂、黄原胶、CMC-Na、卡拉胶、海藻酸钠；在相同黏度下，悬浮力从大到小依次为：海藻酸钠、卡拉胶、CMC-Na、黄原胶、琼脂。此外在一定浓度范围内黏度和悬浮力的关系曲线为一直线，但各种不同食品胶溶液黏度与悬浮力所得到的直线斜率差异很大，因此不同食品胶所构成的食品体系不能仅凭黏度这个指标来对比悬浮力的大小。温度、pH 值对 5 种食品胶液悬浮力影响呈现出类似的变化趋势，其中琼脂、黄原胶溶液的悬浮力受温度波动影响很小；黄原胶、CMC-Na、琼脂受 pH 值影响小，耐酸性相对较强，因此琼脂、黄原胶在低浓度下即可获得较大的悬浮力，而且受温度和 pH 值影响相对较小，为优良的增稠或悬浮稳定剂。

【应用举例】

（一）果肉、果粒饮料悬浮剂

目前市场上销售的果肉果粒饮料悬浮剂一般是由多种水溶性食用胶复配而成的，可使果肉、果粒悬浮饮料获得均匀稳定的效果，其水溶液清澈透明，可广泛用于葡萄粒、菠萝粒、橙粒等悬浮饮料中。这类悬浮剂可分为两种，即耐酸型和普通型悬浮剂。

1. 耐酸型悬浮剂

添加这类悬浮剂，饮料中果粒、果肉微粒及其他固体成分在常温下悬浮均匀，无分层、上浮、水析及沉淀。它与单一琼脂或卡拉胶型果粒悬浮剂相比，具有一些优势：无水析层，果粒分布均匀，耐热性、耐酸性强，悬浮更稳定、持久，可在各种酸性饮料中使用。饮料口感及感观明显提高，可使饮料稠度适中，流动性好，入口滑爽，不黏、不糊、不冻结。而以琼脂或卡拉胶为主配料的悬浮剂则在酸性条件下易降解失效，上层往往还会析出清水。具体说耐酸型悬浮剂一般具有以下功能特点：酸性条件下具有优良的耐热性和稳定性，可在 pH 3.5～3.7 左右，85℃保温 1h，即使在110℃杀菌 20min 的条件下，也能保持良好的悬浮效果。

参考配方：

配料名称	含量/%	配料名称	含量/%
悬浮剂	0.18%～0.25%	柠檬酸	0.20%
（结冷胶、海藻酸盐）		乳酸钙	0.12%
糖	9.0%	果粒、香料、维生素 C 等	按工艺需要

参考工艺：

糖液→室温下加入悬浮剂分散均匀→加热到80℃以上，搅拌至悬浮剂全部溶解→趁热加入乳酸钙，搅拌使其全部溶解→用热水补足悬浮剂溶解过程中挥发的水分→加果粒果汁、香料、维生素 C、甜味剂等→加酸将 pH 调至 3.5～3.7→装瓶→沸水或高温高压杀菌→冷却→室温静置 1～2 天→摇匀→成品

2. 普通型悬浮剂

该悬浮剂是一种常用的果肉悬浮剂，可悬浮粒粒橙等果粒，它具有以下特点：具有较好的耐热性和稳定性，在沸水杀菌15min 的条件下，也能保持良好的悬浮效果；透明度高；无析水现象；果粒分布均匀；口感滑爽，无黏稠感。不过，比起耐酸型悬浮剂，它在酸性饮料中（如 pH 在 4.0 以下）应用有些困难，在高温杀菌时容易变性。

参考配方：

配料名称	含量/%	配料名称	含量/%
悬浮剂	0.28	KCl	0.05
（卡拉胶、魔芋胶）		柠檬酸	适量
糖	9.0	果粒、香精、维生素 C 等	按工艺需要

参考工艺：

糖液→室温下加入悬浮剂分散均匀→加热到80℃以上，搅拌至悬浮剂全部溶解→用热水补足悬浮剂溶解过程中挥发的水分→加果粒果汁，香料，维生素 C，甜味剂等→加柠檬酸将 pH 调至 4.0～4.5→装瓶→沸水杀菌→冷却→室温静置 1～2 天→摇匀→成品

（二）明列子悬浮饮料的制作

1. 明列子悬浮饮料配方

明列子 1.0g，悬浮剂 0.8g，柠檬酸 0.4g，柠檬酸钠 0.15g，白砂糖 16.0g，山梨酸钾 0.1g，香精少许。

悬浮剂配方：卡拉胶 0.3g，魔芋胶 0.3g，琼脂 0.1g，KCl 0.1g。

以上配方按容量为 250ml 标准饮料瓶的添加量计算。

2. 明列子悬浮饮料的制作方法

（1）将明列子放于热水中煮至浮起，捞起，水洗冷却，降至室温即可使用。

（2）将悬浮剂与糖混合搅拌均匀。

（3）加入热水（约50～60℃），快速搅拌至胶体完全溶解。

（4）再加入剩余的干料，搅拌并加热使其溶解，待温度达到80～85℃时加入香精，并继续搅拌加热。

（5）将处理好的明列子加入饮料瓶中。

（6）待前面的糖水温度升至90～92℃时补水充填入瓶。

（7）杀菌（121℃，15min，不含升温时间）。

（8）冷却至室温并倒放。

（9）放置至隔天，摇一摇，产品即有悬浮效果。

3. 明列子悬浮饮料的鉴评指标

以其室温贮藏放置90天后，根据饮料的稳定性（有无分层、下沉和凝胶析出等现象）、透明度、悬浮能力和入口后的胶感程度等为明列子悬浮饮料的感官鉴评指标。

五、复合食品胶在软糖中的应用

软糖是糖果中的一大类型，随着人们生活水平的提高，对软糖质量的要求也随之提高，向着高档次、高品位方向发展。用于胶体软糖的凝胶剂通常有琼脂、卡拉胶及明胶、果胶等。通过食品胶复合软糖粉制成的软糖，口感滑爽，更富弹性，透明度好，添加量小，成本低廉，可调节冻融温度，且不粘牙。由于软糖在风味、口感、色泽、形状上有多种变化，所以使新型软糖的开发研究成为行业中一项重要课题。

和前面提到食品胶在果冻中的应用类似，添加有琼脂的软糖胶凝性很强，但透明度和弹性却不太理想；使用明胶的缺点是凝固点和融化点低，制作和储存需要低温冷冻；而果胶的缺点是要加高浓度糖和较低的pH值才能凝固；添加有卡拉胶的软糖弹性和透明都还不错，但胶凝性不高，也不耐咀嚼，软糖品质并不很理想；而单独添加有魔芋胶、槐豆胶或黄原胶的含糖胶液都无法形成软糖凝胶。复合了琼脂、卡拉胶、魔芋胶、槐豆胶或黄原胶等配料的复合食品胶就完全可能制作出强凝胶性，高透明度、晶莹剔透、弹性强和口感细腻的软糖。

【应用举例1】 复合胶软糖的制作

用于制作胶体软糖的凝胶剂通常有琼脂、卡拉胶及明胶、果胶等。通过食品胶复合而制成的软糖，口感滑爽，更富弹性，透明度好，添加量小，成本低廉，可调节冻融温度，且不粘牙。

参考配方：

原料名称	含量/%	原料名称	含量/%
白砂糖	25	氯化钾	0.1
液体葡萄糖浆	50	三聚磷酸钠	0.3
柠檬酸钠	0.2	香精	适量
柠檬酸	0.2	色素	适量
复合胶	1.0	水	加至100

（卡拉胶0.4、琼脂0.4、明胶0.2）

参考工艺：在容器中将复合胶、氯化钾、三聚磷酸钠、柠檬酸钠和砂糖以1∶5干混均匀，加入15~25倍的水，搅成糊状，再倒入夹套缸中，再加入剩余的白砂糖，加热至103~104℃；在夹套缸中加入淀粉糖浆，熬煮至106~107℃，稍冷却后再加入柠檬酸、香精、色素（加少量水溶解），搅拌均匀后浇模，成型；在烘箱内45~50℃下烘制48h左右；包装。

作者曾就复合食品胶在软糖中的应用进行过较详细的研究，具体如下。

1. 实验材料及方法

1.1 材料

魔芋粉、卡拉胶、黄原胶、刺槐豆胶、琼脂、砂糖、果葡糖浆、KCl、柠檬酸、乳酸钙、多聚磷酸钠。

1.2 设备

电子天平、托盘天平、温度计等。

1.3 工艺流程

复合食品胶＋砂糖＋乳酸钙(KCl) ⟶ 混合⟶冷水溶胀

果葡糖浆＋砂糖⟶熬糖⟶ 煮沸⟶ 搅拌⟶ 冷凝⟶ 制备品

1.4 实验步骤

（1）精确称取各种食品胶干粉，加入乳酸钙0.2g、砂糖25g、多聚磷酸钠0.4g，（如有卡拉胶，需加入KCl 0.15g），用玻璃棒搅拌，在烧杯中均匀混合，尽量使其在干粉状态中混合均匀。

（2）加约25ml水溶解，溶解时要不断搅拌，尽量使其不结块，搅拌时间为20~30min。

（3）将搅拌溶解好的食品胶加入至糖浆中，并仍持续搅拌，以防结块。继续加热。

（4）将糖浆50ml搅拌加热，待加入混合胶液后，熬糖至温度约103~105℃保持约2min停止。

（5）冷却至70~80℃，加入柠檬酸，混匀。

（6）冷却，凝结。

（7）测定凝胶强度。

1.5 凝胶强度的测定

将天平两边各放置待测凝胶软糖与空烧杯，调至平衡。用横截面积大约为1cm²的玻璃柱固定于铁架台上。使玻璃柱的恰好接触到凝胶软糖的表面，然后缓慢持续向烧杯中加水，使天平倾斜从而使凝胶软糖这边天平抬起，由于软糖表面紧贴玻璃柱，玻璃柱固定，所以当软糖这边天平抬起时，玻璃柱与软糖之间产生压力，直到软糖因压力过大，表面破裂，则这时烧杯中加入的水的质量即为该软糖的凝胶强度。

1.6 一般配方

复合胶	1.0g	柠檬酸	0.2g
KCl	0.15g	砂糖	25g
乳酸钙	0.2g	多聚磷酸钠	0.4g

果葡糖浆 50g　　合计　　　　　　　　　　　　　　　　100g
其余为蒸馏水

2. 结果与讨论

实验结果如表 6-16 所示。

表 6-16　不同的复合食品胶对软糖特性影响

配　　方	凝胶强度	黏弹性	持水性	透明性	溶解性	口　　感
A. 卡＋琼	+++	++	+	+	++	较脆
B. 槐＋黄	+	+	+	+	+	咬劲不足
C. 魔＋黄	+	+	+	+	+	咬劲不足
D. 卡＋魔	++++	++++	++	+++	+++	黏滑,粗糙
E. 卡＋槐	++++	++++	++	++	++++	细腻,光滑,咬劲适宜

2.1　卡拉胶和琼脂复合胶制作软糖

卡拉胶和琼脂的复配,其配方是卡拉胶(0.5g)＋琼脂(0.5g)＋KCl(0.15g)。可以成胶,经过凝胶强度的测定,有一定的凝胶强度,黏弹性较差,持水性与透明性都不理想,在放置一段时间以后仍会有大量水分析出,并且溶解性也比较差。但是卡拉胶与琼脂复合,其黏弹性、持水性仍比单一琼脂凝胶好。口感较脆,入口即碎,弹性不足。

卡拉胶在一定比例范围内与琼脂发生协同增效作用,在低浓度范围内,随着卡拉胶添加比例的增加,琼脂的凝胶强度迅速增强,在添加比例超过一定浓度后,凝胶强度随着又逐渐降低。实验证明卡拉胶与琼脂复配效果比单一琼脂软糖好一些,但并不很理想。

2.2　卡拉胶和魔芋粉复配制作软糖

卡拉胶和魔芋粉的复配,效果较好。其配方是卡拉胶(0.5g)＋魔芋粉(0.5g)＋KCl(0.15g)。如上表所示经过凝胶强度测定其凝胶强度很大,且所形成的凝胶如上表显示还具有析水率低、透明性较好、黏弹性好、溶解性好的特点。口感较好,但是过分黏滑,较粗糙,感官品质并不很好。

其原因主要是因为魔芋胶和卡拉胶有很强的协和作用,能显著增强卡拉胶的凝胶强度和弹性。但是两者在不复合的情况下制作软糖效果则不如复合的好,因为单一卡拉胶虽然在有钾或钙等离子存在时,具有形成凝胶所需浓度低、透明度高等优点,但其凝胶脆性大,弹性小,易出现收缩脱液现象。魔芋胶主要化学组成为葡萄甘露聚糖,其中的葡萄糖和甘露糖的分子比约为 2∶3,因为甘露糖单位的第 6 位 C 上有乙酰基,故单一魔芋精粉水溶液不能形成凝胶,但在稀碱性溶液中水解去掉乙酰基后则可形成有弹性的凝胶,必须在 2% 以上的浓度,pH＞9 即强碱性条件下才能形成凝胶。卡拉胶和魔芋精粉虽然都是食品工业常用的胶凝剂,但是它们各自的特性影响二者作为胶凝剂在食品工业上应用。所以将两者进行适当复合既减少卡拉胶的泌水性,又使魔芋精粉在中性偏酸性的条件下,就可以形成弹性凝胶。

2.3　卡拉胶和刺槐豆胶复配制作软糖

卡拉胶和刺槐豆胶复配,效果最好。其配方是卡拉胶(0.5g)＋刺槐豆胶(0.5g)＋

KCl(0.15g)。经过测定，如上表所示其凝胶强度很大，黏弹性好，持水性一般，透明性一般。软糖中没有胶体颗粒，溶解性也很好。口感是几组中最好的，口感细腻、光滑，咬劲适宜。

而单一的两者也不能制成效果这样好的软糖。其原因主要因为卡拉胶和槐豆胶体系中，卡拉胶是以具有半醋化硫酸酯的半乳糖残基为主链的高分子多糖。槐豆胶是以甘露糖残基组成主链，平均每四个甘露糖残基就置换一个半乳糖残基，其大分子链中无侧链区与卡拉胶之间有较强的键和作用，使生成的凝胶具有更高的强度。当卡拉胶加入槐豆胶后其弹性和刚性因之提高，并随着槐豆胶浓度的增加，其内聚力也相应增强。当两种胶的比例达 1∶1 时，凝胶的破裂强度相当高，因而产生相当好的可口性。从感官的角度来看，槐豆胶可使卡拉胶凝胶的脆度下降而弹性提高，使之接近于明胶凝胶体的组织结构，但刺槐豆胶的比例仍不能过高，否则凝胶体会愈益胶稠。本次实验两者的比例正是 1∶1，从而达到最佳效果。

2.4　槐豆胶、魔芋精粉与黄原胶的复合

这两组结果不理想，基本不成胶，凝胶强度、黏弹性、持水性、透明性、溶解性都差。口感不理想，没有咬劲。

实验说明这两组胶体的复合不能达到复合胶的优势，它们其中的分子结构不能互相配合形成较强的内聚力。因而证明这样的配方不合适。

2.5　KCl、乳酸钙和多聚磷酸钠在制作软糖中的作用

在本次实验中，针对卡拉胶都加入了 KCl 和乳酸钙。这两者都是卡拉胶的胶凝助剂，具有提高软糖凝胶强度的作用，并有改良品质的作用。另外也添加了多聚磷酸钠，它也是一种较好的分散剂和组织改良剂，在软糖粉中具有改善品质的作用，还使软糖具有良好的脱模性，提高了软糖的透明性和光洁度。

3. 结论

实验证明用卡拉胶 0.5%、刺槐豆胶 0.5%、KCl 1.5%、乳酸钙 0.2%、柠檬酸 0.2%、砂糖 25%、多聚磷酸钠 0.4%、果葡糖浆 50% 作为软糖粉的配比，熬糖温度控制在 103～105℃ 的情况下生产出的软糖效果较好。

【应用举例 2】 不预溶胶型软糖粉的研制

1. 研究背景

目前国内凝胶软糖的生产加工，一般都是将凝胶称取后，加水，加热煮胶，同时熬糖浆，再将蔗糖和溶胶混合熬制加工而成。本研究通过大量反复实验，通过反复试制，最终找出了最佳的复配原料及用量，由该低成本软糖粉加工凝胶软糖，无需预先加热溶胶，只要浸泡后即与蔗糖、糖浆等配料混合加热熬制，这样减少了工序，操作更加方便，也节约了能源，加工出的软糖与经过预溶胶工序加工出的软糖对比，发现品质同样理想，经过有关厂家实践也证明，该类软糖粉将有很好的市场前景。

2. 实验材料及方法

2.1　材料

魔芋粉、卡拉胶、刺槐豆胶、琼脂、白砂糖、果葡糖浆、KCl、柠檬酸钠、多聚磷酸钠。

2.2 设备

电炉、电热鼓风干燥箱，软糖成型模板，电子天平，托盘天平，温度计等。

2.3 工艺流程

复合食品胶 →混合→冷水溶胀
果葡糖浆＋砂糖 →熬糖→浇模→冷却→脱模→烘烤→成品

2.4 实验步骤

2.4.1 一般参考工艺

（1）在容器中将软糖粉和砂糖以1：5干混均匀，加入一定量的冷水泡透，以备使用。

（2）在煮糖锅中将水、软糖粉、白砂糖加热至103～104℃，使软糖充分溶解。

（3）加入液体葡萄糖浆，熬煮至104～105℃。

（4）出锅，降温至60～80℃时，加入柠檬酸钠、柠檬酸、色素、香精等。

（5）浇模，成型。

（6）在烘房中以45～50℃烘干48h左右。

（7）包装。

2.4.2 本研究参考工艺

（1）在容器中将软糖粉和砂糖以1：5干混均匀，加入一定量的冷水泡透，以备使用。

（2）在煮糖锅中将液体葡萄糖浆、软糖粉、白砂糖加热至103～105℃，熬煮。

（3）出锅，降温至60～80℃时，加入柠檬酸钠、柠檬酸、色素、香精等。

（4）浇模，成型。

（5）在烘房中以45～50℃烘干48h左右。

（6）包装。

2.5 软糖试验配方

复合胶	1.0g	砂糖	25g
KCl	0.1g	葡萄糖浆	50g
乳酸钙	0.2g	其余为自来水	
柠檬酸钠	0.1g	合计	100g
多聚磷酸钠	0.1g		

2.6 感官评价

由10位专业人士，对制作出的凝胶软糖产品进行感官特征的鉴评。

3. 结果与分析

3.1 卡拉胶

卡拉胶在软糖粉中作为一种凝胶物质出现。一般来说，卡拉胶能完全溶解于70℃以上的水中，冷却后形成结实但又脆弱的热可逆性凝胶，透明性较差，冷冻后脱水收缩。钾离子的存在，能使凝胶达到最大强度，钙离子的加入，则使凝胶收缩并趋于脆性。

3.2 氯化钾与乳酸钙

κ-卡拉胶在K^+存在下加热至70℃以上，双链4位负电荷的硫酸基对准和接近，

被 K^+ 中和形成氢键，冷却后可形成更加强烈的热可逆凝胶，所以加入 κ-卡拉胶中可起到特殊的强化胶凝作用，否则若不添加它，会明显降低制成的软糖的凝胶强度，而影响软糖的质构和口感。当然它也可起到钾盐营养增补剂的作用。它们都是卡拉胶的胶凝助剂，具有提高软糖凝胶强度的作用，并有改良品质的作用。

3.3 多聚磷酸钠

它是一种较好的分散剂和组织改良剂，在软糖粉中它具有改善品质的作用，还使软糖具有良好的脱模性，提高了软糖的透明性与光洁度。

3.4 柠檬酸钠

柠檬酸钠味咸而凉爽，有吸湿性和风化性。柠檬酸钠在软糖中具有改善风味、调节 pH 值、防止析水以及增稠等性能。

3.5 软糖粉浸泡时间的确定

以砂糖 25%、葡萄糖浆 50%、柠檬酸钠 0.2%、复合胶 1.0%、余水为基本配方，将软糖粉用冷水浸泡若干时间，得出软糖粉最佳浸泡时间，具体分析见表 6-17。

表 6-17　浸泡时间对软糖品质的影响

时间/min	15	45	75	105	135	165	180
软糖感官评分	9.8[①]	9.8	9.7	9.7	9.8	9.8	9.8

① 总分为 10 分。

从表 6-17 可看出软糖粉随浸泡时间的增加，感官评分并未随之增加。浸泡 3 个多小时后与只浸泡 15min 类似，之后随着浸泡时间的延长，感官评分随之降低，因此，软糖粉浸泡时间最好控制在 15～30min。

3.6 软糖熬糖温度的确定

以砂糖 25%、葡萄糖浆 50%、柠檬酸钠 0.2%、复合胶 1.0%、余水为基本配方，以不同的熬糖温度熬煮，并得出较佳的熬糖温度，具体分析见表 6-18。

表 6-18　熬糖温度对软糖品质的影响

温度/℃	96	98	100	102	104	106	108
感官评分	9.5	9.5	9.6	9.7	9.8	9.8	9.8
浇模和脱模难易程度	一般	一般	一般	容易	容易	一般	一般

由表 6-18 得出随着熬糖温度的升高感官评分也随着上升，但上升幅度随之下降，当熬糖温度达到 106℃以上时感官评分趋于稳定，而且因为此时蒸发的水量过多，使得软糖固形物含量增加，糖液流动性差，浇模困难，进而使软糖表面不平整。再者熬糖温度越高耗费的能量也越多。所以从多方面因素考虑，熬糖温度应控制在 104～106℃之间。

4. 产品质量标准

4.1 感官指标

组织及形态：光滑细腻，有弹性；色泽：晶莹透亮；滋味：有咬劲，不粘牙。

4.2 理化指标

固形物含量不低于 65%；不含杂质；食品添加剂符合 GB 2760 标准。

4.3 卫生指标

细菌总数<3000 个/g；大肠菌数<25 个/100g；致病菌不得检出。

5. 结论

实验证明用含卡拉胶的复合胶 67%、氯化钾 7%、三聚磷酸钠 7%、氯化钙 13%、柠檬酸钠 7%作为不预溶型软糖粉的配比，浸泡时间只需 15min 左右，熬糖温度控制在 104～106℃的情况下生产出来的软糖效果较好。

六、复合食品胶在冰淇淋中的应用

冰淇淋以其轻滑细腻的组织，紧密柔软的形体，醇厚持久的风味，以及丰富的营养和凉爽的口感，深受消费者的喜爱。在冰淇淋中添加食品胶其作用在于：提高冰淇淋浆料的黏度；改善油脂以及含油脂固体微粒的分散度；延缓微粒冰晶的增大以及冰碴出现的时间；改善冰淇淋的口感、内部结构和外观状态；提高冰淇淋体系的分散稳定性和抗融化性。目前应用最广泛的食品胶是卡拉胶、黄原胶、槐豆胶、瓜尔胶和CMC 等，其中槐豆胶、瓜尔胶和 CMC 都可单独使用，因为它们有优异的保水能力，但它们也可复合使用。

在冰淇淋中，单独使用一种稳定剂往往得不到理想的效果，必须将乳化剂与稳定剂复合使用，发挥协同效应，才能达到较好的效果。如在冰淇淋混合料中乳清分离往往不能得到改善，这时通过复合使用少量的卡拉胶等其他食品胶作为辅助性稳定剂应用于冰淇淋中，效果理想，能很好地抑制乳清分离现象的发生，并能改进和提高冰淇淋配料及产品的质量。

稳定剂在冰淇淋中的作用：使水形成凝胶结构或使之成为结合水；能使冰淇淋组织细腻、光滑；在贮藏过程中抑制或减少冰晶体的生长；提高物料的黏度，延缓和阻止冰淇淋的融化。乳化剂的作用：能降低配料表面张力，控制脂肪的聚集；有利空气的结合，提高产品的起泡性，从而使空气中的小气泡更均匀地分布于冰淇淋的组织结构，产生滑腻的口感；具有一定的抗收缩性，从而降低产品的融化率。冰淇淋生产中常采用复合乳化稳定剂，它具有以下优点：避免了单体稳定剂、乳化剂的缺陷，得到整体协同效应；充分发挥了每种亲水胶体的有效作用；可获得良好的膨胀率、抗融性、组织结构及良好口感的冰淇淋；提高了生产的精确性，并能获得良好的经济效益；复合乳化稳定剂经过高温处理，确保了该产品微生物指标符合国家标准。

(一) 乳品冷饮中稳定剂的种类

可用于乳品冷饮中稳定剂种类很多，如海藻中的提取物卡拉胶、海藻胶被广泛地应用于冰淇淋生产中，卡拉胶可有效地防止乳清的分离和乳清析出，藻酸丙二醇酯对酸有很好的稳定性，且在 HTST 杀菌时很稳定。纤维素产品也被广泛地应用于乳品冷饮生产中，羧甲基纤维素在冰淇淋中应用最为广泛，它对冰淇淋的质地和结构有较佳的影响，然而它可能会导致乳清分离，但这种现象可以通过少量卡拉胶复配加以克服。微晶纤维素（MCC）在冰淇淋中的应用则相对较少，它同一些胶复合，在含有乳清粉的冰淇淋配方中可达到较好的效果。

Gum 型稳定剂一般是从植物中得到的，槐豆胶和瓜尔胶被广泛应用于冰淇淋生产中，它们可以增强质地和黏度，但有时也会有乳清分离的情况，瓜尔胶可以在冷水中使用，槐豆胶则需在70℃时15min才能完全溶解，但UHT和HTST过程不适合刺槐豆胶。Gum型稳定剂还有一种就是黄原胶，但其应用就不如前两种广泛。

冰淇淋工业中使用的稳定剂大体上可分为下面8大类：①蛋白质类，明胶、乳清蛋白；②植物提取物类，阿拉伯胶、刺梧桐树胶、黄芪胶；③植物块茎类、淀粉、魔芋胶；④种子胶类，槐豆、瓜尔胶、他拉胶；⑤亚麻子胶、罗望子胶；⑥微生物胶类，黄原胶、结冷胶；⑦琼脂、海藻酸盐、PGA、卡拉胶；⑧果胶及纤维素类，CMC、MCC、HPMC。

以上胶体除第一类外均是多糖类。在冰淇淋中添加食品胶其作用在于：提高冰淇淋浆料的黏度；改善油脂以及含油脂固体微粒的分散度；延缓微粒冰晶的增大以及冰碴出现的时间；改善冰淇淋的口感、内部结构和外观状态；提高冰淇淋体系的分散稳定性和一定抗融化性。但不论何种胶体，单一种亲水性胶体很难提供理想的效果，每种胶体对产品的质感、结构、抗溶性和储存稳定性都有不同的表现。因此，合理的混配数种胶体并与乳化剂共同作用，才能获得不同性能倾向的添加剂。

明胶使冰淇淋组织细腻，风味优良。但随着冰淇淋机械化大生产出现，其局限性越明显。明胶要预先用热水浸泡溶解，老化时间达8h，生产控制也较困难。瓜尔胶使成品口感细腻，但抗融性较差。槐豆胶单独使用效果不明显，与卡拉胶配合可增强凝胶作用，并且能抑制脱水收缩，但价格高。卡拉胶能提高冰淇淋的保形性，防止混合料中乳清析出，但形成的凝胶较脆弱，会析出游离水，价格高。黄原胶在各种条件下都可保持良好的性能且制品口感和风味好。但价格高，且溶解时因吸水特快易形成絮状块，难以分散均匀。魔芋精粉是一种新型的天然食品添加剂。能提高料液的黏度，使组织滑润，膨胀率高，阻止粗糙冰晶形成，较耐温度波动。但需预先用温水溶胀，溶胀速度慢一般需2~4h，因杂质多，需过滤后再使用，不适宜机械化大生产需要。

PGA在冰淇淋中有很好的应用，早在1934年海藻胶就作为冰淇淋的稳定剂开始应用，之后研究出PGA也在冰淇淋中得到广泛应用，在冰淇淋中只添加PGA作为稳定剂使用，可以明显改善油脂和含油脂固体微粒的分散度及冰淇淋的口感、内部结构和外观状态，也能提高冰淇淋的分散稳定性和抗融化性等。此外，PGA还能防止冰淇淋中乳糖冰晶体的生成。当然PGA和其他胶体如黄原胶、瓜尔胶、槐豆胶及CMC一样除能单独使用外，也能和上述胶体的一种或几种或其他乳化剂复合使用，效果或性价比会更好一些。

亚麻子胶在冰淇淋中可代替其他乳化剂使用，可结合大量的水并以水合形式保持这些水分，使之在冰淇淋内部形成细微结构，以防止大冰晶析出，使成品口感细腻、滑润、适口性好、无异味、结构松软适中、冰晶细微、保存期延长。亚麻子胶用于冰淇淋加工，所得产品口感细腻，抗融性好，膨胀率可根据品种在90%~130%之间调整，用量少，冰淇淋浆料无需老化。参考用量：0.05%~0.15%。冰淇淋生产中加亚麻子胶的量为0.05%。经老化凝固后的产品膨胀率在95%以上，口感细腻、润滑、适口性好，无异味、冷冻后结构仍松软适中，冰晶极少。亚麻子胶可代替其他乳化剂使用。

综上比较，每种稳定剂都有其优、缺点，单一使用难以达到理想的效果。为了适应现代化的冰淇淋生产工艺需要，经过特殊工艺精制而成的复合型乳化稳定剂被广泛使用。这种复合型乳化稳定剂，减少了麻烦的配料称量手续，减少误差，操作简便，能大大减少结团，且膨胀率适中，老化时间缩短。

(二) 选用

稳定剂具有亲水性，其作用是与冰淇淋中的自由水结合成为结合水，从而减少物料中自由水的数量，加入稳定剂的目的可概括为：提高混合料的黏度和冰淇淋膨胀率；防止或抑制冰晶的生长，提高抗融化性和保持稳定性；改善冰淇淋的形体和组织结构。稳定剂的种类很多，选用稳定剂的时候应考虑下列几点：①易溶于水或混合料；②能赋予混合料良好的黏性及起泡性；③能配与冰淇淋良好的组织和质构；④能改善冰淇淋的保型性；⑤具有防止冰结晶扩大的效力；⑥冰淇淋达到要求的稳定性所需稳定剂之数量；⑦价格。

(三) 添加量

稳定剂的用量根据稳定剂的种类和对产品所产生的稳定效果而定，一般依据四个方面：①脂肪含量；②配料的总固体含量；③凝冻机的种类；④稳定剂用量范围，一般为 $0.15\% \sim 0.50\%$。现将主要稳定剂的用量及特性列于表 6-19。

表 6-19　乳品冷饮中常用的稳定剂特性及其用量

名　称	类　别	来　源	特　性	参考用量/%
明胶	蛋白质	牛、猪的骨、皮	热可逆性凝胶,在较低的温度就将其融化	0.5
CMC	改性纤维素	植物纤维	增稠和稳定作用	0.16
海藻酸钠	有机聚合物	海带、海藻	热可逆性凝胶,增稠和稳定作用	0.27
卡拉胶	多糖	红色海藻	热可逆性凝胶,稳定作用	0.08
角豆胶	多糖	角豆树	增稠,和乳蛋白质相互作用	0.25
瓜尔胶	多糖	瓜尔豆树	增稠作用	0.25
果胶	聚合有机酸	柑橘类水果和苹果	胶凝,稳定作用,在低 pH 时保持稳定	0.5
微晶纤维	纤维素	植物纤维	增稠,稳定作用	0.3
魔芋胶	多糖	魔芋块茎	增稠,稳定作用	0.3
黄原胶	多糖	淀粉发酵	增稠,稳定作用,pH 变化适应性强	0.2

(四) 复合稳定剂的协同增效作用

稳定剂通常制备成预混料，有时稳定剂和乳化剂复合在一起形成了一个完整的乳品冷饮稳定剂，但是这种做法许多制造商均不赞成。但在我国现今的冰淇淋生产是采用这种方式，冰淇淋配料制造商也很多。在美国有一种冰淇淋"增进剂"，它是由稳定剂和酪蛋白凝聚酶如凝乳酶和胃蛋白酶复合在一起部分凝结，有助于改善质地和结构，但这个反应需由热处理来做较好的控制。抗氧化剂有时也会和稳定剂复合在一起，但抗氧化剂在许多国家是禁止使用的，尽管有的抗氧化剂是从燕麦粉中得到的。

（1）CMC与明胶复配后可增加料液的黏度，增强浆料的搅打发泡率，提高冰淇淋的膨胀率，使产品质构厚实有咬劲。

（2）黄原胶与瓜尔胶复配可增加料液黏度，形成柔软的凝胶状，使产品具有良好的口溶性和清新的口感，又有蓬松的质地和良好的保形性。

（3）瓜尔胶、CMC、卡拉胶复配后，降低了料液的凝胶强度，增加了稠度，提高了蛋白的乳化能力，改善了产品的组织结构，增强抗融性，可防止冰淇淋在长期冷冻条件下脱水收缩析出乳清。

（4）黄原胶与槐豆胶复配，不仅能保持良好的假塑性和耐酸性，在较低的浓度时，可获得较高的黏稠度弹性凝胶。产品质构细腻、口感清新，有良好的保形性。

（5）魔芋胶与黄原胶复配，在较低浓度下也能获得较高的稠度，形成黏弹性很强的凝胶，可使布丁冰淇淋组织细腻柔软，质构厚实有较强的咬劲。

（6）瓜尔胶、槐豆胶、卡拉胶复配，是一种性能优良的中、高脂冰淇淋稳定剂，具有较强的持水性和较高的黏稠度，有良好的蛋白乳化性能和较高的搅打发泡率。制成的冰淇淋产品膨胀率高，组织细腻柔软，口感润滑，质构厚实有咬劲，有较好的抗融性。

（五）复合乳化稳定剂的复配技术

在冰淇淋中，单独使用一种稳定剂往往得不到理想的效果，必须将乳化剂与稳定剂复合使用，发挥协同效应，才能达到较好的效果。如在冰淇淋混合料中乳清分离往往得不到改善，这时通过复合使用少量的卡拉胶等其他食品胶作为辅助性稳定剂应用于冰淇淋中，效果理想，能很好地抑制乳清分离现象的发生，并能改进和提高冰淇淋配料及产品的质量。

国外的复合乳化稳定剂一般由单体乳化剂和稳定剂按一定的质量比经过混合、杀菌、均质、喷雾干燥而成，其细小的颗粒外层是复合乳化剂，内层是复合稳定剂，其内在结构不同于干拌型的复合乳化稳定剂，所以这种复合乳化稳定剂均匀一致，性能效果较好。而国内复合乳化稳定剂大多为干拌型，其加工方法简单，成本较低。干拌型复合乳化稳定剂目前已被很多冰淇淋生产厂家所接受，其使用效果也较令人满意。

1. 特点

冰淇淋生产中采用复合乳化稳定剂具有以下优点：①复合乳化稳定剂的高温处理，确保了该产品有良好的微生物指标；②避免了每个单体稳定剂、乳化剂的缺点，得到整体的协同效应；③充分发挥每种亲水胶体的有效作用；④可获得良好膨胀率、抗融化性能、组织结构及口感的冰淇淋；⑤提高生产的精确性与良好的经济性。

2. 复合乳化稳定剂的复配技术

许多研究人员还做了大量实验来确定稳定剂和乳化剂的组分。除考虑胶凝及搅打效果外，还要测定制成的冰淇淋几个参数来判定复合添加剂的特性，见表6-20。

表 6-20　判定复合乳化稳定剂的特性几个参数

项　目	方　法	相　关　参　数
浆料黏度	黏度计	0.4～0.6Pa·s
口感	三角测试	冷/暖,质感强/弱,冰晶感强/弱,风味释放快/慢等
冰晶大小	激光粒径测量仪	小于 45～50mm(Mastersizer)
储存稳定性	控温冷柜	-5℃/-20℃(每 6h 变换持续 1 星期)

复合乳化稳定剂之间的复合配比,一般由试验研究确定。评价复合乳化稳定剂质量的好坏,有以下几个指标:即混合料的黏度、冰淇淋的口感、组织结构、膨胀率、抗融性等。在试验方案设计上采用正交设计法,对最佳配比采用曲面响应分析最小二乘法求取,有关各单体成分配比,可取各个单体的使用量为依据,采用数学上的对分法或优选法(又称 0.618 法)进行,以便做最少的试验借助于数学手段求取最佳值,然后重复试验加以验证,最后确定最佳配比。以下为一些复合乳化稳定剂的配合用量比:

① 明胶 (0.3%～1.2%)+单甘酯 (0.2%);

② 明胶 (0.3%～1.2%)+卵磷脂 (0.2%)+单甘酯 (0.1%);

③ 海藻胶 (0.1%～0.2%)+明胶 (0.2%～0.7%)+CMC (0.05%～0.1%)+单甘酯 (0.2%);

④ CMC (0.5%)+单甘酯 (0.15%)+大豆磷脂 (0.2%);

⑤ 琼脂 (0.2%)+果胶 (0.5%)+单甘酯 (0.2%);

⑥ 明胶 (0.3%～1.2%)+琼脂 (0.2%)+单甘酯 (0.2%);

⑦ 明胶 (0.3%～1.2%)+卡拉胶 (0.05%)+卵磷脂 (0.2%)+单甘酯 (0.2%);

⑧ 明胶 (0.4%)+魔芋胶 (0.2%)+单甘酯 (0.2%);

⑨ CMC (0.01%～0.1%)+瓜尔胶 (0.2%)+单甘酯 (0.2%)。

⑩ 以海藻酸钠 65%,藻酸丙二醇酯 11%,CMC15%,聚磷酸钠 9%复配;

⑪ 瓜尔胶 (0.55%)+魔芋胶 (0.12%)+卡拉胶 (0.03%)+聚丙烯酸钠 (0.2%)。

(六) 复合乳化稳定剂的使用特点

1. 用量

复合乳化稳定剂的用量取决于配料中的脂肪含量和总固形物含量,同时还要考虑冰淇淋的形体特性和对稳定度、加工工艺的要求及凝冻设备的特性等因素,使用量一般为 0.3%～0.6%。根据配料中的脂肪含量和总固体含量确定复合乳化稳定剂的用量,见表 6-21 和表 6-22。

表 6-21　配料中脂肪含量与复合乳化稳定剂用量的关系

脂肪含量 /%	复合乳化稳定剂的用量/%
0	0.6
4～6	0.4
6～8	0.35
8～12	0.30

表 6-22　配料中总固形物含量与复合乳化稳定剂的关系

总固体含量 /%	复合乳化稳定剂的用量/%
22～28	0.40
28～34	0.35
34～38	0.30

2. 使用方法

（1）溶解方法一般有三种。①单独溶解法：将复合乳化稳定剂与砂糖按 1∶5 的质量比干混，加入一定量的热水（<60℃），高速拌匀（高速混料泵或胶体磨）后倒入配料中。②逐步溶解法：把乳化稳定剂和糖以 1∶5 的比例干拌混合均匀，徐徐地、均匀地撒入盛有奶、糖等水溶液的拌料缸中，同时缓缓搅拌，使之逐步溶解。③油脂分散法：把乳化稳定剂慢慢撒入液态油脂（冰淇淋所用的油脂）中，搅拌分散后倒入配料缸中与其他料一起混合。

（2）配料缸浆料的温度必须控制在 75～78℃之间。温度过高，会使部分稳定剂水解，导致浆料的稠度降低，影响产品品质；温度太低，影响乳化稳定剂的分散能力，使部分乳化剂从浆料中析出凝结在混料缸壁上，导致乳化剂的用量不足，影响产品品质。

（3）在酸性冰淇淋中，须选用耐酸型乳化稳定剂，且要严格控制浆料的调酸温度，一般控制在 30～50℃以下，防止蛋白质变性沉淀、稳定剂水解、降低料液黏度而影响产品品质。

（4）复合乳化稳定剂中含有许多植物胶、微生物胶，必须将其存放在低温、干燥、通风的仓库中。开包后要尽快使用，以避免潮解、降低料液黏度而影响使用效果。

（七）冰淇淋乳化稳定剂应用举例

1. 应用举例一

参考配方：

原料名称	含量/%	原料名称	含量/%
油脂	6～8	复合乳化稳定剂	0.3～0.4
奶粉	6～8	香料、色素	适量
糖	15～16	水分	加至 100

复合乳化稳定剂配方：海藻酸钠 8%，CMC-Na 24%，黄原胶 30%，变性淀粉 3%，单甘酯 29%，蔗糖酯 6%。

参考工艺：

配料→巴氏杀菌（75～85℃）→均质（压力 180kg/cm²）→冷却→老化（2～4℃，3h）→凝冻（膨胀率控制在 90%～100%）→速冻→入库

以上配方用于冰淇淋中具有良好的乳化增稠作用，生产出的冰淇淋具有无结晶、组织细腻、膨松，入口溶化时间长等优点。该配方还能有效控制油脂的聚附和凝结，加强油脂的分散性；控制油脂与蛋白质的相互作用；改善起泡性，形成微细且稳定的气泡，从而提高膨胀率。

2. 应用举例二

参考配方：

原料名称	含量/%	原料名称	含量/%
复合乳化稳定剂	0.5%	白砂糖	14%
无脂无糖奶粉	10%	水	67.5%
棕榈油	8%		

复合乳化稳定剂配方：瓜尔胶 30%，CMC-Na 20%，卡拉胶 12%，单甘酯 30%，蔗糖酯 8%。

操作要点：

（1）按配比把称好的奶粉、白砂糖、复合乳化稳定剂混合，用热水溶化、搅拌，在搅拌中逐渐加热升温，同时把棕榈油徐徐加入，使其充分混合，最后升温至 80℃ 左右，保温 15～30min；

（2）调配好的料液进行均质处理，并将均质好的料液迅速冷却至 2～4℃；

（3）冷却后的料液在老化缸内 2～4℃老化 2～4h；

（4）将老化好的料液送入冰淇淋凝冻机内，在零下 4～5℃凝冻膨化，出料即为冰淇淋成品。

使用该复合乳化稳定剂配方具有可缩短老化时间、提高生产效率、不粘容器、管道易于清洗等特点。生产出的冰淇淋口感细腻、滑爽，膨胀率高，抗融化、抗收缩性强。

七、复合食品胶在肉制品中的应用

对于火腿肠、午餐肉、红肠和鱼肉肠等肉制品而言，提高其保水性、鲜嫩性、凝胶性和乳化能力是必需的。保水性强，肉制品出品率就高；鲜嫩性好，肉制品的口味就鲜美、嫩滑爽口；凝胶性强，所制肉制品黏度和强度就强、弹韧性也好；乳化能力强，所制肉制品就可避免油析、松软等现象，还可降低原料成本。而单一食品胶就难以达到上述要求，若由卡拉胶和魔芋粉等食品胶复合得到的专用胶，就有很强的增筋增韧性、保水性和乳化能力，所制得的肉制品性能明显好于只添加某一种食品胶制得的同类产品。

【应用举例】

（一）肉类乳化保水剂

肉类乳化保水剂一般是以卡拉胶等天然植物胶复合而成。卡拉胶因具有独特的与蛋白质的反应性而在肉制品中得到广泛应用。卡拉胶在肉制品中起凝胶、保水、乳化、增强弹性等作用，可有效地增强肉的持水性，改善制品弹性及切片性能，提高产品质量，降低成本，经济效益显著。

肉类乳化保水剂在肉类制品中，可以与肉制品中的蛋白质进行交联反应，形成乳化稳定的系统。因而，具有优异而稳定的乳化、保水性能，使之在火腿肠、红肠及所有肉糜制品、肉馅料中，具有极为重要的作用。它对于改善肉类制品的产品质构，使之口感鲜嫩，优化制成品的风味；提高制品的出品率，降低原料成本，提高经济效益，均具有很好的效果，用量为 0.5%～0.6%。

西式火腿应用配方：

配料	质量分数/%	配料	质量分数/%
原料肉	60	抗坏血酸钠	0.06
复配胶	0.6	糖	3.5
（卡拉胶,魔芋胶）		香精色素	适量
磷酸盐	0.45	加水至	100
混合盐	1.0		

这种肉类乳化保水剂具有用量省、成本低、操作简便、产品凝冻强度高、韧性好、耐热性能佳（45℃不软化，50℃不熔化）、不析水、口感优的特点。

使用方法：将肉类乳化保水剂与少量淀粉干混合，慢慢撒入冷水中，边撒边搅拌，加热至微沸下保温10～20min，使其完全溶解。不需要过滤，直接加入配料中。添加量为肉制品总量的0.3%～0.6%。

（二）烤肉粉

烤肉粉是以精品卡拉胶为主，辅以其他食品胶复配而成。适用于注射类肉制品。具有强度高、持水性强等特点。

参考配方：

原料名称	含量/%	原料名称	含量/%
食盐	10～12	抗坏血酸钠	0.08
复合磷酸盐	20～25	烤肉粉	2～3
亚硝酸钠	0.05～0.07	（精品卡拉胶，槐豆胶）	
葡萄糖粉	0.15～0.25	香辛料	适量
砂糖	2.5～3.0	水加至	100
味精	0.2～0.4		

参考工艺：

牛肉或瘦猪肉修整、注射料配制──→注射（按瘦肉∶注射料＝100∶23）──→滚揉、烤、煮、熏──→冷却──→包装

（三）肉糜粉

肉糜粉适用于火腿肠、午餐肉等肉糜类制品，具有高强度、易分散、乳化效果好、持水性好、肉制品切片成形性好的特点。

参考配方：

原料名称	含量/%	原料名称	含量/%
瘦肉	45	抗坏血酸钠	0.06～0.1
肥肉	18	肉糜粉	0.5～0.6
复合磷酸盐	0.5	（卡拉胶、阿拉伯胶）	
淀粉	6.0	香辛料	0.5
大豆分离蛋白粉	2.0	水加至	100
食盐	0.6		

参考工艺：

原料修整──→腌制──→配料──→斩拌──→真空搅拌──→灌肠──→杀菌──→冷却

八、复合食品胶在饮料中的应用

增稠剂在很低浓度下就能产生较高的黏度，但不同增稠剂在同一浓度下的黏度是不同的，甚至差异很大。不同的饮料往往选择不同的增稠剂，例如果胶相对黏度较低，酸稳定性好；高甲氧基果胶能与酪蛋白颗粒作用，使之均匀稳定分散于酸性溶液中，因而成为酸性果汁乳饮料的重要稳定剂。

饮料用的增稠剂还应考虑其流变学特性。增稠剂的流变学特性会影响饮料的口

感，某些假塑性的胶类，例如黄原胶体表现剪切的稀化特性，当受到咀嚼的剪切作用时，其表现黏度降低，用其作果肉型饮料的增稠剂，在饮料下咽时没有过分的黏稠感，因此不会出现糊口感。

使用增稠和稳定剂时应注意选择合适的种类，才能对饮料的感官性状和稳定性产生有益的作用。选择增稠剂时主要考虑的因素有：同 pH 条件下的稳定性，电解质的存在，与其他成分包括盐类、蛋白质和其他添加剂的协同性，产品的组织形态（透明、浑浊）和口感（糊口和爽口），使用时的方便性（主要是溶解性、贮藏稳定性）；价格或相对成本、食品添加剂法规、规定等。

不同的增稠和稳定剂或同一种类不同来源、不同批次的增稠和稳定剂，使用效果差别较大，在生产中应当通过试验加以确定；酸度对增稠和稳定剂的黏度和稳定性影响很大，应当注意根据饮料的 pH 选择合适的增稠剂；不同浓度的增稠和稳定剂具有明显不同的效果，在生产中，应当首先进行浓度试验；胶凝速度对产品质量的影响较大。胶凝速度过缓时导致果肉上浮，胶凝速度过快时气泡不易逸出，所以应当通过控制冷却速度来控制胶凝速度。

复合稳定剂比单独使用一种稳定剂效果更好。不同类型的浑浊型果汁采用的复合稳定剂也不尽相同。

（一）酸性果汁饮料

酸性果汁饮料的 pH 在 4.0 以下，含有较多的有机酸、一定量的果胶、单宁等，蛋白质和脂类物质含量很少。由于酸度高，耐热性较强的细菌不容易生长繁殖，其杀菌的对象多为耐热性较低的酵母菌或霉菌，常采用巴氏杀菌或常压沸水杀菌，杀菌温度不超过 100℃。因而，这种饮料应选用对酸稳定的稳定剂。同时，酸性果汁对口感质量要求较高，应选用黏性较大但凝胶特性不很强的稳定剂。对带肉果汁则应选用黏性大，胶凝能力也强的稳定剂。见表 6-23。

表 6-23　常见果汁饮料中的复合稳定剂组成

饮料品种	复合稳定剂的组成
粒粒橙汁	0.15％琼脂＋0.10％ CMC
柑橘类果汁	0.02％～0.06％黄原胶＋0.02％～0.06％ CMC
天然西瓜汁	0.08％琼脂＋0.12％ CMC
银杏汁	0.10％琼脂＋0.11％ CMC
红枣汁	0.10％琼脂＋0.10％ CMC
粒粒黄桃汁	0.08％卡拉胶＋0.10％果胶
天然芒果汁	0.20％海藻酸丙二醇酯＋0.10％黄原胶
果梅汁饮料	0.08％果胶＋0.20％ CMC
枸杞苹果混合汁	0.10％海藻酸丙二醇酯＋0.10％ CMC＋0.05％黄原胶

选用的琼脂、黄原胶、果胶和海藻酸丙二醇酯等都具有良好的酸稳定性；与 CMC 复合后，不仅有良好的稳定效果，而且可减少增稠剂用量，保证饮料的口感质量。

（二）低酸性蔬菜汁饮料

多数蔬菜汁饮料属于低酸性饮料（pH5），杀菌对象为耐热的嗜热细菌，必须采用高压杀菌，因此要选用热稳定的稳定剂。此外，有些蔬菜汁含有较多的蛋白质、脂类，还应选用对蛋白质和脂类稳定的稳定剂。蔬菜汁饮料常用的增稠剂主要是黄原胶和CMC，有时也选用有乳化性能的海藻酸丙二醇酯。见表6-24。

表6-24 常见果汁饮料中的复合稳定剂组成

种　类	复合稳定剂的组成
芦笋汁	0.02％海藻酸丙二醇酯＋0.06％黄原胶
胡萝卜汁	0.04％海藻酸丙二醇酯＋0.05％黄原胶
芹菜汁	0.15％海藻酸钠＋0.08％CMC
菠菜汁	0.10％海藻酸钠＋0.05％黄原胶

（三）含乳果汁饮料

通常由果汁、鲜乳或乳制品、甜味剂和稳定剂等组成。由于乳中的蛋白质容易与果汁中的果酸、果胶、单宁等物质发生凝聚沉淀，水溶性的蛋白质受热时也容易发生变性沉淀。另外，乳中的脂肪也容易发生上浮现象。因而此类饮料在加工贮藏中更容易发生质量问题。

在这种饮料中有稳定作用的增稠剂有耐酸CMC、海藻酸丙二醇酯（PGA）和果胶等。其中，PGA水溶液有较大的黏性，添加柠檬酸等酸味剂可增加其黏性。同时PGA还有一定的乳化性能。因此，在含乳果汁饮料中常用含有PGA的复合稳定剂。另外，在酸果汁中有较好稳定效果的黄原胶、琼脂等单独在含乳果汁中使用，效果较差，加热杀菌时会产生大量的絮状沉淀。

（四）其他果蔬汁饮料

严奉伟等在研制混浊型菊糖-苹果汁复合饮料时，采用0.09％琼脂加0.50％CMC-Na复合稳定剂，获得了较好的饮料稳定性和流动性。宋新生等对草莓果肉果汁使用的稳定剂进行了筛选，选用CMC-Na、黄原胶、阿拉伯胶、琼脂、果胶等5种稳定剂，观察其单独使用和复合使用对产品稳定性的影响，结果见表6-25。

表6-25 单一稳定剂对产品稳定性的影响

浓度/％	分层时间/h				
	CMC-Na	黄原胶	阿拉伯胶	琼　脂	果　胶
0	60	60	60	60	60
0.1	90	80	70	120	40
0.2	120	100	90	180	20
0.3	150	120	115	320	6

从表6-25可知，CMC-Na、黄原胶、阿拉伯胶、琼脂等4种稳定剂单独使用时，稳定效果都随着浓度的增加而增强，而果胶却相反，这可能与所选用的果胶本身所带的电荷有关。另外，表6-25也说明了单一稳定剂都不能使产品达到长期稳定的目的。采用CMC-Na、黄原胶、阿拉伯胶、琼脂进行正交试验，正交试验因子水平见表6-26。

表 6-26 稳定剂复合使用效果试验因子水平表

因 子	水 平			
	1	2	3	4
A. CMC-Na/%	0	0.05	0.10	0.15
B. 黄原胶/%	0	0.05	0.10	0.15
C. 阿拉伯胶/%	0	0.05	0.10	0.15
D. 琼脂/%	0	0.05	0.18	0.12

通过正交试验发现，对产品稳定性影响最大的是黄原胶，其次是琼脂及CMC-Na，阿拉伯胶的影响最小，其最佳组合为 $A_3B_4C_2D_2$，即 0.1％ CMC-Na＋0.15％黄原胶＋0.05％阿拉伯胶＋0.05％琼脂，可使产品在 3 个月的保质期内产品稳定，没有出现分层、沉淀。

陈桂光等在研制天然芒果银杏汁的过程中对果胶与 CMC 的作用作了比较，结果发现两者的不同配比对饮料的稳定性产生不同的影响，见表 6-27。

表 6-27 果胶与 CMC 不同配比对天然芒果银杏汁稳定性的影响

果胶	1	2	2	3	4
CMC	1	1	2	3	4
稳定性	杀菌后有明显分层	杀菌后有大量絮状物，放置 1 天后分层	杀菌后有少量絮状物，放置 1 周后开始分层	杀菌后无絮状物，液体均匀分布，放置3个月无分层，口感较好	杀菌后无絮状物，但液体较黏稠，口感较差

从表中可知，果胶和 CMC 用量对饮料稳定性十分重要，两者既是稳定剂又是增稠剂，选择合适的配比才能得到既稳定口感又好的饮料。

任文明等进行了西瓜汁饮料的稳定性试验，在含有柠檬酸、蔗糖分别为 0.15％和 10％的西瓜汁（原西瓜汁：水＝1：1）中，分别加入 CMC、黄原胶、复合稳定剂Ⅰ（黄原胶：CMC＝1：1）、复合稳定剂Ⅱ（CMC：琼脂＝4：1），其浓度均为0.1％、0.15％、0.2％、0.25％，试验结果见表 6-28。

表 6-28 几种稳定剂对西瓜饮料稳定性作用的效果

稳定剂种类	稳定剂用量/%			
	0.10	0.15	0.20	0.25
CMC	1 天分层	3 天分层	7 天分层	15 天分层
黄原胶	15 天分层	25 天分层	60 天不分层	60 天不分层（太黏）
复合稳定剂Ⅰ	1 天分层	20 天分层	60 天不分层	60 天不分层（太黏）
复合稳定剂Ⅱ	3 天分层	8 天分层	10 天分层	12 天分层

九、复合食品胶在其他食品中的应用

另外，目前复合食品胶在果酱、果汁、雪糕、豆制品、酱油、汤圆和团糕等糯米制品、八宝粥和豆沙等食品制作、改良方面都有不同程度的应用。例如利用传统工艺制作出的汤圆抗冻性不强，容易开裂和皱缩，造成外形不美观，并且煮食时易糊汤，影响口感。单一食品胶一般都不能使上述问题得到理想解决，但由多种食品胶复合而得到的糯米粉改良专用胶就能使得所制汤圆不仅抗冻性强、不开裂、不皱缩，煮食时也不会糊汤，而且还可免去糯米粉热烫工序，简化了汤圆的制作工艺，也就能提高加工效率。复合食品胶在上述其他食品中也有很好的应用。

【应用举例】　皮冻粉

皮冻作为凉菜是人们较喜爱的佳肴之一，通常用琼脂、明胶等制作。用琼脂做成的皮冻弹性不够，价格较高；用明胶的缺点是：使用前需浸泡，比较麻烦，凝固点和融化点低，造成夏季融化失水；用卡拉胶为主的复合胶制成皮冻，使用简便，无需预处理，口感滑爽，添加量小，成本低，抗融性强，不受季节影响，且凝固点和融化点可以通过控制阳离子浓度进行适当调节。

参考配方：

原料名称	含量/%	原料名称	含量/%
皮冻粉	1.0	其他调味品	适量
（卡拉胶，魔芋胶，KCl）		水加至	100
食盐	1.0		

参考工艺：将皮冻粉及食盐等调味品均匀混合后，在搅拌状态下徐徐撒入水中；加热至沸腾，煮沸 1～2min 后停止加热；冷却后倒入平板，凝固后切片成形；切片拌以盐、葱、姜等调料即成。

第七章

复合乳化剂

乳化剂的功能是增强水-油体系的稳定性，水-油体系的稳定性是在加工处理时抵抗凝乳、防止脂肪上浮及防止蛋白质沉淀的能力。乳化稳定剂一般由乳化剂和亲水胶体及少量的其他助剂复配而成。

乳化剂今后发展重点是开发复合乳化剂。目前，食品乳化剂正向着系列化、多功能、高效率和使用方便等方向发展，所以乳化剂复合配方技术研究至关重要。复配技术努力的目标应是：以蔗糖酯和大豆磷脂为主的复配乳化剂；以单甘酯和蔗糖酯为主的复配乳化剂；以 Span、Tween 和单甘酯为基础材料的复配制品；由各种乳化剂、增稠剂和品质改良剂等食品添加剂复配成专用乳化剂。我国乳化剂的复配主要依靠经验进行，带有一定的盲目性，缺乏必要的理论指导和先进测试仪器的辅助，所得产品质量和性能都不尽完善，不利于推广和应用。因此有必要加强乳化剂复配技术的理论研究。

第一节　常用于复配的食品乳化剂

乳化剂是重要的一类食品添加剂，不仅使互不相溶的水、油两相得以乳化成为均匀、稳定的乳状液，还能与食品中的碳水化合物、蛋白质、脂类发生特殊作用，起到多种功效，主要如下。

1. 与淀粉络合

在面粉中，淀粉含量最多，因此淀粉是影响面团和面包性能最重要的因素。淀粉与乳化剂之间的相互作用，在食品加工中具有重大意义。乳化剂具有亲水亲油性，可与淀粉发生作用。淀粉在水中形成 α-螺旋结构，内部有疏水作用。乳化剂疏水基进入链淀粉 α-螺旋结构，通过疏水键与之相结合，形成复合物或络合物，降低淀粉分子的结晶程度。乳化剂进入淀粉颗粒内部会阻止支链淀粉的结晶程度，防止淀粉制品老化，使面包、糕点等淀粉类制品柔软，具有保鲜作用。乳化剂还可增加食品组分间的亲和性，降低界面张力，提高食品质量。

2. 与蛋白络合，改善食品结构及流变特性，增强面团强度

蛋白质因氨基酸极性不同而具有亲水和疏水性，在面筋中，极性脂类分子以疏水键与麦谷蛋白分子相结合，以氢键与麦胶蛋白分子结合，使面筋蛋白分子变大，形成结构牢固、细密的面筋网络，增强面筋机械强度、强韧性和抗拉力，防止因油水分离造成的硬化，保持柔软性，提高面团持气性，抑制水分蒸发，增大产品体积。一般而言，离子型乳化剂与蛋白质的络合作用强度比非离子型乳化剂的要高3～6倍，以双乙酰酒石酸甘油酯和硬脂酰酸盐最好。

3. 与脂类化合物的相互作用

脂类化合物中油脂在食品中占很大比例，有水存在时，乳化剂使脂类化合物成为稳定的乳化液。无水时，油脂呈现多晶现象，一般为不稳定的 α-晶型或 β-初级晶型。油脂的不同晶型赋予食品不同的感官和食用性能。在食品加工过程加入适宜乳化剂，可延缓或阻止油脂晶型的变化，形成有利于食品感官和食用性能所需的晶型。例如蔗糖脂肪酸酯、Span-60、乳脂、单双甘油酯和聚甘油酯都可作为结晶调整剂作用于食品加工。在糖果和巧克力制品中，乳化剂可控制固体脂肪结晶的形成和析出，防止糖果返砂、巧克力起霜。在人造奶油、起酥油、巧克力浆料乃至冰淇淋中，乳化剂可防止粗大结晶的形成。

4. 其他作用

乳化剂食品被吸附在气-液界面，降低界面张力，增加气体和液体接触的面积，有利于发泡和泡沫的稳定，可改善及稳定气泡组织。如饱和脂肪酸能稳定液态泡沫，可用作发泡助剂，不饱和脂肪酸能抑制泡沫，可用作乳品、蛋白加工中的消泡剂或冰淇淋中的"干化"剂。此外，食品乳化剂还具有杀菌、促进营养成分吸收的作用。

食品乳化剂的表面活性作用及其在食品中的特殊作用，是乳化剂在食品中广泛应用的基础。乳化剂的使用不仅可提高食品质量，延长食品贮存期，改善食品感官性状，还可防止食品变质，便于食品加工和保鲜，有助于开发新型食品。因此，乳化剂已成为现代食品工业中不可缺少的食品添加剂。

一、食品乳化剂的种类

食品中常用的乳化剂见表7-1。

乳化剂的乳化特性和许多功效通常是由其分子中亲水基的亲水性和疏水基亲油性的相对强弱所决定的，如果亲水性大于亲油性，则呈水包油型的乳化体，即油分散于连续相水中。良好的乳化剂在它的亲水和疏水基之间必须有相当的平衡，通常以HLB值表示乳化剂的亲水性，规定亲油性为100％的乳化剂，其HLB值为0，亲水性100％者HLB值为20，其间分成20等份，以此表示其亲水、亲油性的强弱情况和不同的应用特性（HLB值从0～20者是指非离子型表面活性剂，绝大部分食品用乳化剂均属此类；离子型表面活性剂的HLB值则为0～40）。一般来说，其值越高，乳化剂的亲水性越强，反之亲油性越强。表7-2列出不同HLB值的乳化剂在水中的分

散性与主要用途。

表 7-1　食品中常用的乳化剂

乳 化 剂 名 称	乳 化 剂 名 称
甘油脂肪酸酯	脑磷脂
丙二醇脂肪酸酯	甘油(丙二醇)乳酸脂肪酸酯
山梨醇酐脂肪酸酯(Span)	甘油(丙二醇)琥珀酸硬脂酸酯
蔗糖脂肪酸酯	脂肪酸聚甘油酯
卵磷脂(大豆磷脂)	聚甘油交酯化蓖麻酸酯
乙酸单甘油酯	甘油与大豆油脂肪酸酯交联物
酒石酸单、双甘油酯	木糖醇酐单硬脂酸酯
二乙酰酒石酸单、双甘油酯	酪蛋白钠
柠檬酸单、双甘油酯	硬脂酰乳酸钙
乳酸单甘油酯	硬脂酰乳酸钠
酒石酸单甘油酯	硬脂酰富马酸钠
琥珀酸单甘油酯	聚氧乙烯(20)山梨醇酐单月桂酸酯
乙氧基脂肪酸甘油酯	聚氧乙烯(20)山梨醇酐单油酸酯
单甘油酸酯磷酸钠	聚氧乙烯(20)山梨醇酐单硬酸酯
单甘油酸酯磷酸铵	聚氧乙烯(20)山梨醇酐单棕榈酸酯
月桂醇硫酸酯钠	聚氧乙烯(20)二硬脂酸酯
二苯基琥珀酸钠	聚氧乙烯(80)硬脂酸酯
改性卵磷脂	辛烯基琥珀酸淀粉酯
脂肪酸盐	

表 7-2　不同 HLB 值的乳化剂在水中的分散性与主要用途

HLB 值	在水中的分散性	HLB 值	主要用途
1~3	不溶于水	1~3	消泡剂
3~6	分散性很差	3~8	W/O 型
6~8	极力振荡可形成乳液	7~9	润湿剂
8~10	稳定性乳液	8~16	O/W 型
10~13	半透明至透明溶液	13~15	洗涤剂
13 以上	溶解,透明溶液	大于 15	增溶剂

在食品、饮料中常用于复配的乳化剂有以下几种。

(1) 蔗糖脂肪酸酯　简称蔗糖酯,由脂肪酸的低碳醇酯和蔗糖进行酯交换而得。是一种白至淡灰色粉末,无臭或有特异气味,SE1~SE16 即代表 HLB 值 1~16 的蔗糖酯产品。市售商品有单酯、双酯或三酯的混合物。蔗糖酯溶于酒精、丙酮、苯,在水中难溶成透明状,但却是食品乳化剂中亲水性最大的。蔗糖酯具有表面活性,溶于水则可提高黏度,有湿润性,对油的乳化作用良好,最大使用量为 1.5g/kg。蔗糖酯对油和水有良好的乳化作用,可稳定乳脂肪和防止乳蛋白的凝聚沉降等作用,从而使饮料不致发生沉降、酪化和分层。

(2) 甘油脂肪酸酯　甘油脂肪酸酯是一种白色至淡黄色块状、薄片、粉状或黏稠状液体,由硬脂酸和大量的甘油在催化剂存在下加热酯化而制得甘油酯,无臭、无味或稍有特异气味。有单酯、双酯和三酯之分。乳化剂一般用单酯,又简称为单甘酯。市售商品多以硬脂酸和软脂酸为主的混合脂肪酸制成的单甘酯,通常含单甘酯

40%～60%，其余为双酯和三酯。经分子蒸馏法制成的含有90%单甘酯产品价格较高。单甘酯的亲水亲油平衡值（HLB值）为3～5，为油包水型（W/O）乳化剂。溶于植物油，不溶于水，易与热水乳化，与蔗糖酯并用，也可作为水包油型乳化剂使用，最大用量为6g/kg。甘油脂肪酸酯具有优良的乳化能力和耐高温性，添加于含油脂和蛋白饮料中，可提高溶解和稳定性。

（3）三聚甘油酯　三聚甘油单硬脂酸酯为混合物，主要成分为二、三、四聚甘油的单、双硬脂酸酯，浅黄色粉末，在水中不易溶解，但易于分散，易溶于有机溶剂。三聚甘油酯兼有耐热性和耐酸性，适用于高温杀菌的豆奶。由于三聚甘油酯易溶于油脂，将其与油脂加热溶解，混合后再投料比较好。三聚甘油酯在约70℃或更高的温度下溶解，将一份三聚甘油单硬脂酸酯加到3～4份水中，加热至70℃或更高，搅拌至溶解，再在搅拌下冷却，可得到乳白色膏体，将此膏体作为投料使用，效果更好。聚甘油酯单独作用或与其他乳化剂复配使用时，具有良好的充气作用。

（4）大豆磷脂　大豆磷脂是生产豆油时的副产品，为淡黄色至褐色的透明或半透明黏稠状物质，稍有特异气味。大豆磷脂为数种磷脂质的混合物，主要含卵磷脂（磷脂酰胆碱）约24%，脑磷脂（磷脂酸乙醇胺）约25%，磷脂酸肌醇约33%。大豆磷脂难溶于水，但膨胀后可形成胶体。易溶于氯仿、乙醚、苯，难溶于酒精及丙酮。大豆磷脂兼具亲水基和亲油基。卵磷脂在弱碱性环境中，呈最稳定的乳化状态。

（5）山梨醇酐脂肪酸酯　商品名司盘（Span），一般由山梨醇加热失水成酐后再与脂肪酸酯化而得，具有不同类型，其中在蛋白饮料中最常用的为Span60（HLB4.7）和Span80（HLB4.3），具有乳化、稳定、帮助发泡及稳定油脂晶体结构等作用。一个理想的乳化剂配方，应与水相和油相有较强的亲和力，而一种乳化剂很难达到这种理想状态。一般将HLB值大的乳化剂与HLB值小的乳化剂混合使用，使原HLB范围扩大，增加其适用范围，可取得更佳的效果。

（6）乳化盐

① 磷酸盐类　各种聚磷酸盐、偏磷酸盐和焦磷酸盐对Ca^{2+}、Pb^{2+}等金属离子有很强的整合作用，可防止饮料退色、涌泡沫，稳定乳制品风味。除此，还具有对油脂类悬浮分散、胶溶及乳化作用。

② 柠檬酸钠　主要作为pH缓冲剂、整合剂、发酵乳的营养补剂使用。

在乳化剂的选择、使用中，应优先考虑HLB值的匹配性。由于食品乳化剂大多数是脂肪酸酯类物质，在具体应用场合中，一般只需考虑不同亲水基的特殊性质。选择食品中使用的乳化剂，乳化剂的亲水亲油平衡值（HLB值）是一个考虑因素，此外还需考虑其他因素。一般选择原则有四个：①相似相溶原则，即乳化剂的亲油基部分要和被乳化的油脂结构越相似越好，越容易相溶，结合越紧密，不易分离。②选择适当的亲水亲油平衡（HLB值），HLB值越小，亲油性越强，亲水性越弱；反之亲水性越强，亲油性越弱。③要考虑乳化剂对产品风味的影响。④要考虑乳化剂的成本和食品卫生要求。

乳化剂的添加量主要根据乳化剂的品种来确定，使用蔗糖酯作为乳化剂时，一定要注意控制其添加量，一般范围为0.003%～0.5%，小于低限则不能阻止蛋白质凝聚物产生,高于高限则蔗糖酯本身易产生沉淀,而且还产生其特有的异味。

二、食用乳化剂的复配及其方法

目前我国市场上销售的复配产品已有面包添加剂、蛋糕发泡剂、水果蛋糕保鲜剂等。研究表明,复合乳化剂的效果比单一乳化剂好。国外已开发多种不同食品专用的复配乳化剂,效果很好,国内这方面还有待进一步发展。食品乳化剂的应用技术在国内外得到了长足的发展,但乳化剂的种类是有限和相对稳定的,新型食品和加工工艺层出不穷,及时推广各种专用乳化剂,研究开发高品质的复合乳化剂是今后食品乳化剂领域研究的热点。乳化剂的批准和生产都非常严格,乳化剂的种类不会太多。利用有限的乳化剂经过科学地复配,可以得到满足多方面需要的众多系列产品。在发达国家,化工品数:化工商品数=1:20,而我国却只有1:5。复配技术落后的一个重要原因是缺乏必要的理论指导和先进测试仪器的帮助。主要依靠经验去进行复配工作,带有很大的盲目性,所得产品不论是质量上还是性能上,都不尽完善。因此,有必要集中物力、财力、技术等优势进行基础理论研究。

(一)乳化剂复配方法

随着食品工业的迅速发展和加工食品的多样化,世界各国都极为重视食品乳化剂的开发、研究、生产和应用,特别是致力于复配乳化剂的配方研究。目前,对于适合于某一类食品的复配乳化剂的开发,不仅要求我们对乳化剂的物化性质有比较全面的了解,并且需要掌握一定的复配原则和使用技巧。

适合于某一类食品的复配乳化剂,一般是通过试验和中试筛选而得。如果对乳化剂的物化性质有比较全面的了解,并且掌握一定的复配原则、使用技巧,那么就一定能取得事半功倍的效果。乳化剂复配的方法有如下几种。

(1)HLB值高低搭配 HLB值反映出乳化剂分子中亲水和亲油的这两个相反的基团的结构和性质的平衡,利用这个值可以确定乳化剂分子的平衡极性。这种平衡极性和乳化剂的各种性能和应用范围有着较大的关系。当在水-油体系中加入一种乳化剂时,它就在两种物质的界面发生吸附,形成界面膜,在这种界面膜中,乳化剂的亲油部分伸向油,亲水部分朝向水,呈定向排列。结果是使界面张力发生变化,使一种液体以液滴形式分散于另一种液体中。界面膜具有一定的强度,对分散相液滴起保护作用。当把低和高HLB值的乳化剂混合使用时,它们在界面上吸附形成复合物,定向排列紧密,具有较高的强度,从而能很好地防止聚结,增加乳状液的稳定性。例如,在HLB值较高亲水性较好的阴离子乳化剂十二烷基硫酸钠中加入少量HLB值较低亲油性较好的十二醇酯,就可以得到很稳定的O/W型乳状液。

(2)分子结构相似 食品乳化剂种类繁多,怎样才能够得到乳化活性更高的复合配方,是在选择乳化剂时应该重点考虑的问题。目前,对于各种乳化剂之间的相互作用及协同效应,还只能做些定性的解释,不能从理论上加以定量的讨论。但根据研究人员的体会,结构相似的乳化剂混合使用时,其协同效应比较明显;尤其当一种乳化剂是另一种乳化剂的衍生物时,将这两种乳化剂混合使用,往往能取得令人满意的效果。原因是分子结构相似、亲油基相同的复合乳化剂在界面吸附后形成的界面膜为一混合膜，乳化剂分子的定向排列紧密，所以强度也较大。例如，聚氧乙烯（加）失水山梨醇脂肪酸酯（Tween）是由失水山梨醇脂肪酸酯（Span）与环氧乙烷在碱催化下进行加成反应得到的产物。这两种乳化剂（Tween 和 Span）的结构非常相似，若把它们按一定比例混合，就可以得到优良的复配乳化剂。

（3）离子型互补　根据亲水基团在水中的性能，乳化剂可分为阴离子、两性离子和非离子型等。磷脂是食品添加剂中唯一被确认和许可的两性乳化剂。一般来说，非离子乳化剂乳化能力较强，是一类相当好的乳化剂。在生产实践中，阴离子乳化剂仍有其独特的优点。将阴离子乳化剂和非离子乳化剂混合使用，比只用非离子乳化剂效果要好，乳化活性和表面活性会得到长时间的稳定。另外，阴离子乳化剂价格比较便宜，可以降低成本。

（4）亲水基团构象互补　食品乳化剂的亲油部分一般都是脂肪酸基或脂肪醇基，其差别主要表现在碳氢链的长短变化或饱和与否上。乳化剂性质差异主要是与亲水基团不同有关，亲水基团的结构变化远较亲油基团大，从“构象”这个角度考虑，可以把食品乳化剂的亲水基团的结构分为线性和环状两大类。“亲水基团构象互补”这个概念指的是在设计复合乳化剂配方时把亲水基团构象不同的乳化剂搭配使用，以便产生优势互补。如单甘酯的亲水基团是线性的，而蔗糖酯的亲水基团是环状的。将这两种乳化剂混合使用，可能取得较好的效果。

（5）助乳化剂的使用　助乳化剂通常是极性有机物，用于食品中的有乙醇、丙二醇、D-山梨糖醇等。它们的主要作用有：①降低界面张力，使更多的乳化剂和助乳化剂在界面上吸附，从而增强乳化能力；②增加界面膜的流动性，减少了由大液滴分散成小液滴所需的界面弯曲能；③调节乳化剂的 HLB 值，对于 HLB 值不合适的乳化剂可用助乳化剂调节至合适的范围。另外，助乳化剂还可使乳化剂的乳化性能得到较长时间的稳定。

以上概述了研究人员设计复合乳化剂的几点体会，如果遵循这些规律，选择几种合适的乳化剂，根据具体加工的食品，确定出各组分间的比例，就一定能得到性能优良的复配乳化剂。

（二）大豆蛋白、魔芋多糖复配乳化剂的制备

蛋白质具备特有的双亲结构，可用于乳化和稳定食品胶体体系。大多数多糖不具有或具有较弱的界面活性，却具有能显著改变体系流变性的特点，基本上被用作增稠剂或稳定剂。作为乳化剂使用的蛋白质总是吸附在分散的表面上并让其亲水链伸入水相，既形成在胶粒表面的吸附膜以降低其表面张力，又形成围绕着胶粒的空间保护层以阻止胶粒的聚集。实际上，蛋白质往往与多糖共存于同一体系，这时许多多糖却与蛋白质发生不同的反应，并由此赋予体系以不同于两者单独存在时的功能表现。在这类反应中，共价结合的蛋白质-多糖复合物既保留了蛋白质的表面活性又具有多糖的亲水性能，因而可作为乳化剂和稳定剂使用。这种蛋白质-多糖复合物具有较好的热和酸、碱稳定性，并具有比合成类小分子乳化剂更为有效的乳化性能。如大豆分离蛋白和海藻酸钠反应的产物具有更好的成膜性能及乳化性能，免疫球蛋白和葡聚糖结合的产物具有更强的免疫性和更佳的乳化稳定性能，血浆蛋白质和半甘露聚糖能形成热

稳定性更好、乳化性能更高的聚合物。

　　大豆蛋白和魔芋多糖是两类在我国食品工业中使用较多的大分子功能添加剂。复配乳化剂的作用机理：魔芋粉的主要成分是葡甘露聚糖，所用样品的含量在73%，其结构是由葡萄糖和甘露糖按一定比例通过 α-(1,4)糖苷键连接而成。大豆蛋白主要由具有四级结构的结合球蛋白构成。按一定的反应条件可以生成具有乳化能力的葡甘露聚糖与大豆蛋白复合产物，而这种复合物的乳化性能取决于这两种大分子复合的程度，即在一定的条件下取决于反应的时间以及控制反应速度的因素。反应程度不够，多糖与蛋白质不能有效地以共价键结合，这样在乳化时表现为乳化能力只为蛋白质单独存在时的情况；反应过度则使得蛋白质的反应基团全部用于与多糖键合，结果产物过于亲水而失去界面活性。所有这些结果均不能提高产物的乳化能力。

　　复配乳化剂制备方法举例如下：将大豆分离蛋白和魔芋多糖按一定的质量比溶于70℃的去粒子水或缓冲液中，制成总固形物质量分数为68%的溶液，然后冷冻干燥48h。干燥好的样品置于装有溴化钾饱和溶液，相对湿度为79%的反应器中，反应控制在60℃进行。

第二节　复合乳化剂在食品中的应用

　　采用复合乳化稳定剂具有以下优点：①复合乳化稳定剂的高温处理，确保了该产品有良好的微生物指标；②避免了每个单体稳定剂、乳化剂的缺陷，得到整体的协同效应；③充分发挥每种亲水胶体的有效作用；④可获得良好膨胀率、抗融化性能、组织结构及口感的产品；⑤提高生产的精确性与良好的经济性。复合乳化稳定剂在食品生产中应用非常广泛。袁毅桦等研究，在使用乳化剂稳定杏仁露时，采用蔗糖酯和单甘酯 HLB=10 为最好，因为蔗糖酯可以稳定其他乳化剂包括单甘酯在内的 α-晶型，在食品中有优良的增稠作用，从而更好地稳定体系。蔡云升等研究了低脂冰淇淋复合乳化稳定剂对其抗融性的影响，在同一原料配方的相同制作工艺条件下，选择单体胶体作为稳定剂进行实验比较，由此选出四种较为理想的胶体进行复配，作四因素三水平的正交实验，从而确定一个对低脂冰淇淋抗融性具有显著效果的稳定性组合。吕心泉等经实验研究单一乳化剂、增稠剂复配后的效果，并应用于调制奶、植物蛋白奶和悬浮饮料中，通过区别不同成分研制了三组配方，均达到满意结果，体系均一稳定，口感丰厚。

　　在豆腐加工中，当豆浆加热至80℃时，添加豆腐质量0.1%的单甘酯，搅拌均匀后，再加入凝聚剂，可提高豆腐得率9%~13%，同时，豆腐制品质地更加细腻，成形后不易破碎，口味也更佳。由于单甘酯在低温条件下有发泡作用，但在高温下却有良好的消泡作用，故其在豆浆沸煮过程具有消泡作用，可防止溢锅。在大豆蛋白中添加乳化剂可使大豆蛋白的乳化功能得到改善，水分分散性增强，故在以大豆蛋白为配料的速溶食品中常常添加单甘酯。

　　在冰淇淋中，单甘酯常与蔗糖酯、聚甘酯、失水山梨醇脂肪酸酯及二乙酰酒石酸甘油酯等配合，用于冰淇淋的制作，可改善冰淇淋组织结构，防止产生冰霜，形成细微均匀的气泡和冰晶，提高贮存期间的稳定性，有较好的保形性。添加量为冰淇淋总质量的 0.2%～0.5%。

在饮料中，由单甘酯、蔗糖酯、失水山梨醇脂肪酸酯等复配的乳化剂，可使饮料增香、混浊化，并获得良好的色泽。由于乳化剂的协同效应，蔗糖脂肪酸酯与其他乳化剂复配使用，在食品中的应用更广泛。应用时先将蔗糖脂肪酸酯复配乳化剂用适量冷水调合成糊状，再加入所需的水，升温至 60～80℃，搅拌溶解或将蔗糖脂肪酸酯复配乳化剂加到适量的油中，搅拌令其溶解和分散，再加到制品原料中。

在制作焙烤面包时，卵磷脂的加入有助于得到理想的体积、组织结构以及良好的稳定性。在冰淇淋中，能保证脂肪颗粒及其他成分均匀分布；在冷冻处理中，可控制冰晶的生长，有助于空气的混入。此外，卵磷脂还能与其他稳定剂产生协同作用，增加对游离水的结合，改善产品组织的柔软性。用量为 0.5%。单甘酯与蔗糖酯、吐温类配合共同使用时，可用做糕点起泡剂，通过形成"蛋白-单甘酯"复合体使蛋糕容积大、气泡致密均匀。

丙二醇脂肪酸酯的乳化、发泡能力取决于其单酯的含量，单酯含量越高，乳化、发泡性能越好。但其乳化能力比同纯度的单甘酯差，故很少单独使用，常与单脂肪酸甘油酯复配使用，以提高乳化效果。具有 α-晶型倾向性，能使其他乳化剂（如单甘酯）的 α-晶型保持或延缓 α-晶型向 β-晶型转化，从而使乳化剂具有良好的乳化稳定性能。

下面具体介绍复合乳化剂在各种食品中的应用。

一、复合乳化稳定剂在乳饮料中的应用

（一）调制奶的研制

（1）实验材料　脱脂奶粉；乳化剂：单甘酯、蔗糖酯；稳定剂：黄原胶、槐豆胶、瓜尔胶；其他：蔗糖、复合甜味剂、乳化盐、香精、天然色素。

（2）设备　电动搅拌机、离心机、高压杀菌锅、胶体磨、调配罐、过滤器、灌装机、均质机。

（3）工艺流程

奶粉、糖、复合甜味剂──→混匀溶解──→过滤──→添加乳化稳定剂（事先将固体搅拌混匀）──→加香精色素──→过滤均质──→灌装杀菌──→冷却──→成品

（二）植物蛋白奶的研制

（1）实验材料　乳化剂：单甘酯、Span-60，蔗糖酯；稳定剂：黄原胶、魔芋胶、瓜尔胶；核桃仁、花生仁、板栗，脱脂乳粉，蔗糖；乳化盐；乙基麦芽酚；香精。

（2）工艺流程

糖、复配乳化稳定剂、香精

选料与原料预处理──→浸泡,烘烤,磨浆──→浆渣分离──→加热调制──→精滤──→均质──→灌装杀菌──→冷却──→成品

（三）乳饮料复配乳化稳定剂的开发一般程序

液态奶雏形产品（客户提供或业务人员反馈）→明确其风味特点、消费者对象和市场相关产品，确定其开发生产的可行性→总经理决策同意开发→确定其特定工艺流程参数，并且确保其稳定性→根据产品要求和质量要求设计复合乳化稳定剂配方→小试→顺利通过小试→中试（或结合客户测试样品性能）→顺利通过中试试验，同时确定在贮藏期内的稳定性→投放生产→复合乳化稳定剂产品。

（四）乳饮料用复合乳化稳定剂配方举例

（1）鲜奶专用　单甘酯；蔗糖酯 SE-15；瓜尔胶；CMC（FH 高黏）；黄原胶；乳化盐。用量 0.05%～0.1%。

（2）调制奶饮料专用　单甘酯；蔗糖酯 SE-15；黄原胶；槐豆胶；瓜尔胶；乳化盐。用量 0.15%～0.2%。

（3）酸奶专用型　单甘酯；蔗糖酯；耐酸型 CMC（FH9）；卡拉胶。用量 0.3%～0.6%（凝固型）；0.1%～0.35%（搅拌型）。

（4）悬浮饮料专用　琼脂；CMC（高黏）；乳化盐；纯卡拉胶；KCl。用量 0.15%～0.2%。

（5）植物蛋白奶专用　单甘酯；Span60；蔗糖酯 SE-13；瓜尔胶；黄原胶；魔芋精粉；乳化盐。用量：根据不同干果植物而定（0.05%～0.3%）。

目前国内的一些乳品公司是伴随着中国液态奶近几年的高速发展而成长起来的。我国的技术人员通过对液态奶不同体系的深入研究，广泛查阅国内外各种乳品专利、文献，利用各种先进的分析检测手段，并与多所高校合作，以亲水性单甘酯为主体乳化剂与国内外生产的优质胶体经过科学复配，开发出了纯牛奶、甜牛奶、酸果奶、发酵奶、可可奶、植物蛋白饮料等多系列具有特色高效的复合乳化稳定剂。在乳化剂、胶体的使用、应用机理研究及复配方法等多方面都有自己的独到之处。

二、复合乳化稳定剂在冰淇淋中的应用

乳化剂是一种分子中具有亲水基和亲油基的物质，它可介于油和水的中间，使一方很好地分散于另一方的中间而形成稳定的乳化液。冰淇淋的成分复杂，其混合料中加入乳化剂的作用可归纳为：①乳化，使脂肪球呈微细乳油状，并使之稳定化；②分散，分散脂肪球以外的分子并使之稳定化；③起泡，在凝冻过程中能提高混合料的起泡力，并细化气泡使之稳定化；④保型性的改善，增加室温下冰淇淋的耐热性；⑤贮藏性的改善，减少贮藏中制品的变化；⑥防止或控制粗大冰晶形成，使冰淇淋组织细腻。

而稳定剂又称安定剂，具有亲水性，因此能提高料液的黏度及乳品冷饮的膨胀率，防止大冰晶的产生，减少粗糙的感觉，对乳品冷饮产品融化作用的抵抗力亦强，使制品不易融化和重结晶，在生产中能起到改善组织状态的作用。稳定剂的种类很多，前面章节已有介绍，较为常用的有明胶、琼脂、果胶、CMC、瓜尔胶、黄原胶、卡拉胶、海藻胶、海藻酸丙二醇酯、魔芋胶、变性淀粉等。稳定剂的添加量是依原料的成分组成而变化的，尤其是依总固形物含量而异，一般在 0.1%～0.5% 左右。目

前应用最广泛的食品胶稳定剂是卡拉胶、黄原胶、槐豆胶、瓜尔胶和 CMC 等，其中槐豆胶、瓜尔胶和 CMC 都可单独使用，因为它们有优异的保水能力，但它们也可复合使用。

近年来随着冰淇淋生产的迅猛发展，冰淇淋生产中的复合添加剂（或复合乳化稳定剂）也日益增多。所谓冰淇淋复合添加剂是将多种稳定剂和乳化剂经过特殊的工艺加工，使其均匀混合成为大小均一、流动性强的细小颗粒复合体。冰淇淋生产中常采用复合乳化稳定剂，它具有以下优点：①避免了单体稳定剂、乳化剂的缺陷，得到整体协同效应；②充分发挥了每种亲水胶体的有效作用；③可获得良好的膨胀率、抗融性、组织结构及良好口感的冰淇淋；④提高了生产的精确性，并能获得良好的经济效益；⑤复合乳化稳定剂经过高温处理，确保了该产品微生物指标符合国家标准。

目前，乳化剂和稳定剂已经工业化地混配在一起出售，一般是干拌的形式。例如，复配功能性乳化稳定剂产品的创始企业某跨国公司，1945 年发明了"完全复合造粒"工艺并开始工业化生产，现在能将有些产品如"冰牡丹"系列产品复合造粒，使乳化剂均匀包裹在稳定剂外面，这样更能发挥各组分的功能。

冰淇淋产品的口味、质地和成本都主要取决于各种原料配方比例和工艺。在选用稳定剂时应考虑：①易溶于水或易于混合；②能赋予混合料良好的黏性和起泡性；③能赋予产品良好的组织和质构；④能改善产品的保型性；⑤能防止冰晶扩大。达到稳定性所需要的稳定剂范围一般为 0.15%～0.50%，这根据稳定剂的种类和对产品所产生的稳定效果而定，通常取决于配料的脂肪含量、配料的总固体含量和凝冻机的种类。

乳品冷饮中常用的乳化剂有甘油酸酯（单甘酯）、蔗糖脂肪酸酯（蔗糖酯）、聚山梨酸酯（Tween）、山梨醇酐脂肪酸酯（Span）、丙二醇脂肪酸酯（PG 酯）、卵磷脂等，其添加量与混合料中脂肪含量有关，一般随脂肪含量增加而增加，不同乳化剂的性能及添加量见表 7-3。

表 7-3　乳化剂在乳品冷饮中的性能及添加量

名　称	来　源	性　能	参考用量/%
单甘酯(90%)	油脂	乳化性强并抑制冰晶生长	0.2
蔗糖酯	蔗糖脂肪酸	可与单甘酯 1:1 混合用于冰淇淋	0.1～0.2
Tween	山梨糖醇脂肪酸	延缓融化时间	—
Span	山梨糖醇脂肪酸	乳化作用，与单甘酯合用，有增效作用	0.2～0.3
PG 酯	丙二醇、油脂	与单甘酯合用，提高膨胀率，具有保型性	—
卵磷脂	蛋黄粉中含 10%	常与单甘酯合用	0.1～0.5
大豆磷脂	大豆	常与单甘酯合用	0.1～0.5

复合型乳化稳定剂并不是简单地将几种稳定剂与乳化剂随意地进行混合就行。也不是所有的乳化、稳定剂之间都有协同增效作用，只有组成和结构相似或互补的乳化、稳定剂在一定条件下才有协同作用。例如，经过反复的科学实验证实：魔芋葡甘聚糖（KGM）与黄原胶、瓜尔胶三者之间存在着强烈的协同增效作用，并且在一定比例关系时协同增效作用效果最佳。其协同作用机理可能是魔芋葡甘聚糖分子平滑、没有分支的部分与黄原胶分子的双螺旋结构以次级键形式相互结合形成三维网状结

构。瓜尔胶与黄原胶的协同作用与此相似。因魔芋葡甘聚糖、瓜尔胶、黄原胶都是杂聚甘露聚糖，故把此复合胶称为同甘露聚糖胶（SMG），由 SMG 与乳化剂进行配伍，制成冰淇淋复合乳化稳定剂。

由于传统魔芋精粉颗粒粗、淀粉等杂质高、溶胀速度慢，无法与瓜尔胶和黄原胶同步作用，所以必须对魔芋精粉进行提纯和微粉碎处理，但普通的粉碎操作产生大量热量，温度升高会使葡甘聚糖黏度、稠度剧烈下降，达不到预期目的，所以魔芋精粉的提纯和粉碎是复合技术的关键之一。通过技术处理后，魔芋微细精粉的葡甘聚糖含量达 80% 以上，细度达 120 目以上。溶胀速度快，且不结团，与黄原胶、瓜尔胶同步发挥作用，协同增效作用显著。

三、复合乳化剂在果汁、蛋白饮料中的应用

添加到饮料中乳化剂首先要符合卫生、安全的要求。饮料中可使用的乳化剂一般与乳化稳定剂、分散剂并用，可提高乳化稳定性。如酒精饮料、咖啡饮料、人造炼乳可使用甘油酸酯、山梨糖醇酐脂肪酸酯、丙二醇脂肪酸酯等低 HLB 值的亲油性乳化剂，和其他亲水性乳化剂配合，可提高饮料及炼乳的乳化稳定性。

饮料中常用的乳化剂有蔗糖脂肪酸酯（SE）、山梨醇酐脂肪酸酯（Span）及其聚氧乙烯衍生物（Tween）。蔗糖酯由脂肪酸甲酯和蔗糖反应而成，控制酯化程度可以得到不同的产品，产品的 HLB 值可以为 1~16，产品牌号按 HLB 值分档，产品呈稠厚凝胶、软制固体或白色至浅灰色粉末状，无臭或微臭，溶于水或乙醇，水溶液有黏度，并有湿润性，软化点 50~70℃，适用于 O/W 型饮料的乳化，因此在蛋白饮料中应用较多。蔗糖酯还可提高一些脂溶性色素的水溶性，如 β-胡萝卜素用蔗糖酯处理后，可用于水溶性果汁、清凉饮料等的着色。

山梨醇酐脂肪酸酯一般由山梨醇或山梨聚糖加热失水成酐后再与脂肪酸酯化而得。常用的 Span 类乳化剂 HLB 值为 4~8，产品分类是以脂肪酸构成划分的，如Span20（月桂酸 12C）、Span40（棕榈酸 14C）、Span60（硬脂酸 18C）、Span80（油酸 18C 烯酸）等。此类乳化剂的乳化能力优于其他乳化剂，味温和，有特殊气味。由于风味较差，故很少单独使用，一般与其他乳化剂合并使用，在饮料中的最大使用量为 3g/kg。胶类、干酪素钠、改性淀粉等也可作亲水性乳化剂。亲油性乳化剂不能单独用在饮料中，要与亲水性乳化剂并用才有效。

Span 类与环氧乙烷起加成反应可得到 Tween 类乳化剂，这类乳化剂的特点是亲水性好（HLB 值 16~18），乳化能力强。饮料中使用的有 Tween 60 和 Tween80。由于 HLB 值较高，价格又远低于等 HLB 值的蔗糖酯等乳化剂，通常与低 HLB 值的甘油酯、Span、蔗糖酯合用，以适应各类饮料的需要。在饮料中的最大使用量为1.5g/kg。

酪蛋白酸钠也是一些饮料中使用的乳化剂。在蛋白饮料中常用作乳化剂、增稠剂和蛋白质强化剂，能增进脂肪和水分的亲和性，使各成分均匀混合分散，对椰子汁、核桃乳、腰果乳等脂肪含量明显高于蛋白质含量的蛋白饮料尤为适用。

酪蛋白酸钠本身即可认为是一种乳制品，将其应用于乳品，可进一步提高制品的

质量。在生产时，为了改善冰淇淋的口感和质构，避免因乳固体含量低而造成的粗糙和不稳定等，通常需要加入乳粉、炼乳等以增加蛋白质含量。但这些物质中的蛋白质含量并不高，而乳糖含量却又偏高（如乳粉的蛋白质含量约 28%，而乳糖约 36%）。如添加较多，由于乳糖的溶解度不高可使混合物料凝冻搅拌后在成品贮藏时产生结晶，造成冰淇淋质地粗糙，甚至有砂质感。如适当添加酪蛋白酸钠，则可因其蛋白质含量高（约 90%），起泡性好，有助于改善冰淇淋的组织结构，提高搅打起泡性和膨胀率；再通过酪蛋白酸钠本身的乳化作用及与其他乳化剂并用的增效作用，可大大提高产品质量。值得注意的是，在冰淇淋的生产中不能用酪蛋白酸钠全部取代乳粉和炼乳，这是因为单用酪蛋白酸钠制成的乳化液稳定性不够好，从而影响奶油在冰冻过程中的稳定性。通常以添加量 0.5%～1% 的效果较好，最好能与其他乳化剂适当配用。

单硬脂酸甘油酯、三聚甘油单硬脂酸酯等乳化剂也常用于一些饮料的复合乳化剂中。在饮料中使用单硬脂酸甘油 50 份与蔗糖酯 25 份、失水山梨醇脂肪酸酯复配的乳化剂，可使饮料增香、混浊化，并可获得良好的色泽。在煮豆浆过程中，于 80℃ 时加入豆浆量 0.1% 的单硬脂酸甘油酯，能有效地分离豆腐渣，消除泡沫，防止溢锅。

含乳果汁饮料常用的乳化剂有蔗糖脂肪酸酯（SE）和聚甘油脂肪酸酯（PGFE）等。其中 SE 耐酸、耐热性较差，PGFE 在酸性条件下乳化稳定性高，耐水解性强，热稳定性也较好。此外，单甘油酯（GM）虽然亲水性较差，但亲油性较好，也可用来组成复合乳化剂。常见果汁、蛋白饮料中的复合乳化稳定剂的组成见表 7-4。

表 7-4　常见果汁、蛋白饮料中的复合乳化稳定剂组成

饮料品种	饮料主要成分	复合乳化稳定剂的组成
椰子奶	椰子汁	0.08% 黄原胶, 0.20%PGFE
杏仁乳	杏仁汁	0.25%PGA, 0.15%GM, 0.10% 大豆磷脂
枸杞蜜乳	奶粉 4%, 枸杞子 2%, 蜂蜜 3%	0.20%CMC, 0.15%PGA, 0.10%GM
果汁乳酸饮料	果汁 10%, 发酵乳 5%, 柠檬酸 0.15%	0.2% 耐酸 CMC, 0.15%PGA

植物蛋白饮料的乳化剂适宜选择两种或两种以上乳化剂混合而成，HLB 值大于8。最佳乳化剂配方可由下列步骤确定：对某一乳状液任选一对乳化剂，在预期范围内改变其 HLB 值，测得乳化效率最高的 HLB 值，此值为该乳状液所需的 HLB 值，保持此值不变，选择不同的乳化剂配方制成乳状液，测定乳化效率，效率最高的乳化剂即为此乳状液的最佳乳化剂配方。添加乳化剂时应使其浓度稍大于临界胶束浓度。以黎海彬等对芝麻乳乳化剂的研制试验为例，芝麻的油脂含量甚高，有的甚至超过60%。选择单脂肪酸甘油酯（HLB 值 3.5～4.0），Span60（HLB 值 8.6，山梨醇酐脂肪酯），Tween80（HLB 值 14.9，聚氧乙烯山梨醇酐脂肪酸酯）组成混合乳化剂。单甘酯亲油性非常好，但在水中溶解度很小，甚至不溶，所以单独使用根本不能达到良好的乳化作用。因此又选择了亲水性较好的聚氧乙烯山梨醇酐脂肪酸酯，再选择亲水亲油性都比较好的山梨醇酐脂肪酸酯。从单甘酯、Span60、Tween80 出发，设计系列不同 HLB 值的配方，然后将这些乳化剂配方分别加到油脂含量为 4% 的油-水体系中，5000r/min 剪切式均质机乳化 5min，得白色乳状液。同样制备空白对照，静置 12h，用移液管取烧杯中部乳状液，于分光光度计 540nm 波光下测透光率，则求

得透光率最小的 HLB 为该乳状液较佳混合乳化剂配方：50％单甘酯、10％Span60 和 40％Tween 80，HLB 值为 8.3。陈复生等在研制花生奶时，试验单甘酯和蔗糖酯作为乳化剂，配比实验结果以添加 0.15％的蔗糖酯和 0.1％的单甘酯作为乳化剂，效果较好。李小华等对榛子蛋白饮料的稳定性做了研究，选择 HLB 值分别为 3、12、15.4 的单甘酯、蔗糖酯及 Tween 80 进行了单一乳化剂和复合乳化剂的乳化效果的试验比较。单一乳化剂的试验结果见表 7-5，复合乳化剂的试验结果见表 7-6。

表 7-5　单一乳化剂对榛子蛋白饮料的试验结果

乳化剂	单 甘 酯		蔗 糖 酯		吐 温	
	R	B	R	B	R	B
0	72	16.5	72	16.5	72	16.5
0.05	97	6.5	57	5.4	82	34.2
0.10	98	11.2	43	18.3	87	34.2
0.15	95	14.0	68	85	60	31.7
0.20	80	10.7	74	25.5	80	5

注：R—表示稳定性系数，B—表示透光率。

表 7-6　复合乳化剂对榛子蛋白饮料的试验结果

单：蔗：吐	HLB 值	稳 定 性	
		R	B
0：50：50	13.70	88	23.7
10：60：30	12.12	83	25.3
10：80：10	11.44	97	20.4
20：70：10	10.54	95	21.8
30：60：10	9.64	87	24.1
50：30：20	8.18	80	25.3

　　由上述试验结果可以看出，复合乳化剂的效果较单一乳化剂好，而且对榛子蛋白饮料而言，复合乳化剂的较优组合为单甘酯：蔗糖酯：吐温 80＝10：80：10。

　　赵玉巧等在酸性花生乳饮料的稳定性研究中发现，酸性花生乳饮料的乳化剂添加量为 0.1％，其中单甘酯与蔗糖酯比为 6：4，HLB＝6～8 时，产品的乳化效果较好。

　　梁洁红等对黑芝麻豆奶饮料的试验表明，以单甘酯和蔗糖酯组合成的复合乳化剂也显示出较好的乳化性能。

　　植物蛋白饮料的生产除了使用乳化剂之外，往往配合使用增稠剂和分散剂作为稳定剂，以维持一定的乳液黏度，借以稳定乳状液。常用的增稠剂有羧甲基纤维素钠（CMC-Na）、海藻酸钠、明胶、黄原胶、果胶等，一般添加量为 0.05％～0.3％，与果蔬汁饮料中使用的增稠稳定剂相似。

　　此外，魔芋精粉、酪朊酸钠也是植物蛋白饮料中常用的稳定剂。魔芋精粉的主要成分是一种部分乙酰化的甘露糖聚合线形大分子多糖，可溶于水，溶液 pH 在 5～7 之间，加热及搅拌都能增加溶解性。在碱性条件下，溶液可形成坚实的热稳定性弹性凝胶。酪朊酸钠又名酪蛋白酸钠、酪蛋白钠、干酪素钠，通常是通过将脱脂牛乳预热，加凝乳酶或加酸沉淀，脱乳清、洗涤、脱水、磨浆，加氢氧化钠处理，喷雾干燥制得；也可以将酪素在水中分散、膨胀后，经氢氧化钠或碳酸钠等处理干燥制成。酪朊酸钠为乳白色粉末，无臭、无味，易溶于水，不溶于乙醇。水溶液 pH 呈中性，加酸则产生酪蛋白沉淀。酪朊酸钠是具有高乳化性、持水性、胶凝性及营养性于一体的优良天然多功能食品添加剂。根据 GB 2760—1996 的规定，酪蛋白酸钠可用于各类食品，并按生产需要适量使用。由于其本身是最完善的蛋白质，因此在高脂肪含量植物源性蛋白饮料中得到广泛应用，作为乳化剂、增稠剂和蛋白强化剂，能增进脂肪和水分的亲和性，使各成分均匀混合分散。对脂肪含量明显高于蛋白质含量的蛋白饮料尤为适用。

李小华等对榛子蛋白饮料稳定性的研究中，比较了羧甲基纤维素（CMC）、微晶纤维素（MCC）、变性淀粉和酪朊酸钠及果胶五种稳定剂单一稳定剂和复合稳定剂的使用效果，单一稳定剂的使用效果对比见表 7-7。

表 7-7　单一稳定剂对榛子蛋白饮料的稳定效果（R/%）

稳定剂用量/% ＼ 稳定效果 ＼ 稳定剂	CMC	MCC	变性淀粉	酪朊酸钠	果胶
0	0	00	0	0	0
0.10	0	71	82	86	0
0.15	0	77	87	95	0
0.20	0	71	74	71	0
0.25	0	83	92	74	0
0.30	0	85	90	88	0
0.40	0	96	94	96	0
0.50	0	92	91	79	0
0.6	0	95	93	84	0

注："0"表示杀菌后分层明显。

由表中可知，单一稳定剂的稳定效果不太理想，但可从中选定复配稳定剂的备选组分，经与复合乳化剂等因子的正交设计试验，最后确定了榛子蛋白饮料的最佳稳定剂组合，0.15% 的酪朊酸钠、0.15% 的变性淀粉、0.3% 的微晶纤维素对 0.15% 的复合乳化剂有最佳稳定表现，稳定性系数为 98.8%，而且重复效果好。

陈复生等对花生奶中使用的稳定剂进行了对比，经多次实验表明，以 0.1% 的羧甲基纤维素钠和 0.15% 的海藻酸钠的用量复合使用，可以较好地提高花生奶的稳定性。

赵声兰等研究了核桃炼乳研制中不同稳定剂对设定的复合乳化剂的增效作用。选定琼脂、黄原胶、海藻酸钠、瓜尔胶、卵磷脂，以相同的加入量观察其对选定乳化剂的增效作用，以透光度法进行比较，结果见图 7-1。由图中可知，在相同复合乳化剂用量、相同稳定剂用量的条件下，不同稳定剂对乳化剂乳化的核桃炼乳的乳化稳定性影响不同，其中海藻酸钠、瓜尔胶使乳化剂的乳化效果下降，它们使产品的稳定性降低；而卵磷脂、黄原胶、琼脂对乳化剂的乳化效果有增强作用，它们能使乳化剂对核桃炼乳的乳化稳定性提高，其中卵磷脂、黄原胶对乳化剂的乳化效果有较好的增效作

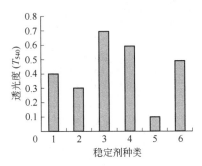

图 7-1　稳定剂对复合
乳化剂的影响

1—琼脂＋6；2—黄原胶＋6；3—海藻
酸钠＋6；4—瓜尔胶＋6；5—卵磷
脂＋6；6—复合乳化剂

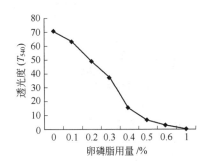

图 7-2　卵磷脂用量对复合
乳化剂的增效

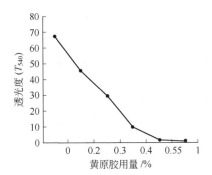

图 7-3　黄原胶用量对复合
乳化剂的增效

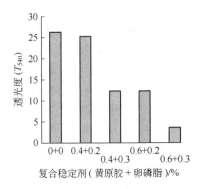

图 7-4　复合稳定剂对复合
乳化剂的增效

用。同时观察了稳定剂用量对乳化剂的增效作用，实验发现一定范围内，卵磷脂和黄原胶对于乳化剂对核桃炼乳稳定性的增效作用随其用量增大而增强（见图7-2，图7-3）。但卵磷脂的价格昂贵，且用量过大会影响口感。而黄原胶无味，增稠效果突出，价格低廉，可以替代部分卵磷脂，起到较好的乳化增效作用。但黄原胶较强的增稠效果会使核桃炼乳过分黏稠，影响黏度和流动性，而且对乳化剂的增效作用不及卵磷脂，因此黄原胶的用量也不宜过大。

将黄原胶和卵磷脂以不同的百分含量复配成不同的复合稳定剂，观察其对所用复合乳化剂的稳定效果，结果发现0.6％黄原胶与0.3％卵磷脂复配的稳定剂对其有较好的稳定效果（见图7-4）。

赵玉巧等发现，对酸性花生乳饮料，为防止蛋白的沉淀，添加羧甲基纤维素钠、果胶和六偏磷酸钠分别为0.3％、0.1％、和0.1％时，产品的稳定性较好，能在50天内不发生分层沉淀现象。

梁洁红等试验了不同稳定剂组合对黑芝麻豆奶饮料的稳定性，结果见表7-8。

表 7-8 不同稳定剂组合对黑芝麻豆奶饮料的稳定效果

稳 定 剂		用量/%	稳定效果
增稠剂	果胶(a)	0.08	立即分层
	黄原胶(b)	0.08	立即分层
	羧甲基纤维素钠(c)	0.08	立即分层
	海藻酸钠(d)	0.08	立即分层
乳化剂	脂肪酸蔗糖酯(e)	0.16	4 天后分层
	单硬脂酸甘油酯(f)	0.16	3 天后分层
自配稳定剂	c+f	0.08+0.16	20 天开始分层
	d+e	0.08+0.16	15 天开始分层
	自配复合稳定剂(四种食品添加剂复合而成)	0.2	8 个月开始分层

另外，巧克力风味乳饮料是以鲜牛乳或还原乳为主要原料，加入白糖、可可粉、香精、色素等原料经科学工艺调配而成，产品风味独特，备受广大消费者青睐。然而，在生产时，由于工艺控制不当或稳定剂使用不当，巧克力风味乳常会发生可可粉沉淀，或蛋白质变性（产品呈豆花状），严重影响产品品质和风味，目前市售巧克力风味乳饮料或多或少都存在这一问题，造成以上问题的主要原因是：①可可粉密度大于牛乳密度，可可粉吸水后溶胀，并吸附乳蛋白，从而形成大量沉淀；②可可粉中含有单宁类物质，单宁有凝固蛋白质的作用，使牛乳蛋白质发生变性，形成沉淀。经大量试验证明，解决可可粉沉淀的方法主要是：

（1）选用优质碱化可可粉，合理进行可可粉预处理生产时，建议使用碱化可可粉，pH 为 6.8～7.2，可可粉粒度最好通过 200 目筛网，含壳量不超过 1.7%，脂肪含量应在 10%～12% 之间，这样既能保证牛乳蛋白质不会因 pH 差异过大而发生变性，又能减少可可粉因粒度过大而无法悬浮发生沉淀，同时适当的可可脂含量可以提高产品巧克力风味。生产时，可可粉通常要预处理，即将可可粉溶于 80～90℃ 软化水中浸泡半小时以上，使用前将可可粉料液通过 300 目筛网备用。

（2）巧用卡拉胶等优质胶体，降低可可粉沉淀率试验表明，卡拉胶可以与牛乳蛋白质相结合形成网状结构，可可粉被有效悬浮于网状结构中。生产时，应考虑加入适量的海藻酸盐、羧甲基纤维素钠和微晶纤维素等胶体与卡拉胶科学复配，能达到更满意的悬浮可可粉的效果。这是因为卡拉胶与其他胶体协同增效作用，增强了可可粉的悬浮性。检测结果表明，卡拉胶等胶体科学复配，可可粉沉淀量能降低 50% 以上，彻底改善产品稳定性，使巧克力风味更加突出。生产时，建议卡拉胶与海藻酸盐的使用量控制在 0.1%～0.2% 时，效果最好。另外，单独使用卡拉胶，即使添加量很大，也达不到悬浮可可粉的目的，相反会造成巧克力乳体系形成很强的凝胶，从而发生蛋白质变性和可可粉大量沉淀。

（3）合理选用复合乳化剂，提高体系乳化稳定性，防止产生沉淀。生产时，建议选用高纯单甘酯高效乳化剂，同时将亲水性单甘酯和蔗糖酯进行科学复配，能更有效降低可可粉沉淀。这是因为卡拉胶在复合乳化剂的作用下与可可粉颗粒、脂肪球、乳蛋白之间作用增强，网状结构更加致密，使可可粉更好地悬浮在网络结构里，阻止了可可粉颗粒的下沉。生产时，复合乳化剂的用量在 0.2%～0.3% 时，防止可可粉沉淀的效果较好。

综上所述，影响可可粉沉淀的原因比较复杂，生产时需要科学处理，应选用优质原料，合理使用复合乳化剂和胶体，同时科学确定生产工艺和配方，才能有效防止可可粉沉淀，确保巧克力风味乳更加稳定，风味完美。

四、复合乳化稳定剂在乳酸菌饮料中的应用

在乳酸菌饮料中常常需要添加亲水性较高的乳化稳定剂。乳化稳定剂的作用在于不仅可以提高饮料的黏度，防止蛋白质粒子因重力作用下沉，更重要的是它本身是一种亲水性高分子化合物，在酸性条件下与酪蛋白结合形成胶体保护，防止凝集沉淀。此外，由于牛乳中含有较多的钙，在 pH 降到酪蛋白的等电点以下时以游离钙状态存在，Ca^{2+} 与酪蛋白之间易发生凝集而沉淀。故添加适当的磷酸盐使其与 Ca^{2+} 形成螯合物，起到稳定作用。

最常使用的稳定剂是纯果胶或与其他稳定剂的复合物。通常果胶对酪蛋颗粒具有最佳的稳定性，这是因为果胶是一种聚半乳糖醛酸，在 pH 为中性和酸性时带负电荷，将果胶加入到酸乳中时，它会附着在干酪蛋白颗粒的表面，使酪蛋白颗粒带负电荷。由于同性电互相排斥，可避免酪蛋白颗粒间相互聚合成人颗粒而产生沉淀，考虑到果胶分子在使用过程中降解趋势以及它在 pH4 时稳定性最佳的特点，因此，杀菌前一般将乳酸菌饮料的 pH 调整为 3.8～4.2。

乳酸菌饮料配方举例如下：

1. 配方

（1）配方 1

酸乳	30%	45%乳酸	0.1%
果胶	0.4%	果汁	6%
水	53.35%	香精	0.15%
糖	10%		

（2）配方 2

酸乳	46.2%	耐酸 CMC	0.23%
果胶	0.18%	香兰素	0.018%
磷酸二氢钠	0.05%	蛋白糖	0.11%
水	46.2%	柠檬酸	0.29%
白糖	6.7%	水蜜桃香精	0.023%

2. 工艺流程

```
                发酵剂              果汁、糖溶液
                  ↓                    ↓
原料乳→杀菌→冷却→发酵→冷却、搅拌→混合配料→预热→均质→杀菌→冷却→罐装→产品
                  柠檬酸汁、稳定剂、水→杀菌→冷却
```

3. 操作要点

（1）混合配料　先将白砂糖、稳定剂、乳化剂与螯合剂等一起拌和均匀，加入 70～80℃的热水中充分溶解，经杀菌、冷却后，同果汁、酸味剂一起与发酵乳混合并

搅拌，最后加入香精等。

（2）均质　均质使其液滴微细化，提高料液黏度，抑制粒子的沉淀，并增强稳定剂的稳定效果。乳酸菌饮料较适宜的均质压力为20～25MPa，温度53℃左右。

（3）后杀菌　发酵调配后的杀菌目的是延长饮料的保存期。经合理杀菌、无菌灌装后，其保存期可达3～6个月。由于乳酸菌饮料属于高酸食品，故采用高温短时巴氏杀菌即可得到商业无菌，也采用更高的杀菌条件如95～105℃、30s或110℃、4s。对于塑料瓶包装的产品而言，一般罐装后采用95～98℃、20～30min的杀菌条件，然后进行冷却。

（4）果蔬预处理　在生产果蔬乳酸菌饮料时，需要首先对果蔬进行加热处理，以起到灭酶作用。一般在沸水中放6～8min即可。经灭酶后打浆取汁，再与杀菌后的原料乳混合。

五、复合乳化剂在香肠制品中的应用

传统香肠口感好，色泽红润，风味独特，携带方便，因而深受广大消费者喜爱。然而在生产香肠的烘烤过程中，渗油现象特别突出，使香肠的口感变差，成品率较低，企业效益差。为了解决这一问题，研究了几种乳化剂对香肠的保油效果，以提高香肠的保油率和成品率，改善香肠品质。汪学荣等的研究结果表明，几种乳化剂均能

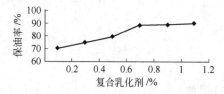

图 7-5　复合乳化剂最适添加量的确定

在一定程度上提高香肠的保油率，且同时使用效果更加显著。最后得出单硬脂酸甘油酯：脂肪酸蔗糖酯：改性大豆磷脂的最佳配比为2：5：20。按此配比添加0.8%复合乳化剂于香肠中，保油率可达88.3%，同时感观品质也较好。

按上述复合乳化剂最佳配比分别添加总量为0.2%，0.4%，0.6%，0.8%，1.0%，1.2%的混合乳化剂于香肠中，以保油率为指标，确定最适添加量（图7-5），结果显示随着复合乳化剂添加量的增加，保油率逐渐增加，当添加量大于0.8%时，保油率变化不明显，故最适添加量为0.8%，此时保油率达88.3%。

六、复合乳化剂配方举例

复配型乳化剂、稳定剂、增稠剂（质量分数）配方举例如下。

（1）馅类稳定剂，粉末　D-山梨糖醇20，泛酸钠2，葡萄糖酸-δ-内酯30，碳酸氢钠30，烧明矾18。

（2）豆腐乳化剂，粒状粉末　单甘油酯77，丙二醇脂肪酸酯0.6，碳酸钙20，大豆磷脂2.1，硅树脂0.3。

（3）豆腐乳化剂，粒状粉末　单甘油酯92.5，碳酸镁3，大豆磷脂4，硅树脂0.5。

（4）冰淇淋稳定剂，粉末　藻酸丙二醇酯11，CMC 15，聚磷酸钠9。

（5）蛋糕、水产肉糜制品乳化起泡剂，糊状　单甘油酯7，蔗糖脂肪酸酯12，山

梨糖醇酐脂肪酸酯 6，D-山梨糖醇 30，丙二醇 5。

（6）松蛋糕乳化起泡剂，糊状　单甘油酯 8，蔗糖脂肪酸酯 10，山梨糖醇酐脂肪酸酯 5，丙二醇 5，D-山梨糖醇 25。

（7）松蛋糕乳化起泡剂，糊状　单甘油酯 14，蔗糖脂肪酸酯 8，山梨糖醇酐脂肪酸酯 5，丙二醇酯 1，丙二醇 7.5，D-山梨糖醇溶液 20。

（8）松蛋糕耐油性乳化起泡剂，糊状　单甘油酯 9，蔗糖脂肪酸酯 12，山梨糖醇酐脂肪酸酯 6，甘油 6，D-山梨糖醇 25。

（9）焦香乳脂糖等糖果乳化剂，片状　单甘油酯 30，蔗糖脂肪酸酯 15，山梨糖醇酐脂肪酸酯 15，大豆磷脂 25。

（10）饮料等用乳化剂，片状　单甘油酯 50，蔗糖脂肪酸酯 25，山梨糖醇酐脂肪酸酯 25。

（11）人造奶油乳化、稳定、增稠剂，糊状　单甘油酯 40，蔗糖脂肪酸酯 20，山梨糖醇酐脂肪酸酯 35，大豆磷脂 5。

（12）面条类乳化剂，粉末　单甘油酯 60，大豆磷脂 5 或单甘油酯 30，天然增稠剂 13。

（13）糕饼乳化油脂，糊状　油脂 89.5，卵磷脂 0.5，丙二醇脂肪酸酯 7，单甘油酯 3 或油脂 71，卵磷脂 2，丙二醇脂肪酸酯 15，单甘油酯 12。

（14）起泡剂，糊状　D-山梨糖醇 30，脂肪酸蔗糖酯 15，山梨糖醇酐脂肪酸酯 10，单甘油酯 5，丙二醇 2。

（15）发泡饮料用发泡剂，颗粒　酒石酸 40，碳酸氢钠 45，乳糖 10，色素等 5。

第八章

复合甜味剂

甜味剂的复配是利用各种甜味剂之间的协同效应和味觉的生理特点达到的。可：①减少不良口味，增加风味；②缩短味觉开始的味觉差；③提高甜味的稳定性；④减少甜味剂总使用量，降低成本。例如：阿斯巴甜与 AK 糖混合具有协同效应，其用量只有单独使用的 1/3，而甜度可达蔗糖的 300 倍，口感近似蔗糖，且使食品热量降低很多。甜味剂与甜味增强剂（如甘草酸铵）复配具有协同效应。但是复配时应注意其过程只能是物理过程，而且复配品专用性很强，一般只适用于某一品种的食品。每一新型的复配甜味剂都须经过批准，才能生产、经销、使用。

甜味剂随着人类文明进步而不断发展，从 20 世纪 80 年代以来，甜味剂的品种变得越来越丰富，它包括天然甜味剂和人工合成甜味剂。天然甜味料包括蔗糖、果糖、葡萄糖、麦芽糖等糖源，这些物质会被人体吸收而产生热量，不适合患有肥胖症、高脂血症、糖尿病等人群。常见食用甜味料有：蔗糖、糖精钠、甜蜜素（环己基氨基磺酸钠）、果糖、葡萄糖、乳糖、山梨糖醇、木糖醇、甘露糖醇、麦芽糖醇、异麦芽糖醇、三氯蔗糖、甜味素（天门冬酰苯丙氨酸甲酯）、甘草甜素（甘草酸）、甘茶叶素、罗汉果甜素、甜菊糖苷（甜菊糖、甜叶菊苷）、二氢查耳酮（DHC）、安赛蜜（AK糖）等。

复合甜味剂是指将两种或两种以上天然的或人工合成的甜味剂复合后使用，以达到综合甜味效果的一类甜味剂，它的使用有利于国家添加剂使用卫生标准的实施。我国目前所执行的食品添加剂使用卫生标准 GB 2760 是我国生产、使用、复配食品添加剂都必须遵照执行的一个重要法规，它严格规定了蜜饯等食品中所允许添加的甜味剂品种及允许的添加量。如果使用有添加限量要求的单一甜味剂，往往用量小则达不到蜜饯食品所需的甜度，用量大又会超过添加剂使用卫生标准的规定。使用复合甜味剂则能较好地解决这一矛盾。如将甜蜜素或糖精钠在使用限量范围内再与蔗糖、甘草等可按生产需要使用且无限量要求的甜味剂混用，则既可满足对蜜饯食品甜度的要求，又能较好地符合国家添加剂使用卫生标准。

近年来，随着科学技术的发展，新型甜味剂不断地被开发和使用，像 1993 年增补批准使用的安赛蜜（乙酰磺胺酸钾）和 1994 年批准使用的阿力甜都已成为蜜饯等食品新一类可供选择的甜味剂；旧的一些甜味剂使用范围的扩大，如甜味素（天门冬酰苯丙氨酸甲酯）使用范围的放开，使蜜饯等食品中甜味剂的复合选择余地得到了进一步的开拓。相信在理论可行的复合前提下，经过科研单位和生产企业的共同努力，在实践中不断探索和研究，让使用了复合甜味剂的蜜饯品种在风味、口感等各方面都更接近传统口味或创新出新风味，使我国在蜜饯行业来一次甜味剂的革新，从根本上提高蜜饯的食品卫生水平。

　　为什么复配甜味剂比单一甜味剂要好？这是因为单一的甜味剂各有所长短，如甜蜜素价格相对较低但口味微苦，耐酸性稍差；安赛蜜虽价格相对较贵，甜味爽快，持续时间长，没有异味，对酸、热较稳定，且甜度高，为蔗糖的 200 倍，但它限制添加量；阿斯巴甜甜度为蔗糖的 150～200 倍，具有清爽、类似蔗糖一样的甜感，但对热稳定性稍差；甜菊糖为一种比较好的天然甜味剂，甜度为 200 倍，但价格稍贵，后味稍带苦味。复配甜味料则是利用多种甜味剂配合而成的食品甜味剂，可起到增强甜味和风味、弥补或掩蔽不良口味的作用。复合甜味剂是各种甜味剂的科学复配产品，它们取长补短，使口味更接近蔗糖，性能更稳定，并且相互间往往有增效作用。它们复合使用，可增强甜度、改善后味，能相互掩盖对方的不良风味，在降低成本的同时使产品口感更好。因此在提倡健康饮食的当代社会，研究开发低能量的新型复合甜味剂是大势所趋。复合型甜味剂在食品中的应用前景广阔。

第一节　常用于复合的甜味剂

　　无糖食品、饮料的发展速度之快、发展潜力之大，在这背后是甜味剂市场的迅猛发展，人们的一日三餐已经离不开甜味剂了。随着人们对健康的要求越来越高，对各种甜味剂的要求也越来越苛刻。在众多的要求中，人们所关注的焦点集中在：能量值尽可能的低甚至能量值为零（满足健康要求）、口感好（满足口感要求）、价位比较合适（满足人们的消费水平），因此，单靠一种甜味剂无法满足人们的需要，现在，越来越多的企业倾向于使用复合型甜味剂来迎合人们的需求。

　　对于复合型甜味剂，生产者往往选择"高倍甜味剂＋糖醇"这样一种复合方式，这样能使这两种类型的甜味剂优势互补：高倍甜味剂甜度比较高、体积小、用量小、但有一定的不良后味，糖醇甜度比较低、有一定的体积、有些能掩盖高倍甜味剂的不良后味。现在的高倍甜味剂多为阿斯巴甜、安赛蜜、纽甜、三氯蔗糖，糖醇一般是赤藓糖醇、木糖醇、异麦芽酮糖醇、麦芽糖醇、甘露醇、山梨醇等。复合型甜味剂其实有许多种选择，其中"赤藓糖醇＋三氯蔗糖"是现在大多数企业的新宠，日本可口可乐公司每年赤藓糖醇的用量在 4000t 左右，中国可口可乐公司正准备将原先在饮料中使用的阿斯巴甜替换成三氯蔗糖。赤藓糖醇的甜度约是蔗糖的 70%～80%、三氯蔗糖约是蔗糖的 400～600 倍，这两者按一定比例复合后的综合指标反映良好。

在选择复合型甜味剂的时候，应当根据企业自身的喜好、成本承受能力等各方面的综合因素来使用，这样才能使自己所生产的食品、饮料吸引消费者。迄今为止，市场上公认较好的复合甜味剂是 AK 糖和阿斯巴甜之复配产物。这种复合添加剂一般是由甜味剂 AK 糖与阿斯巴甜等经科学复配而成的一种高甜度、低热值复合甜味剂，它一般不含糖精、甜蜜素及甜叶菊糖，是专门为食品、饮料制造提供的较优异的复合甜味剂。

一、复合甜味剂甜度和风味评价

甜味剂的评定可粗略分为四个方面：甜度数值的评价、细微差别测试、评定者对甜味敏感度的测试及描述性分析。另外，心理物理学家还发展了许多方法用于感官评价和消费者的测试，必须注意的是这些方法具有不同的测试目的，选用时应给予注意。

(一) 甜度评价

Tomout 等为了对低热饮料中应用的果糖与糖精、阿斯巴甜（APM）或 AK 糖的两种或三种混合物的甜度进行评价，采用了等甜度法，发现了果糖的较高相对甜度，在低热饮料中采用含有果糖的复合甜味剂，只要加入 2%～3% 如此少量的蔗糖，就可达到传统蔗糖饮料的口感。

汪文陆等则在等甜度法的基础上进行了修改，用以评价 AK 糖与其他甜味剂复合使用时的甜度。试验每次提供待测样品与 3 个随机放置的不同浓度的蔗糖溶液，要求品尝成员找出与测试样品甜度相当的蔗糖溶液，即为等甜蔗糖浓度（ES）。在测试前要求品尝成员比较 3 个蔗糖溶液的甜度，并排序。

以相对甜度（RS）表示某甜味剂在某一等甜蔗糖溶液（ES）时，其甜度为蔗糖甜度（＝1）的倍数：

$$相对甜度(RS)＝等甜蔗糖浓度(\%)/甜味剂浓度(\%)$$

再用曲线拟合的办法求得相对甜度的经验公式 $RS＝a+b×ES$，表示某甜味剂的相对甜度与等甜蔗糖浓度之间的关系。在测定复合甜味剂的协同效应时，先由每种甜味剂的预定等甜蔗糖浓度（ES）和经验公式计算出相对甜度，再由理论甜度（预定）＝甜味剂浓度×相对甜度，计算出甜味剂浓度，测出按计算出的各自浓度复配好的复合甜味剂的 ES 后，由下式计算增效系数，对复合甜味剂进行甜度评价。

$$增效系数＝复合甜味剂的 ES/每种甜味剂的理论甜度之和$$

(二) 复合甜味剂整体风味评价

Matysiak 和 Noble 对比了橙味饮料以 APM、APM/AK 糖或蔗糖为甜味剂的甜味和果味与时间的关系，发现 60%APM 和 40%AK 糖混合物甜味和果味的持久性最接近于蔗糖，而达到最高果味的时间要比单用 APM 或蔗糖时快。Lim 等研究了酥饼中的高甜复合甜味剂 ［APM/CYC（甜蜜素）、APM/CYC/SAC（糖精）、AK/SAC、APM/SAC/AK、AK/APM、APM/SAC］及其甜味与苦味与时间的关系，发现所有复合甜味剂的时间与甜度关系与蔗糖相近。

但应注意的是用时间强度关系来评价高甜复合甜味剂是不足的。因为时间强度关系研究一般限于 1 或 2 个特性（这里指甜味和苦味），而描述性分析则重点在于产品的整体品尝风味描绘。RedLinger 和 Setser 采用了限制性的专业词汇（最初甜味、最高甜味、残留甜味、无甜后味）来描述与 5% 蔗糖溶液等甜度的甜味剂特性。Ayya 和 Lawless 研究了高甜复合甜味剂（蔗糖/APM、APM/ACK、SAC/APM、ACK/SAC），但报道的数据限于甜味、苦味及协同增效作用。

后味（苦味、无甜）作为大多数高甜甜味剂（BlendHis）的特性，对理解其复合甜味剂与蔗糖的区别很重要，但仅从感官信息角度（时间、强度与描述性分析）来评价高甜复合甜味剂还是不够的。

为了更好地对高甜复合甜味剂（BlendHis）进行品尝风味描述，Hanger 等提出了一种较全面的描述规则并将其与蔗糖进行比较。他们配制了与 4% 蔗糖溶液等甜度的各种单一或复合的甜味剂溶液，见表 8-1。之所以选 4% 的蔗糖溶液是因有报道很难测定一些与高浓度下的蔗糖溶液等甜的甜味剂的浓度。而此处需要比较单一甜味剂及它们的复合甜味剂的风味描述。

表 8-1 描述性分析所用的甜味剂、浓度、比例

甜 味 剂	浓度/(mg/kg)(或%)	混 合 比 例
蔗糖	4%	—
安赛蜜(AK)	250	—
阿斯巴甜(APM)	190	—
三氯蔗糖(TGS)	70	—
甜蜜素(CYC)	1100	—
糖精(SAC)	100	—
AK/APM	68/68	1∶1
AK/新橙皮苷二氢查尔酮	160/5	16∶1
AK/CYC	95/380	1∶4
AK/TGS	84/23	3∶1
CYC/SAC	370/37	10∶1
AK/APM/CYC	51/51/155	1∶1∶3
AK/APM/SAC	44/44/22	2∶2∶1
AK/APM/SAC/CYC	33/33/17/167	2∶2∶1∶10

10 位事先经过培训的评定者（女性，35～50 岁）通过 5 组定向/投票评定对甜味剂的风味和口感特性加以描述并投票。在定向评定时，评定者要对所有 14 种甜味剂溶液（用任意 3 位数编号）加以评价，用专业词汇描述。然后进行包括 16 种特性的小规模投票，评定者要评价 6 种甜味剂溶液（重复三次）。以特性为主要因素的一次性方差分析决定哪些特性作最后的投票。适合的特性取决于那些评定者能明显判断的特性（可能的 F 值≤0.10）。最后在选票中列出 13 种特性，顺序如下：甜味、体积感、苦味、异味、口干感、喉咙刺激感、口中覆盖感、收敛性、1min 时苦后味（bitter-AT）、1min 时甜后味（Sweet-AT）、1min 时异后味（off-flavor-AT）、2min 时苦后味（bitter-AT2）和 2min 时收敛后味（AST-AT2）。

两组显著的重要特性的分析表明，His（高甜甜味剂）及 BlendHis（复合高甜甜味剂）描述特征的方差为 54.3%。第一组特性中（甜味、苦味、Bitter-AT、口干覆盖感和口干感），甜味剂样品方差为38.2%。BlendHis与蔗糖有相似的风味和口感特性，而单一His（除CYC）与蔗糖则区别很大。第二组特性、异味、收敛性、Sweet-AT、喉咙刺激性的方差为16.1%。第二组特性中，除了APM表现出高强度，所有的His和BlendHis与蔗糖都相似。再做进一步的特性组分析对甜味剂加以区分，所包括的特性有苦味、异味、bitter-AT、Sweet-AT、off-flavor-AT、bitter-AT2。三组显著的重要特性显示在单一His与BlendHis之间存在80.8%的差异。苦味、bitter-AT、bitter-AT2组成了第一组特性，差异性为42.4%；sweet-AT、off-flavor-AT组成了第二组特性，差异性为23.2%。而第三组特性为异味，其差异性为15.2%。实验结果也显示，高甜复合甜味剂BlendHis比His的苦味和苦后味轻，且ACK/APM和ACK/APM/SAC/CYC与蔗糖最相似，而SAC与蔗糖相差最大。TGS和APM的sweet-AT、off-flavor-AT较明显，SAC和ACK/APM/SAC则不明显，其他甜味剂这方面近似相同。在这两组特性中，ACK/APM和ACK/APM/SAC/CYC与蔗糖最相似。从以上看出，方差分析及显著特性组分析表明了同一结果；复合高甜度甜味剂在风味和口感特性上比单一甜味剂更接近于蔗糖。方差分析没有体现单一和复合甜味剂之间在苦味及后味上的区别，但显著特性组分析则弥补了这一点。

二、常用于复配的甜味剂

甜味剂是一类十分重要的食品添加剂。据美国1990年统计，在总共50亿美元的食品添加剂销售额中，甜味剂约占10亿美元，位居首位。而理想的甜味剂要求是：安全无毒、甜味纯正与蔗糖相似；高甜度、低热值；稳定性高；不致龋；价格合理（至少等甜度条件下不能超过蔗糖的价格）。完全能达到这几点要求的甜味剂目前还不存在。正是因为各种甜味剂之间存在协同增效作用，复合甜味剂才具有使用方便、甜度高、甜味纯正、生产成本低的特点，从而成为甜味剂开发、应用的一个重要发展方向。

随着食品工业以及保健食品工业的发展，开发新型功能性甜味剂和天然甜味剂以及复配型甜味剂是21世纪甜味剂发展的方向。

甜蜜素在肠道内不完全吸收，对人体安全无害，已在80多个国家批准允许使用。口味极似蔗糖，无后苦味，与其他一些甜味剂和蔗糖的复配有协同效应，可提高甜度。

安赛蜜不仅可单独作甜味剂使用，而且与其他一些甜味剂有显著协同作用，可使总甜度提高，改善产品风味。实验证实，与糖及糖代用品混合，可使甜味增加30%～50%，使用安赛蜜复合甜味剂，可大大节省糖用量、明显改善产品口感质量以及带来较好均衡甜味。在饮料工业中，安赛蜜适合作各种饮料的甜味剂，对中等甜度饮料只需单独使用。由于该甜味剂甜度极限约为800mg/L，实际使用浓度应低于此水平。对碳酸型软饮料，最好用复合甜味剂，以使饮料甜味格外均衡和浓郁。对于果肉与果汁饮料，由于自身含糖类碳水化合物，安赛蜜或其复合甜味剂用量要低于碳酸饮料，若单独使用，200mg/L已足够，如与APM合用，用60～70mg/L就能满足要求。在乳制品中，安赛蜜或其复合甜味剂可用于凝结和搅拌型酸奶、夸克及其他酸奶制品，尤其适合加甜水果酸奶。单独用量一般为200～220mg/kg，与APM复合使用，分别为160mg/kg和170mg/kg。若用75mg/kg安赛蜜、75mg/kg APM，再加50g/kg蔗糖，则水果型酸乳稳定性会显著提高。对于香味牛奶、可可饮料及巧克力饮料，为了确保产品稳定，最好单独使用安赛蜜甜味剂。对高甜度而稳定性较低的甜点心，可用安赛蜜复合甜味剂，如将安赛蜜与蔗糖或其他碳水化合物合用，可减少糖用量。制备即食甜点心，一般应单独用安赛蜜，用量为500mg/kg。若生产糖尿病患者食用甜点心，可单独用安赛蜜或糖代用品。

木糖醇添加于蛋糕类甜食适合糖尿病患者食用。木糖醇既是甜味添加剂，又具有食疗的功能。瓜尔胶＋黄原胶（2.8％＋1.2％）、牛奶糊和大米粉能提高其质构品质；而人工合成的甜味剂阿斯巴甜＋AK糖（0.25％＋0.25％）协同部分的木糖醇和果糖可提供足够的甜味，牛奶＋奶油香精（1.5％＋0.3％或1.5％＋0.5％）能改善其可接受的香气，使产品含有较高的蛋白质（5％）、较低的能量，可作为糖尿病患者的食物，达到"食疗"目的。其他一些糖醇类低热能甜味剂，除了增加甜味外，同样也具有特殊的保健功能，可应用于糖尿病患者、老年人、婴幼儿疗效饮品的开发。

麦芽糖醇是由淀粉酶解、氢化精制而得到的一种双糖醇，为白色结晶粉末或无色透明的中性黏稠液体。其甜度为蔗糖的0.8～0.9倍，液体形式的甜度为蔗糖的0.6倍，甜味柔和可口，无刺激性和返酸的后味。液体麦芽糖醇的吸湿、放湿平稳，具有很好的保湿性，虽然粉末麦芽糖醇可吸湿3％～5％，但仍成粉末状，而纯度高的麦芽糖醇结晶完全不吸湿。麦芽糖醇具有耐热性、耐酸性、保湿性和非发酵性等理化特点，食用后不升高血糖值，能促进钙吸收，并具有非致龋齿性，是一种新型功能性甜味剂，广泛应用于食品加工、医药、保健品等领域。作为功能性甜味剂，它可应用于糖尿病患者专用食品、防龋齿食品及低能量减肥食品由于其甜度接近于蔗糖，一般不需另外添加强力甜味剂，使用方便，能以质量比为基础直接代替普通糖，而不需要改变原来的生产方法和生产配料；作为填充型甜味剂、保香剂、黏稠剂、保湿剂和糖果品质改良剂，可根据各种不同的实际需要适宜添加。目前麦芽糖醇主要应用于无糖口香糖包衣、无糖巧克力、无糖硬糖等糖果领域，我国规定可用于冷饮、糕点、浓缩果汁、饼干、面包、糖果、酱菜等食品中。

低聚木糖是以富含木聚糖的植物（如玉米芯、蔗渣、棉籽糖、麦麸、桦木等）为原料，通过木聚糖酶解水解、分离精制而得到的一类非消化性低聚糖，理化性质稳定，耐酸、耐热。低聚木糖目前已开始广泛应用于食品工业、医药保健品等行业中，对于增殖双歧杆菌、优化体内微生态环境及预防和抑制人体高血压、糖尿病、肥胖症等疾病都是无可替代的。在食品中的应用主要是代替部分蔗糖添加到各种饮料、食品等中配制出功能食品，如乳制品（牛奶、酸奶饮料）中添加低聚木糖，将制成保健乳品。

低聚果糖是一种天然代糖，它既保持了蔗糖的纯正甜味性质，又比蔗糖甜味清爽；是具有调节肠道菌群、增殖双歧杆菌、促进钙的吸收、调节血脂、免疫调节、抗龋齿等保健功能的新型甜味剂，被誉为继抗生素时代后最具潜力的新一代添加剂，在法国被称为原生素（PPE）。低聚果糖甜味适中，甜度为蔗糖的0.3～0.6倍，而且无任何回味。因此将低聚果糖与高甜度的甜味剂结合使用可给予无糖产品更为均衡的甜味特性。另外，混合甜味剂产生的协同效应还能减少高甜度甜味剂的人工回味，从而使得甜味特性更纯净、更自然。目前，低聚果糖与果糖、蔗糖等营养性甜味剂的混合物已成功应用于乳制品、乳酸菌饮料、固体饮料、糖果、饼干、面包、果冻、冷饮等多种食品中。

甜叶菊糖苷与蔗糖、果糖或异构化糖复合使用时，可提高其甜度，改善口味。用甜叶菊糖苷代替 30% 左右的蔗糖时，效果较佳。一般橘子水中用量为 0.75g/L，冰淇淋中为 0.5g/kg，果子露中为 0.1g/L。用 20g 甜叶菊糖苷代替 3.2g 蔗糖制作鸡蛋面包，其外形、色泽、松软度均佳，且口感良好；用 14.88kg 甜菊苷代替 0.75kg 糖精钠制作话梅，香味可口，后味清凉。

甜味剂对食品、饮料风格的调整起关键作用，无论是单独或复合使用时都应严格遵守卫生法规中的使用范围和使用量的规定，如《食品添加剂使用卫生标准》对人工合成甜味剂含量的规定为：在碳酸饮料生产中糖精钠的最大使用量为 150mg/kg；甜蜜素为 650mg/kg；安赛蜜为 300mg/kg；甜味素或阿斯巴甜（含苯丙氨酸）可按生产需要适量使用。在使用甜味剂时应注意甜味与其他风味物质的相互配合作用，如酸味较重的果汁，适当增加甜味剂用量，以获得合理的糖酸比，突出产品怡人的特色。甜味剂还可以用来掩蔽不良风味，许多风味物质是和甜味剂相互补充的，得以增强产品独特的风味。选用甜味剂代替蔗糖时，不能单纯以甜度的倍数来推断，而应以实验为基础，多种甜味剂配合使用，可消除其自身不纯正的后味，调整风味持续时间，使之更加接近天然果汁的滋味。

人工合成甜味剂、天然甜味剂在甜度、甜味、稳定性诸方面各有其优缺点，因此如何发挥甜味剂的最佳功效，降低成本，其发展的方向就是复配。

世界上大部分国家已批准使用阿斯巴甜、安赛蜜、糖精和甜蜜素作甜味剂，且已有多年使用历史。新型甜味剂如三氯蔗糖（约有 40 个国家准许使用）、阿力甜和纽甜也在一些国家被批准使用。这三种新型甜味剂使得高倍甜味剂市场更加充满生机和变化莫测，研究开发新型复合甜味剂的选择空间更大。

纽甜是由纽特甜味剂公司（Nutra Sweet Company）开发出来的，号称第二代二肽甜味剂，甜味纯正，稳定性好，甜度高，约为蔗糖的 10000 倍、阿斯巴甜的 50 倍，是目前得到应用的所有高倍甜味剂中最甜的甜味剂。与阿斯巴甜不同，纽甜可以与某些还原糖共同使用，如葡萄糖、果糖、乳糖等；还可以与含醛基风味的物质共同使用，如香草、肉桂、柠檬等。但正是由于其甜度太高，少许单独或复合应用时称量的不方便在一定程度上也限制了它的应用。

双甜（Twinsweet）是荷兰甜味剂公司（Holland Sweetener Company）最近开发出来的，实际上是用两种已知的甜味剂以特定形式最佳组合复配出来的化合物。双甜是安赛蜜的阿斯巴甜盐。用阿斯巴甜取代安赛蜜中的钾离子即制得双甜，它具有一些很有意思的特性：在溶液中能完全离解成阿斯甜和安赛蜜，两者若以等量混合，即可确定其所需的甜度，不吸湿，易溶。双甜在美国被认为无毒（GRAS），欧洲也在审查中。双甜主要应用于口香糖中，它比其他甜味剂或化合物甜味持久、耐嚼。

三氯蔗糖甜度为蔗糖的 600～800 倍，甜味特性较接近蔗糖、无后苦味、是一种不致龋齿的强力甜味剂。在所有高倍甜味剂中，三氯蔗糖的口感最接近蔗糖，pH 适应范围广，从酸性到中性都能使食品有良好的甜味，是理想的甜味剂。同时，三氯蔗糖对由维生素和各种机能性物质产生的苦味、涩味等不良风味有掩盖效果，这一特性可以应用在一些果汁饮料、功能性饮料及口服液中；三氯蔗糖对辛辣、奶味等有增效作用，对酸味、咸味有淡化效果，这些特性都可以应用在食品加工中。越来越多的迹象表明，可口可乐可能会弃用阿斯巴甜，这种曾经的甜味剂之王可能会从可乐及全球其他数千种食品及饮料的配料表上消失，取而代之的是一种"近乎完美"的甜味剂——三氯蔗糖。事实上，它的甜味剂配方，与百事早些时候推出的"极度可乐"几乎相同，均由阿斯巴甜、安赛蜜和三氯蔗糖这三种高度甜味剂混合组成。

阿斯巴甜是一种非碳水化合物类的人造甜味剂，由于甜度为蔗糖的 200 倍，又比蔗糖含更少的热量，以至于可忽略其所含的热量，因此被广泛地作为蔗糖的代替品。但是阿斯巴甜的甜味与糖相比较，可持续较长的时间，而有些消费者觉得不能接受，因此这些消费者并不喜爱使用代糖。若将乙酰磺氨酸钾与阿斯巴甜混合，所产生的口感可能会更像糖。阿斯巴甜在高温或高 pH 情形下会水解，因此不适用需要高温烘焙的食品，不过可通过与脂肪或麦芽糊精化合提高耐热度。阿斯巴甜在酸性饮料中的稳定性较差，在酸度为 pH＝3.4 的碳酸饮料中存放 5 个月后甜度损失 30％；而 AK 对酸和热都较稳定，能耐 225℃ 的高温，在酸性饮料中，AK 处于极限条件下（40℃、pH＝3）也未发现甜味损失现象。故在饮料中同时使用 AK 和阿斯巴甜，则能保证饮料在保质期内甜味持久不变。也有报道将糖精和阿斯巴甜混合使用于可乐饮料中，不仅能改善口感，还能提高阿斯巴甜的稳定性。用于粉状冲泡饮料时，阿斯巴甜的氨基会和某些香料化合物上的醛基进行梅勒反应，导致同时失去甜味和香味，可以通过缩醛来保护醛基避免此状况发生。阿斯巴甜与甜蜜素或糖精混合使用有协同增效作用，对酸性水果香味有增强作用。FAO/WHO 规定：可用于甜食，用量 0.3％；胶姆糖 1％；饮料 0.1％；早餐谷物 0.5％；配制适用于糖尿病、高血压、肥胖症、心血管症的低糖、低热量的保健食品，用量视需要而定。

三、复合甜味剂的特点

目前我国市场上复配甜味剂种类不少。这类产品往往按照不同的甜度分为多种规格：如 1 倍复合甜味剂（与蔗糖的甜度相当）、10 倍复合甜味剂（相当于蔗糖甜度的 10 倍）、50 倍复合甜味剂（相当于蔗糖甜度的 50 倍）和 100 倍复合甜味剂（相当于蔗糖甜度的 100 倍）。它们有时也以 100g 或 50g 等为包装，方便家庭使用，适合患有糖尿病、高脂血症、肥胖症的患者和儿童食用。该类产品一般不会被人体吸收，不会产生热量或产生热量很低，一般也不会引起血糖、血脂的升高。

复合甜味剂的成分中一般不含蔗糖、葡萄糖及其他糖源，而经常含有糖醇、双歧因子（低聚糖）、AK 糖、阿斯巴甜、三氯蔗糖、甜蜜素、甜菊糖、氨基酸及肽等，而这些成分都具有一定的功能性。糖醇是由相应的糖经镍催化加氢制得的，它在人体内的代谢途径与胰岛素无关，摄入后不会引起血液葡萄糖与胰岛素水平的波动，可用于糖尿病患者专用食品；它不能被口腔中的微生物所利用，所以长期摄入不会引起牙齿龋变。它还具有膳食纤维的部分生理功能，可起到预防便秘、预防结肠癌的功效。双歧因子（低聚糖）直接进入大肠优先为双歧杆菌所利用，起到调节人体肠道功能的作用，有利于消化吸收。甜菊糖是甜叶菊的一种提取物，具有一定的药用价值。在产品中添加氨基酸及肽起到了增加风味、营养强化的功能。阿斯巴甜是一种甜度高、味觉特性好的甜味剂，它的水溶性好，在酸性条件下稳定，甜味纯正，不带不愉快的苦后味和金属后味，十分适合各大生产厂家生产低能量型产品。

前面提到，我国已批准使用的甜味剂有十几种，其中包括糖精钠、甜叶菊提取物（甜菊苷）、甜蜜素、天门冬酰苯丙氨酸甲酯（甜味素）和乙酸磺胺酸钾（安赛蜜）等高甜度甜味剂，这些甜味剂已广泛应用于食品、饮料工业中。既然已有如此之多的甜味剂可供选择使用，为什么还要开发复合型甜味剂呢？这是因为首先复合甜味剂有利于国家食品添加剂使用卫生标准的实施，我国规定生产或使用新的食品添加剂必须由生产或使用单位提出卫生评价的资料和国外批准使用的依据，提交省、自治区、直辖市食品卫生监督部门进行初审，接着由全国食品添加剂标准化技术委员会确定各种食品添加剂的使用范围和最大使用量，审议通过食品添加剂使用卫生标准，然后由国家卫生部批准颁发。目前执行的使用卫生标准是 GB 2760，这个标准是我国生产、使用、复配食品添加剂必须遵照执行的一个重要法规。若使用单一甜味剂，往往用量小会达不到所需的甜度，用量大又会超过使用卫生标准的规定。甜蜜素的最大用量为 0.65g/kg 饮料，按蔗糖 40 倍甜度计算，其甜度仅相当于26g 蔗糖/kg 饮料。饮料中一般要求 10％～12％的糖含量，因此单用甜蜜素不能达到饮料要求的甜度和固形物含量。若将甜蜜素与其他甜味剂配伍使用，则既可符合卫生标准，又能满足对饮料甜度和固形物的要求。其次，复合甜味剂能避免单一甜味剂用量大而产生的不良口味，蔗糖具有清甜纯正的口味，其他甜味剂用量大时多少有点苦味、涩味或金属味，如糖精钠浓度超过 0.026％时会产生苦味，甜叶菊提取物浓度大时也略有苦涩味。如果开发复合甜味剂，精心设计产品配方，使各组分的使用浓度低于会产生不良口味的限量，就能达到较好的甜味效果。复合甜味剂能提高各组分的相对甜度，把甜味剂溶解于水中配成一定浓度的溶液，当浓度达到其甜味阈值时，人们即可感觉到甜味。糖精钠的甜味阈值大约为 0.00048％，在该值之上，甜味剂浓度越大，溶液就越甜，这是容易理解的。但使用单一甜味剂，浓度大则相对甜度低。这从甜味的经济使用上看是不合理的。甜度是甜味剂的重要性质，但甜度的强弱不能定量地、绝对地用物理方法或化学方法测定，一般都是以蔗糖为参照标准来比较甜味剂的甜度，即所谓的相对甜度。测定相对甜度时，以1000ml 水为基准，分别溶解 10g，20g，30g，…，100g 蔗糖，配成一系列溶液，浓度分别为 10g/1000ml，20g/1000ml，30g/1000ml，…，100g/1000ml，然后称取某种甜味剂（比如甜蜜素），按一定量分别溶于 1000ml 水中，配成与上述蔗糖溶液甜度对应相等的溶液系列。这时我们规定：甜度对应相等的蔗糖溶液与甜味剂溶液中所含蔗糖的质量与甜味剂的质量之比为该甜味剂的相对甜度。可以发现，甜味剂浓度越大，其相对甜度越小。

复合甜味剂有助于降低各甜味剂组分的使用浓度，从而提高其相对甜度，得到较好的使用效果。复合甜味剂有利于发挥各组分的协同作用，研制复合甜味剂还必须注意各组分之间要有协同作用。所谓协同作用是指各组分的特性起互补、协调作用，产生效果相加的正效应。首先要充分研究各种甜味剂的理化性质和功能，选定合适的配方，然后进行实验测试，使各组分具有良好的协同作用。乙酸磺胺酸钾是第四代人造甜味剂，与多种甜味剂有很好的协同作用。它与天门冬苯丙氨酸甲酯（APM）一起使用时具有显著的互补作用，见表 8-2。

表 8-2　碳酸饮料中乙酸磺胺酸钾复合甜味剂

乙酸磺胺酸钾/(mg/L)	APM/(mg/L)	复合后相等甜度的蔗糖/(g/L)
160	160	100
240	120	100

单独使用时，160mg/L 乙酰磺胺酸钾溶液甜度相当于 28g/L 的蔗糖溶液甜度，160mg/L APM 溶液甜度相当于 32g/L 蔗糖溶液甜度，加起来相当于 60g/L 蔗糖溶液甜度。若这两种甜味剂复合配伍使用，则同等用量时可相当于 100g/L 的蔗糖溶液甜度，两种甜味剂的相对甜度都有明显的提高。甜蜜素与蔗糖之间亦有良好的协同作用。甜蜜素单独使用时甜度为蔗糖的 40 倍，而与蔗糖共用时甜度可增加到 80 倍，而且可改善饮料的口味。若再加入柠檬酸，甜蜜素相对甜度还会略有增加。柠檬酸归类于酸味剂，这属于功能不同的食品添加剂之间的协同作用。

第二节　复合甜味剂的开发及其在食品中的应用

由于每一种甜味剂其甜味的口感和质感与蔗糖都有区别，且用量大时往往会产生不良风味和后味，用复合甜味剂就可克服这些不足之处。甜味剂经复合后往往有协同增效作用，不仅可消除苦味、涩味，使味道更接近蔗糖，同时也相应提高了甜度。配制不同甜度的复合甜味剂，使生产厂家方便使用，降低成本，这也是促使复合甜味剂迅速发展的原因之一。如阿斯巴甜与安赛蜜复合使用有协同效应，其用量只有单独应用的 1/3，其甜度却可达到蔗糖的 300 倍，口感也接近蔗糖，并使得应用的食品的热量大为降低。根据国外试验报道，此种复合甜味剂在巧克力中应用，再加葡聚糖，可制备成一种兼具低热量又入口即溶的新巧克力产品。

一、复合甜味剂的优点

当采用两种或多种甜味剂混合使用时，可改善单一甜味剂的不良后味，提高味觉特性和稳定性，降低成本，使之具有更高的安全性。正因为复合甜味剂的这些优点，正开始广泛地被食品行业接受和采用。

所谓复合甜味剂的协同增效作用，是指两种甜味剂共同复合使用时甜度陡增的现象，如甘草酸铵本身的甜度仅为蔗糖的 50 倍，但当与蔗糖共用时可增至 100 倍，但这不是简单的甜度加成，故称为协同增效作用。协同增效作用有很大的应用价值，对研究味觉机理有重要作用。

(一) 协同增效,降低成本

由于甜味剂之间的协同增效作用,甜度超过两种甜味剂的总和而成倍地增加。以自身甜度大、具有很好的甜味协同作用的果糖为例,10%的果糖和蔗糖的混合液(F/S=60/40)比10%的蔗糖水溶液甜度提高30%。研究认为,结晶果糖与APM混合比为1∶1时,协同增效值为83.5%。而AK糖和其他甜味剂混合使用有明显的增效作用,不仅其甜度明显超过两种甜味剂甜度的相加总和,节省用量,而且其甜味更佳。AK糖与APM按1∶1配制时,最大增效系数达30%;而AK糖与甜菊糖苷也有一定的协同效应,当它们1∶1混合时,增效系数为6%~7%。甜菊糖苷与蔗糖、甜蜜素与蔗糖都有很好的协同作用,两者合用可显著提高甜度。另一方面,由于甜味剂之间呈味的相乘作用,使用量可进一步减少,因而成本更低。例如,软饮料中同时使用几种甜味剂时,成本最多可降低40%左右。据报道,糖精、蔗糖和菊苣混合使用,可以使软饮料中的蔗糖用量减少,至少可减少标准配方用量的12%以上。而用98%的结晶果糖、1%糖精加上1%二氧化硅用于配制低能量饮料时,只需要按原来加糖量的1/5数量即可。沙马汀作为最甜的甜味剂之一(甜度相当于蔗糖的2000~2500倍)同其他的甜味剂也有协同作用,如添加10mg/kg的沙马汀时,它与APM之间呈极大的协同作用,要达到原来的甜度,APM可减少30%以上;在碳酸饮料中,沙马汀添加量低于1mg/kg时,可极大减少蔗糖和甜味剂的使用量。

一般来说,甜味剂甜度高,其相当单位蔗糖甜度的成本就低,如环己基氨基磺酸钠(甜蜜素)市场价格为20元/kg,甜度为蔗糖的40倍,使用25g甜蜜素即可得到相当于1kg蔗糖的甜度,其费用仅为0.5元,而1kg蔗糖的价格为4元。使用甜蜜素的成本仅为蔗糖的1/8。而复合甜味剂还有增效作用,复合后的甜度还要显著增加,那么其相当单位蔗糖甜度的成本就会更低。

(二) 消除单一甜味剂的不良作用,改善口感

复合甜味剂可将各种甜味剂的特性综合利用,以取得最佳口感的效果。复合甜味剂不仅能提高甜度,还能赋予食品好的质地、口感,并赋予一定的"体积感"。单一甜味剂使用时都有一定程度的缺陷,如糖精有一定的苦后味;甜菊糖苷有一定的草腥味;AK糖的甜味感觉快,味觉不延留,高浓度单独使用有苦后味;而对于APM和甘草甜素,则甜味释放得慢,保留时间长。通过对甜味剂的复配,就可消除单一甜味剂的副作用,如AK糖与甜蜜素复合使用时,在口感上有很大的改善,既可以消除AK糖在高浓度时的苦后味,也可以消除甜蜜素在高浓度时的不愉快感,因而具有明快、清爽的甜味。有些甜味剂(如APM和沙马汀)有增味、矫味和掩盖苦味的作用,APM与沙马汀同时用于果汁饮料中,可以获得很好的滋味和令人愉快的口感。另有报道称乳糖醇与高浓度的甜味剂(如AK糖)配合使用,其味感、甜味强度和其他风味方面非常接近于蔗糖。在食品加工中,如用1∶1的乳糖醇代替蔗糖,那么除了甜度较小外,食品的结构和组织状态与单独使用蔗糖很相似。添加5%的蔗糖和2%的异麦芽糖及适量甜味剂,可获得口感良好的碳酸饮料,在不改变口感特性的情况下,降低热量50%。以异麦芽糖-APM或异麦芽糖-甜菊

糖苷复合甜味剂制作出的碳酸饮料，品尝不出后苦味，并且具有"体积"感。

掌握好各种甜味剂所独具的特性加以综合利用，适当的配比，就可得出调和与平衡的效果。如 AK 糖甜味虽与蔗糖近似，但单独使用，当达到 5％蔗糖的相对甜度时，就会表现出不愉快的后味，甚至后苦味，但与某些天然糖苷或一些氨基酸、有机酸等增味剂混合使用，既可克服 AK 糖的不良后味，而且甜度还可增加30％～50％。用沙马汀能够掩蔽糖精的后苦味，甘草甜素和甜菊糖苷、柠檬酸钠复合在一起使用能使后苦味得到相当的改良。

（三）提高甜味剂的甜味稳定性

我们可以配制不同配比、不同组分的复合甜味剂来满足生产工艺对甜味的需要，但是另有一些因素却影响了甜味剂甜味的稳定性，如热处理（巴氏消毒、高压灭菌、超高温处理等）。高温对甜味剂的热解和水解稳定性有极大影响，甚至会使不稳定的甜味剂受损失导致产品甜味降低。另外，pH 也会影响甜味剂的稳定性。所以要选择不同的甜味剂加以配合，提高其稳定性。例如，APM 在酸性饮料中的稳定性较差，在酸度 pH3.4 的碳酸饮料中存放五个月后甜度损失 30％，而 AK 糖对酸和热都较稳定，能耐 225℃的高温，在酸性饮料中，AK 糖处于极限条件下（40℃、pH3）也未发现甜味损失现象。也有报道糖精和 APM 混合使用于可乐饮料中，不仅能改善口感，还能提高 APM 的稳定性。

对于保质期长的食品，甜味剂的保质稳定性也显得十分重要，如：可乐饮料的感官测试，单独用 APM 作为甜味剂于饮料中，室温存放三至四个月，发现只剩下约70％～80％的 APM，饮料的甜味也因此降低。相反，在饮料中同时使用 AK 糖和APM，则能保证饮料在保质期内甜味持久不变。

（四）开发功能性甜味剂

天门冬苯丙氨酸甲酯（甜味素，Aspartame）本身热量不低，与蔗糖相同，但它的甜度为蔗糖的 200 倍，用量仅为蔗糖的1/200，因此使用时加入食品中的热量也就是蔗糖的1/200。其他许多高甜度甜味剂如甜蜜素、糖精钠，本身就是低热量甜味剂。采用高甜度低热值的甜味剂配合增体性甜味剂（包括山梨醇、木糖醇、麦芽糖醇等多元糖醇和各种低聚糖），可取代蔗糖等营养性甜味剂，因其产生热量很低，又不被消化吸收，可复合成功能性甜味剂并可获得与等量蔗糖甜度比，特别适合糖尿病患者、高血压患者食用，同时也可防止肥胖症等疾病。

二、复合甜味剂的开发

目前，各类天然的和合成的甜味剂正越来越多地应用于食品和饮料工业中，甜味剂的开发不仅是要研制出新的品种，而且要研究现有各种复配甜味剂的改良品种，寻求更加或最合理的复配比，以降低成本，达到较好的使用效果。

（1）各配料组分选择得当 首先，各甜味剂组分必须具有高甜度，利于降低甜度成本及含热量。其次，选择的组分应具有适当的物理性质，如外观、颗粒度和硬度以及化学性质（组分之间即使在固相状态下也不起化学反应）。有些市场上出售的复合甜味剂放久便会变成褐色膏状物，不仅使用不安全，而且因起化学变化甜度也会降低。一般的复合甜味剂在开发时最初常会遇到这样的问题，但通过对各种甜味剂理化性质的研究，及时改变个别组分，最终能保证复合甜味剂的稳定性。另外，各组分必须符合国家食品添加剂的使用卫生标准，这是我国生产、使用、复配食品添加剂所必须遵照执行的一个重要法规。

（2）各组分配比适当　复合甜味剂配方的设计不仅在于各组分的选定，更重要的是在于各组分的配比。首先，要充分考虑国家食品添加剂使用卫生标准的要求，使用时各组分不会超过该标准规定的最大用量。其次，各组分用量都低于该组分会产生不良口味的限量，因此需要口感清甜，尽量接近蔗糖。再次，各组分都要具有较高的相对甜度，而且其间协同作用显著。各组分之间要有协同作用，即各组分特性起互补、协同增效作用。这要求清楚地了解各甜味剂的特性功能，选择合适的组分、不同的配方，进行甜度和风味两方面实验测试，筛选出最佳组合。如：AK 糖虽然与不少甜味剂之间有协同作用，但 AK 糖和甜蜜素之间在甜度上有一定程度的负协同效应，但在口感上有极大的改善；AK 糖和糖精钠之间无协同效应，且口感也较差。掌握了这些情况就可避免不好的组合。好的复合甜味剂就是各组分之间要有最好的协同作用并且有最好的口感，复合后甜度比预计的高，才能够以较低的原料费用取得较好的甜度效果。这样的产品投放市场后才会深受用户欢迎，为企业创造良好的经济效益。

总之，开发出的复合甜味剂不仅在甜度上要有所提高，而且风味和口感上有明显改善，更近似蔗糖，因此在食品、饮料行业中，它要比单一甜味剂具有更优异的特性，具有更好的发展潜力。

许多甜味剂都有一种特性，但相互配合使用可以取长补短，改进口味，并且又可相互起到协同效应，提高甜度等。如在日本，以糖精钠和甘草甜素、阿斯巴甜、甜叶菊糖等为主的复配型甜味剂在市场上品种很多，应用十分普遍，颇受用户欢迎。有些甜味剂，如甜蜜素具有优良的特性，与糖精钠复配使用能掩盖糖精钠的苦味，与蔗糖或其他甜味剂复配使用，其甜度将会增加，与蔗糖复配可提高甜度（为蔗糖的 80倍），与蔗糖和柠檬酸复配可提高甜度 100 倍。因此，高甜味剂在甜度、口感及稳定性方面各有优缺点，如采用复配使用可以相补相称，其优点是可改善口感和风味，减少后味，提高甜度，减少甜味剂的使用量，提高经济效益等。

安赛蜜和阿斯巴甜除了可单独在食品中使用，还可以与其他甜味剂复合复配使用，从而达到更加满意的效果。另外，前面也谈到过，安赛蜜和阿斯巴甜两者以1∶1的比例复配时会有显著的协同增效效果，其甜度会增至蔗糖（3%）的 300 倍。具体地讲，安赛蜜可与蔗糖、阿力甜（Alitame）、新橙皮苷（NHDC）、甜蜜素（Cyclamate）等甜味剂复配，从而达到协同增效的效果（表 8-3）。

表 8-3　安赛蜜与部分甜味剂的协同增效作用

分　类	甜味剂	协同增效作用/%	分　类	甜味剂	协同增效作用/%
非糖类	阿斯巴甜	40	糖类	高果糖浆	20
	甜蜜素	25		果糖	15
	新橙皮苷	25		蔗糖	10

阿斯巴甜可与大多数甜味剂复配使用，不仅有协同增效作用，而且能够增加食品风味。阿斯巴甜具有其他高甜度甜味剂所没有的增强风味的效果，尤其是在酸性条件下可增强水果风味（柑橘、草莓、西柚等），并可使原料风味保持的时间延长；阿斯巴甜与蔗糖、果糖、葡萄糖复合使用，产品能量下降而甜味质感没有变化；阿斯巴甜与安赛蜜、甜蜜素或糖精复合使用，可改善其不良的金属苦后味，并使其甜度有不同程度的提高，见表8-4～表8-6。

表8-4　安赛蜜或阿斯巴甜与其他部分甜味剂常用复配比例

甜味剂	安赛蜜或阿斯巴甜：甜味剂	甜味剂	安赛蜜或阿斯巴甜：甜味剂
蔗糖	1:100～150	甜菊糖	1:1.5
果糖	1:60～400	新橙皮苷	8:1
木糖醇	1:100	索马甜	10:1
赤藓糖醇	1:30～1500	甜蜜素	1:5
异麦芽糖醇	1:250～300	三氯蔗糖	1:0.2
山梨糖醇	1:150～200	糖精	1:1
麦芽糖醇	1:150	阿力甜	10:1
乳糖醇	1:50～1000		

表8-5　安赛蜜和阿斯巴甜与其他甜味剂复配示例（10%蔗糖溶液等甜度）

安赛蜜 /(mg/L)	阿斯巴甜 /(mg/L)	糖精 /(mg/L)	甜蜜素 /(mg/L)	果糖 /(g/L)	蔗糖 /(g/L)
160	160				
180			720		
	160	80			
110	110	80			
90	90	270	270		
80	80	50			30
70	70				50
130	130				20
130	130		10		

表8-6　安赛蜜和阿斯巴甜与其他甜味剂复配的应用举例

柠檬果汁		乳 饮 料		口 香 糖		冰 茶	
蔗糖	40g	脱脂奶粉	12.2%	山梨糖醇	51.3%	乌龙茶叶	适量
安赛蜜	0.04g	奶油	4.9%	胶基	34.9%	维生素C	10mg
阿斯巴甜	0.04g	安赛蜜	0.01%	甘露醇	8.1%	乙基麦芽酚	1mg
柠檬浓缩汁	21.43g	甜蜜素	0.03%	甘油	2.8%	安赛蜜	40mg
柠檬乳胶	3.00g	三氯蔗糖	0.004%	水	1.4%	阿斯巴甜	40mg
水	至1L	微生物营养剂	2.4%	香料	1.1%	甜蜜素	320mg
		水	80.456%	阿斯巴甜	0.35%	果糖	20g
				阿力甜	0.05%	其他	适量
						碳酸水	至1L

赵彦华等以高果糖浆等代替蔗糖研制低糖果汁水饮料。以高果糖浆代替蔗糖应用于果汁水，由于果糖、葡萄糖较蔗糖有较小的分子质量、较高的渗透压，在人的口腔

中停留时间短，故可使产品保持清爽的口感，同时，果糖能增强水果芳香风味，适合于夏季饮用，而且由于果葡糖浆较蔗糖杂质度小、高果糖浆的糖成分在饮料中保持不变，不会发生酸解反应，更有利于保持产品较高的透明度。试验中发现，在饮料配方中，几种糖的协同使用口感优于单一糖的使用，并且，复合使用有甜度增强的现象。果汁饮料中使用的功能性甜味剂现在广泛使用的是 AK 糖和阿斯巴甜。若单独使用，在人口腔中的感觉甜味密度与蔗糖相比有较大的差别，会产生不习惯。而两者协同使用，能得到较好的效果，弥补两种甜味剂的不足。经试验两者最佳使用比例为 1∶1。同时功能性甜味剂与高果糖浆混合使用，可增强高果糖浆的甜度，如 F42 型高果糖浆与 1∶1 的 AK 糖和阿斯巴甜混合使用最大可使甜度增强 20％，见图 8-1。

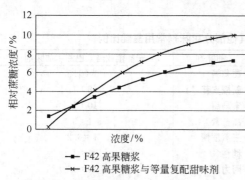

图 8-1　高果糖浆和甜味剂复配甜度比较

由于工艺技术问题，现有高果糖浆单独使用口感难以达到蔗糖的甜度感，而在低糖饮料中与 AK 糖和阿斯巴甜复合使用，不但可以消除高果糖浆的不愉快后味，还可提供爽快甜味感，更没有蔗糖饮料的黏酸后味。

开发出的复合甜味剂替代蔗糖需具备两个主要条件：一是食品生产改换糖源后，食品生产商有利可图，即生产成本有所降低；二是消费者分辨不出产品口味的差异，即口感上要求一致。同时复合甜味剂替代蔗糖，还应考虑各地的使用习惯问题。

（1）生产成本　饮料企业是用糖大户。饮料中糖是部分还是全部用高倍复合甜味剂取代蔗糖，在很大程度上取决于经济利益。糖精价格最低，最具有价格竞争力，依次为甜蜜素、阿斯巴甜、安赛蜜等。因此对食品和饮料生产商而言，在有关产品配方中选用高倍复合甜味剂取代蔗糖，应该可降低生产成本，有价格优势。

（2）改进口感　所有的复合甜味剂与蔗糖都存在口感上的差别，添加复合甜味剂的食品与添加蔗糖的食品口味不大相同，这主要与其时间-强度特性和/或它们的后味有关。近年，复合甜味剂口味的改进技术在不断地开发，近期在高倍甜味剂的应用开发方面已考虑使用什么样的添加剂以改变其口感使其更像蔗糖，同时考虑到如何复配使其风味更似蔗糖。

复配甜味剂的潜在效益早已为人们所知。40 年前当糖精/甜蜜素混合物开始被使用时，人们就开始定量和定性地选择甜度适宜的复配甜味剂。现在，随着可应用于食品的高倍甜味剂品种增多，用定量和定性的方法复配出具有蔗糖风味的甜味剂是完全可能的。用来复配的甜味剂数量越多，复配后的风味越似蔗糖。

复配甜味剂最早是通过添加特定的香料或其他添加剂于甜味剂中配制出来的。这种方法起始于 19 世纪 70 年代初期，当时美国和英国禁用甜蜜素，市场上只有糖精是唯一准许使用的甜味剂，复配甜味剂应运而生。复配物可选用不同结构的物质，可供选择的复配物有：无机化合物（如氯化钙）、多聚糖（如阿拉伯半乳聚糖）和氨基酸（如 D-谷氨酸）等。20 世纪 90 年代，美国批准甜味改良剂 2,4-二羟基苯甲酸与高倍甜味剂一起使用，这种新开发的复配物被称为低热量甜味剂的一种使用伙伴，可以降低甚至除去某种甜味剂中不愉快的甜味或后苦味。一种结构类似的 3,5-二羟基苯甲酸（已申请了专利）也有类似的功能。使用低浓度的各种碳水化合物，也有助于重现蔗糖的口感，同时改善后苦味。现在，很多香料公司已掌握了通过在复合高倍甜味剂中添加特殊的香料，以模拟蔗糖风味的技术。

（3）使用习惯　食品和软饮料生产商使用甜味剂的经验证明，甜味剂的选用，除与成本、口味有关外，还与当地的风俗与习惯有关。在某些地方，是否选用复合高倍甜味剂替代蔗糖取决于当地的使用习俗，而口感和经济效益却是次要的。这就是为什么在欧洲一些食品市场习惯于在普通饮料中使用高倍甜味剂（如英国和北欧的部分国家），而在其他国家（如美国）却少见。

普遍认为高倍甜味剂最适宜使用于"特殊食品"，但整个欧洲几乎所有普通产品中都使用高倍甜味剂，而且普通食品使用的某些高倍甜味剂比"特殊食品"还要多。欧洲和美国有不同的高倍甜味剂使用习惯。在欧洲，高倍甜味剂悄悄地使用于普通饮料中而没有大肆宣扬，不作为"低糖"或类似的产品出售，仅在标签上标明含蔗糖和甜味剂。而在美国，当产品中使用蔗糖或高倍甜味剂的复配物时，上市时不能混放，必须严格分开。

三、阿斯巴甜复合甜味剂在食品中的应用

目前国内开发的一些具有独立知识产权的新型复合高倍甜味剂一般都是按照我国食品添加剂标准 GB 2760—1996 规定允许使用的多种甜味剂和部分天然原料复配而成的新型高倍甜味剂。这类产品要求性能稳定，耐热、耐酸、稳定性强，一般不含糖精钠、甜蜜素（糖精和甜蜜素是两种较传统的强力甜味剂，甜味特性较差，带有明显的苦后味，它们以低廉的价格在食品加工中广泛使用，但有研究报道分析认为其具有致癌致畸性，已被一些国家禁用，但是此危害性并未获得最后明确的答案），具有精致蔗糖的甘甜美味，口感清凉，接近蔗糖口味，这类复合甜味剂产品不但可以提升食品的品质，而且能大幅度降低用糖成本，可以全部或部分替代蔗糖使用。这类产品应用后热值低，不会导致人体变胖、不被口腔微生物分解，因而不会产生龋齿，且甜度高，是无糖、低糖产品的首选甜味剂，可广泛应用于食品饮料、雪糕、冰淇淋、乳制品、果冻、蜜饯果脯、糖果糕点、焙烤食品等食品。这类产品也显示了优越的加工性能，表现出纯正绵长的甜味，极大地丰富了食品内涵。下面以阿斯巴甜复合甜味剂为例介绍常见的复配甜味剂特点及应用。

阿斯巴甜复合甜味剂是以联合国食品添加剂专家联席委员会（JECFA）确认的国际 A（1）级甜味剂——阿斯巴甜（Aspartame）为基料，辅以符合国标 GB 2760—1996 的多种食品添加剂精制而成的新型复合甜味剂，也是甜味剂市场常见品种，它一般呈白色粉末状，使用简便，可提高各种饮料、食品、医药保健品和调味品的品质，同时可大幅度降低生产成本，增加无（低）糖保健型新产品品种，提高用户的经济效益和市场竞争力。

（一）应用范围

阿斯巴甜复合甜味剂的口感酷似蔗糖，甜味纯正，溶解方便，无其他甜味剂所具有的苦涩或金属后味。应用范围如下：

（1）饮料类　汽水、粒粒橙、棒棒冰、豆奶、花生奶、酸奶、甜牛奶、冰袋及各种固体饮料等。

（2）食品类　果冻、雪糕、冰淇淋、蛋糕、凉果及榨菜等调味品。

（3）酒类　白酒、葡萄酒、清酒等。

（二）使用方法

在饮料中使用阿斯巴甜复合甜味剂，其固形物的含量比重就随之发生变化，为适应此变化，需对饮料的原料配比进行较小的调整，如软饮料：按10%甜度用糖量，阿斯巴甜复合甜味剂可替代60%甜度，即配制一批饮料如需用1000kg蔗糖，那么现只用400kg蔗糖，再加10kg阿斯巴甜复合甜味剂（60倍甜度型），就能达到相同甜度，并使其满足4%以上固形物的要求，减少成本1500元，降低成本50%。饮料厂家也可根据产品特点、市场变化，适应消费者需要进行变动，将来有可能自制企业标准，生产上市低（无）糖饮料，并报当地技术监督局备案，代糖率可达60%以上。

从表8-7、表8-8中不难看出，或因安全性、或因味质等原因，甜蜜素、甜味素和糖精钠在使用上都受到严格限制和限量，阿斯巴甜复合甜味剂及其系列产品可以全代糖或部分代糖，而使用甜蜜素、甜味素和糖精钠的实际成本都比阿斯巴甜复合甜味剂要高。但阿斯巴甜复合甜味剂安全性好，味质纯正，物美价廉，不仅仅可以提高产品的品质，且大大节约成本、增加花色品种、提高经济效益、增强市场竞争力。

表8-7　蔗糖与阿斯巴甜复合甜味剂用量及成本核算

代糖率/%	蔗糖用量/kg	阿斯巴甜复合甜味剂		
		用量/kg	成本（含蔗糖）/元	降低成本率/%
0	1000	0	3000	0
40	600	6.7	2000	33
60	400	10	1500	50
80	200	13	990	66
100	0	16	480	84

注：以蔗糖市价4.2元/kg、阿斯巴甜复合甜味剂市价30元/kg计。

表8-8　阿斯巴甜复合甜味剂与其他甜味剂性能价格比较表

甜味剂	蔗糖	阿斯巴甜复合甜味剂	甜菊糖苷	甜蜜素	糖精钠
安全性	好	好	较好	较差	较差
味质	好	好	草味苦、苦味浓重	余味欠佳	不好
GB 2760—1996对使用量规定	不受限制，但糖尿病等患者慎用	按正常需要或其他甜味剂合用	不受限制，但用量超过甜度15%时苦味明显	受严格控制（0.25～0.65 g/kg）	受严格控制（0.08～0.15 g/kg）

甜味剂	蔗糖	阿斯巴甜复合甜味剂	甜菊糖苷	甜蜜素	糖精钠
代谢	体内代谢,需胰岛素参与	体内代谢,不需胰岛素参与	体内部分代谢	体内不代谢	体内不代谢
国际上各国的卫生管理规定	安全可靠,应用广泛,各国均允许使用	120多国批准使用,联合国JECFA确认为A(1)级甜味剂	中日等国批准使用,FDA认为缺乏安全性,美等国禁用	美国禁用,中国等限量使用,安全性尚有争议	加拿大等禁用,美国已下禁售令,暂缓执行,中国等有限使用
甜度价格(成本)	1(比较标准)	0.2(60倍甜度)	-0.9(按品质要求,最多代糖15%,余下85%用蔗糖)	-0.8(按国际要求,最多代糖15%,余下85%用蔗糖)	-0.7(按国际要求,最多代糖30%,余下70%用蔗糖)

(三)阿斯巴甜复合甜味剂特点

(1) 安全性高 APM是联合国添加剂专家联席委员会(JECFA)确认的A(1)级甜味剂,在各种甜味剂中安全性最高,符合有关标准。ADI值(每日允许摄入量)为0~40mg/kg,而糖精的ADI值仅为0~2.5mg/kg,甜蜜素为0~11mg/kg,我国国标 GB 2760—1996 规定 APM 最大使用量为:正常生产需要或与蔗糖和其他甜味剂混用。

(2) 味道甜美 酷似蔗糖的甜味,具有增进食品风味的效能,包括蔗糖在内的其他甜味剂无此效能,对增加水果风味尤其有效,并可以降低咖啡的苦味。

(3) 高甜低热 甜度约为蔗糖的 60~200 倍,其所含热量仅为蔗糖的 1/60~1/200。

(4) 应用广泛 普遍用于各种食品、饮料、医药保健品和化妆品等行业中。摄入后的消化吸收和新陈代谢过程与食品的蛋白质相似,不会造成龋齿。

(5) 价格低廉,使用量一般可按生产需要,实际成本比一般甜味剂低,同等甜度价格仅为蔗糖的 15%~40%。

(6) 性能优良 储存方便,保质期长,粉末状,在冷、热水中速溶好,性质稳定,使用方便,适用于冷、热加工工艺。

(四)应用

1. 阿斯巴甜复合甜味剂在饮料中的应用

饮料中甜味剂的品质和成本直接关系到产品的品质和质量。当今,人们对饮料的需求表现为不仅要有良好的口感、味质,而且也注重其营养价值及内在质量,用糖精、甜蜜素作为甜味剂生产的饮料因口感及品质欠佳,不为消费者所青睐。阿斯巴甜复合甜味剂作为经济、高效的实用型甜味剂已经被许多饮料企业所接受,可提高饮料品质、增强风味、降低成本。

为使各饮料生产企业更好地将阿斯巴甜复合甜味剂应用于饮料生产,现简介应用如下:

(1) 执行现企业标准(保持 4.0% 以上的固形物) 可用阿斯巴甜复合甜味剂代

替40％～60％的甜度。

例：配制1800kg饮料，10％甜度标准，需要用蔗糖180kg、甜味剂正常成本756元，现用阿斯巴甜复合甜味剂替代甜度，应加1.8kg阿斯巴甜复合甜味剂（60倍甜度型），再加72kg蔗糖即可达到相同甜度，甜味剂成本下降到356.4元，比单用蔗糖成本降低52.9％（蔗糖市价4.2元/kg、阿斯巴甜复合甜味剂市价30元/kg计）。阿斯巴甜复合甜味剂具有独特的缓冲、增甜、增香作用。使用质量按生产需要还可以增加5％，从而节省人工、能源、储运等费用，间接经济效益也十分可观。

（2）自制企业标准（0.5％～5％固形物）　参照同行饮料企业标准，将来有可能自制企业标准（0.5％～5％固形物），国家轻工总会、食协及各地食品办、冷饮办、技术监督局均大力支持低、无糖饮料上市，也有利于广大消费者。这时可用阿斯巴甜复合甜味剂替代80％～100％的甜度。

例：配制1800kg饮料只需用阿斯巴甜复合甜味剂3.0kg即可达到10％甜度标准，比用蔗糖降低84.1％。实际生产中代糖60％以上时，不仅在保持原有口感的基础上增加风味，而且大大降低成本。以年产1万吨饮料的中型企业为例，年用蔗糖1000吨，若有阿斯巴甜复合甜味剂代替60％蔗糖，年可创效益222.2万元（蔗糖按时价4200元/t，阿斯巴甜复合甜味剂按30元/kg计）。

（3）在含乳化饮料、果汁饮料中，可按正常需要全部或部分代糖，使用时只需要适量增稠剂（饮料乳化稳定剂、果汁稳定剂等）以保证固形物含量即可。

（4）阿斯巴甜复合甜味剂在饮料中与蔗糖合用，可起到增甜、矫味、提高口感及风味的作用，而且与酸味剂、稳定剂、乳化剂、强化剂都有很好的配合作用。

（5）阿斯巴甜复合甜味剂在常温下能够迅速溶解，配料时添加顺序不受限制。

2. 阿斯巴甜复合甜味剂应用的饮料配方实例（以生产1000kg计，kg）

（1）碳酸饮料

① 雪碧型（柠檬-白柠檬）

阿斯巴甜复合甜味剂	1.00	蔗糖	60.0
柠檬酸	1.50	柠檬酸钠	0.40
柠檬-白柠檬香精	1.00	山梨酸钾	0.20
碳酸水	800	水	135.9

② 甜橙型

配方1

阿斯巴甜复合甜味剂	1.20	食品护色剂(抗晒专用)	0.60
柠檬酸	1.50	山梨酸钾	0.20
蔗糖	58	碳酸水	800
柠檬酸钠	0.30	水	137.20
乳化甜橙香精	1.00		

配方2

阿斯巴甜复合甜味剂	0.50	山梨酸钾	0.05
柠檬酸	0.375	食品护色剂(抗晒专用)	0.15
乳化甜橙香精	0.25	水和二氧化碳	适量

注：按 1000 瓶计，每瓶 250ml。

（2）非碳酸饮料

① 含果汁（粒）饮料

鲜橙多型

橙汁	100	蔗糖	60
阿斯巴甜复合甜味剂	0.65	柠檬酸	1.50
鲜橙多香精	1.00	果汁稳定剂	2.00
食品护色剂(抗晒专用)	0.60	山梨酸钾	0.20
日落黄	适量	水	834.55

粒粒橙型

阿斯巴甜复合甜味剂	1.60	砂糖	80
悬浮剂(高透明低黏度型)	3.00	柠檬酸	2.40
橘子香精	1.00	山梨酸钾	0.20
食品护色剂(抗晒专用)	0.6	日落黄	适量

② 含乳饮料（以配制型果奶为例：草莓味，1000kg）

阿斯巴甜复合甜味剂	1.00	蔗糖	60.0
柠檬酸	3.0	乳酸	1.50
柠檬酸钠	0.50	全脂奶粉	20.0
果奶稳定剂	4.00	草莓香精	0.60
水解动物蛋白粉	5.00	牛奶香精	0.40
山梨酸钾	0.20	胭脂红	适量
食品护色剂(抗晒专用)	0.60	水	905

注：为防止蛋白质沉淀，应将奶粉和酸味剂分别溶解，然后在尽量低温（50℃以下）的情况下，将 20％酸液边搅拌边缓慢向奶稳定剂混合液中添加。

③ 果味饮料（荔枝汁）

阿斯巴甜复合甜味剂	1.65	柠檬酸钠	0.40
柠檬酸	1.50	乳化荔枝香精	1.00
山梨酸钾	0.30	水	994.40

注：1. 添加混浊剂，可产生天然水果的浊度，更具天然感，而不影响饮料的口味；

2. 若自制低（无）糖饮料企业标准，上报技术监督局备案，即可生产上市。

④ 棒棒冰（以菠萝味为例，％）

阿斯巴甜复合甜味剂	1.00	蔗糖	60
柠檬酸	1.50	柠檬酸钠	0.40
棒棒冰稳定剂	2.00	乳化菠萝香精	1.00
食品护色剂(抗晒专用)	0.60	苯甲酸钠	0.20

四、安赛蜜复合甜味剂在食品生产中的应用

安赛蜜水溶解性好，可以方便地溶入各种饮料以及饮料浓缩液中，在饮料中应用广泛。当然，它也可与其他甜味剂如阿斯巴甜或环烷酸盐复合使用，而且会对味道起到增强的协同作用，同使用单一甜味剂相比，使用的总量可减少30％～50％。

在中等甜度的饮料中，可将安赛蜜作为甜味剂单独使用，使用的浓度为每升数百

毫克。像其他甜味剂一样，安赛蜜的甜度也是有极限的，到达一定的限度之后再添加安赛蜜是于事无补的。此极限通常为800mg/L。

在碳酸类饮料中经常使用以安赛蜜为主的复合甜味剂，即安赛蜜和与其他甜味剂的复合物。这种使用安赛蜜的复合甜味剂的饮料口感较好，甜味感均衡浓郁，很受消费者欢迎。这种复合甜味剂的味道感常优于单独使用的某些甜味剂，而安赛蜜快速感觉甜味的性质在此就起到关键的作用。根据饮料的不同要求，可以复合不同配比分量的甜味剂以便形成所需的复合甜味剂。如需要快速感觉甜味而无需持久的饮料，复合甜味剂中的安赛蜜的量可适当加大；反之，则将具有甜味持久的甜味剂的量增大。复合甜味剂的复合比例可以因应用产品特点进行变化而不会因此改变安赛蜜复合甜味剂的优点，但通过变化复合甜味剂的比例，可获得最佳的均衡协调味道。

无论在技术上还是口味上，安赛蜜均可与蔗糖及其他糖类碳水化合物相容。因此，它可用于生产软饮料中以减少蔗糖的含量。用果糖及安赛蜜的饮料特别适合糖尿病患者。那些需要降低含糖量的软饮料，若添加安赛蜜或安赛蜜复合甜味剂以到达通常甜度水平，会具有较高的性价比。

果肉与果汁饮料与其他大多数碳酸饮料不同，它们明显地含有来自果汁中的糖类碳水化合物。碳水化合物的含量依水果的种类及果汁的用量而有所不同。对于一般流行的果肉饮料，单独使用安赛蜜时，每升200mg通常足够了，安赛蜜与阿斯巴甜复合添加120mg也就足够。因为喝果肉饮料的季节较喝碳酸饮料的季节长，所以稳定性要求更高。因此建议单独使用安赛蜜或与其他稳定的甜味剂合用，或者使用安赛蜜含量较高的复合甜味剂。以下是安赛蜜复合甜味剂在鲜橙型饮料的参考配方：

白砂糖30，安赛蜜复合甜味剂0.27，柠檬酸2.0～2.2，柠檬酸钠0.4，CMCH1.0，苯甲酸钠0.2，乳浊剂1.0，鲜橙香精0.7，加水至1000。

随着生产加工工艺的进步，乳制品的增香增甜已成为加工中不可或缺的一部分。人们对乳制品的需求量也越来越大。而安赛蜜非常适于用来对此类产品进行增甜。

此类产品中最主要的是增甜水果酸奶。安赛蜜无论是单用还是同其他甜味剂复合使用均非常适合增甜酸奶。将它加入果味酸奶中，同时采用诸如蔗糖或糖的碳水化合物，既可提高稳定性，还有增味作用。

凝结和搅拌酸奶可以很方便地使用安赛蜜增甜。但在分层水果酸奶中添加甜味剂时，切记含有甜味剂的水果制品与用蔗糖增甜的水果制品，其性质是不同的。因此，在食用前，保证水果层处于分离状态是很重要的，一般通过在储藏这些产品期间，安赛蜜的味道保持稳定即可。另外，由于安赛蜜具有较强的协同作用，因而人们在酸奶中添加安赛蜜复合甜味剂，使得这些产品的味道浓郁，口感特别好。当然，在添加安赛蜜复合甜味剂的时候，应该考虑到加工和储藏的条件，对各组分加以适当地调整。

对于香味牛奶及可可饮料，由于这类产品本身的特性，对甜味剂的稳定性要求就非常严格。而安赛蜜在所有甜味剂中的稳定性是最好的，能耐200℃以上的高温，其纯品在10年内无任何分解现象，而且在pH2～10内，不与其他食品成分或添加剂发生反应。因此，建议单独使用安赛蜜以保证这些产品的质量。当然，也可以使用安赛蜜与其他稳定的甜味剂复合使用。安赛蜜能经受巴氏灭菌及超高温处理而不损甜度。

经超高温处理的产品在室温中保持几个星期，在此期间，甜度也不会有所影响。下面是在果奶中安赛蜜和其他原料的使用指标（草莓奶，1000ml）：乳化纯奶300，白砂糖30，奶糖20，安赛蜜复合甜味剂1.2，柠檬酸3.5，柠檬酸钠0.3，乙基麦芽酚30mg/kg，稳定剂3.6，草莓香精0.6。

五、三氯蔗糖复合甜味剂在食品生产中的应用

（一）性能特点

由于三氯蔗糖的甜度大、体积小，以等甜度代替蔗糖应用在固体或半固体食品中会引起产品质构、黏度和体积等方面的显著变化，故多数情况还需要配合使用填充剂或填充型甜味剂。同时，复合甜味剂在食品、饮料中不仅使用方便，甜味纯正，又可降低生产成本，所以深受食品、饮料行业的欢迎，是甜味剂发展的一种方向。

三氯蔗糖和其他甜味剂复配使用效果非常明显，这些甜味剂包括果糖、葡萄糖、麦芽糖、蔗糖、乳糖、木糖醇。

果糖有它特别的香味和令人愉快的口感，他们的结合使用不仅使饮料中的卡路里大大降低，又可使三氯蔗糖和果糖用量降低到所希望的水平。在软饮料中，三氯蔗糖和果糖的复配非常有效。

三氯蔗糖与蔗糖配合使用的目的是：①调节风味；②减少蔗糖使用量，降低单份食品热量。由于三氯蔗糖与蔗糖在口腔呈味部位及特性不同，若将二者合理搭配，可使甜味更加丰满、更加完美并更具个性，使产品的甜味及风味有别于其他同类产品。黄文、贝惠玲等试验表明：三氯蔗糖部分取代蔗糖时，生产出的菠萝米罐头口感更加醇和饱满，优于完全使用蔗糖的产品。在饮料中用三氯蔗糖部分取代蔗糖也可生产出口感优于完全使用蔗糖的产品。对于品牌产品来说，食品风味的调配极其重要，既要追求良好的口感及风味，又要形成自己的特色。通过调味，形成风味与品牌的联想，是企业的品牌策略之一。

（二）三氯蔗糖复合甜味剂使用实例

（1）菠萝米罐头配方（单位：％，质量分数）

菠萝粒	76	三氯蔗糖	0.006
蔗糖	7	水	定量

（2）高甜菠萝果酱配方（单位：％，质量分数）

菠萝碎果肉	45	50％柠檬酸液	0.4
蔗糖	41	菠萝香精	0.02
三氯蔗糖	0.017	水	定量
果胶（LM）	0.5		

（3）苹果汁饮料配方（单位：％，质量分数）

苹果原汁	92	蔗糖	8
柠檬酸	0.2	三氯蔗糖	0.0067

（4）红茶饮料配方（单位：％，质量分数）

蔗糖	8	红茶粉	0.1
三氯蔗糖	0.0065	红茶香精	0.1
柠檬酸	0.2	水	定量

（5）橙味碳酸饮料配方（单位：g）

三氯蔗糖	0.0085	色素	0.05
木糖醇	5	香精	0.1
DL-苹果酸	0.07	水	定容至45L
柠檬酸	0.03		

（6）苏打水配方（单位：%，质量分数）

茶提取物	25	维生素C	0.02
三氯蔗糖	0.008	苹果香精	0.1
赤藓糖醇	2	茶香精	0.05
苹果汁浓缩液	4	水	定量
柠檬酸	0.03		

（7）青梅果酒配方（单位：%，质量分数）

青梅原酒	20	蜂蜜	4
米酒	20	蔗糖	4
糖水	36	三氯蔗糖	0.01

六、纽甜复合甜味剂在食品生产中的应用

所有的高倍甜味剂与蔗糖都存在口感上的差别，添加高倍甜味剂的食品与添加蔗糖的食品口味不大相同，这主要与其时间-强度特性或它们的后味有关。纽甜虽然其滋味和口感十分接近蔗糖，但作为目前甜度特高的甜味剂，其甜度高、体积小，称量和混合要求很高，在一些食品上还无法应用或应用困难，经常需要与其他甜味剂或食品配料复合使用。

纽甜堪称甜味剂中的味精，它平衡低端甜味剂苦味与金属味的水平，其他一般甜味剂无以能比。纽甜可与大多数糖类进行复合，取代蔗糖，降低生产成本，在价格上有很大的优势。纽甜可与一些甜味剂产生协同效果，从而减少其用量，节省生产成本。比如：纽甜和糖精混合后的甜度比它们单独使用提高了14%～24%。纽甜不但可以和非营养型甜味剂（如阿斯巴甜、糖精、甜蜜素等）复合使用，也可以和营养型甜味剂复合使用。另外，不同种类的甜味剂复合使用后，其甜味的持续时间与单独使用时的持续时间也不同。如安赛蜜的甜味感知迅速，但消失很快，若将其与纽甜混用，可以延长其甜味持续时间。因此，复合使用甜味剂可以选择性地调节所需甜味特点。由于纽甜比阿斯巴甜多出末端N上的二甲基丁基取代基，因此使纽甜的化学活性大大降低。纽甜与还原性糖类（如葡萄糖、果糖、高果糖浆、乳糖、麦芽糖等）不会发生美拉德反应，因而不影响产品色泽；同理，它也不会与醛类风味物质和芳香化合物生成希夫碱。所以，纽甜克服了使用阿斯巴甜时不能同时使用其他多种物质的限制。

由于纽甜甜度极高，只有将纽甜均匀分散到被添加的食品中才可充分发挥其作用。为了增强纽甜的分散性能、稳定性能及使之便于使用，纽甜可以与不同的物质复

合制成各种制剂形式，如：与蔗糖形成共晶体、酸式盐、碱式盐、金属复合物、环糊精包合物、微胶囊化及液态形式等。

（一）纽甜复合甜味剂的研制

1. 纽甜与柠檬酸复合

将一定量的纽甜溶解于丙酮中，缓慢加入等物质的量的柠檬酸水溶液，再加入适量丙酮可形成清澈的无色溶液，将该溶液搅拌 1h，然后将丙酮减压蒸馏除去，剩下的浆状物冷冻干燥后，即可得到白色固体。

2. 纽甜与 AK 糖复合

室温下，将等物质的量的 AK 糖与纽甜溶解在定量的甲醇中，得到澄清溶液，在 33℃下，将大部分的甲醇用旋转蒸发仪在真空状态下蒸发除去，残留的甲醇用油泵抽真空除去，即可得到目标产物。

3. 纽甜与糖精复合

室温下，将等物质的量的纽甜与糖精溶解于一定量的甲醇中，可得到澄清的溶液，在 33℃下，将大部分的甲醇用旋转蒸发仪在真空状态下蒸发除去，残留的甲醇用油泵抽真空除去，即可得到目标产物。

4. 纽甜与甜蜜素复合

室温下，将等物质的量的纽甜与甜蜜素溶解于一定量的甲醇中，可得到澄清的溶液，在 33℃下，将大部分的甲醇用旋转蒸发仪在真空状态下蒸发除去，残留的甲醇用油泵抽真空除去，即可得到目标产物。

（二）纽甜复合甜味剂在饮料中的应用

纽甜能在各类饮料中应用，如碳酸饮料。纽甜在可乐型碳酸饮料中能持续作用很长时间，与市场上销售的低能量碳酸饮料的保质期一致。它还可以用于果汁、蔬菜汁、低度酒等饮料中，改善饮料的口感与风味。同时在非碳酸饮料中，纽甜也有很好的应用前景，如可用于热灌装的柠檬茶、果珍等固体粉末状饮料等食品中，而且纽甜在这些食品中非常稳定且保持原食品良好的品质。

在粉末饮料中，添加纽甜复合甜味剂可减少至少 20% 的柠檬酸用量，而不会影响产品的酸味。纽甜可以代替 25% 的饮料甜度，而无须调整饮料配方，并保持良好、相近的感官特性。以 30% 的比例部分替代砂糖，与糖粉或其他粉体添加剂以 1%～2% 的比例预混合，在不改变原有全糖配方口感的基础上，可尽可能地减少成本，取代配方中阿斯巴甜，标签无需标明含苯丙氨酸。纽甜的甜味清凉，可在食品工业中替代部分糖类，其味道与纯糖溶液无明显差别。例如，研究表明：在可乐饮料中添加 3.1mg/L 的纽甜取代其中 20% 的糖制成复合甜味剂，其味道与全糖可乐饮料相比没有区别。

实验表明，浓缩的纽甜预混料能够适当地分散并吸附在载体表面。在固体饮料的生产中，先预混微量的原料（如色素、香料）是非常普遍的，所以纽甜应用也只是附加很简单的一个过程。同时混合色素和纽甜于砂糖中可以用视觉来观察预混料，保证混合充分。混合时间必须充分，以保证分散度，但也必须控制时间以减少粉末飞扬。

（三）纽甜复合甜味剂在焙烤食品中的应用

在淀粉类食品中添加纽甜复合甜味剂可以抑制淀粉老化，延长食品保质期；在鸡蛋、鱼类等蛋白质丰富的食品中添加，则可抑制蛋白质变性，保持食品良好口感。与阿斯巴甜不同，纽甜可在瞬时高温的条件下保持稳定，因此可用于曲奇、蛋糕、巧克力蛋糕等各式焙烤食品。如在蛋糕生产中，经过 450℃ 的高温焙烤后，仍有 85% 的纽甜存在；而在 25℃ 下，相对湿度 60% 的地方存放 5d，也只有 4% 的纽甜损失。事实上，即使损失 20% 的纽甜，也不会对产品的可接受性产生明显影响。

（四）纽甜在口香糖中的应用

由于纽甜不能被口腔原菌所分解而产生会导致龋齿的酸性物质，因此可代替常用的甜味剂对防止龋齿有积极的作用，适用于无糖口香糖的生产。口香糖中的纽甜通过微胶囊化可提高其稳定性，经过与变性淀粉和羟丙基甲基纤维素的复配可以使口香糖在 52 个星期的贮存中不会降解。而且产品的甜度和薄荷风味是相关联的，只要甜味持续存在，薄荷风味就会同样持续呈现。由于纽甜具有增强风味的特性，还可以减少薄荷口香糖的香精用量。

（五）纽甜在冷饮中的应用

纽甜与葡聚糖复合后可用于冰淇淋及其他冷冻甜点中。在冰淇淋生产中，添加纽甜制得的冰淇淋具有很好的溶解特性和结构，其甜味纯正，口感正宗，无任何异味。同时，前面也提到，在这类产品中使用时，当此类产品的货架期结束后，经研究发现仅有 2% 的纽甜损失，这对产品的可接受性无影响，而别的甜味剂很少能达到这种水平。

（六）纽甜在其他食品中的应用

纽甜可与糖醇类产品复配使用生产成本低廉的健康无糖食品，也可以与蔗糖配合生产低热量食品。例如：将山梨糖醇 53.55%、液体木糖醇 8.55%、木糖醇 6.45%、柠檬酸 0.8%、纽甜 0.004% 复合后用做甜味剂制成泡泡糖，口味纯正又可防止龋齿，可彻底打消家长对孩子过多吃糖的担忧。纽甜按 30% 的糖度取代蔗糖用于罐头时，可明显增加罐头的风味，并且降低甜度成本。纽甜与其他合成甜味剂复配用于微波食品（如超市食品爆米花）时，可部分取代蔗糖，因受热时间短，甜度不会受到影响，保持了良好的口感。纽甜与其他甜味剂复合用于蜜饯、话梅等高甜度食品时更能发挥其特性，可轻松达到食品要求的甜度，而无任何苦味，其他一般人工甜味剂都无法像纽甜一样实现在高甜度状态下的纯正口味。

（七）纽甜复合甜味剂的使用实例

（1）饼干配方（质量分数）/%

饼干专用粉	51.09	柠檬酸	0.17
葡聚糖	15.66	柠檬油	0.06
Nutrio P-Fiber	6.72	碳酸氢钠	0.49
低能量人造奶油	11.56	食盐	0.35
异麦芽酮糖	5.2	姜汁	1
纽甜	0.004	水	7.6

（2）低能量蛋糕配方（质量分数）/%

蛋糕专用粉	19.03	脱脂乳粉	0.95
鲜鸡蛋	9.51	焙烤粉	2.66
起酥油	7.23	N-Flate	0.38
结晶果糖	4.76	食盐	0.38
葡聚糖	4.76	纽甜	0.013
可可粉	4.28	羧甲基纤维素	0.14
玉米淀粉	2.85	水	42.83

（3）模拟脂肪能量蛋糕配方（质量分数）/%

蛋糕专用粉	63.373	纽甜	0.027
模拟脂肪	7.6	葡聚糖	21.6
全蛋粉	0.4	食品香精	0.45
干酵母	3.4	食盐	0.65
葡萄糖	2.5		

（4）低能量巧克力配方（质量分数）/%

可可脂	6.34	卵磷脂	1
脱脂乳粉	20.3	纽甜	0.02
异麦芽酮糖	28.2	葡聚糖	15.3
蔗糖聚酯	28.7		

（5）无糖冰淇淋配方（质量分数）/%

微粒化蛋白质	20	乳化剂	适量
葡聚糖	10	纽甜	0.004
食用色素	适量	山梨酸钾	0.13
乳脂	10	水	定量
奶粉	3		

七、寡糖类复合甜味剂的特点及应用

根据国际惯例，产品时代的划分有三个基本标准，即原料层次、技术层次和应用层次。行业人士根据复合甜味剂成分和功能的发展把它分为三代：第一代产品由糖精、甜蜜素、蔗糖、柠檬酸等几种物质复配组成，起到协同、增效、改善口味的作用；第二代产品以阿斯巴甜、甜菊糖、AK 糖等新一代甜味剂为基料复配而成，其中"蛋白糖"是其代表之作；第三代则围绕健康概念，在第二代基础上，用功能性寡糖来丰富其内涵。寡糖生产技术被列入国家"八五"、"九五"、"十五"科技攻关项目，国内外有许多科研机构正在研究寡糖产品的保健功能，并准备将寡糖的保健功能应用到适当的食品载体中。寡糖类复合甜味剂让普通食品具有寡糖的保健功能，让人们通过正常的饮食，在不知不觉中达到保健作用，对提高人体的免疫力，预防和抑制高血脂、糖尿病、肥胖症及相关疾病，增殖双歧杆菌、优化体内微生物生态平衡有重要作用，它具有前二代产品所不具有的综合作用。

在选择复合型甜味剂的时候，应当根据企业产品特点、成本承受能力等各方面的综合因素来使用，这样才能使自己所生产的食品、饮料吸引消费者。另外，寡糖复合甜味剂功能齐全、安全稳定、甜味纯正，也是前二代复合甜味剂所不具备的。随着社会进步及人民生活质量的不断提高，对食品添加剂的要求也会愈来愈高，功能性是其发展趋向，这个发展趋向同样适用于复合食品添加剂。寡糖类复合甜味剂将具有更加广阔的应用前景。下面结合市场产品做简单介绍。

（一）性能特点

寡糖类复合甜味剂产品甜味纯正，酷似蔗糖，口感极佳。可百分之百取代蔗糖，在一般甜度需求下符合 GB 2760—1996 的各项标准。在酸、碱和高温下性质稳定，保质期长。能增殖双歧杆菌，优化体内微生态平衡；预防和抑制高血脂、肥胖症及提高免疫能力；可防龋齿。寡糖相对成本比其他甜味剂都低，甜味成本不到蔗糖的十分之一，能大大降低产品的成本。

（二）用途

（1）饮料类　汽水、冰袋、棒棒冰、牛奶、豆奶、杏仁奶、花生露、椰子汁、甜牛奶、果汁、粒粒橙、菊花茶、柠檬茶、果酒、白酒（酒类勾兑、调味等）及各种固体饮料等。

（2）食品类　饼干、面包、月饼、蛋糕、馒头、烙饼、糖果、蜜饯、泡泡糖、果冻、凉果、雪糕、冰淇淋、陈皮、话梅及榨菜等。

（3）医药保健类　冲剂、口服液、糖浆、糖衣、糖尿病与血管病以及肥胖症患者专用食品饮料、少儿防龋饮料、运动员以及（无）糖保健食品饮料等。

（三）使用方法

（1）食品类　按正常生产需要用寡糖类复合甜味剂全部或部分替代蔗糖使用。与稳定剂、填充剂、强化剂等都能充分地融合使用，加入程序不受任何限制。

（2）饮料类　可按正常生产需要全部或部分替代蔗糖使用。1kg 寡糖类复合甜味剂相当于 100kg 蔗糖。

（3）白酒勾兑　寡糖类复合甜味剂在白酒勾兑调味中效果极佳，使用量约为 0.03％左右，使用十分简便，且能提高酒质效果，同时也可应用在果酒、黄酒、配制酒等领域，参与勾兑调味，提高品质。

八、复合甜味剂在无糖饮料中的应用

碳酸饮料中使用的甜味剂以蔗糖为主，另有葡萄糖、果葡糖浆、甜菊苷、甜味素、甜蜜素、糖精钠等。尽管蔗糖是碳酸饮料生产的传统甜味剂，但低能型甜味剂将是碳酸饮料生产中的应用方向，如阿斯巴甜、AK 糖、甜菊糖苷等。国外已有可口可乐、百事可乐企业生产的无糖、低热饮料面市。

黄南竹等以甜度高、等甜蔗糖甜度成本低的糖精钠为甜味剂主剂，天门冬酰苯丙氨酸甲酯、乙酰磺胺酸钾和甜菊糖苷为辅剂，环己基氨基磺酸钠为补充因素，以正交法安排试验，筛选出综合性能较优的无糖复合甜味剂配方。据梁桂球试验，由于甜菊苷在口感上有"草腥味"的缺点，所以在替代蔗糖的用量上不能超过30％，用量在10％～20％为宜；阿斯巴甜在酸性饮料中的稳定性较差，在酸度 pH3.4 的碳酸饮料中，存放 5 个月后甜度损失 30％，按饮料保质期一年，其甜度变化不超过 1 度计算，则阿斯巴甜替代蔗糖的用量不能大于 20％。选择不同的配比，用于无糖碳酸饮料中的甜味剂，其结果见表 8-9。

表 8-9　无糖饮料中甜味剂的配比试验结果

配　比	阿斯巴甜（APM）	甜菊糖苷	AK 糖	口感（与糖液比较）	
				甜　度	口　味
a	10％	20％	70％	相同	一般
	0.10g	0.20g	0.70g		
b	15％	10％	75％	相同	一般
	0.15g	0.10g	0.75g		
c	15％	20％	65％	相同	较好
	0.15g	0.20g	0.65g		
d	20％	30％	50％	相同	甘味重
	0.20g	0.3g	0.50g		

最佳使用配比为阿斯巴甜 15％，甜菊糖苷 20％，AK 糖 65％。虽然阿斯巴甜和 AK 糖的口感较好，甜味纯，杂味少，但由于前者的稳定性较差，后者的 ADI 值较小，所以都不能大量使用。

九、复合甜味剂配方举例

复配型甜味剂按照形态不同可分为固态和液态两大类，其中固态包括颗粒状、粉末状及颗粒粉末状。复配型甜味剂一般具有下列特点：①糖精钠使用者不多；②甘草及其制剂大量采用；③柠檬酸钠普遍采用；④甜菊糖苷或其制剂有不少采用；⑤天然物包括糖类（如乳糖）乃至糊精等，主要作为填充料。

下面是复配型甜味剂（质量分数）的一些配方。

（1）颗粒状　糖精钠 20，干草制剂 1，柠檬酸钠 3，山梨糖醇 2，蔗糖脂肪酸酯 1，葡萄糖 73。

（2）粉末状　柠檬酸钠 20，谷氨酸钠 10，甘草抽提物和甜菊糖苷 55。

（3）粉末状　甘草制剂 30，柠檬酸钠 10，山梨糖醇 5，琥珀酸二钠 3，糊精等 52。

（4）颗粒状　甘草 10，柠檬酸钠 12，DL-丙氨酸 14，甘氨酸 63。

（5）颗粒状　甘草 10，柠檬酸钠 18，甜菊糖苷 1.7，甘氨酸 60.6，DL-丙氨酸 9.3，L-天冬氨酸钠 0.4。

（6）颗粒状　甘草 10，柠檬酸钠 18，甜叶菊 3.4，甘氨酸 58.9，DL-丙氨酸 9.3，L-天冬氨酸钠 0.4。

（7）粉末状　糖精钠 15，柠檬酸钠 5，葡萄糖 80。

（8）颗粒状　甘草 7，柠檬酸钠 10，甜菊糖苷 3.5，苹果酸钠 3，乳糖 76.5。

(9) 颗粒状　甘草4，甜菊糖苷11，苹果酸钠9，乳糖76。

(10) 粉末及颗粒状　糖精钠28，甘草3.5，乳糖50，山梨糖醇5，D-酒石酸钠3.5，果糖等10。（甜度为砂糖的100～150倍）

(11) 粉末及颗粒状　柠檬酸钠20，甜菊糖苷54，甘氨酸19，DL-丙氨酸5，琥珀酸二钠2。

(12) 粉末及颗粒状　甘草13，甜菊糖苷30，麦芽糖46.7，糊精10，食盐0.3。

(13) 粉末及颗粒状　甘草18，柠檬酸钠1.8，山梨糖醇26.4，磷酸二氢钾2.3，氯化铵1.9，天然物49.6。

(14) 粉末状　糖精钠20，柠檬酸钠3，谷氨酸钠3，琥珀酸二钠1，D-酒石酸2。

(15) 颗粒状　甘草10，柠檬酸钠18，甜菊糖苷1.7，甘氨酸60.6，DL-丙氨酸9.3，L-天冬氨酸钠0.4。

(16) 粉末状　糖精钠10，乳糖69，谷氨酸钠3，D-酒石酸氢钾3，无水柠檬酸3，食盐5。

(17) 颗粒状　糖精钠15，柠檬酸钠2，谷氨酸钠2，D-酒石酸3.5，5′-肌苷酸钠0.2，DL-丙氨酸2.3，琥珀酸钠0.2，乳糖74.8。

(18) 颗粒状　甘草10，柠檬酸钠8，甜菊糖苷1，味精2，DL-丙氨酸10，乳糖59，D-酒石酸钠10。

(19) 颗粒状　甘草13，柠檬酸钠15，甜菊糖苷3，D-酒石酸钠3，味精2，DL-丙氨酸25，乳糖39。

第九章

复合酸味剂

近年来，我国的酸味剂随着食品工业和饮料行业的发展，用量不断增加，可使用的品种已约有 20 种。酸味剂是饮料生产中除甜味剂外的另一种重要原料，酸味剂使饮料产生特定的酸味，改进饮料的风味；酸味是水果风味的重要组成部分，通过酸味的调节，可以改善饮料中糖的甜度、加强饮料的解渴效果；此外，饮料中的酸味剂还有一定的防腐作用。

几种有机酸复合并用时，对酸味一般没有显著增强的效果，但却可以调节酸味的味质而使之具有某种特点，因此饮料生产中常使用两种或两种以上的酸味剂。另外，甜味对酸味有减效作用，咸味对酸味有减效作用，苦味和涩味会使酸味增强。近年来，市场上有关复合酸味剂的产品越来越多，已出现了如"果冻专用复合酸味剂"、"软糖专用复合酸味剂"和"碳酸饮料专用复合酸味剂"等复合产品。

第一节　常用于复合的酸味剂

酸味是无机酸、有机酸及其酸性盐所特有的味。由于化学结构的不同，产生的酸味、敏锐度和显味速度不完全相同。饮料生产中使用的多数为有机酸，而且味质不尽相同，这与其阴离子的构成差异有关。通常羟基给以柔和感，羟基多的有机酸酸味较丰盈；羧基具有令人爽口的酸味；氨基产生鲜味。常用的酸味剂中柠檬酸、L-抗坏血酸、葡萄糖酸、苹果酸具有令人愉快的酸味；dl-苹果酸伴有苦味；磷酸、乳酸、DL-酒石酸、延胡索酸伴有涩味；醋酸具有很强的刺激性气味；谷氨酸和琥珀酸伴有鲜味和异味。

酸味剂是酸度调节剂的一种，不仅赋食品以酸味、控制食品体系的酸碱性，而且具有增进食欲的作用。对食品而言，酸味剂还可起到防腐的效果。酸味剂在食品中可作为香味辅助剂，广泛用于调香。许多酸味剂的应用都得益于特定的香味，如酒石酸可以辅助葡萄的香味，磷酸可以辅助可乐饮料的香味，苹果酸可以辅助许多水果和果酱的香味。食品体系中的一些金属离子，如镍、铬、铜、锡等能加速氧化作用，使食品褐变、腐败、营养素损失，而许多酸味剂具有络合金属离子的能力，因而具有阻止氧化或褐变反应的作用，与抗氧化剂结合使用可起到增效作用。酸味剂还具有还原特性，在果蔬汁加工中具有护色作用。

一、酸味剂的作用

酸味剂指能赋予食品酸味的食品添加剂，其作用除了改善食品风味外，有时还可调节食品的pH，用作抗氧化剂的增效剂，防止食品氧化褐变，如果蔬和肉制品护色、抑制微生物生长及防止食品腐败等，并可增进食欲、促进消化吸收。酸味剂按其组成可分为两大类：有机酸和无机酸。食品中天然存在的主要是有机酸，如柠檬酸、酒石酸、苹果酸、乳酸、乙酸等。目前，作为酸味剂使用的主要为有机酸。无机酸使用较多的仅有磷酸。

（1）调味　酸味剂能改善风味，使食品具有一定的酸味。可用于软饮料、果酱、果冻类食品中。只有解离度较小的酸（主要是有机酸）才适用作食品的酸味剂，盐酸和硫酸类解离度很高的无机酸因能引起质量的改变而一般不能应用。酸度的表示方法有两种，一种是滴定酸度，所表示的是全部氢离子，用摩尔滴定酸度来衡量各种酸的强弱，这对于制定新产品的配方是必需的。作为口感酸度，则与溶液的pH值有关，微生物的敏感性也与pH值直接相关，因此食品酸的另一表示方法是其在一定浓度下的pH值。人对酸的感受只有在低于pH5时才会有感觉，而当pH低于2.6时却难以承受了。

（2）作为化学膨松剂的主要成分之一　在酸提供氢离子的条件下，使碳酸氢钠类物质产生二氧化碳，从而达到面团蓬松的目的。

（3）抑制微生物的繁殖　在桃子等中等酸度的果蔬罐头中，可用酸来使其pH降至4.5以下，从而缓和杀菌条件，并可防止肉毒梭状芽孢杆菌类产毒细菌的生长，也可用作新鲜肉、禽、水产品的表面去污染剂。酸化也有利于苯甲酸等防腐剂的非解离度，从而提高抑菌效果。

（4）作为缓冲剂的主要成分之一　保证食品成品的pH值稳定，减少其变化范围。

（5）抗氧助剂、螯合作用和护色作用　抗坏血酸、柠檬酸、酒石酸等都是优良的抗氧化助剂，有的与促进氧化的金属离子结合，使金属离子失去催化能力，从而防止油脂的酸败、变味和变色等。有的酸可与抗氧化剂被氧化后的自由基作用，可使抗氧化剂获得再生，尤其是对酚型的抗氧化剂。

（6）在糖果生产中可使蔗糖发生有限的水解，从而防止因蔗糖结晶析出而发砂。

二、酸味剂的应用技术

近几年来，我国酸味剂随着食品工业、饮料行业的发展，用量和品种不断增加。由于其化学结构的不同，可产生不同的酸味、敏锐度和显味速度。如柠檬酸、L-苹果酸、维生素C、葡萄糖酸所产生的是一种令人愉快的，兼有清凉感的酸味，但味觉迅速消失；DL-苹果酸所产生的是一种略带苦味的酸味，这使它在某些饮料和番茄制品中比柠檬酸更受欢迎，其酸味也比柠檬酸强得多，并能维持更长的味感。如用以代替柠檬酸，用量可降低 25%，但它在低温时溶解度较小，故适合于热饮食品，如用于胶姆糖则可获得较持久的风味感；磷酸和酒石酸兼有较弱的涩味，这使它们在乳饮料、可乐类饮料和葡萄、菠萝类制品中产生"天然酸味"的感觉；醋酸和丁酸有较强的刺激味，它们在泡菜、合成醋、干酪等食品中有强化食欲的功能。尽管高浓度的丁酸兼有食品酸败的风味（干酪风味），但低浓度时却可产生诱人的奶油香味。琥珀酸兼有海参和豆酱类风味，因此常被用于一些复合调味品的配制；乳酸的酸味柔和，具后酸味，与醋酸合用于泡菜，可提供柔和的风味，并提高制品的防腐效果。酒石酸带有较强的水果风味，比柠檬酸强 10%。葡萄糖酸内酯只有在水中缓慢水解为葡萄糖酸后，才产生酸味和酸的作用，因此其酸化作用是渐进的，这有利于蛋白质的缓慢凝固。磷酸虽为无机酸，但其解离度不比有机酸高多少，而所产生酸味强度为柠檬酸和苹果酸的 2.0～2.5 倍，因而在一些软饮料中得到广泛应用。

使用酸度调节剂时应注意其风味对产品风味的影响。酸味剂和甜味剂之间有消杀作用，两者相互抵消，故食品加工中需要控制一定的糖酸比。酸味与甜味相互间存在着减效作用。甜味物质中加少量酸则甜味感觉减弱，在酸中加甜味物质则酸味感减弱。酸味中加少量盐则酸味减弱，但在食盐中加少量酸则咸味增强。酸中有少量的苦味或涩味物质时会使酸感增强。对柠檬、葡萄柚等水果，适当的苦味与酸味相配合，才能使其风味得到表现。许多酸度调节剂可以作为香味辅助剂，以突出产品独特的香味。酸度调节剂还能够平衡风味，修饰甜味剂不愉快的后味。在果蔬加工中，酸度调节剂可用作金属离子螯合剂、缓冲剂、护色剂等。由于酸度调节剂能与富含纤维素、果胶等果蔬原料作用，在生产工艺中一定要注意正确的加入程序和加热时间，以免产生不良影响。

三、常用于复合的酸味剂

酸味是无机酸、有机酸及其酸性盐所特有的味，呈酸味是氢离子。一般在同浓度下电离度大的酸，由于其氢离子浓度高，所以酸味表现也较强。饮料中使用的有机酸有多种，这些有机酸的味质不尽相同，这与阴离子构成的不同有关，如羧基和羟基的位置和数量，即为一个重要因素。通常羟基给以柔和感，其数目越多，则酸味料丰盈。饮料生产中常用的酸味剂有柠檬酸、酒石酸、苹果酸、富马酸、乳酸、葡萄糖酸、磷酸等。

（一）柠檬酸

柠檬酸（citric acid）是食品工业中用量最大的酸味剂。柠檬酸易溶于水、乙醇，溶于乙醚。无水柠檬酸在水中溶解度很大，此外柠檬酸及其衍生物（如柠檬酸脂）的丙二醇溶液还可溶于油脂。由于水溶性和脂溶性较好，柠檬酸易均匀地分散于各类食品中。柠檬酸酸味纯正，温和芳香，在所有有机酸中是最可口的，并能与多种香料混合产生清爽的酸味，故适用于许多食品。同时由于柠檬酸的弱酸性，在一定 pH 范围内能抑制细菌繁殖，可起到防腐作用。

柠檬酸常与酒石酸、苹果酸配合使用而使产品风味丰满，它可通过释放氢离子降低食品 pH 值，还有抑菌、杀菌的作用。在食品中添加柠檬酸可降低蔗糖的转化，增强防腐剂的功效，提高香料的风味，稳定抗氧化剂，阻抑酶的催化和微量金属引起的催化氧化等。添加柠檬酸时不应与山梨酸钾、苯甲酸钠同时添加，可分开添加。

按我国食品添加剂使用卫生标准，柠檬酸可用于果酱类、饮料、罐头、糖果、糕点馅、羊奶等，使用量可根据正常生产需要确定；柠檬酸也可用作复配薯类淀粉漂白剂的增效剂，最大使用量为 0.02g/kg。

柠檬酸是应用最为广泛的酸味剂，具有圆润、滋美、爽快的酸味，特别适用于柑橘类饮料。其他饮料中也可单独使用或合并使用。柠檬酸在饮料中的使用量为 0.1%~0.3%，具体用量要根据饮料的品种，结合饮料甜酸比加以确定。若饮料中添加了山梨酸钾作为防腐剂时，使用柠檬酸作为酸味剂时需注意，因为两种溶液同时添加混合会形成难溶解的山梨酸晶体，导致其分散不均，影响饮料感官品质和山梨酸钾的防腐效果。

柠檬酸具有螯合作用，具有清除金属的性能。它与抗氧化剂混合使用，能对金属离子进行钝化，起到增效、协同的作用。柠檬酸可以减少水产品如蟹肉、虾、龙虾、蚝等罐头在罐装及速冻过程中的退色和变味。罐装或速冻前将海产食品浸入0.25%~1%柠檬酸液中，可以螯合食物中的铜、铁等金属杂质，避免这些金属将食品变成蓝色或黑色。柠檬酸所具有的螯合作用和调节 pH 值的特性，在速冻食品的加工中能增加抗氧剂的性能及停止酶活性使食品保存期延长。柠檬酸也能制止速冻水果变色变味，它的功能是防止酶催化和金属催化引起的食品的氧化作用。

（二）酒石酸

酒石酸（tartaric acid）为无色半透明结晶颗粒或白色结晶性粉末，无臭，具有稍涩的收敛味，酸感强度是柠檬酸的 1.2~1.3 倍。酒石酸的一般使用量为 0.1%~0.2%，通常在葡萄饮料中使用，一般较少单独使用，多与柠檬酸、苹果酸等并用为好，宜于制造固体饮料。

酒石酸在葡萄中含量最多，游离或成盐存在。葡萄果汁在冷暗处保存则有酒石析出。工业上常用葡萄酿酒沉淀的酒石经酸解制备酒石酸。

酒石酸与抗坏血酸、柠檬酸等一样也是优良的抗氧化助剂，可与促进氧化的金属离子结合，使金属离子失去催化能力，从而防止油脂的酸败、变味和变色等。可与抗氧化剂被氧化后的自由基作用，从而使抗氧化剂获得再生，尤其对酚型的抗氧化剂作用更佳。

L(+)-酒石酸广泛应用于医药、化工、食品等各项领域，并有不可替代性。用化学方法合成的都是消旋酒石酸，而人体及动物体中存在的却是有单一旋光性的，即 L(+)-酒石酸，所以只有单一旋光性的酒石酸或消旋酒石酸拆分开才可将其安全地用到食品、医药行业而不会对生命体产生危害。

酒石酸可作增香剂、速效蓬松剂的酸性物料。用于饮料时，多与柠檬酸、苹果酸等合用，用量为 0.1%~0.2%，最适合用于葡萄汁及其制品；作为增香剂参考用量为软饮料 960mg/kg、冷饮 570mg/kg、糖果 5400mg/kg、胶姆糖 3700mg/kg。DL 型为无色透明晶体或白色结晶粉末，可作为乳化剂，低温时溶解度低且易生成不溶性钙盐，但在发泡粉末果汁中使用 10%～20%，比 D 型稳定。酒石酸的产品 pH 值在 2.8～3.5 时较合适，对浓缩番茄制品则以保持不高于 4.3 为好，一般用量 0.1%～0.3%。

(三) L-苹果酸

L-苹果酸（L-malic acid）在果蔬饮料中是常用的酸度调节剂。苹果酸可从天然物中提取，或采用发酵、合成等方法制备。极易溶于水，也溶于乙醇，不潮解。苹果酸可以单独或与柠檬酸合并使用，因为其酸味比柠檬酸刺激性强，因而对使用人工甜味剂的饮料具有掩蔽后味的效果。

L-苹果酸是一种酸性较强的有机酸。自然界存在的苹果酸都是 L-型，苹果、樱桃、葡萄、柠檬等水果中含有丰富的苹果酸，尤其是未成熟的苹果中含有 0.5% 左右的有机酸，其中苹果酸占 97.2% 以上，苹果酸因此而得名。L-苹果酸口感接近天然苹果的酸味，与柠檬酸相比，具有酸度大、味道柔和、滞留时间长的特点。L-苹果酸阈值（最初感觉到酸味的浓度）为 0.0019%，其酸味度比柠檬酸高。几种食用有机酸的酸味度见表 9-1，表中数据表明，添加 100g 苹果酸比添加 100g 柠檬酸几乎要强 1.25 倍，或者说 80g 的苹果酸和 100g 的柠檬酸形成的酸味强度是相当的，因此要达到相同的酸味强度使用 L-苹果酸可以减少用量 20%。目前 L-苹果酸已广泛用于高档饮料、食品等行业，已成为继柠檬酸、乳酸之后用量排第三位的食品酸味剂。

表 9-1　几种主要食用有机酸的酸味度

有机酸名称	酸味度	相当于 100g 柠檬酸酸味度的添加量/g
柠檬酸(一水)	100	
苹果酸	125	80
柠檬酸(无水)	110	90
酒石酸	130	77
乳酸(50%)	60	160
富马酸	165	55

注：酸味度是指将 100g 一水柠檬酸所得到的酸味强度定为 100，而其他有机酸为 100g 所得到的酸味强度与之比较所得到的数值。

苹果酸的味觉与柠檬酸不同，柠檬酸的酸味有迅速达到最高并很快降低的特点，苹果酸则刺激缓慢，不能达到柠檬酸的最高点，但其刺激性可保留较长时间，就整体来说其效果更大。苹果酸可单独使用，也可与柠檬酸并用，可使饮料产生独特的风味，一般使用量为 0.05%～0.5%。由于苹果酸的酸味比柠檬酸刺激性强，因而对使用人工甜味剂的饮料具有掩蔽后味的效果，可用于果汁和清凉饮料中。

苹果酸具有明显的呈味作用，其酸味柔和、爽快，与柠檬酸相比具有刺激缓慢、保留时间长的特点，具有特殊的香味，并且不损伤口腔和牙齿。苹果酸与柠檬酸配合使用，可以模拟天然果实的酸味特征，使口感更自然、协调、丰满。清凉饮料、粉末饮料、乳酸饮料、乳饮料、果汁饮料中均可添加苹果酸改善其口感和风味，苹果酸常与人工合成的二肽甜味剂阿斯巴甜配合使用，作为软饮料的风味固定剂。也可用作天然果子露保色剂、蛋黄酱乳稳定剂、果酱调整剂、甜味辅助剂、酵母生长促进剂等。

(四) 富马酸

富马酸 (fumaric acid) 为白色结晶粉末，无臭，有特异酸味。相对密度 1.635，熔点 287～302℃，290℃分解，加热至 230℃以上时，先转变为顺丁烯二酸，然后失水生成顺丁烯二酸酐，与水共煮可得苹果酸。富马酸微溶于水 (0.63g/100ml，25℃；9.8g/100ml，100℃)，溶于乙醚，丙酮，极难溶于氯仿。

富马酸具有独特的酸味，酸味约为柠檬酸的 1.8 倍。因富马酸难溶于水，因此常将其制成微粉，基本上不单独使用，多与其他酸味剂并用从而使酸味更趋完美。由于富马酸不吸湿，因此也用于粉末发泡饮料。

富马酸通常与柠檬酸等其他有机酸一起配合使用，用于清凉饮料和果汁中，其最大用量为汽水 0.3g/kg、果汁 0.6g/kg。作增味剂用于口香糖最大用量为 4g/kg。也有资料报道，富马酸具有抗氧化、抗腐和调和酸味等多重作用，且成本低，无毒副作用，是一种值得在果肉饮料中推广使用的新型食品酸味剂。

(五) 磷酸

磷酸 (phosphoric acid) 是一种无机酸，具有强的收敛味和涩味，酸味较柠檬酸强烈。在非果味汽水中，用磷酸作酸味剂可以和叶、根、坚果或草味的香气有较好的调和，特别是在可乐型汽水中，磷酸提供一种独特的酸味，且可以和可乐型香精很好地调和。

磷酸可用作调味料、罐头、饮料的酸味剂，可用作螯合剂、抗氧化增效剂和 pH 值调节剂及增香剂。磷酸为无机酸，一般认为其风味不如有机酸好，所以应用较少，但它是构成可乐风味不可缺少的风味促进剂。

磷酸可在复合调味料、罐头、可乐型饮料、干酪、果冻中按生产需要适量使用。在饮料业由于其特殊的风味和酸味可用于可乐香型碳酸饮料，在酿造业可作 pH 调节剂，在动物脂肪中可与抗氧化剂并用，在制糖过程中作蔗糖液澄清剂及酵母厂作酵母营养剂等。在可乐饮料中用量为 0.2～0.6g/kg，也可用于某些清凉饮料中，如酸梅汁中部分代替柠檬酸；用于虾或对虾罐头为 0.85g/kg；用于蟹肉罐头为 5g/kg；作为糖果、烘焙食品和食用油脂的抗氧化剂，其用量为 0.1g/kg。

(六) 乳酸

乳酸又名 2-羟基丙酸，为无色或浅黄色的糖浆状液体，是乳酸和乳酸酐的混合物。一般乳酸的浓度为 85%～92%，几乎无臭，味微酸，有吸湿性，可与水、乙醇、丙酮任意混合。乳酸的味质有涩、软收敛味，与水果中所含酸的酸味不同。主要用于乳酸饮料，常与柠檬酸等酸味剂并用。

乳酸在自然界中广泛存在，是世界上最早使用的酸味剂。乳酸添加于果酱、果冻时，其添加量以保持产品的 pH 值为 2.8～3.5 较合适；用于乳酸饮料和果味露时，一般添加量为 0.4～2.0g/kg，且多与柠檬酸并用；用于配制酒、果酒调酸时，配制酒约添加 0.03%～0.04%，果酒中一般使酒中总酸度达 0.55～0.65g/100ml。我国《食品添加剂使用卫生标准》(GB 2760—1996) 规定：本品可在各类食品中按生产需要适量使用。

(七) 葡萄糖酸

葡萄糖酸的酸味约为柠檬酸的一半，具有和柠檬酸相似的柔和的酸味，常与其他酸味剂并用。

另外，前面也提到过，食用有机酸往往能作为螯合剂使用，这时也就经常需要复合添加使用。食品中常用的螯合剂有食用有机酸（多元羧酸，包括草酸、苹果酸、酒石酸和琥珀酸），磷酸及其钠、钾、钙盐（尤其是各种聚磷酸盐、偏磷酸盐和焦磷酸盐）和乙二胺四乙酸盐（EDTA）及二钠钙盐、葡萄糖酸内酯等。以柠檬酸及其衍生物的螯合能力最强（在有机酸范围内），应用也较广泛。螯合剂作为配体，一般与金属离子形成五元环或六元环物质。

四、酸味剂的发展趋势

酸味剂在食品工业中应用极为广泛，它是食品、饮料工业的重要原料之一。其中柠檬酸居世界酸味剂市场之首。过去几年来全球年消耗柠檬酸平均在 50 万吨左右。乳酸约 20 万吨，富马酸、酒石酸、马来酸和苹果酸味剂消费量均低于 5 万吨。美国是全球最大酸味剂市场，柠檬酸的消耗量最大，磷酸则为美国饮料行业使用的第二大酸味剂，它们主要用于生产颇受美国人喜爱的可乐类软饮料。我国目前仍以柠檬酸为主，生产能力 1991 年为 6.5 万吨，至 2009 年已增至 76 万吨，其他各种酸产量相对较小。

相比之下，柠檬酸用途要广泛得多，它可用于包括碳酸饮料、果汁冷饮及口香糖、甜食之类饮料与食品中。在饮料领域除用于传统的汽水类碳酸饮料外，近几年来还被用于生产"即饮茶"（ready tea）。它是采用印度或斯里兰卡红茶汤加入适量柠檬酸和甜味剂（如阿斯巴甜）配制而成、口感酸甜又有茶香味，上市以后颇受消费者欢迎，每年要销售数亿罐。

由于苹果酸的酸味柔和，持久性长，从理论上说，苹果酸可以全部或大部分取代用于食品及饮料中的柠檬酸，但由于柠檬酸的应用历史悠久，已被公认为许多食品酸的标准，所以苹果酸在酸味剂市场中的地位很难超过柠檬酸。苹果酸和柠檬酸在获得同样效果的情况下，苹果酸用量平均可比柠檬酸少 8%～12%（质量）。虽然美国大多数食品饮料厂一般不愿轻易改用苹果酸替代柠檬酸，但一些低热量饮料生产厂已用苹果酸代替柠檬酸，原因是苹果酸能掩盖一些蔗糖的代替物所产生的后味。同时苹果酸用于水果香型食品（特别是果酱）、碳酸饮料及其他一些食品中，可以有效地提高其水果风味，因此美国市场上的新型食品和饮料已成为苹果酸的主要用户。碳化和非碳化饮料、糖果、糖浆、蜜饯等食品中苹果酸的用量也将会有所增加，因为消费者对风味的要求也在明显改变。

值得注意的是，马来酸已成为食品饮料工业中的新型酸味剂。马来酸原系从水果中提取所得的一种天然有机酸。现主要通过化学合成方法制取。食品、饮料中添加适量马来酸可提供特殊的果香味并改善口感。目前马来酸主要用于果汁、即饮茶、橘子汁、运动饮料及其他各种强化果味饮料与食品。

富马酸近几年来在国际市场上销售增长较快。富马酸的口感与马来酸接近但其耐热性较好，可用于生产需要高温烧烤的食品中。许多低浓度的富马酸可用来替代柠檬酸，在美国曾广泛用于固体饮料。但由于其溶解度低，而且酸味刺激性较强，要真正打进柠檬酸所占据的市场，必须克服在低温条件下水中溶解度低的弱点。目前美国已有公司生产一种能溶于水的改良酸，由富马酸与其他一些成分复合而成。这种改良酸主要用于固体饮料和一些政府规定允许的食品中。

来自葡萄酒发酵时沉淀产品中的酒石酸是一种古老的食用酸味剂。近几年来酒石酸在食品与饮料中的用量逐年递增。法国、西班牙、意大利和美国等葡萄酒生产大国也是世界主要酒石酸产地，国际市场上酒石酸主要来自这些国家。我国早已把酒石酸列入食品添加剂使用卫生标准，使用范围与柠檬酸相同，但酒石酸的真正应用还刚刚开始。国内目前酒石酸的生产主要采用马来酸酐与过氧化氢反应制取顺式环氧琥珀酸，再经水解酶作用制得消旋酒石酸，产品存在成本高、产量低等缺点，亟待开发成本低的酒石酸生产工艺。

世界酸味剂市场充满活力，可以预见的是未来柠檬酸将继续居酸味剂市场首位，而马来酸、富马酸等酸味剂在酸味剂市场上也很受欢迎，销量迅速上升并对原来的市场形成新的冲击。

第二节　复合酸味剂

碳酸饮料中常用的酸味剂是柠檬酸及苹果酸，可乐型碳酸饮料中常用磷酸。柠檬酸是碳酸饮料中使用最为普遍的酸味剂，可以单独使用；苹果酸的刺激性较柠檬酸强，对使用人工甜味剂的饮料具有掩蔽后味的作用。在葡萄味饮料中，可采用酒石酸，但以和柠檬酸、苹果酸并用为好。酸度调节剂的使用可得到口味适宜的饮料制品。

一、有机酸类复合酸味剂

一般果酸，如苹果酸、酒石酸、柠檬酸等都具有增强食品风味的性能。柠檬酸能增强草莓汁的风味，果酸与乳酸配合能改善豆制品风味。顺丁烯二酸和反丁烯二酸能抑制大蒜的异味，谷胱甘肽能增强肉类风味，醋酸盐能增强鸡肉和发酵制品的风味等。

琥珀酸即丁二酸，还可作为增味剂经常用于酒类、清凉饮糖果等食品中。其钠盐用于酿造品以及肉制品中，与其他增味剂合用效果更加显著。琥珀酸在过去是由蒸馏琥珀而得，现在都采用合成法制备。在使用中，琥珀酸耐热性好，而琥珀酸及其钠盐的溶液的 pH 不同，所以要根据食品工艺中 pH 的需要选择。在使用特性上，琥珀酸呈味能力较其钠盐强，琥珀酸一钠的呈味能力只有琥珀酸的四分之一，二钠盐则只有八分之一。琥珀酸与味精一起使用有协同效应，但是不能超过味精的十分之一，否则两者将产生消杀作用。因为琥珀酸酸性较强，它可以使味精变成谷氨酸而减低呈味能力，同时自身变成钠盐亦减少了自身的鲜味。琥珀酸与核苷酸类增味剂也有协同效应，但效果不太明显。

二、其他形式的复合酸味剂

前面提到过，抗坏血酸、柠檬酸、酒石酸等都是优良的抗氧化助剂，有的与促进氧化的金属离子结合，使金属离子失去催化能力，从而防止油脂的酸败、变味和变色等；有的酸可与抗氧化剂被氧化后的自由基作用，从而使抗氧化剂获得再生，尤其对酚型的抗氧化剂。另外，酸对解脂酶有钝化作用，故当酸味剂与抗氧化剂合用时，两者的用量可低于任何一种单用时的用量。此外，也可因自身与氧直接作用而避免食品的氧化，从而起到防止酶性褐变和酚类氧化等护色作用，如抗坏血酸可通过柠檬酸的强还原作用，给抗坏血酸提供一个稳定的环境。

另外，一些酸味剂还是化学膨松剂的主要组成成分，只有在酸提供氢离子的条件下，才能使碳酸氢钠之类化合物产生二氧化碳，从而达到面团膨松的目的。

三、一种新型复合酸味剂

该新型复合酸味剂为白色粉末或颗粒。有强酸味，在水中有较好的溶解性。组成：苹果酸、速溶富马酸和其他食品添加剂。该新型复合酸味剂可提供愉快而新鲜的酸味，可以完全取代柠檬酸。作为食品添加剂，酸味及口感均大大优于柠檬酸，广泛用于食品及饮料作调酸及保鲜用，酸味柔和持久且用量比柠檬酸少，是一种性能优良的酸味剂。

该酸味剂是根据各单体酸味剂的酸味及口感，经科学方法配制而成的酸味剂，不仅具有酸味响应快速的特点，而且持久。虽然柠檬酸酸味响应快速，但很快达到酸值最高点，而后快速下降并消失，因此易掩盖某些食品的甜味及香味，导致甜味剂及香味剂使用量加大。同时当与合成甜味剂共同使用时，会表现出后苦味。该复合酸味剂不仅克服了柠檬酸的缺点，也充分发挥各单体酸的优点，而且达到理想的口感。同时由于酸味较强，$0.65\%\sim0.70\%$的复合酸味剂即相当于1%的柠檬酸的酸味，可节省30%左右的柠檬酸。

四、复合酸味剂配方举例

（1）复合酸味剂配方1　富马酸78份；富马酸一钠：1份；多聚磷酸钠0.5份；葡萄糖酸0.5份。

（2）复合酸味剂配方2　柠檬酸16份；苹果酸7份；乳酸2份。

（3）复合酸味剂配方3　柠檬酸13份；苹果酸7份；乳酸2份；葡萄糖酸0.5份。

（4）复合酸味剂配方4　柠檬酸2份；富马酸1份。

（5）复合酸味剂配方5　柠檬酸16份；苹果酸3份；酒石酸1份。

（6）复合酸味剂配方6　柠檬酸2份；苹果酸1份。

制作方法：以上各组分按配方比例混合均匀即可。

第十章

复合鲜味剂

鲜味剂按其化学性质的不同主要分 3 类：氨基酸类、核苷酸类及其他。氨基酸类主要是 L-谷氨酸单钠盐，核苷酸类主要有 5′-肌苷酸二钠和 5′-鸟苷酸二钠。近年来人们也开发出许多复合鲜味料。利用天然鲜味抽提物如肉类抽提物、酵母抽提物、水解动物蛋白及水解植物蛋白等和谷氨酸、5′-肌苷酸钠和 5′-鸟苷酸钠等，以不同的组合配比，制成适合不同食品使用的天然复合鲜味剂。

一些鲜味剂之间存在显著的协同增效效应。这种协同增效不是简单的叠加效应，而是相乘的增效。在食品加工或在家庭的食物烹饪过程中并不单独使用核苷酸类调味品，一般是与谷氨酸钠配合使用，并有较强的增鲜作用。市场上的强力味精等产品就是以谷氨酸钠和 5′-核苷酸、水解蛋白、酵母抽提物等复配，可增强其鲜味强度且鲜味更加圆润可口。另外，如 5′-肌苷酸二钠具有特殊的鲜味，一般可作为汤汁和烹调菜肴的调味用，较少单独使用，多与味精复合使用，可显著增加鲜味。呈味核苷酸二钠主要由 5′-鸟苷酸二钠和 5′-肌苷酸二钠组成，与味精复配可得到超鲜味精，称为第二代味精或复合味精。复合味精比单纯味精在鲜味、风味和生产成本等方面有独特的优点，有可能逐步取代味精在市场上所占的主导地位。

第一节　常用于复合的鲜味剂

我国国标规定可以使用的鲜味剂主要有五种，即 MSG（L-谷氨酸钠）、IMP（5′-肌苷酸二钠）、GMP（5′-鸟苷酸二钠）、I+G（IMP+GMP）和干贝素（琥珀酸钠）。MSG 属于氨基酸类鲜味物质；IMP、GMP、I+G 等属于核苷酸类鲜味物质；干贝素（琥珀酸钠）属于有机酸类鲜味物质。这些物质在鲜味强度上各有不同，通常是以味精鲜度作为参照物，将纯度为 100% 的味精鲜度定义为 100°，从而可以对比评价不同纯度的味精及其他鲜味物质的鲜度。20 世纪 70 年代后期，人们开发出比味精更鲜的物质——鲜味核苷酸，虽然它们单独使用时并不是很鲜，但当与味精混合使用时，则具有强大的增鲜功能，可使混合物鲜度提高到 10000°或以上，即鲜度可达味精的 100 倍或以上。按相应的比例推算，IMP 的鲜度约为 4000°，而 GMP 的鲜度更高达 16000°。

一、鲜味剂的分类

鲜味剂按其化学性质的不同主要分两类：氨基酸类和核糖核苷酸类。

氨基酸类鲜味剂主要有 L-谷氨酸钠（Mono-sodium glutamate，MSG）、L-天门冬氨酸钠（Sodium aspavtate）、L-丙氨酸（L-alanine）、甘氨酸（Glycine）。核糖核苷酸类鲜味剂主要有 5′-肌苷酸二钠（Sodium 5′-inosinate，IMP）、5′-鸟苷酸二钠（Disodinm 5′-gnanylate，GMP）、琥珀酸（SucciniC acid）及其钠盐。水解蛋白、酵母抽提物含有大量的氨基酸、核糖核酸，它们属于复合鲜味剂。

近年来，人们对许多天然鲜味抽提物很感兴趣，如肉类和酵母的抽提物、动植物蛋白的水解物与谷氨酸钠、5′-肌苷酸钠和 5′-鸟苷酸钠等以不同的组合和配比，制成适合不同食品使用的复合鲜味剂，包括复配型和天然型两类。

天然的复合鲜味剂包括萃取物和水解物两类，前者包括各种肉、禽、水产、蔬菜（如蘑菇）等萃取物，后者包括动物、植物和酵母的水解物。从它们的化学组成来看，主要的鲜味物质是各种氨基酸和核苷酸，但由于比例的不同和少量其他物质的存在，因此呈现出各不相同的鲜味和风味。水解植物蛋白中含有较多谷氨酸和天门冬氨酸，故鲜味强烈。

萃取物一般用水作萃取剂，然后浓缩至一定浓度。工业上大多利用罐头或干制品预煮汁经脱脂等工序加工而成。水解制品一般用酸法、酶法或自溶法（酵母）水解后精制而成。

二、鲜味剂的一般性质

（一）谷氨酸钠

谷氨酸钠即 L-谷氨酸一钠，别名味精、麸氨酸钠，分子式：$C_5H_8NaO_4 \cdot H_2O$；相对分子质量：187.13。化学结构式：$HOOC—CNH_2H—CH_2H—CH_2—COONa \cdot H_2O$，无色至白色结晶或晶体粉末，无臭，微有甜味或咸味，有特有的鲜味，易溶于水（7.71g/100ml，20℃），微溶于乙醇，不溶于乙醚和丙酮等有机溶剂。相对密度1.65，无吸湿性。以蛋白质组成成分或游离态广泛存在于植物组织中，100℃下加热3h，分解率为 0.3%，120℃失去结晶水，在 155～160℃或长时间受热，会发生失水生成焦谷氨酸钠，鲜味下降。L-谷氨酸钠是目前应用于食品中的一种最主要的增味剂，也广泛用作复配其他鲜味剂的基础料，第 2 代、第 3 代及第 4 代味精均以谷氨酸钠为主料。目前世界味精总产量已超过 200 万吨。由于很多国家并不以味精作为调味品，因而市场相对较小，尽管味精总产量仍有增长趋势，但市场已进入饱和期。

（二）L-丙氨酸

L-丙氨酸具有甜及鲜味，与其他鲜味剂合用可以增效。分子式：$C_3H_7NO_2$；相对分子质量：89.09，结构式：$CH_3NH_2CHCOOH$，熔点：297℃分解，属于非必需氨基酸，是血液中含量最多的氨基酸，有重要的生理作用。用于鲜味料中的增效剂。

（三）甘氨酸

甘氨酸是结构最简单的氨基酸，广泛存在于自然界，尤其是在虾、蟹、海胆、鲍鱼等海产及动物蛋白中含量丰富，是海鲜呈味的主要成分。我国已达到年产量3000t左右，分子式：$C_2H_5NO_2$；结构式：H_2NCH_2COOH；相对分子质量：75.1；熔点：292℃分解。甘氨酸作为鲜味剂，在软饮料、汤料、咸菜及水产制品中添加甘氨酸可产生出浓厚的甜味并去除咸味、苦味。与谷氨酸钠同用增加鲜味。

（四）5′-肌苷酸钠

5′-肌苷酸钠为无色至白色结晶或晶体粉末，平均含有7.5个分子结晶水，化学式为$C_{10}N_{11}Na_2O_8P \cdot 7.5H_2O$；无臭，呈鸡肉鲜味，熔点不明显，易溶于水（13g/100ml，20℃），微溶于乙醇，不溶于乙醚。稍有吸湿性，但不潮解。对热稳定，在一般食品的pH值范围（4～6）内100℃加热1h几乎不分解；但在pH3以下的酸性条件下，长时间加压、加热时，则有一定分解。5%水溶液的pH值为7.0～8.5。目前世界上核苷酸年产量近10000t，国内也已有厂家生产。

（五）5′-鸟苷酸钠

5′-鸟苷酸钠为无色至白色结晶或晶体粉末，平均含有7个水分子，呈鲜菇鲜味。易溶于水，微溶于乙醇，5%水溶液pH值7.0～8.5。分子式：$C_{10}H_{12}N_5Na_2O_8P \cdot 7H_2O$；相对分子质量：533.1。

50%5′-肌苷酸（IMP）+50%5′-鸟苷酸（GMP）简称I+G，为5′-L-肌苷酸钠与5′-L-鸟苷酸钠等重的混合物。是目前销售前景最好的鲜味剂。必须指出的是，核苷酸类鲜味剂对酶表现出较差的稳定性，很容易被分布在天然食品中的磷酸酯酶分解，转换成不呈鲜味的物质。

（六）琥珀酸及其钠盐

琥珀酸及其钠盐均为无色至白色结晶或结晶性粉末，易溶于水，不溶于酒精。水溶液呈中性至微碱性，pH7～9，120℃失去结晶水，味觉阈值0.03%。主要存在于鸟、兽、鱼类的肉中，尤其是在贝壳、水产类中含量甚多，为贝壳肉质鲜美之所在。商品名称干贝素或海鲜精。

第二节 复合鲜味剂

鲜味物质通常不宜单独使用，只有同其他呈味物质如咸味物质配合使用时，方可交相生辉，故有"无咸不鲜"，"无甜不鲜"的说法。另外，由于鲜味剂之间存在显著的协同增效效应，因此，人们在食品加工或在家庭的食物烹饪过程中已逐步增加对复合鲜味产品的选用，而减少使用单一类别的鲜味剂。如市场上的强力味精等产品就是以味精和鲜味核苷酸配制的复合鲜味剂。此外，琥珀酸钠、鲜味核苷酸、水解蛋白、酵母抽提物等之间的复配，也可增强产品的鲜味强度，并使鲜味更加圆润可口。总之，随着鲜味科学技术的不断发展，人类将可以不断享受到更好的"口福"。

复合鲜味剂是由两种或多种增味剂复合而成。大多数是由天然的动物、植物、微生物组织细胞或其细胞内生物大分子物质经过水解而制成。复合增味剂可根据不同食品的不同需要，进行不同的组合和配比。例如，谷氨酸钠中加入 1%～12% 的肌苷酸钠混合而成强力味精等。

将两种或两种以上增味剂复合使用，往往具有协同增效作用，可提高增鲜效果，降低鲜味阈值，很受人们欢迎。例如：$5'$-肌苷酸二钠的鲜味阈值为 0.025%，$5'$-鸟苷酸钠的鲜味阈值为 0.0125%、$5'$-肌苷酸二钠与 $5'$-鸟苷酸二钠以 1：1 混合时，其鲜味阈值降低到 0.0063%。再如，谷氨酸钠与 5% 的 $5'$-肌苷酸二钠复合，其鲜味强度可提高到谷氨酸钠的 8 倍。谷氨酸钠与肌苷酸钠以 1：1 混合时，鲜味强度可达到谷氨酸钠的 16 倍。

许多天然鲜味抽提物和水解产物都属于复合增味剂，例如，各种肉类抽提物、酵母抽提物、水解动物蛋白、水解植物蛋白、水解微生物蛋白等。

一、鲜味剂的协同增效效应

一些鲜味剂之间存在显著的协同增效效应。这种协同增效不是简单的叠加效应，而是相乘的增效。在食品加工或在家庭的食物烹饪过程中并不单独使用核苷酸类调味品，一般是与谷氨酸钠配合使用，并有较强的增鲜作用。12%GMP：88%MSG，相当于 MSG9.9 倍的鲜度；12%（I＋G）：88%MSG，相当于 MSG8.1 倍的鲜度。GMP、I＋G、MSG 之间的增鲜效应见表 10-1。市场上的强力味精等产品就是以谷氨酸钠和 $5'$-核苷酸配制的复合鲜味剂。琥珀酸钠，$5'$-核苷酸、水解蛋白、酵母抽提物之间复配，可增强其鲜味强度且鲜味更加圆润可口。

表 10-1　鲜味剂的增鲜效应

GMP：MSG	增味倍数	(I＋G)：MSG	增味倍数
12%：88%	9.9	12%：88%	8.1
8%：92%	8.4	8%：92%	7.1
5%：95%	6.8	5%：95%	5.9
4%：96%	6.2	4%：96%	5.3
2%：98%	4.6	2%：98%	4.0
0%：100%	1.0	0%：100%	1.0

自从 20 世纪 60 年代确定核苷酸中的 $5'$-肌苷酸钠（IMP）和 $5'$-鸟苷酸钠（GMP）也具有鲜味以来，人们对它们的化学结构、理化性质、呈味特点，实际运用等方面进行了研究，在讨论其呈味特点时，往往特别强调它们与谷氨酸钠（MSG）混用时的协同效应，并辅以实验数据（详见表 10-2）证明之。刘长鹏在对进行回归分析后发现，复合鲜味剂中的 $5'$-核苷酸钠种类及其所占比例是影响复合鲜味剂协同效应的两大因素。

表 10-2　味精与不同量 5′-核苷酸钠混合后的协同效应

比例/%		相对鲜味强度度/(y)		
MSG	5′-核苷酸钠(x)	MSG+IMP(A)	MSG+GMP(B)	MSG+IMP+GMP(C)
98	2	3.2	4.6	4.0
97	3	3.8	5.5	4.7
96	4	4.3	6.2	5.3
95	5	4.7	6.8	5.9
94	6	5.0	7.4	6.3
92	8	5.7	8.4	7.1
88	12	6.7	9.9	8.4

注：相对鲜味强度：指混合后鲜味强度与纯 MSG 鲜味强度之比。

5′-核苷酸钠是 IMP、GMP 或两者混合物（IMP+GMP）的统称，它们与 MSG 混合时所占的比例在回归分析中用 x 表示。复合鲜味剂是由 MSG 与 5′-核苷酸混合而成，分 A、B、C 三种。A 由 MSG 与 IMP 混合而成，简称组合 A；B 由 MSG 与 GMP 混合而成，简称组合 B；C 由 MSG 与（IMP+GMP）混合而成，其中 IMP、GMP 各占核苷酸钠比例中的一半，简称组合 C。

相对鲜味强度：是协同效应的量化指标。在回归分析中用 y 表示。回归方程式 $y=a+bx$ 中，a、b 都是根据表 10-2 计算出来的统计值。a 为回归截距，其含义是复合鲜味剂在 5′-核苷酸钠所占比例趋于零时（但不能等于零，否则就不是复合鲜味剂）所具有的最小相对鲜味强度。b 为回归系数，其含义是 5′-核苷酸钠所占比例每增加一个百分点时，复合鲜味剂相对鲜味强度所能增加的数量。

经过直线回归分析，可得到三个相关性极强的回归方程，从这三个回归方程可以看出两点：①三种复合鲜味剂的鲜味强度至少比纯 MSG 强两倍以上，这就是通常所说的 MSG 与核苷酸钠混合时的协同效应；②复合鲜味剂的相对鲜味强度随着核苷酸钠所占比例的上升而增加。分析结果显示，除了说明核苷酸系列鲜味剂与谷氨酸钠并用时确有协同效应以外，还说明这种协同效应的强弱与核苷酸钠的种类及其所占比例有关。

二、食品增味剂的复合使用

各种食品增味剂可以单独用于各种食品的烹调和加工，也可以与其他物质复合使用以增强效果。研究表明，不同种类的食品增味剂配合使用不仅不影响其增味效果，而且具有协同增效作用。氨基酸类增味剂、核苷酸类增味剂、有机酸类增味剂和复合增味剂都可以与其他物质配合使用。当然，要使食品的味道更鲜美、可口，使其增味效果更为显著，必须经过试验，采用最适宜的配方。

（1）食品增味剂与食盐的配合使用　食品增味剂的特性之一是在不影响食品原有味道的同时可以补充和增强食品的风味，尤其是在食盐存在的情况下增味效果更佳。所以，食品增味剂往往与食盐一起使用，才能更好地显示出鲜美的味道，达到显著的增味效果。

（2）食品增味剂与其他氨基酸配合使用　食品增味剂可以与丙氨酸、甘氨酸等氨基酸以及动物水解蛋白、植物水解蛋白等含有多种氨基酸的物质配合使用，使味感更好。

（3）核苷酸类增味剂的配合使用　核苷酸类增味剂之间的配合使用，可以明显降低鲜味阈值，提高增味效果。例如，5′-肌苷酸二钠的鲜味阈值为 0.0258/100ml，但当 5′-肌苷酸二钠与 5′-鸟苷酸二钠等量混合时，其鲜味阈值降低为 0.0063g/100ml。

（4）食品增味剂与其他有机酸配合使用　食品增味剂可以与柠檬酸、苹果酸、富马酸及其盐类配合使用，成为具有不同特色的复合鲜味剂。

（5）氨基酸类增味剂与核苷酸类增味剂配合使用　氨基酸类增味剂与核苷酸类增味剂的配合使用，具有非常显著的协同增效作用。例如，谷氨酸钠与 5′-肌苷酸二钠以 1∶1 的比例配合使用时，鲜味强度增加 8 倍；谷氨酸钠与等量的 5′-鸟苷酸二钠配合使用，其鲜味强度提高 30 倍等。

（6）谷氨酸钠与琥珀酸二钠配合使用　琥珀酸二钠属于有机酸类增味剂，但是它通常与谷氨酸钠同时使用，用量一般为谷氨酸钠的 10% 左右。

（7）多种食品增味剂的配合使用　由于食品增味剂之间具有协同增效作用，所以在食品增味剂的实际应用过程中，往往是由多种增味剂按不同的配方比例配合而成为有各自特色的复合增味剂使用，有些产品已经是配制好的复方增味剂。如将谷氨酸钠和肌苷酸二钠、鸟苷酸二钠等配制成强力味精等。有些是在应用过程中根据需要将不同的食品增味剂按不同配方进行组合使用。

三、复合增味剂的特点和来源

复合增味剂是指由多种单纯增味剂组合而成的增味剂复合物，包括天然型和复配型两种。天然型复合增味剂包括萃取物和水解物两类，前者有各种肉、禽、水产、蔬菜（如蘑菇）等萃取物，后者包括动物、植物和酵母的水解物。从它们的化学组成来看，主要的增味物质是各种氨基酸和核苷酸，但由于比例的不同和少量其他物质的存在，因此呈现出各不相同的鲜味和风味。水解植物蛋白中含有较多的谷氨酸和天冬氨酸，故其鲜味强烈。

目前，世界上天然型的复合增味剂中以动、植物水解蛋白的产量最高，酵母抽提物位居第二，其次为肉类提取物和水产品提取物，而肉类提取物中又以猪肉提取物的产量最高。蔬菜提取物的呈味特性不如其他产品，但与肉类抽提物合用有协同增效作用，一般作为复配型复合增味剂的基料，其产量最低。

在所有天然型复合增味剂中，以酵母抽提物的发展最快，一方面是由于生产技术的不断完善，另一方面是由于酵母抽提物与其他产品不同，集营养性、功能性和协调性于一体。酵母抽提物一般以面包酵母或啤酒酵母为原料，经酶解产生氨基酸和核苷酸及肽类，既有营养又有复杂、特殊的风味特性，含有各种氨基酸、还原糖、维生素（维生素 B 族：维生素 B_1、维生素 B_2、维生素 B_6、维生素 B_{12}、叶酸）和矿物质元素（Ca、P、Fe、Cu、Co）以及呈味核苷酸（5′-IMP 和 5′-GMP），其肌苷酸和鸟苷酸含量可达 5%～20%，加之酵母细胞分解后具有特殊的香味，故酵母抽提物特别鲜美，可用于液体调料、特鲜酱油、粉末调料、肉类加工品、鱼类加工品、动物浸膏制品、罐头、蔬菜加工品中作为鲜味增强剂。它在天然型复合增味剂的国际市场上所占比例逐年上升，是目前各种产品中最看好的一种。该产品也是我国 20 世纪 90 年代作为增味剂投放市场的新品种。但目前国内商品名称比较混乱，有称酵母物，有称酵母味素，也有称酵母营养鲜味剂的。最近全国发酵工业标准化技术委员会分会讨论指出：按照和国际接轨并适合中国国情的原则，该产品的名称应该是酵母风味增强剂，而国际上通用的是酵母抽提物。

四、天然型复合增味剂的一般生产方法

（一）萃取物的生产

萃取物的生产一般采用水为萃取剂，然后浓缩至一定浓度。工业上大多利用罐头或干制品的预煮汁经脱脂等工序加工而成。以下是两种典型的萃取物产品的加工情况。

（1）肉类抽提物以牛肉、鸡肉和猪肉为原料、分别制成抽提物，各种抽提物的理化性质不相同，实际生产中一般很少用真的肌肉作为原料，主要是利用其他加工制品（如罐头生产）预煮中的汤汁或由骨头（牛骨除外）熬煮的汤汁，过滤除去残渣、并离心分离以除去脂肪，再真空浓缩至固形物 45％左右的糊状成品；亦可以再进一步在 75℃左右下煮 7～14h，浓缩至水分 15％左右。肉类抽提物广泛用于各种加工食品、烹饪和汤料。

（2）水产品抽提物为干燥粉末，呈灰白色至黄褐色，视原料种类而异。其主要呈味物质为氨基酸类、核酸类和各种原料所特有的某些鲜味和香味物质。可以用来生产水产品抽提物的原料很多，如蛤、牡蛎、虾蟹、乌贼和各种鱼类，但生产上一般多利用生产罐头食品和各种煮干制品的过程中所得的煮汁液经浓缩、干燥而成。也有将物料绞碎后于 60～85℃作瞬间加热凝固成泥状物，然后离心分离，将分离液真空浓缩后，再离心分离除去油脂，并经离子交换树脂脱色、脱臭后喷雾干燥而成。也可将该泥状物直接干燥、粉碎而成。

水产品抽提物作为天然调味料，可以供配制各种汤类和直接供烹调等用。其质量指标可以参考动物蛋白质水解物。

（二）水解物的生产

水解植物中大多使用大豆蛋白，以往均以酸法为主，酸水解的基本条件是pH0～1，温度 100～125℃，条件较为剧烈，可导致美拉德等反应，使成品色深、带苦味，同时用盐酸水解时可水解残存的油脂而形成致癌物质 1-氯丙二醇（MCP）和 1,3-二氯丙醇（DCP）。故一度对盐酸水解植物蛋白是否应予禁用有过争论，现在一般不再用盐酸水解法，如改用硫酸或酶法，凡用盐酸水解的，需控制 MCP 和 DCP 在一定范围之内，故目前水解植物蛋白仍可安全使用。如用酶法水解，则所用条件要缓和得多，如 pH5～7，45～50℃即可。1994 年丹麦某公司推出一种称为"风味酶（Flavourzyme）"的酶制剂，由米曲霉培养而得，已取得丹麦国家食品管理部门的批准，列为 GRAS，曾用于水解植物蛋白（大豆、小麦、玉米、油菜子等）、水解动物蛋白（明胶、酪蛋白、乳清、鱼）和水解酵母蛋白的生产。其特点是最终水解液中游离氨基酸量可达 50％以上，

而一般的蛋白酶仅 20% 左右，成品色浅，无苦味，无有害物生成，且有香草似香味。

由于水解产物中大部分是氨基酸和低肽类混合产品，故有时被称为"氨基酸调味剂"，产品有浓缩汁、粉末状和微胶囊等形式。

酵母水解物一般以啤酒酵母、葡萄酒酵母和面包酵母为原料，是在 50℃ 左右自溶 $48\sim72\text{h}$，再用盐酸使之进一步水解，故常称作"酵母萃取物"。主要呈味物质为氨基酸、核苷酸和有机酸。由于其独特的鲜味和风味，在西方常是牛肉萃取物的良好代用品，在美国近年来正以每年 11.5% 的速度递增。

五、复配型复合增味剂及其调味特性

复配型复合增味剂由氨基酸、味精、核苷酸、天然的水解物或萃取物、有机酸、甜味剂、无机盐、香辛料、油脂等各种具有不同增味作用的原料经科学方法组合、调配、制作而成的调味产品，也称为复合调味料。这些调料大部分具有一定的营养功能，而且具有特殊的风味。其基本原料是肉禽类的浸膏、动植物水解蛋白、酵母提取物等，这些基料同味精、食盐、填充料等复配，就可成为鸡精、牛肉精等新型风味调料。该类型的产品有成百上千种、其特点是品种多，口感各异，丰富多彩，随着方便面等方便食品的高速发展，有很大的市场和发展前途。为了适应现代人们快节奏的生活以及适应快餐业的发展，调味料的需求不仅在中国，也在世界范围内大大上升。复合调味料的生产规模逐年扩大，品种也越来越多，如火锅料、方便面干料包、酱料包、调料酒、炸鸡粉等。

复合调味料味感的构成包括口感、观感和嗅感，是各种调味料组分化学、物理反应的综合结果，也是人们生理器官及心理对味觉反应的综合结果。

生产调味料用的原料有很多种：

（1）咸味料　食盐等。

（2）鲜味料　味精、I+G（核苷酸）、水解植物蛋白等。

（3）香辛料　辛辣性香辛料有胡椒、辣椒、花松、蒜粉、洋葱粉等；芳香性香辛料有丁香、肉桂、肉蔻、茴香等。

（4）香精料　肉类香精有牛肉精、鸡肉精等，菜类香精有番茄香精等；香精有粉状、液状、油质、水质等品种；品质有从天然物料萃取、提炼而成的以及复合而成的。

（5）着色料　焦糖色素、辣椒红、酱油粉等。

（6）油脂　动物油、植物油、调料油等。

（7）鲜物料　肉类有牛肉、鸡肉等；菜类有葱、姜、蒜等。

（8）脱水物料　肉类有牛肉干、鸡肉丁、虾肉等；素类有葱、胡萝卜、青豆、白菜、香菇等。

（9）其他填充料　咖喱、苏打等。

上述原料在复合调味料中的性能和作用大体可分为：咸味剂、甜味剂、鲜味剂、风味剂、香辛料、着色剂、辅助剂等。

咸味剂：盐是"味中之王"，是良好味感的基础，是调味料的主体，约占 $45\%\sim$

70%，在液体汤料中添加15%的食盐可抑制细菌的生长。

甜味剂：起呈味作用，使味感圆满，不同地区和群体对甜味有不同的要求，应相应调整。

鲜味剂（增味剂）：是调味料中的关键原料。味精是一种很好的呈味物质，其中如果按照19：1的比例添加I+G将会使鲜味倍增，并能掩盖异味，使汤料发出原有的自然风味，提高食欲。

香辛料：品种繁多，有各种特殊香气、香味和风味。各种香辛料有其不同的品味特性、不同的作用和不同的适用性。如以增进食欲为主的有生姜、辣椒、花椒、胡椒等，以脱臭为主的有大蒜、葱类等，以芳香为主的有八角、桂皮、丁香等。制作不同品种的调味料，在使用香辛料时也应有所不同，如鸡肉类应采用有脱臭效果的香辛料和增进食欲的香辛科；牛肉、鸡肉适合使用各种脱臭、芳香、增进食欲效果的香辛料。

香精：是具有某种指定风味的呈味物质，含有丰富、浓厚的天然味道。能够产生诱人的主体香气，它是调味料的灵魂。

着色剂：提高调味科的感官效果，增强味的真实感，提高食欲。

油脂：它可溶入多种风味物质，使味道更加浓厚、可口，同时在感官上具有增加食欲的独特效果。

鲜物料：具有丰富的天然风味，协同香辛料、香精产生诱人的主体香味，增强调味料风味的真实性和营养性。

脱水物料：具有天然的色、香、味，增强新鲜感和亲切感。

其他填充料：品种也很多，其性能和作用主要是协同主要物料并辅助产生和保持良好的味感。如麦芽糊精，适量添加，可使汤料稠度增加；苏打粉适量添加，可降低汤料中的酸度、使汤味更可口；抗氧化剂适量添加，可保持油质的纯正气味、防止酸败。

由于每种原料的功效不同，从而确定了各类原料在调味中的地位也不同。复配型复合调味料的配制是以咸味料为中心，以风味原料（肉类及其香精）为基本原料，以甜味料、香辛科、填充料为调料，经相应的调香、调色而制成。调味料风味的好坏很大程度上取决于所选用的原料品质及其用量。

总的来说，选择适合不同风味的原料和确定最佳用量是决定复配型复合增味剂风味好坏的关键，基本包括三个方面的工作：原料选择；调味原理的灵活运用和不同风格风味的确定、试制、调制和生产。

六、复合调味食品

（一）复合增味食品的一般原料组成

（1）特征风味原料　鸡肉风味：鸡肉、鸡骨汤、鸡蛋、鸡肉粉、鸡肉浸膏、鸡肉香精等；猪肉风味：猪肉、猪骨汤、猪肉汤，猪肉粉、精炼猪油、猪肉浸膏、猪肉香精等；牛肉风味：牛肉、牛骨汤、牛肉汤、牛肉粉、精炼牛油、牛肉抽提物、牛肉浸膏、牛肉香精等；其他风味：酵母抽提物、海鲜抽提物、海鲜香精、虾肉粉、虾肉抽提物、豆豉、腐乳、酱菜、醋等。

（2）咸味原料　食盐、食盐替代品等。

（3）甜味原料　白砂糖、甜蜜素、冰糖等。

（4）鲜味原料　氨基酸及其盐类、GMP、I+G、谷胱甘肽、水解蛋白等。

（5）酸味原料　柠檬酸、醋酸、乳酸、苹果酸等。

（6）香辛料　胡椒、八角、小茴、姜、丁香、大蒜、香葱、洋葱、肉桂等。

（7）色素　柠檬黄、日落黄、姜黄色素、番茄色素、辣椒红色素、焦糖色素等。

（8）填充及其他原料　玉米淀粉、变性淀粉、小麦粉、豆粉、香兰素、维生素、CMC、黄原胶等。

（二）复合增味食品的一般风味来源

（1）基本调味配料　盐、糖和酸等，这是所有复合调味食品都用的基本原料，对风味的体现起着相当重要的辅助作用。

（2）鲜味调味配料　主要包括MSG、I+G、纯肉粉、干贝素、海鲜原料提取物、水解动（植）物蛋白、酵母抽提物等。这些配料主要是呈鲜和增鲜作用，它们通过合理复配可得到理想及有市场竞争力的鲜味。

（3）增香配料及香辛料　主要有麦芽酚、乙基麦芽酚和香兰素等，可用的香辛料很多，包括姜、丁香、蒜、香葱、洋葱、桂皮、草果、砂仁、大茴、小茴、排草等。

（4）特征性风味配料　这类配料对于复合调味食品起很大作用，它是体现复合调味食品特征风味的主要配料，也是各家调味食品企业产品的"秘密武器"、"看家之宝"，它的质量和配比往往能决定复合调味食品的成败。

七、复合鲜味剂在食品工业中的应用

在家庭的食物烹饪或是食品加工中，鲜味剂起着很大的作用，但绝大多数都使用谷氨酸钠，这样做的结果是不但使添加量大，成本高，且鲜味单调，缺乏科学性。如果将不同鲜味剂复合使用，使之协同增效，可减少添加量，降低成本，而且鲜味更圆润。如核苷酸类鲜味剂中，加入味精、水解动物蛋白或酵母味素，会产生各自风格的食品。在食品工业中，复合鲜味剂广泛用于液体调料、特鲜酱油、粉末调料、肉类加工、鱼类加工、饮食业等行业。

（1）家庭及饮食业应用调味品　在家庭的食物烹饪或是食品加工中，鲜味剂起着很大的作用。菜肴及汤汁加入0.1%~0.5%复合鲜味剂，不但汤汁鲜美，还可赋予菜肴浓厚的肉香味。用于烧肉、烧鸡、烧鸭、烧羊肉、卤制品、红烧鱼等的各种自制佐料汁中，加入0.5%~1%的复合鲜味剂，可使佐料呈现天然味感。

（2）肉类食品加工　肉类食品加工时，常按一定比例添加酵母味素、水解动物蛋白、I+G、味精，用于肉类食品中，如火腿、香肠、肉丸、肉馅等，可抑制肉类的不愉快气味，具有矫味作用，增进肉香熟成，赋予肉制品浓郁香味。复合鲜味剂用于各式快餐食品方便面汤料中，可突出肉类香味和增强鲜味。

（3）快餐加工　复合鲜味剂用于各式快餐食品方便面汤料中，突出肉类香味和增强鲜味。

（4）复配型鲜味料　　复配型鲜味料可根据实际需要的品种，由氨基酸、味精、核苷酸、天然的水解物或萃取物、有机酸、甜味剂、香辛料、油脂等调配而成。可开发上千品种的产品，所以品种多，口感独特。有很大的市场和发展前景。

八、复合鲜味剂配方举例

一些复配型调味料的配方（质量分数）如下。

（1）鲜味料（粉状）　味精36，核糖核苷酸钠2.4，琥珀酸二钠和L-天冬氨酸4，DL-丙氨酸3，混合香辛料46。

（2）鲜味料（粉状）　味精42，核糖核苷酸钠3，混合香辛料18，琥珀酸二钠1.6，L-天冬氨酸0.8，DL-丙氨酸0.8，混合香辛料34。

（3）鲜味料（颗粒状）　味精88，核糖核苷酸钠8，柠檬酸4。

（4）鲜味料（粉状）　味精96，核糖核苷酸钠4。

（5）鲜味料（糊状）　味精27，核糖核苷酸钠2，水解动物蛋白70，琥珀酸二钠1。

（6）鲜味料（颗粒状）　味精41，核糖核苷酸钠2，水解动物蛋白70，琥珀酸二钠1。

（7）鲜味料（粉状）　味精59，核糖核苷酸钙3，水解植物蛋白24，水解动物蛋白10，碳酸钙3，琥珀酸二钠1。

（8）鲜味料（粉状）　味精50，水解植物蛋白35，水解动物蛋白14，琥珀酸二钠1。

（9）鲜味料（粉状）　味精58，水解植物蛋白41，琥珀酸二钠1。

（10）鲜味料（糊状）　味精31.3，水解动物蛋白68.4，琥珀酸二钠0.3。

（11）鲜味料（结晶或粉末）　味精98，核糖核苷酸钙2。

（12）鲜味料（结晶）　味精98.5，核糖核苷酸钙1.5。

（13）鲜味料（结晶）　味精92，核糖核苷酸钙8。

（14）鲜味料（结晶）　味精10，食盐90。

（15）鲜味料（结晶）　味精14.7，肌苷酸钠0.3，食盐85。

（16）鲜味料（结晶）　肌苷酸钠50，鸟苷酸钠50。

（17）鲜味料（结晶）　味精98，肌苷酸钠1，鸟苷酸钠1。

（18）鲜味料（结晶）　味精95，肌苷酸钠2.5，鸟苷酸钠2.5。

（19）鲜味料（粉末）　味精31，天然调味料57.5，琥珀酸二钠1.5，甘氨酸5，D-酒石酸4，DL-蛋氨酸2。

（20）鲜味料（粉末）　味精89.8，肌苷酸钠4，鸟苷酸钠4，琥珀酸二钠0.2，L-天冬氨酸钠2。

（21）鲜味料（粉末）　味精43，琥珀酸二钠0.5，醋酸钠18，动物及植物性氨基酸提取物38.5。

（22）鲜味料（粉末）　味精56，核糖核苷酸钠3，琥珀酸二钠2.5，动物及植物性氨基酸提取物38.5。

（23）鲜味料（粉末）　味精35，肌苷酸钠1.4，鸟苷酸钠1.4，琥珀酸二钠1.5，L-天冬氨酸钠0.2，DL-丙氨酸0.3，食盐2，L-赖氨酸盐酸盐0.2，L-异亮氨酸0.1。

（24）鲜味料（粉末）　味精 14.3，肌苷酸钠 1.4，L-赖氨酸盐酸盐 1.5，L-组氨酸盐酸盐 0.5，L-天冬氨酸钠 5，DL-丝氨酸 0.5，DL-蛋氨酸 2，DL-丙氨酸 1，L-缬氨酸 0.5，琥珀酸二钠 3.6，甘氨酸 3，鸟苷酸 1.4，苹果酸 5，无水焦磷酸钠 11。

（25）清凉饮料用（粉末）　L-天冬氨酸钠 30.8，甘氨酸 18.5，丙氨酸 0.5，偏磷酸钠 42.5，聚磷酸钠 4.6，无水磷酸二氢钠 3.1。

（26）清凉饮料用（粉末）　L-赖氨酸盐酸盐 28.5，L-谷氨酸 28.5。

（27）鲜味料（结晶）　味精 99，肌苷酸钠 0.5，鸟苷酸钠 0.5。

（28）鲜味料（结晶）　味精 95，肌苷酸钠 2.5，鸟苷酸钠 2.5。

（29）微波炉煮鱼用调味料　食盐 59，苹果酸 19，硫酸钙 9.7，食糖 5，酒石酸 3，柠檬香精 1.5，芫荽粉 1.25，烟熏香料 0.85，月桂粉 0.7。

（30）中国风味中华方便面汤料（固体）　精盐 59.2，牛肉精 9.9，核苷酸类 0.2，谷氨酸钠 9，琥珀酸钠 0.5，柠檬酸 0.3，粉末焦糖 1.7，粉末酱油 5.5，黑胡椒粉 0.15，豆芽粉末 2，韭菜粉 0.1，洋葱粉 0.1，大蒜粉 0.05，姜粉 0.05，葡萄糖 11.25。

（31）日本风味和式方便面汤料（固体）　精盐 67.6，牛肉精 3，核苷酸类 0.2，谷氨酸钠 12，琥珀酸钠 0.1，柠檬酸 0.3，粉末焦糖 0.1，粉末酱油 5，黑胡椒粉 0.1 豆芽粉 3，韭菜粉 0.1，葱头粉 4.4，大葱粉 0.5，姜粉 0.5，洋白菜粉 2，葡萄糖 1.1。

（32）葱味方便面汤料（固体）　食盐 4.4，味精 1.0，鸟苷酸 15，白糖粉 1，白胡椒粉 20，葱干 0.1，葱油 0.5，BHA、BHT 及柠檬酸各 0.1。

（33）鸡蛋方便面汤料　食盐 4，味精 0.5，鸟苷酸 6，白糖粉 0.9，白胡椒粉 12，葱干 0.1，虾米粉 1，麻油 1。

（34）虾味方便面汤料（固体）　食盐 3.75，味精 1，鸟苷酸 15，白糖粉 1，白胡椒粉 20，葱干 0.05，虾米粉 1.5，麻油 0.5，BHA、BHT 及柠檬酸各 0.1。

（35）鸡汁方便面汤料　食盐 3.5，味精 0.75，鸟苷酸 15，白糖粉 1.25，生姜粉 30，白胡椒粉 20，柠檬黄色素 0.25，麻油 1。

（36）香菇方便面汤料　食盐 3.5，味精 1.25，鸟苷酸 15，白糖粉 1，焦糖 80，香菇干片 1，麻油 0.75，BHA、BHT 及柠檬酸各 0.15。

（37）牛肉原汤方便面汤料之一　水解植物蛋白粉 44.7，牛肉萃取物 4.4，牛脂肪提取物 3.3，酵母提取物 4.4，食盐 20.1，蔗糖 13.1，洋葱粉 7.2，芹菜粉末 1.3，辣椒粉末 0.06，焦糖粉末 1.44。

（38）牛肉原汤方便面汤料之二　牛肉萃取物 0.2，牛脂肪提取物 0.55，食盐 0.8，洋葱粉末 0.1，芹菜粉末 0.015，焦糖粉末 0.02，鸟苷酸钠 0.012，味精 0.14，胡萝卜粉末 0.1，白胡椒粉末 0.01，黑胡椒粉末 0.01，大葱粉 0.015，月桂粉末 0.001，荷兰芹菜 0.01。

（39）鲜味方便面汤料　鸡精 21，味精 19，盐 54，葱粉末 1，蔗糖 4，鸟苷酸 0.3，粟米油 0.7。

（40）鲜味料　牛肉萃取物 0.2，牛脂肪提取物 0.55，食盐 0.8，洋葱粉末 0.1，芹菜粉末 0.015，焦汤粉末 0.02，鸟苷酸钠 0.012，味精 0.14，胡萝卜粉末 0.1，白胡椒粉末 0.01，黑胡椒粉末 0.01，大葱粉 0.015，月桂粉末 0.001，荷兰芹粉 0.01。

第十一章

复合膨松剂

复合膨松剂又称发酵粉、发泡粉，有快速、慢速和双重发粉之分，是目前实际应用最广泛的膨松剂，一般由三部分组成，即碱剂、酸剂及辅料。碱剂通常用小苏打，用量占 20%～40%，其作用是产生 CO_2；酸剂品种很多，常用的有酒石酸氢钾、酸性磷酸钙、明矾及有机酸，用量约占 35%～50%，其作用是与碱剂发生化学反应产生气体，控制气体的产生速度和作用效果，调整食品的酸碱度；辅料一般指淀粉或脂肪酸，作用是改善膨松剂的保存性，防止吸潮结块或失效，还具有调节气体产生速度或使气泡均匀产生等作用，含量一般为 10%～40%。

开发高效、方便、安全的复配型食品添加剂是食品膨松剂的一个主要发展方向。复合膨松剂可根据不同制品及品质要求、市场环节（家庭或商业用）、制剂类型（快、慢或热反应型）和气体释放特点（单反应或双反应），对配方进行设计，予以配制。

第一节　常用于复合的膨松剂

复合膨松剂是由碱剂、酸剂及填充剂组成的。碱剂通常用小苏打即碳酸氢钠，酸剂品种很多，常用的有酒石酸氢钾、酸性磷酸钙及明矾等物质；填充剂一般用淀粉。复合膨松剂的特点在于消除碱性膨松剂的不良现象（如制品有异味、表面或内部组织有黄色斑点）；膨松原理是在烘烤、蒸发过程中碱剂与酸剂发生中和反应，放出二氧化碳气体，使制品不残留碱性物质，提高产品质量。

一、膨松剂的作用

膨松剂在食品中的主要作用是使食品产生膨松，通过化学变化、相变和气体热压效应原理，使被加工物料内部产生气体，气体迅速升温汽化，增压膨胀，并依靠气体的膨胀力，带动食品组织分子中高分子物质的结构变化，使之成为具有网状组织结构的多孔状物质。膨松剂不仅能使食品产生松软的海绵状多孔组织，使之口感松软可口、体积膨大；而且能使咀嚼时唾液很快渗入制品的组织中，以透出制品内可溶性物质，刺激味觉神经，使之迅速反映该食品的风味；当食品进入胃之后，各种消化酶能快速进入食品组织中，使食品能轻易、快速地被消化、吸收，避免营养损失。

二、膨松剂分类

膨松剂可分为生物膨松剂和化学膨松剂两大类。

（一）生物膨松剂（酵母）

酵母是面制品中一种十分重要的膨松剂。它不仅能使制品体积膨大，组织呈海绵状，而且能提高面制品的营养价值和风味。过去食品中大量使用压榨酵母（鲜酵母），由于其不易久存，制作时间长，现在已广泛使用由压榨酵母经低温干燥而成的活性干酵母。活性干酵母使用时应先用 30℃ 左右温水溶解并放置 10min 左右，使酵母菌活化。酵母是利用面团中的单糖作为其营养物质。它有两个来源：一是在配料中加入蔗糖经转化酶水解成转化糖；二是淀粉经一系列水解最后成为葡萄糖。其生成过程为：

$$2(C_6H_{10}O_5)n + 2nH_2O(\beta\text{-淀粉酶}) \longrightarrow n(C_{12}H_{22}O_{11})(\text{麦芽糖})$$

$$C_{12}H_{22}O_{11} + H_2O(\text{麦芽糖酶}) \longrightarrow 2C_6H_{12}O_6(\text{葡萄糖})$$

$$C_{12}H_{22}O_{11}(\text{蔗糖}) + H_2O(\text{蔗糖转化酶}) \longrightarrow C_6H_{12}O_6(\text{葡萄糖}) + C_6H_{12}O_6(\text{果糖})$$

酵母菌利用这些糖类及其他营养物质，先后进行有氧呼吸与无氧呼吸，产生 CO_2、醇、醛和一些有机酸。

$$C_6H_{12}O_6 + 6O_2(\text{有氧呼吸}) \longrightarrow 6CO_2 \uparrow + 6H_2O + 2822kJ$$

$$C_6H_{12}O_6(\text{无氧呼吸}) \longrightarrow 2C_2H_5OH + 2CO_2 \uparrow + 100kJ$$

生成的物质被面团中面筋包围，使制品体积膨大并形成海绵状网络组织，而发酵形成的酒精、有机酸、酯类、羰基化合物则使制品风味独特、营养丰富。

利用酵母作膨松剂，需要注意控制面团的发酵温度，温度过高（>35℃）时，乳酸菌大量繁殖，面团的酸度增加，而面团的 pH 值与其制品的容积密切相关，经多次实验证实，面团 pH 值为 5.5 左右时，能得到容积为最大的成品。

（二）化学膨松剂

化学膨松剂是由食用化学物质配制的，可分为单一膨松剂和复合膨松剂。

常用单一膨松剂为 $NaHCO_3$ 和 NH_4HCO_3，两者均是碱性化合物。由于 $NaHCO_3$ 分解残留物 Na_2CO_3 在高温下可与油脂作用产生皂化反应，使制品品质不良、口味不纯、pH 值升高、颜色加深，并破坏组织结构，而 NH_4HCO_3 分解产生的 NH_3 气体易溶于水形成 NH_4OH，使制品存有臭味、pH 值升高，对于维生素类有严重的破坏性，所以 $NaHCO_3$ 和 NH_4HCO_3 通常只用于制品中水分含量较少的产品中，如饼干。

化学膨松剂根据其水溶液中所呈酸碱性又可分为碱性膨松剂、酸性膨松剂。

（1）碱性膨松剂　碱性膨松剂包括碳酸氢钠（钾）、碳酸氢铵和轻质碳酸钙等，可单独或复配使用，易导致成品外观不佳，影响食品口味，严重的甚至影响到食品的营养成分，但具有价格低廉、保存性好及使用稳定性较高等优点，所以依然在饼干、糕点中可单独用作膨松剂。

实际应用中，Na_2HCO_3 和 NH_4HCO_3 应尽可能不单独使用，一般将碳酸氢钠（钾）与碳酸氢铵复合使用，这样不但可减弱各自的缺陷，还可控制用量，改善成品口感和风味。一般混合比例见表 11-1。

表 11-1　碳酸氢钠与碳酸氢铵的混合配比

面团类型	碳酸氢钠/%	碳酸氢铵/%
韧性面团	0.5~1.0	0.3~0.6
酥性面团	0.4~0.8	0.2~0.5
高油脂酥性面团	0.2~0.3	0.1~0.2
梳打面团	0.2~0.3	0.1~0.2

（2）酸性膨松剂　酸性膨松剂包括硫酸铝钾、硫酸铝铵、磷酸氢钙和酒石酸氢钾等，主要用作复合膨松剂的酸性成分，不能单独用作膨松剂。酸性膨松剂的作用是促进面团中二氧化碳化合物中（无论是溶解形式或以化合物形式存在）的 CO_2 可以有控制地、充分地释放出来。对酸性膨松剂的要求是无毒、无味或接近无味，同时不会对面筋有任何减弱的作用。

我国食品添加剂使用卫生标准规定，碳酸氢钠是配制复合膨松剂的基本原料，与不同酸性膨松剂配合，可用于饼干、糕点中。最大使用量可"按正常生产需要使用"。目前，碳酸氢钠很少单独使用，常与碳酸氢铵配合，用于饼干、糕点的生产中，或作为复合膨松剂的碱性剂。碳酸氢钠之所以被广泛应用，除因其价格低廉、无毒且保存方便之外，更主要的是其碱性比碳酸钠弱，在面团中溶解时，不会形成局部面团碱性过高。但碳酸氢钠单独作用时，因受热分解而呈强碱性，容易使面包带黄色，破坏面团中的维生素，所以最好与酸性膨松剂合用。另外，国内外现已用碳酸氢钾代替碳酸氢钠作为膨松剂，用于低钠保健焙烤制品中。碳酸氢钠还可与柠檬酸、酒石酸等配合使用，作为固体清凉饮料的发泡剂。

碳酸氢铵被列为一般公认安全物质。小鼠皮下 LD_{50} 值为 245mg/kg。碳酸氢铵的分解产物二氧化碳和氨均为人体代谢物，适量摄入对人体健康无害。GB 2760—1996 规定：除用于乳与乳制品需按有关规定执行外，其他各类食品可按生产需要使用添加。FAO/WHO：可可粉及含糖可可粉、可可液块、可可油饼中最大用量为 5g/kg（以无脂可可计，按无水 K_2CO_3 计），主要应用于面包、饼干和糕点等的生产中，一般多与碳酸氢钠配合使用，也可单独使用，是发酵的主要成分。

采用化学膨松剂的焙烤食品中 CO_2 是由碳酸氢钠或碳酸氢铵产生的。碳酸氢铵只能用于焙烤后水分很低的产品中，因为焙烤后水分高的产品中会带有残余氨的气味。但目前焙烤食品很少单独使用一种碱性膨松剂作为膨松剂了，主要使用由碳酸氢钠和酸性膨松剂混合而成的复合膨松剂，由于酸性膨松剂种类及配比的不同，不同复合膨松剂的产气速度和 pH 值变化很大。

酸式磷酸盐在焙烤食品中主要作为复合膨松剂的酸剂，与碳酸氢钠作用产生 CO_2，从而使产品膨松酥脆。膨松反应必须在以下三个阶段加以控制：面团调制、静置醒发及焙烤阶段。面团调制时，必须发生一定程度的反应放出气体，这样在油水界面上才能形成发泡点，这一点十分关键，因为此阶段以后就不可能再形成这样的位点了。这些位点的数目和位置决定了气孔的数目和位置。由于面团静置醒发的时间变化不一，重要的是在此阶段不要发生膨松反应。生面团经焙烤成为成品，在这一过程中必须再次膨发，原来的发泡点扩大为较大的气孔，使产品质地膨松。如反应太快，面团强度不够，无法包含 CO_2 气体，CO_2 容易逸出；如反应太慢，则可能出现因气体膨胀而导致裂皮的现象。酸式焦磷酸盐都有二次膨发特性，产气速度由慢到快，而且还可以通过改变加工条件，如改变食品制造工艺的温度来改变其反应速度，也可将不同反应速度的 SAPP 膨松剂配合，以满足不同焙烤食品制备所需要的反应速度；同时，以酸式磷酸盐作为膨松剂时，产气均匀，焙烤制品中的气孔大小均一，膨松度好。因此，酸式磷酸盐在焙烤食品应用中得到广泛的应用。

应用含有各种酸式磷酸盐的膨松剂时，要掌握好一项重要使用指标，即它在面团中的反应速度。在制备膨松剂时，可通过加工处理，如改变其溶解性和改变颗粒大小来控制它的反应速度，以适合各种不同用途和加工工艺。

（三）生化膨松剂

生化膨松剂即生物膨松剂和化学膨松剂的合称，实际上它也是一种复合膨松剂。生物膨松剂是指酵母菌，一般指活性干酵母；化学膨松剂主要有小苏打、臭粉和泡打粉等，多以磷酸盐、硫酸盐和碳酸盐为稀释剂。酵母和化学复合膨松剂单独使用时，各有特点。酵母发酵时间较长，制得的成品有时海绵结构过于细密、体积不够大；复合膨松剂（发酵粉、泡打粉等）正好相反，制作速度快、成品体积大，但组织结构疏松、口感较差，生产出的产品在质地、口感、膨松度和形状方面均有某些不足。二者配合使用可扬长避短，制得理想产品。

传统的馒头制作是利用酵母分解糖类物质产生 CO_2 气体进行发面的，该法发酵时间长，同时伴随多种产酸菌的繁殖，产生很多酸性物质使面团变酸，故发好面后必须加入一定量的碱，以中和过多的酸，加碱过多或过少都会影响馒头的风味和品质。近年来，人们根据生物膨松剂和化学膨松剂的特点，把它们按一定比例结合起来，利用其双重产气作用，使面团体积很快膨大，大大节省了馒头制作时间，操作变得更为简便。目前，馒头工业化生产中多采用生化膨松剂进行发酵。其作用机理是：酵母利用面粉中的糖分及其他营养物质，在生长、繁殖中产生大量的 CO_2 气体，使面团膨胀成海绵状；复合膨松剂中的碱性膨松剂和酸性膨松剂相互发生化学反应也放出 CO_2，充于形成的面筋网络中，二者共同作用，互为补充。活性干酵母应用之前，先用温水活化，使其复水，恢复发酵能力。用生化膨松剂作为膨松剂制备馒头，大大缩短了制作时间，操作简便，成品外观饱满，色泽洁白，膨松性较好，有弹性，切面气孔均匀，口感较好，耐咀嚼，味香甜。

制作工艺一般是：酵母用 $35\sim40℃$ 的温水浸泡 $10\sim20min$ 活化，然后按生产需要适量添加到混合均匀的面粉和化学复合膨松剂中，和面，然后静置、压面、成型、醒发、蒸制及冷却成型。

三、复合膨松剂的分类和组成

复合膨松剂又称发酵粉、发泡粉，复合膨松剂一般由三种成分组成：碳酸盐类、酸性盐类、淀粉和脂肪酸等。复合膨松剂的特点是消除碱性膨松剂的不良现象（如制品有异味、表面或内部组织有黄色斑点），使制品不残留碱性物质，提高产品质量。

（一）复合膨松剂的分类

（1）复合膨松剂可根据碱性盐的组成和反应速度分类。根据碱性盐的组成可以分三类：①单一剂式复合膨松剂，即 $NaHCO_3$ 与其他可产生 CO_2 气体的酸性盐作用产生 CO_2 气体，膨松剂中只有一种原料产生 CO_2；②二剂式复合膨松剂，以两种能产生 CO_2 气体之膨松剂原料和酸性盐一起作用而产生 CO_2 气体；③氨类复合膨松剂，除能产生 CO_2 气体外，还产生 NH_3 气体。

（2）根据反应速度又可分为三类：①快性膨松剂，在食品未烘焙前产生膨松效果；②慢性膨松剂，在食品未烘焙前产生较少气体，大部分气体和膨松效果均在加热后才出现；③双重膨松剂，含有快性和慢性膨松剂，两者配合而成。

（二）复合膨松剂的组成

复合膨松剂是目前实际应用最多的膨松剂，一般由三部分组成：①碳酸盐常用的是碳酸氢钠，用量约占 20%～40%，其作用是产生 CO_2；②酸性盐或有机酸用量约占 35%～50%，其作用是与碳酸盐发生反应产生气体，并降低成品的碱性，控制反应速度和膨松剂的作用效果；③助剂有淀粉、脂肪酸等，用量约占 10%～40%，其作用是改善膨松剂的保存性，防止吸潮结块和失效，也有调节气体产生速度或使气泡均匀产生等作用。

（三）复合膨松剂配制时常用的酸性物质

配制复合膨松剂常用的酸性物质有以下七种：①酒石酸（$C_4H_6O_6$），反应极快，当面团在和面时，已经产生大量的 CO_2；②酒石酸氢钾（$KHC_4H_4O_6$），反应也很快，但较酒石酸稍慢一些；③磷酸二氢钙 $[Ca(H_2PO_4)_2 \cdot H_2O]$，反应快；④焦性磷酸钠（$Na_2H_2P_2O_7$），反应开始缓慢，后来加快；⑤无水磷酸二氢钙 $[Ca(H_2PO_4)_2]$，反应开始缓慢，后来加快；⑥明矾 $[KAl(SO_4)_2 \cdot 12H_2O]$，反应中等，大部分二氧化碳气体是在进入烘炉后产生的；⑦葡萄糖酸内酯（$C_6H_{10}O_6$），反应最慢，在烘烤过程中起作用。

四、复合膨松剂的配制原则

根据实际开发、应用膨松剂的体会，提出配制复合膨松剂应注意的两个原则。

（一）根据产品要求选择产气速度恰当的酸性盐

复合膨松剂的产气速度依赖于酸性盐与 $NaHCO_3$ 的反应速度，不同的产品要求发粉的产气速度不尽相同。如蛋糕类中使用发粉应为双重发粉，因为在烘焙初期产气太多，体积迅速膨大，此时蛋糕组织尚未凝结，成品易塌陷且组织较粗，而后期则无法继续膨大；若慢性发粉太多，初期膨大太慢，制品凝结后，部分发粉尚未产气，使蛋糕体积小，失去膨松意义。馒头、包子所用发粉由于面团相对较硬，需要产气稍快，若凝结后产气过多，成品将出现"开花"现象。而像油条类油炸食品，需要常温下尽可能少产气、遇热产气快的发粉。

（二）根据酸性盐的中和值确定 NaHCO₃ 与酸性盐的比例

所提"中和值"的概念，是指每 100 份某种酸性盐需要多少份 $NaHCO_3$ 去中和，此 $NaHCO_3$ 的份数，即为该酸性盐的中和值。在复合膨松剂配制中，应尽可能使 $NaHCO_3$ 与酸性盐反应彻底，一方面可使产气量大，另一方面能使发粉之残留物为中性盐，保持成品的色、味。因此酸性盐和 $NaHCO_3$ 的比例在复合膨松剂配制中需特别注意。

（三）复合膨松剂配制及使用时的注意事项

（1）配制复合膨松剂时，应将各种原料成分充分干燥，要粉碎过筛，使颗粒细微，以便混合均匀。

（2）碳酸盐与酸性物质混合时，碳酸盐使用量最好适当高于理论量，以防残留酸味。

（3）产品最好密闭贮存于低温干燥处，以防分解失效。

（4）使用复合膨松剂时，对产气快慢的选择相当重要。如生产蛋糕时，若使用产气快的膨松剂太多，则在焙烤初期很快膨胀，此时蛋糕组织尚未凝结，到后期蛋糕易塌陷且质地粗糙不匀。与此相反，使用产气慢的膨松剂太多，焙烤初期蛋糕膨胀太慢，待蛋糕组织凝结后，部分膨松剂尚未释放出气体，致使蛋糕体积增长不大，达不到膨松作用。

（5）也可以把复合膨松剂中的酸性物质单独包装，不与其他成分混合，待使用时再将酸性物质和其他成分一起加入，这样在贮存中不易分解失效，也易于调节 pH，但缺点是使用不便。

第二节　复合膨松剂在食品中的应用

随着食品工业的发展和人们生活节奏的加快，我国借鉴国外先进制粉技术发展面粉新品种，预混合粉就是其中之一。预混合粉就是在某种专用粉中加入添加剂和部分配料，目前市场上主要有馒头自发粉、煎炸粉，就是在专用粉中加入复配型的膨松剂，该种预混合粉可避免配料失误、损失，保证产品质量，简化制作工艺，既可用于工厂，也适合家庭使用，简单、方便。

随着食品工业发展，食品工业越来越依赖于新型食品添加剂的开发研究。开发高效、方便、安全的复配型食品添加剂是食品添加剂的发展方向。复合膨松剂是复合添加剂的重要类别。它要根据不同制品及其品质要求、市场环节（家庭或商业用）、制剂类型（快、慢或双重反应型）和气体释放特点（单反应或双反应），对配方进行设计，科学配制。

一、复合膨松剂

（一）性质

复合膨松剂由苏打粉和各种酸性材料或酸性膨松剂及其他辅料配合而成，遇水后发生中和反应，放出 CO_2。复合膨松剂的好处是可以选择不同酸性膨松剂或辅料，控制生产过程中 CO_2 的释放速度。

复合膨松剂的配方很多，应根据具体食品生产需要而有所不同，通常依据所用酸性物质的不同有产气快、慢之分。酸性盐若为有机酸、磷酸氢钙等，产气较快；而使用硫酸铝钾、硫酸铝铵等，则产气速度较慢。可用各种酸式盐的不同配方制成各类复合膨松剂，见表 11-2。

表 11-2　几种复合膨松剂的配方（质量分数）/％

成分名称	1	2	3	4	5
碳酸氢钠	25	23	30	40	35
酒石酸		3			
酒石酸氢钾	52	26	6		
磷酸二氢钙		15	20		35
钾明矾			15		
烧明矾				52	14
轻质碳酸钙				3	
淀粉	23	33	29	5	16

近年来研究表明，膨松剂中的铝对人体健康不利，研究人员们正在研究减少硫酸铝钾和硫酸铝铵等在食品生产中的应用，积极探索替代硫酸铝钾和硫酸铝铵的膨松剂物质，已成功开发了不少无铝复合膨松剂。

（二）制备方法

配制复合膨松剂时，应将各种原料成分充分干燥，粉碎过筛，使颗粒细微，以便混合均匀。碳酸盐的使用量最好适当高于理论量，以防残留酸味。

（三）安全性

复合膨松剂的安全性参见各个组分的安全性规定。

（四）应用

1. 复合膨松剂在方便小食品中的应用

目前，市场上方便小食品种类繁多、风味各异，且具有一定的营养价值，作为休闲食品深受儿童和青少年的喜爱。其中油炸方便小食品因其膨松效果好，口感酥、脆，具有良好的咀嚼性，外形新奇美观，立体感强等特点，有逐步取代膨化小食品的趋势。

复合膨松剂是生产油炸类方便小食品必不可少的原料之一，由于可持续性释放气体，具有膨松作用，能使产品酥、脆。

张春红、刘英杰等比较了快速性、中速性及慢速性复合膨松剂在油炸方便小食品中的应用效果，认为只有慢速性复合膨松剂在此类小食品中具有较好的膨松效果和较低的成本。

2. 复合膨松剂在焙烤食品中的应用

焙烤食品是食品中重要的一种，它不仅具有良好的风味，而且口感松软，这种松软感是由于焙烤膨松产生的。细腻与松软的组织结构赋予焙烤食品良好的口感，咀嚼后，经唾液中淀粉酶的分解，产生完美的风味，故焙烤食品为广大消费者所青睐。如果焙烤食品膨胀过度，内部网孔较大，组织结构不细腻，则易塌陷；如果膨胀不足，焙烤食品体积过小，内部结构紧密，焙烤食品口感差，外观不佳。

焙烤食品的形式多种多样，但其膨松机理基本一致，即一个能保住气体不逸漏的组织结构和足够的气体来源。水汽化、拌入的空气及膨松剂产生的 CO_2 是膨胀气体的主要来源，也是焙烤食品膨松的原动力。目前焙烤食品中最常用的膨松剂是由碳酸氢钠、各种酸式磷酸盐及淀粉配合而成的复合膨松剂。复合膨松剂因含有多种成分，在使用过程中，会发生中和或复分解反应，具有二次膨发的特性。同时，还可通过利用不同酸式盐的分解特性来控制膨松剂的产气速度，以满足不同生产工艺的要求。

目前，发酵粉是焙烤食品中最常用的复合膨松剂。下面以发酵粉为代表，具体说明复合膨松剂的特性及其在食品中的应用。

(1) 性质 又称焙粉、发泡粉，是焙烤食品中常用的复合膨松剂之一，种类很多，一般由酸性膨松剂、碱性膨松剂和辅料（填充剂）及稀释剂混合组成。碱性膨松剂一般用碳酸氢盐（钠盐或铵盐）；酸性膨松剂常用酒石酸氢钾、富马酸一钠、磷酸二氢钙、磷酸氢钙、焦磷酸二氢钙和磷酸铝钠及明矾（包括钾明矾、铵明矾、烧明矾）等；此外，一般还有起阻隔酸、碱相互作用和防潮的淀粉、稀释剂等配制而成，表 11-3 是典型发酵粉的成分。

表 11-3 典型发酵粉的成分（按质量百分比计）

成　　分	简化型	家　用　型			工　业　型		
		1	2	3	1	2	3
碳酸氢钠粉末	28.0	30.0	30.0	30.0	30.0	30.0	30.0
一水磷酸一钙		8.7	12.0	5.0	5.0		5.0
无水磷酸一钙	34.0						
玉米淀粉	38.0	26.6	37.0	19.0	24.5	26.0	27.0
硫酸铝钠		21.0	21.0				
磷酸二氢钠				26.0	38.0	44.0	38.0
硫酸钙	13.7						
碳酸钙							
乳酸钙				20.0	2.5		

发酵粉为白色粉末，遇水加热产生 CO_2 气体，所产生 CO_2 气体量不少于有效 CO_2 的 20%。发酵粉中酸性膨松剂一般有四种：酒石酸或酒石酸式盐、酸式磷酸盐或铝的化合物或这些物质的混合物。大多数市售发酵粉以酸式磷酸盐为主，在焙烤条件下具有很好的稳定性。为了弥补贮存过程中的损失，发酵粉中碳酸氢钠实际含量一般会比理论需要量多，约为 26%~30%。稀释剂除了能调节 CO_2 产生速度之外，还能抑制因贮藏期间吸湿而造成膨松剂组分过早反应。

发酵粉有快速发酵粉、慢速发酵粉和双重反应发酵粉之分，在应用中根据生产需要使用。快速发酵粉通常在食品焙烤前已开始产生 CO_2 气体，而焙烤时得不到需要膨胀的气体，致使食品易塌陷。相反，慢性发酵粉在焙烤后期，食品组织凝固后才释放出大量的 CO_2 气体，食品体积不能膨胀，失去了膨松剂的作用；双重反应发酵粉克服了以上两种缺陷，在加热前后都能释放出适量的气体，以满足焙烤食品膨胀的需要。

（2）制备方法　按各组分（如表 11-3）比例，分别将碱性和酸性盐各自与部分淀粉混合，然后再一起混合而成。

（3）质量标准见表 11-4。

表 11-4　发酵粉的质量标准

指　标　名　称		指　标
硝酸不溶物	≤	2%
2%水溶液的 pH 值		6.0～7.5
砷（以 As_2O_3 计）	≤	0.0002%
重金属（以 Pb 计）	≤	0.002%
CO_2 气体发生量(标准状态下)	≥	95.0ml/g
加热减少量	≤	1.5%
细度(过 180μm 筛)	≥	95.0

（4）安全性　各组分均符合食品添加剂标准，对健康无害。

（5）应用　主要用于糕点、馒头等，用量为 1%～3%。

（五）无铝复合膨松剂

明矾是一种含铝物，常食用有害于健康。铝并非人体必需元素，摄入过多会带来一系列疾病。国内外许多实验研究均证实，铝对脑神经有毒害作用，可使脑组织发生实质性改变，影响和干扰人的意识和记忆功能，导致老年性痴呆症；含铝物如沉积在骨骼中，可使骨组织密度增加，骨质变得疏松、软化；若沉积于皮肤，可使皮肤弹性降低，皮肤皱纹增多；铝还会干扰孕妇母体的酸碱平衡、使卵巢萎缩，造成胎儿生长停滞；铝还会引发胆汁郁积性肝病，引起血细胞低色素贫血。因此世界卫生组织已于1989 年正式把铝确定为食品污染物并要求加以控制。在我国传统油条的制作中，添加明矾后，面团中铝含量超过 80mg～100mg/100g，使成品铝含量增加几倍甚至上百倍，长期食用可能会造成铝在体内蓄积并产生毒性作用。根据我国的膳食结构调查发现，人们在日常饮食中摄入铝的主要来源，就是含明矾的油条、油饼等油炸制品。因此，控制人们从膳食中摄入铝的最佳方法，就是研究和推广替代明矾的无铝膨松剂，以保证人民群众的身体健康。

新型复合无铝膨松剂由食用碱、柠檬酸、葡萄糖酸内酯、酒石酸氢钾、磷酸二氢钙、蔗糖脂肪酸酯和食盐制成。柠檬酸替代明矾，使食用碱在受热时，发生产气反应，获得等同甚至超过明矾的膨胀效果，更重要的是，柠檬酸本身不含铝元素，不会对人体产生毒害。在无铝膨松剂中，使用了性质较为稳定的酸性盐类（酒石酸氢钾、磷酸二氢钙），故虽然 CO_2 气体产生速度比较缓慢，但足以产生膨松作用。事实上，磷酸二氢钙对成品的口味与光泽均有帮助，还兼有强化营养的作用。至于葡萄糖酸内酯，虽然本身并不是酸，但加热时会发生水解而呈酸性。用其配制膨松剂，能使制品口味良好、组织细致。此外，葡萄糖酸内酯有抗氧化作用，适用于油炸类食品。蔗糖脂肪酸酯是一种乳化剂，起到抗老化作用，在油炸食品中，能使制品体积比不添加时大 10% 左右，大大提高成品质量。无铝膨松剂除以上优点外，还因为其不含铝，减少了铝对人体的危害，安全性高；含有磷、钙等营养元素，有利于人体健康，极有可能成为主流。

配制前，将各种配料充分干燥、粉碎过筛，使颗粒细微，有助于均匀地混合；其中柠檬酸、磷酸二氢钙等酸性物质，尽可能使用单独包装，在使用时再将它们与其他成分一起混合，避免在贮存期间发生分解而失效。研究发现，在油炸食品中加入适宜的增稠剂，可改善油炸食品在高温下的黏性，有助于面团网络结构的形成，显著改善油炸食品的产品结构，同时，增稠剂的黏度特性还可使油炸食品的膨松化效果得到加强和巩固。故在无铝膨松剂的配方中常含有增稠剂成分。

二、复合膨松剂的复配技术在焙烤食品中的应用

焙烤食品主要依靠膨松剂的化学反应产生二氧化碳或氨气，使之均匀地分布在面团或面浆中，使面团膨胀，增加制品的体积，改善制品风味和质地结构。不同的焙烤食品对所需膨松剂的种类、特性都有不同的要求，因此，在生产中应根据产品的特点，合理配制膨松剂。复合膨松剂一般是由碱性物质和酸性物质混合组成。由于单独使用碱性物质（如碳酸氢钠、碳酸氢铵等）作为膨松剂，会使产品 pH 值变碱性，易产生碱臭或氨臭，因此多采用碱性物质和酸性物质混合作为膨松剂。采用化学膨松剂的焙烤食品中气体的来源是由碱性物质碳酸氢钠（俗称小苏打）或碳酸氢铵产生的。碳酸氢铵只能用于焙烤后水分较低的产品中，如桃酥、饼干等，因为焙烤后水分高的产品中带有残余的氨气，会影响产品质量。碳酸氢钠受热分解会导致自身 pH 值升高，颜色变深，并破坏食品的组织结构及维生素类营养物质，因此将其作膨松剂，其添加量不得超过面粉量的 0.8%，颗粒要求通过 80 目筛网，否则会影响制品的风味及质量。当碳酸氢钠被加入到面团中时，初始的 CO_2 气体会快速放出，因为面团的 pH 一般在 5～6，当面团中酸性减弱，趋向于碱性时，产生的气体明显减少，因此为了得到最大的气体产量和控制气体产生的速度，可应用酸性物质。膨松剂中所需的酸性物质主要指有机酸及盐类等，要求其无色、无味或接近无味，不能影响面筋的特性。其作用是促进碳酸氢钠化合物中 CO_2 气体可以有控制地、充分地释放出来。碳酸氢钠与酸性盐反应残留物为中性物质，对制品的影响小。

（一）焙烤食品复合膨松剂的复配形式和原则

1. 复配原则

（1）根据中和值确定配制比例　中和值是指每 100 份某种酸性物质需要多少份碳酸氢钠去中和，此碳酸氢钠的份数即为该酸性物质的中和值。常用酸性物质的中和值见表 11-5。

表 11-5　配制复合膨松剂常用酸性盐的性质

化学名称	分子式	反应速度	中和值
酒石酸	$C_2H_6O_6$	极快	120
酒石酸氢钾	$KHC_4H_4O_6$	极快	50
磷酸二氢钙	$Ca(H_2PO_4)_2 \cdot H_2O$	快	80
酸性焦磷酸钠	$Na_2H_2P_2O_7$	慢→快	72
无水磷酸二氢钙	$Ca(H_2PO_4)_2$	慢→快	83
明矾	$KAl(SO_4)_2 \cdot 12H_2O$	慢	80
烧明矾	$KAl(SO4)_2$	慢	100
葡萄糖内酯	$C_6H_{10}O_6$	极慢	55

在制定焙烤食品的膨松剂配方时，表中所列的中和值作为参考是必需的，但实际上为中和所需的酸类物质的量与用中和值计算的量可能会有较大差异，因此应灵活运用。

（2）根据产气速度选择合适的酸性物质　膨松剂的产气速度主要依赖于酸性物质与碳酸氢钠的反应速度，不同的酸性物质其产气速度存在较大差异（见表 11-5），因此，复配时应根据制品对产气速度的要求选择一种或多种。

2. 复配形式

酸性物质和碳酸氢钠按照一定的比例复配，酸性物质形式主要有：一种酸性物质；两种或两种以上相同特性的酸性物质；两种或两种以上不同特性的酸性物质。

（二）焙烤食品复合膨松剂的分类

1. 按产气速度分类

（1）速效性膨松剂　在低温条件下即可迅速反应，采用的酸性物质主要是酒石酸、富马酸等有机酸（盐）。

（2）缓效性膨松剂　在低温条件下反应迟缓，进入高温后反应加剧，如以烧明矾为主的膨松剂。

（3）持续性膨松剂　由速效性和缓效性酸性物质适当组合而成。

2. 按性能分类

（1）pH 高的膨松剂　膨松剂中含碳酸氢钠的比例较高，使焙烤食品的颜色美丽诱人。

（2）细粒型的膨松剂　主要用于焙烤食品表面容易出现斑点的产品饼干。

（3）被膜型膨松剂　膨松剂中含有蔗糖脂肪酸酯等乳化剂，利用亲水基、疏水基的平衡，控制膨松剂对水的溶解速度。

（4）含有其他辅料的膨松剂　膨松剂中含有用量较少的其他添加剂，如酶、色素、增稠剂、稀释剂等，目的是利用膨松剂的性能，提高它们在水中的分散性。

（三）应用焙烤食品膨松剂复配技术应考虑的因素

（1）面团黏度　面团的黏度越高，保持气体的能力越强。如速效性膨松剂在常温下产气量占总量的一半，如果在黏度较低的面团中使用它，产生的气体将有一部分在面团凝固之前消失掉，会造成很大浪费，因此在选择膨松剂时应特别注意。

（2）面团的凝固速度　小麦淀粉约在 $65 \sim 70 ℃$ 时开始糊化，面筋接着凝固，但是由于焙烤食品工艺配方中大都含有糖、油脂、蛋等辅料，同一类型不同品种的食品配比也有区别，因此，面团凝固时间也不尽相同。

（3）面团的 pH 值　面团的 pH 值较高，小麦粉内的类黄酮色素就易发色，焙烤后制品表面会出现焦黄色，同时使面筋伸展性增强，导致其内部质地松散；若 pH 值较低，则会出现与上述相反的现象。

（4）工艺条件　焙烤食品不仅要有科学的配方，还要有严格的工艺条件，如有些产品成型前面团需要静置一定时间，这时环境温度和时间是复配技术应考虑的因素，否则将影响以后操作的顺利进行。

（四）结论

制作蛋糕、松饼所需膨松剂的反应速度不得太快或太慢，以持续性膨松剂最好。为避免在焙烤后半期出现体积缩小的现象，制作蛋糕应选用在焙烤后半期能支撑膨松组织的膨松剂，但是为了不使蛋糕表面产生裂纹，可选用持续性膨松剂。制作烤饼最适合用缓效性膨松剂，不宜用速效性膨松剂。

三、复合膨松剂产品举例

（一）用途

本复合膨松剂产品为面包、饼干、馒头等面食加工时的添加剂，它是由碱剂、酸剂和填充料混合而成，它能使食品膨松、柔软，更加适口。市售的发酵粉就是这类复合膨松剂。

（二）原料

（1）碳酸氢钠　本剂中用作碱性剂的是食用小苏打。

（2）酒石酸氢钾　无色斜方晶体，溶于水、酸和碱溶液，稍溶于乙醇，用于制焙粉、利尿药等。本剂中用作酸味剂，选用食品级。

（3）玉米淀粉　白色或微带淡黄色粉末。将玉米用 0.3% 浓度的亚硫酸浸渍后，通过破碎、过筛、沉淀、干燥、磨细等工序制成。普通产品中含有少量脂肪和蛋白质等。本剂中用作填充料。

（三）配方（质量分数，%）

碳酸氢钠 25；酒石酸氢钾 50；玉米淀粉 25。

（四）制备及使用方法

按配方量将原料混合并搅拌均匀即得。在制作面包、饼干、馒头等需要膨松的食品时，加入到这些食品中，具体用量根据情况而定。此剂为家庭、食堂、饭店等必备。如若在密闭条件下烘烤（例如密闭烤箱），效果更佳。

现将配方及工艺简介如下。

配方：低筋面粉 100；发粉 8；干酵母 8；水 65。

制作工艺：酵母＋发粉 30℃温水溶解加入面、水充分搅拌→面团形成→静止醒发 20min→二次揉面→制作上笼 30～35℃，相对湿度 78%，醒发 30min，旺火蒸

15min→成品。

成品质量：成品体积膨大、疏松，组织结构均匀，口感柔软、香甜、色泽洁白、有光泽，整体质量明显优于用单一酵母或复合膨松剂所制产品。

四、复合膨松剂配方

复合膨松剂的配方很多，依具体食品生产需要而有所不同。通常依所用酸性物质的不同可有产气快、慢之别。例如其所用酸性物质为有机酸、磷酸氢钙等，产气反应较快；而使用硫酸铝钾、硫酸铝铵等，则反应较慢，通常适用在高温时发生作用。

现介绍一些复合膨松剂配方。

（1）馒头用复配型膨松剂配方　碳酸氢钠 32%，脱水明矾 37.75%，酒石酸 3.5%，酒石酸氢钾 7.5%，蔗糖脂肪酸酯 0.4%，植物蛋白：0.6%，谷氨酸钠：0.4%，天然物 19.85%。

（2）小苏打与酒石酸氢钾　小苏打 25%、酒石酸氢钾 50%、淀粉 25% 充分混合过筛。这个配方比较稳定，在制品中发生无臭味反应，色、香、味较理想。在使用量相同情况下，疏松力较其他膨松剂大，使用方便，是一种速效的膨松剂。

（3）小苏打与酸性磷酸钙　①酸性磷酸钙 22%、小苏打 23%、酒石酸 3%、酒石 52%。②酸性磷酸钙 22%、小苏打 18%、钾明矾 18%、淀粉 42%。③小苏打 23%、酒石 44%、酒石酸 3%、淀粉 15%。④小苏打 19%、酒石 30%、酒石酸 5%、淀粉 46%。

一些粉末状复配型膨松剂的配方（质量分数，%）如下：

（1）碳酸氢钠 25，酒石酸氢钾 10，磷酸氢钙 7.5，磷酸二氢钙 12，烧明矾 10，酒石酸 10，碳酸钙 0.5，玉米淀粉 25。

（2）碳酸氢钠 48，酒石酸氢钾 5，氯化铵 46，碳酸镁 1。

（3）烧明矾 15，铵明矾 15，酒石酸氢钾 10，酒石酸 8，碳酸氢钠 30，玉米淀粉 22。

（4）碳酸氢钠 27，酒石酸氢钾 4，磷酸氢钙 1，烧明矾 23，磷酸二氢钙 1，磷酸一氢钙 5，淀粉 32。

（5）碳酸氢钠 30，酒石酸氢钾 10，磷酸氢钙 29，烧明矾 15，玉米淀粉 15。

（6）碳酸氢钙 59，酒石酸氢钾 3，碳酸镁 1，氯化铵 36。

（7）碳酸氢钙 36，酒石酸氢钾 12，烧明矾 34，D-酒石酸 8，玉米淀粉 10。

（8）碳酸氢钠 37，酒石酸氢钾 1，烧明矾 28，酒石酸 6，氯化铵 21，玉米淀粉 7。

（9）葡萄糖酸-δ-内酯 38，酒石酸 2，酒石酸氢钾 6，碳酸氢钠 45，烧明矾 1，玉米淀粉 8。

（10）酒石酸 6，酒石酸氢钾 23，烧明矾 16，碳酸氢钠 27，氯化铵 24，玉米淀粉 44。

（11）酒石酸 5，酒石酸氢钾 5，烧明矾 25，烧铵明矾 10，酸性焦磷酸钠 10，碳酸氢钠 35，玉米淀粉 10。

（12）酒石酸钾 1，酸性磷酸钠 5，植物蛋白质 25，碳酸氢钠 36，烧明矾 33。

（13）味精 10，食盐 5，琥珀酸二钠 2，碳酸钙 5，酒石酸氢钾 10，烧明矾 33，碳酸氢钠 35。

第十二章

复合凝固剂

    传统豆腐生产过程中，主要采用石膏或盐卤作单一凝固剂，用石膏做凝固剂的豆腐因含有一定的凝固剂残渣而带有苦涩味，缺乏大豆香味；用盐卤做成的豆腐持水性差，而且产品放置时间不宜过长。葡萄糖酸-δ-内酯做成的豆腐品质较好，质地滑润爽口，口味鲜美，营养价值高，但内酯豆腐偏软，不适合煎炒。因此人们开发了以葡萄糖酸-δ-内酯为主，石膏为辅助的内酯混合盐型复合凝固剂，即葡萄糖酸-δ-内酯中混入无机盐盐类凝固剂或有机酸盐类凝固剂，用量为大豆干重的 $1\% \sim 2\%$，使用方法同无机盐凝固剂一样。用复合凝固剂做出的豆腐基本克服了传统豆腐的缺点，既保持了内酯豆腐的细腻爽口，存放期长，豆腐失水率较小的特点，又增强了豆腐的硬度，使豆腐弹性更佳，提高了豆腐的质量和产量。

第一节　常用于复合的凝固剂

一、凝固剂的分类

    食品中常用凝固剂可分为盐类凝固剂、酸类凝固剂和酶类凝固剂。

（一）盐类凝固剂

    盐类凝固剂主要包括钙盐凝固剂和镁盐凝固剂。其中盐卤和石膏是最常用的凝固剂，90％以上的豆腐是用它们来生产的。盐类凝固剂在水溶液中离解出多价离子（如 Mg^{2+}、Ca^{2+}），与蛋白质分子结合，使蛋白质分子联结而凝聚；同时，盐类凝固剂离解出来的离子使蛋白质表面所带的电荷受到影响，减少蛋白质分子之间的静电排斥作用和表层水合膜的保护作用，有利于蛋白质凝固。

（二）酸类凝固剂

    酸类凝固剂主要有葡萄糖酸内酯、醋酸、柠檬酸和苹果酸。酸在溶液中产生

H$^+$，使溶液的 pH 值下降，当 pH 值接近蛋白质等电点时，会引起蛋白质表面层带电量下降，胶体稳定性下降，产生沉淀凝结。

（三）酶类凝固剂

酶类凝固剂是指能使大豆蛋白凝固的酶。这些酶能促使蛋白质分子之间或分子内形成共价键，增加各种蛋白质小片段浓度。日本已将此类凝固剂用来生产豆腐乳。据报道，酶类凝固剂能增加豆腐乳中水溶性氮的含量，改善豆腐乳的风味。但酶类凝固剂研究开发的时间不长，目前尚未形成统一的认识。

我国允许使用的凝固剂有硫酸钙（石膏）、氯化钙、氯化镁（盐卤、卤片）及葡萄糖酸-δ-内酯等五种。其中硫酸钙、氯化镁（盐卤、卤片）、葡萄糖酸-δ-内酯为蛋白质凝固剂。蛋白质为两性化合物，非等电点时，在多肽链上同性电荷之间的相互排斥和表面水合膜保护的共同作用下，不易发生凝聚，较为稳定。蛋白质具有热变性，受热后其立体结构发生变化，蛋白质分子从原来有秩序的紧密结构变成疏松的无规则状态，此时若加入凝固剂，变性蛋白质容易转变成蛋白质凝胶。

表 12-1 是我国常用的凝固剂种类及其使用范围、最大使用量。

表 12-1　几种食品凝固剂及其使用范围、最大使用量

食品凝固剂名称	使 用 范 围	最大使用量/(g/kg)	备　注
硫酸钙（石膏）	罐头、豆制品	1.5	
氯化镁（盐卤、卤片）	豆制品	按生产需要适量使用	作为过氧化苯甲酰的稀释剂
葡萄糖酸-δ-内酯	豆腐	3.0	
氯化钙	罐头、豆制品	按生产需要适量使用	

二、几种常用的凝固剂

（一）葡萄糖酸-δ-内酯

在国外，葡萄糖酸-δ-内酯早在 20 世纪 30 年代就实现了工业化生产，而我国直至 80 年代才开始。70 年代，日本首次推出了以葡萄糖酸-δ-内酯为主体的凝固剂，广泛用来制作袋装豆腐，该凝固剂在 80～90℃凝固效果最好，制成的豆腐质地细腻，弹性足，有劲。葡萄糖酸-δ-内酯使用量一般为大豆干重量的 0.8%～1.6%，使用时还常需加 1% 的保护剂，常用保护剂有氯化钙和醋酸钙等。

葡萄糖酸-δ-内酯是目前最为常见的豆腐凝固剂，但其本身不能直接作凝固剂，需在高温和碱性条件下，在水中水解转变成葡萄糖酸后才对豆浆的蛋白质产生酸凝固作用。高温时葡萄糖酸-δ-内酯很快全部转变为葡萄糖酸，低温时这种水解作用很弱。葡萄糖酸-δ-内酯是一种蛋白质凝固剂，在水中水解成葡萄糖酸，使溶液的 pH 值下降，当 pH 值接近蛋白质等电点时，蛋白质表面层带电量下降，胶体的稳定性受到破坏，从而产生沉淀凝结。

葡萄糖酸-δ-内酯用作凝固剂，主要用于豆腐生产。用葡萄糖酸-δ-内酯作为豆腐生产的凝固剂，使用方便，所生产的豆腐出率高，形态完整，质地细腻、滑嫩可口，保水性好、防腐性好、保存期长，一般在夏季放置 2～3 天不变质。缺点是豆腐稍带有酸味。

但用葡萄糖酸-δ-内酯制作豆腐也存在着一些缺点，如所制作的豆腐口味平淡、略带酸味，韧性和咀嚼性不如传统豆腐好。因此豆腐生产中常把葡萄糖酸-δ-内酯和石膏或其他凝固剂复合使用。大量研究表明，生产嫩豆腐时，葡萄糖酸-δ-内酯和石膏的最佳配比为1∶3～2∶3，加入量为干豆重的2.5%。

用葡萄糖酸-δ-内酯生产豆腐的特殊意义在于加工生产包装灭菌豆腐，以延长豆腐保藏期。最适加入量0.25%～0.26%（对豆浆）。内酯豆腐是当今唯一能连续化生产的豆腐，其生产方法是将煮沸的豆浆冷却至40℃以下，然后按比例把葡萄糖酸-δ-内酯加入到豆浆中，均匀混合，装入盒内，密封，隔水加热至要求温度，保持一定的时间。随着温度升高，豆浆中的葡萄糖酸-δ-内酯水解成葡萄糖酸，使蛋白质发生酸凝固。这样，一次加热就可达到凝固和杀菌双重目的。葡萄糖酸-δ-内酯的特点是在水溶液中能缓慢水解，具有特殊的迟效作用，使溶液的pH值下降，对蛋白质凝固起到很好的作用。

（二）盐卤

盐卤为混合物，其中氯化镁含量最多，与氯化钙一样能使蛋白质溶胶凝结形成凝胶。北豆腐的生产一般使用盐卤作凝固剂，特点是：要求豆浆的温度较高，一般为85℃；在搅动熟豆浆的同时连续细流加入液态盐卤；亦可分3～5次加入，搅动先急后缓，间歇加入，中间有一定间隔时间。盐卤使用之前，最好先加热，以利于大豆蛋白质凝固。用盐卤生产的豆腐具有独特甜味和香味，豆腐硬度、弹性和韧性较强，含水量低，蛋白质含量在7.4%以上。

盐卤是我国数千年来豆腐制作的传统凝固剂。用盐卤作凝固剂，溶解性好，与豆浆反应速度快，所以凝固速度快，蛋白质的网状组织容易收缩。天然卤水具有特殊的甜味和香气，这种甜香味可在舌头上留有很长时间，因此用盐卤制作的豆腐风味较好，但持水性差，出品率低。一般用于制作豆腐干和油豆腐。

卤水的浓度要根据豆浆的稠稀进行调节。生产北豆腐，豆浆稍稠些，卤水浓度适当低些（一般采用16°Bé），生产豆腐片和豆腐干类，豆浆较稀故卤水浓度宜高一些（一般采用26～30°Bé），盐卤用量约为8%～12%。

（三）石膏

石膏主要用作蛋白质凝固剂，用于罐头、豆制品生产，按正常生产需要添加。用石膏作凝固剂制得的豆腐持水性、弹性较盐卤作凝固剂的好，质地细腻。

石膏凝固机理符合离子桥学说，即其在水中产生的多价离子Ca^{2+}，与蛋白质分子结合，充当"桥"的作用，使蛋白质分子联结而凝聚；同时石膏属于强电解质，是二价碱金属中性盐，可使蛋白质表面所带的电荷受到影响，减少蛋白质分子之间的静电排斥作用和表层的水合膜的保护作用，使蛋白质凝固。

石膏作为凝固剂，因其溶解度小，在溶液中的钙离子浓度小，与豆浆反应速度慢，凝固速度慢，属迟效应性凝固剂，其优点是豆腐出品率高、保水性强，适用幅度宽，适应于不同豆浆浓度，做老、嫩豆腐均可。由于石膏微溶于水，使用前应加水混合，采取冲浆法加入热豆浆内。石膏主要用于生产南豆腐。

实际生产中为了增加石膏与大豆蛋白质接触的机会，石膏用量往往过量，豆腐中易夹带有未溶解的石膏小颗粒，使豆腐略有苦涩味，降低了大豆香味。

（四）卤片

卤片性质与盐卤相仿，含氯化镁约为 97%。由于含有的氯化镁较盐卤高得多，故为较好的蛋白凝固剂，使用前应用水溶成液体，浓度根据需要掌握在 6～20°Bé。

卤片作为蛋白质凝固剂，常用于豆制品的生产，主要应用于豆腐生产，按生产需要适量使用。

（五）氯化钙

氯化钙主要是通过使可溶性果胶凝固成为凝胶状不溶性果胶酸钙或加强细胞壁的纤维结构，保持果蔬加工制品的脆度和硬度。作用机理是：可溶性果胶的果胶酸与加入的氯化钙中的钙离子反应，生成果胶酸钙，加强了果胶分子的交联作用，形成凝胶。氯化钙和硫酸钙一样，也可作豆制品生产中的凝固剂。此外，钙是人体内重要无机成分，以盐的形式存在于人体各组织内，具有多种生理功能，如调节神经心肌、肌肉的兴奋性，参与肌肉收缩、细胞分泌、凝血过程等，故氯化钙还可作为食品营养强化剂。

在豆腐生产中，氯化钙作为凝固剂，使用量为 20～25g/L 豆浆，氯化钙溶液的使用浓度为 4%～6%；用氯化钙溶液浸渍果蔬，经杀菌后果蔬脆性好，色泽亦好。如用于苹果、番茄、什锦蔬菜和冬瓜等罐头食品。

按 FAO/WHO 规定，氯化钙的使用范围和限量如下：番茄罐头，片装为 0.80g/kg，整装为 0.45g/kg（单用或与其他凝固剂合用量，以 Ca^{2+} 计）；葡萄柚罐头，0.35g/kg（单用或与乳酸钙合用量，以 Ca^{2+} 计）；青豌豆、草莓和水果色拉等罐头，0.35g/kg（单用或与其他凝固剂合用量，以 Ca^{2+} 计）；果酱和果冻，0.20g/kg（单用或与其他凝固剂合用量，以 Ca^{2+} 计）；低倍浓缩乳、甜炼乳、稀奶油，2g/kg（单用，以无水物计），3g/kg（与其他凝固剂合用量，以无水物计）；酸黄瓜，0.25g/kg（单用或与其他凝固剂合用量）；一般干酪，0.20g/kg（所用干乳量）。

第二节　复合凝固剂

复合凝固剂就是人为地用两种或两种以上的成分加工成的凝固剂。这些凝固剂都是随着豆制品生产的工业化、机械化、自动化的进程而产生的，它们与传统的凝固剂相比都有其独特之处。

豆腐营养丰富，在我国已有两千多年的历史，深受消费者喜爱。在我国传统豆腐生产过程中，主要采用的是石膏和盐卤作单一凝固剂，用石膏做成的豆腐因制品有一定的残渣而带有苦涩味，缺乏大豆香味；用盐卤做成的豆腐持水性差，而且产品放置时间不宜过长。葡萄糖酸-δ-内酯（GDL）作为一种新型凝固剂风靡于国内外。由内酯做成的豆腐品质较好，质地滑润爽口，口味鲜美，营养价值高。但是内酯豆腐偏软，不适合煎炒。因此，通过测定凝胶强度，进行了以内酯为主的复合凝固剂配方的研究，以内酯为主的复合凝固剂做出的豆腐基本克服了传统豆腐的缺点，既保持了内酯豆腐的细腻爽口性，又增强了豆腐的硬度，使豆腐弹性更佳，提高了豆腐的质量和产量。

现在的食品工艺师或厨师都喜欢使用复合凝固剂。由于这种凝固剂集各单一凝固剂之长，故用它点制出来的豆花感觉更加光滑、柔软、细嫩，当然使用也更为方便。虽然目前各厂家生产的豆制品复合凝固剂的配方各不相同，但大都含有硫酸钙和葡萄糖酸-δ-内酯等成分。使用豆制品专用复合凝固剂制作豆花，操作简便快捷，适合于餐馆和家庭使用。在实际操作中，我们只需按照买回来的专用凝固剂上的说明书细则以及规定的比例去灵活使用即可。此外，在热豆浆中，我们还可以加入多种食用色素、新鲜绿色菜汁以及花生浆、脱脂奶粉等。

一、新型豆腐复合凝固剂的研究

我国的郑立红运用回归正交方案设计方法，研究以内酯为主的豆腐复合凝固剂中石膏、磷酸氢二钠（改良剂）、单甘酯（乳化剂）的不同添加量对豆腐凝胶强度及品质的影响，确定了以内酯为主的豆腐复合凝固剂的最佳配方。结果表明：以内酯为主的豆腐复合凝固剂向豆浆中添加量的最佳配方为内酯 0.3%、石膏 0.069%、磷酸氢二钠 0.047%、单甘酯 0.019%（以豆浆计）。

（一）工艺流程

原料浸泡→磨浆→煮浆→过滤→冷却→分装定容→加复合凝固剂→加热定型→冷却

（二）工艺要点

挑选粒大、饱满、无病虫害、无霉变的优质大豆，用水冲洗。浸泡在其体积约 2.5 倍的水中，12~14h（夏天），断面浸透无硬心即可。然后进行磨浆，磨浆时加水量为大豆干重的 6 倍，使其豆浆浓度保持一致。豆浆煮沸 3~5min，同时要不断搅拌，防止结焦，煮浆后过滤。将豆浆冷却至 30℃，加入豆浆质量 0.3% 的内酯，然后分装在烧杯中。石膏用热水溶解，磷酸氢二钠、单甘酯用热豆浆溶后，按不同用量分别加入各个烧杯中，最终使各烧杯豆浆体积相同。恒温水浴锅加热至 90℃ 时放入烧杯，保持 90℃、30min 后取出，冷却。

（三）凝胶强度测定

凝固成形的豆腐与空烧杯分别放在天平的两个托盘上，用砝码调平，将表面积为 $1cm^2$ 的钢棒平面与豆腐平面保持水平接触，用酸式滴定管以 40~50 滴/min 的速度向空烧杯中滴加清水，使天平失去平衡，使豆腐向上顶起而破裂，豆腐破裂时水的重量即为豆腐凝胶强度。

（四）以内酯为主的复合凝固剂配方优化试验

通过预试验可看出，GDL、石膏、磷酸氢二钠、单甘酯的添加量是影响豆腐品质的重要因素，但内酯用量已确定为豆浆质量的 0.3%，因此据石膏、磷酸氢二钠、单甘酯的上下限确定因素水平表，然后按正交表 $L_{11}(5^3)$ 对这三个因素进行试验，并进行凝胶强度测定，最后以凝胶强度作为评价指标，进行最佳配方的确定。试验选用三因素二次回归设计，选择 $L_{11}(5^3)$ 正交表。试验水平设计为五个水平。进行以内酯为主的复合凝固剂配方优化试验。通过试验确定复合凝固剂中内酯最佳百分含量。选择 GDL 占复合凝固剂的 37%～80% 为试验区间，结果见表 12-2。

结果表明，当 GDL 在复合凝固剂的百分含量从 37%→50% 时，凝胶强度一直上升，而从 50%→80% 时又开始降低。且内酯占复合凝固剂 50% 时凝胶强度最高，所得产品感官评定好，因此可以确定内酯在复合凝固剂中占 50% 时为最佳用量。

（五）复合凝固剂中分别添加石膏与氯化钙对豆腐凝胶强度的影响

表 12-3 表明，添加石膏比加氯化钙凝固效果好，且口味鲜美，故选用石膏作为复合凝固剂的组分，而不用氯化钙。

表 12-2　内酯占复合凝固剂最佳百分含量确定

内酯含量 /%	凝胶强度/(g/cm²)								
	1	2	3	4	5	6	7	8	9
37	20.3	21.5	20.5	18.2	20.3	19.1	19.7	17.3	14.0
40	17.6	20.0	17.7	17.7	20.3	17.9	17.3	16.6	18.6
50	22.8	21.0	23.5	28.5	27.5	29.4	28.3	28.2	28.7
60	17.9	21.0	21.0	22.2	24.0	23.9	25.0	24.9	25.8
70	19.3	20.5	23.3	24.7	26.5	26.1	26.0	27.7	27.0
75	22.6	25.0	19.3	17.3	17.5	19.3	22.4	19.2	18.8
80	20.6	18.6	19.9	18.4	17.3	17.9	18.5	23.1	17.4

表 12-3　石膏与氯化钙添加相同量时对豆腐成形的影响

占豆浆质量分数 /%	凝胶强度/(g/cm²)	
	氯 化 钙	石 膏
0.054	16.2	26.3
0.066	16.9	26.6
0.078	17.8	27.0

（六）结论

经测定，以内酯为主的复合凝固剂的最佳配方为：内酯 0.3%、石膏 0.069%、磷酸氢二钠 0.047%、单甘酯 0.019%（以豆浆计）。豆浆里添加复合凝固剂使豆腐产量高、硬度高，煎炒均可，豆腐色白味香，质地细腻，弹性好，豆腐干净无杂质，质量、口感都优于用单一葡萄糖酸-δ-内酯、石膏和盐卤作凝固剂的豆腐。

二、环保型豆腐复合凝固剂的研制

我国豆腐生产虽然历史悠久，但生产技术的发展极其缓慢。目前豆腐大都是小型手工作坊生产的，而且生产设备简陋，劳动强度大，劳动环境恶劣，卫生状况极差。尤为突出的问题是在生产制作豆腐的过程中产生大量的废渣、废水，不经任何处理就排放，造成环境污染。然而豆渣和废水中还含有很多对人体有益的物质，将其排放掉则是一种资源浪费。所以开展环保型豆腐复合凝固剂的研究意义很大。

（一）生产工艺流程

大豆→清选→脱皮→浸泡→磨浆→胶体磨处理→二次均质→煮浆→加凝固剂成型→检验→成品

（二）操作要点

（1）大豆脱皮 脱皮是环保型豆腐制作过程中关键的工序之一，通过脱皮可以减少土壤中带来的耐热细菌，缩短脂肪氧化酶钝化所需要的加热时间，同时还可以大大降低豆腐的粗糙口感，增强其凝固性。脱皮工序要求脱皮率要高，脱皮损失要小，蛋白质变性率要低。大豆脱皮效果与其含水量有关，水分最好控制在9％～10％，含水量过高过低脱皮效果均不理想。如果大豆含水量过高，可采用旋风干燥器脱水。大豆脱皮率应控制在95％以上。

（2）大豆磨浆 采用砂轮磨磨浆，磨浆时回收泡豆水，此时要严格计量磨浆时的全部用水。将磨好的豆浆先用胶体磨处理，然后用普通型均质机处理，最后采用纳米均质机处理，使豆浆的颗粒达到工艺上的最佳要求。

（3）凝固成型 大豆蛋白质经热变性，在凝固剂的作用下由溶胶状态变成凝胶状态。环保型豆腐生产工艺要求无废渣、无废水，采用单一的凝固剂很难达到理想的凝固效果和风味，所以采用复合凝固剂。复合凝固剂的试验结果见表12-4。

表12-4　复合凝固剂的试验设计及结果

复合凝固剂的种类	配 比 量	凝固效果及风味
GFL＋盐卤	1：0.3	有水析出，风味好
	1：0.2	有水析出，风味较好
	1：0.1	有水析出，风味较好
GDL＋石膏	1：0.3	有水析出，风味好
	1：0.2	有少量的水析出，风味较好
	1：0.1	无水析出，风味一般
GDL＋石膏＋盐卤	1：0.3：0.3	有少量水析出，风味好
	1：0.2：0.2	无水析出，风味好
	1：0.1：0.2	无水析出，风味较好

由试验结果可以看出，GDL、石膏、盐卤的配比为1：0.2：0.2配制出的凝固剂效果最好，不但凝固性好，没有水分析出，而且风味与传统豆腐无大区别。另外，在豆浆中可适当地加入一定量的面粉和食盐。面粉在煮浆前加入，其加入量为干豆质量的0.2％～0.5％；食盐需在煮浆后加入，加入量为干豆质量的0.5％～1.0％。

（三）最佳工艺条件的选择

经过试验得知，影响环保型豆腐品质的主要因素是豆浆的粒度、豆浆的浓度、凝固温度以及复合凝固剂的用量。因此，按L9(3E4)正交试验设计要求共有9个试验配方。由10位有经验的鉴评人员对成品品尝，鉴评后给出得分，取其平均值，其结果见表12-5和表12-6。

表 12-5 L9(3E4) 正交试验设计

因素 / 水平	A 粒度/μm	B 质量分数/%	C 凝固温度/℃	D 复合凝固剂用量/%
1	50	15	80	0.2
2	30	13	85	0.4
3	10	11	90	0.6

表 12-6 正交试验结果

实验序号	A	B	C	D	综合评分
1	1	1	1	1	65
2	1	2	2	2	62
3	1	3	3	3	63
4	2	1	2	3	84
5	2	2	3	1	81
6	2	3	1	2	92
7	3	1	3	2	79
8	3	2	1	3	77
9	3	3	2	1	83
k_1	190	228	234	229	
k_2	257	219	228	232	
k_3	239	238	223	224	
k_1	63.3	76	78	76.3	
k_2	85.7	73	76	77.3	
k_3	79.7	79.3	74.3	74.7	
R	22.7	6.3	3.7	2.6	

由表 12-6 结果显示综合评分得分最高的为 A2B3C1D2，即豆浆颗粒直径为 30μm、豆浆质量分数为 11%、凝固温度为 80℃、复合凝固剂的用量为 0.4%。另由极差 R 分析可知，对产品品质的影响程度依次为 A＞B＞C＞D。所以，选择 6 号方案为最佳的设计方案。

一般说来，豆腐的质量标准是：色泽白或淡黄色；软硬适宜，富有弹性；质地细嫩，无蜂窝，无杂质，块形完整；有特殊的豆香气。环保型豆腐工艺要求无废渣产生，需采用胶体磨和纳米均质机对豆浆进行处理，消除了粗纤维对产品口感的不良影响，使粗纤维回归于豆腐中。这样即增加了豆腐中纤维素的含量，又使豆渣及豆浆中的蛋白质、低聚糖、异黄酮等功能因子得以充分利用，最大限度地保存了大豆中的功能因子。考虑到生产成本和生产难度，选取豆浆颗粒直径 30μm 为豆腐生产的上限。采用纳米均质机以 100MPa 的压力进行处理，均质一次即可达到工艺要求。

（四）结论

（1）采用上述方法生产的无废渣、无废水的环保型豆腐其膳食纤维、异黄酮、低聚糖等功能因子含量明显增加，不仅提高了豆腐的保健性，同时对环境不会造成任何污染。

（2）与传统的豆腐的生产方法相比，大大地提高了原料利用率，且口味、颜色、质地与传统豆腐无差异。该项技术也可以广泛用于豆浆、豆腐脑、盒豆腐以及其他豆制品的生产。

（3）利用此法加工的环保型豆腐不产生豆渣，不需要过滤设备，也省去豆渣清理工序。与传统的加工方法相比，豆腐得率增加了 15%～25%，成本大为降低。

三、复合凝固剂配方举例

日本已成功研制出由硫酸钙与氯化钙、氯化镁与氯化钙、硫酸钙与葡萄糖酸-δ-内酯等按适当比例混合的复合凝固剂。所制得豆腐的外形、风味、质量和保存在时间都优于由单一凝固剂所制得的豆腐。

国外还成功研制了片状调和凝固剂，即将氯化钙（$CaCl_2 \cdot 2H_2O$）和氯化镁（$MgCl_2 \cdot 6H_2O$）加热除去结晶水后，按适当比例与硫酸钙混合，粉碎成粒度 $10\mu m$ 以下。将这些粉末与一定比例的无水乳酸钙混合，再与丙二醇和无水酒精混合一起调制，用制片机压制得到片状调和凝固剂。乳酸钙的加入，起到加强钙离子效果的作用，并能缓和硫酸钙、氯化钙和氯化镁对豆腐过于灵敏的凝固作用。

美国一家公司生产的一种复合凝固剂，成分较为复杂，除主要成分葡萄酸酸内酯（约 40%）外，还含有磷酸氢钙、酒石酸钾、磷酸氢钠、富马酸、玉米淀粉等。一些常用的复合凝固剂配比如下：①0.21% 乳酸和 0.06% 硫酸钙；②0.18% 醋酸和 0.06% 硫酸钙；③0.2% 酒石酸和 0.06% 硫酸钙；④0.2% 抗坏血酸和 0.06% 硫酸钙。

第十三章

复合品质改良剂

用于改善和稳定流体食品各组成的物理性质和组织结构的食品添加剂为品质改良剂，它能赋予食品一定的形态和质构，满足食品加工工艺性能。品质改良剂包括乳化剂、增稠剂、膨松剂和面团改良剂，在饮料和发酵食品中应用较多的品质改良剂是乳化剂和增稠剂。

与其他一些食品添加剂一样，品质改良剂必将向复配型的方向发展，即由几种品质改良剂按一定配方复合而成复配型品质改良剂。这类品质改良剂近几年在国内外发展十分迅速，而且经实践证明非常方便、有效。如在美国，卡拉胶-磷酸盐品质改良添加剂已成功地用来生产低脂、低盐、低热量和高蛋白的具有保健作用的禽肉食品。这种复合食品添加剂主要用于保持禽肉中的水分，并使产品中盐含量比原来减少50%左右，此外还有增加蒸煮禽肉产品体积、保持产品香味、改良结构、提高可切性等特点。而磷酸盐-抗坏血酸复配型改良剂可有效地用于抑制肉类脂肪的氧化。复配型磷酸盐品质改良剂将为促进磷酸盐在食品工业中的应用开辟出更加广泛的前景。目前食品用品质改良剂名目繁多，包括磷酸盐、抗坏血酸（Vc）、偶氮甲酰胺（ADA）、瓜尔豆胶、CMC、变性淀粉、聚丙烯酸钠、磷酯、单甘酯、谷朊粉等，通过复配更是琳琅满目。

就面粉处理剂的发展而言，某些氧化剂如溴酸钾由于安全性问题、近年来有许多国家已经禁用或限量使用。最近，我国卫生部发布《中华人民共和国卫生部公告2005年第9号》，决定于2005年7月1日起，取消溴酸钾作为面粉处理剂在小麦粉中的使用。

虽然目前没有发现一种单一物质能够完全替代溴酸钾在面包烘焙中的作用，但是，利用已被批准使用的其他食品添加剂，如氧化剂、乳化剂、酶制剂等品种，有针对性地开发复合的溴酸钾替代品是完全可行的。几年来，有关高校、科研机构、面粉企业及食品添加剂生产企业根据这一思路对溴酸钾的替代工作进行了大量的科学实验和生产实践，取得了可喜的成果。目前，根据不同的面粉品质和用途，利用抗坏血酸、复合酶、乳化剂等研制出多种成熟的复配产品，填补了溴酸钾禁用后没有替代品的空白。

各国也积极开发和推广溴酸钾的替代品，当前广泛认可的有三种：维生素 C（抗坏血酸）、偶氮甲酰胺和各种改良剂组成的不同比例的复配物。另一方面，在实践中认识到单一的面粉处理剂已不适应面粉工业发展专用粉、提高面粉品质的需要，许多国家注重研究开发复配型面粉食品添加剂。如面条类复配型添加剂主要成分是增稠剂、乳化剂、复合碱、面筋增筋剂及变性淀粉。速冻面团的复配型添加剂主要成分有乳化剂、稳定剂、酶制剂、大豆蛋白粉和谷朊粉。面包制品复配型添加剂主要成分有氧化剂、乳化剂、配制剂。蛋糕制品复配型添加剂主要成分有乳化剂、蛋白酶、膨松剂和增稠剂。

随着大量现代技术应用于食品工业，对原料、操作水平和添加剂的准确性要求越来越高，预示高效、方便、安全的食品复配型品质改良型添加剂将很快大规模走向市场并得到快速发展。

第一节　复合磷酸盐品质改良剂

磷酸盐是目前世界各国应用最广泛的食品添加剂，它广泛应用于食品生产的各个领域，对食品品质的改良起着重要的作用，如提高肉制品的保水性、凝胶强度、成品率；在粮油制品中对面条起改良作用，还可以制作成新型膨松剂；对速冻水饺起改良作用；在海产品加工中也可应用等。

目前我国已批准使用的磷酸盐共 8 种，包括三聚磷酸钠、六偏磷酸钠、焦磷酸钠、磷酸三钠、磷酸氢二钠、磷酸二氢钠、酸式焦磷酸钠、焦磷酸二氢二钠，在食品中添加这些物质可以有助于食品品种的多样化，改善其色、香、味、形，保持食品的新鲜度和质量，并满足加工工艺过程的需求。

一、几种常用于复合的食品级磷酸盐

三聚磷酸钠在食品工业中主要用于罐头、奶制品、果汁饮料及豆乳等的品质改良剂；火腿、午餐肉等肉制品的保水剂和嫩化剂；在水产品加工中不但能起到保水和嫩化，而且起膨胀和漂白的作用；在蚕豆罐头中可使豆皮软化；也可作为软水剂、螯合剂、pH 调节剂和增稠剂以及用于啤酒行业中。三聚磷酸钠在食品加工中一般添加 $0.3\% \sim 0.5\%$，在水产加工中最大量为 3%。许多果蔬具有坚韧的外皮，在果蔬加工烫漂或浸泡中加入三聚磷酸钠，可络合钙离子，降低外皮的坚韧度。在日本，三聚磷酸钠广泛用于各种食品，常与其他磷酸盐复配使用。

焦磷酸钠（无水）在食品加工中可作为品质改良剂、乳化分散剂、缓冲剂、螯合剂等，具有缩合磷酸盐的通性，螯合、分散作用明显，可抗絮凝；能防止脂肪氧化，酪蛋白增黏等作用。pH 值高时，具有抑制食品腐败、发酵的作用。主要用于肉类及水产品加工，可提高持水性，保持肉质鲜嫩，稳定天然色素。也可用于淀粉制造等，多与其他缩合磷酸盐复合使用。焦磷酸钠在食品加工中一般添加 $0.05\%\sim0.3\%$，在水产品加工中最大添加量为 3%。在日本，焦磷酸钠主要用于豆酱和乳制品中（单独使用或与聚磷酸盐或偏磷酸盐复配使用）。鱼肉熟制品和原料肉里用量为 $0.05\%\sim0.3\%$；焦磷酸钠与三聚磷酸钠按适当比例配合，可作为弹性增强剂。

焦磷酸二氢二钠（酸式焦磷酸钠）在食品加工中可作为快速发酵剂、品质改良剂、膨松剂、缓冲剂、螯合剂、复水剂和粘接剂。或用于面包、糕点等合成膨松剂的酸性成分，CO_2 的产生时间较长，适用于水分含量较少的焙烤食品（如煎饼）；与其他磷酸盐复配可用于干酪、午餐肉、火腿、肉制品和水产品加工的保水剂及方便面的复水剂等。在食品加工中一般添加 $0.05\%\sim3\%$，在水产品加工中最大添加量为 1%。按 FAO/WHO 规定，焦磷酸二氢二钠应用于：①加工干酪，用量为 0.9%（以 P计）；②午餐肉、熟火腿，用量为 0.3%（单用或与其他磷酸盐合用，以无水物计）；③蟹肉罐头，用量为 0.5%（单用或与其他磷酸盐合用，以无水物计）。焦磷酸二氢二钠具有酸性，与其他磷酸盐复配使用，是良好的肉类保水剂。

磷酸氢二钠在食品工业中作为品质改良剂、pH 调节剂、营养增补剂、乳化分散剂、发酵助剂、粘接剂等。主要用于面食类、豆乳制品、乳制品、肉类制品、乳酪、饮料、果类、冰淇淋和番茄酱中。在食品加工中添加 $0.3\%\sim0.5\%$。磷酸氢二钠可与焦磷酸钠、偏磷酸钠和聚磷酸钠复配使用。

焦磷酸钾在食品工业中用作乳化剂、组织改良剂、螯合剂，还可作为面制品用碱水的原料，与其他缩合磷酸盐合用。通常可用来防止水产品罐头产生鸟粪石，防止水果罐头变色；提高冰淇淋膨胀度；提高火腿、香肠的产出率和鱼糜的保水性；改善面类口味及提高产出率，防止干酪老化。

我国允许使用的磷酸盐类食品改良剂及其使用范围和最大使用量见表 13-1。

表 13-1 我国允许使用的磷酸盐类食品改良剂
及其使用范围和最大使用量

名 称	使用范围	最大使用量 /(g/kg)	备 注
磷酸三钠	罐头、果汁饮料、奶制品、豆乳	0.5	
	西式火腿、肉、鱼、虾、蟹	3.0	
六偏磷酸钠	罐头、果汁饮料、奶制品、豆乳	1.0	复合磷酸盐使用时，以磷酸盐总计，罐头肉制品不得超过 1.0g/kg，炼乳不得超过 0.5g/kg
三聚磷酸钠	罐头、果汁饮料、奶制品、豆乳	1.0	
	西式火腿、肉、鱼、虾、蟹	3~5	
焦磷酸钠	罐头、果汁饮料、奶制品、豆乳	1.0	
	西式火腿、肉制品、鱼制品、虾蟹	≤5.0	
	复配薯类淀粉增白剂	0.025	
磷酸氢二钠、磷酸二氢钠	淡炼乳	0.5	
磷酸二氢钙	面包、饼、馒头的面团发酵	4(以磷酸计)	
焦磷酸二氢钠	面包 苏打饼干	1~3 3.0	

二、复合磷酸盐在肉制品中的应用

由于磷酸盐类具有安全、无毒，还可改善食品品质，对人体有补磷、钙和铁等作用，在食品界广泛应用已有百余年，目前最常用的品种有 30 多种。我国对食品磷酸盐的研究和应用起步比较晚，使用量偏小，主要以磷酸钠盐居多，钙盐次之，钾盐较少，而且复配产品较少。今后的方向应以钾盐代替钠盐，开发复配磷酸盐改良剂为主，这类品质改良剂近几年来在国外发展十分迅速，而且已被实践证明非常方便有效。如卡拉胶-磷酸盐品质改良剂已成功用来生产低脂、低盐、低热量、高蛋白的具有保健作用的禽肉食品；磷酸盐-抗坏血酸复配型改良剂可有效地用于抑制肉类脂肪的氧化。

在肉制品的加工过程中，添加复合磷酸盐可以：①提高肉的 pH 值；②螯合肉中的金属离子；③增加肉的离子强度；④解离肌动球蛋白。

因此，加入复合磷酸盐后，可以提高制品的保水性及成品率。磷酸盐提高肉的保水性、改善肉类食品质构的能力取决于所应用的磷酸盐的类型、应用磷酸盐体系的条件和磷酸盐的添加量。

（一）复合磷酸盐在提高肌肉蛋白保水性及凝胶强度方面的应用

磷酸盐对肉蛋白（从肉中提取的蛋白质）的保水性有显著影响。但是不同类型的磷酸盐对不同部位的肉的影响大小是不同的，影响胸部肌肉蛋白凝胶保水性因素的主次顺序为：焦磷酸钠＞三聚磷酸钠＞六偏磷酸钠，影响腿肉蛋白凝胶保水性因素的主次顺序为：六偏磷酸钠＞焦磷酸钠＞三聚磷酸钠。两种肌肉类型影响不同主要是由于肌肉类型不同及磷酸盐作用机理不同所致。三聚磷酸钠及焦磷酸钠可以通过改变蛋白质电荷的密度来提高肉体系的离子强度并使其偏离等电点，使电荷之间相互排斥，在蛋白质之间产生更大的空间；六偏磷酸钠能螯合金属离子，减少金属离子与水的结合。试验表明，焦磷酸盐对胸肉的保水性影响显著，其原因是焦磷酸盐提高了 pH，通过水合作用使凝胶保水性提高，同时解离肌动球蛋白为肌球蛋白和肌动蛋白，蛋白质分子结合水分而提高了保水性。三聚磷酸盐对腿肉蛋白凝胶保水性影响不明显，此时影响凝胶保水性的是凝胶的结构，凝胶的保水性好说明形成凝胶的网络比较细致，大量的微小孔洞均匀分布在凝胶网络中，借助毛细管力的作用，保持了一些水分。但是在对肌肉蛋白热诱导凝胶强度方面，磷酸盐却对其凝胶强度有降低作用，说明高的持水性并不一定意味着高的凝胶强度，三聚磷酸钠对肌肉蛋白凝胶的降低作用国外也有文献报道，他们认为焦磷酸钠会使肌球蛋白变得不稳定，降低凝胶强度，和肌原纤维凝胶相互作用；三聚磷酸钠也会使肌球蛋白变得不稳定，在 0.3mol/L 和 0.4mol/L NaCl 时会提高肌原纤维蛋白的凝胶作用，但在 0.6mol/L NaCl 时会降低凝胶能力。六偏磷酸钠对肌球蛋白变性没有作用，但它可提高凝胶强度。磷酸盐对肌肉蛋白的作用多归结于它们带来的离子强度和 pH 的变化。

（二）复合磷酸盐在提高肉制品保水性及成品率方面的应用

肉制品的保水性是西式肉制品生产的关键之一，它既影响产品品质又和企业的经济效益息息相关。因此，在保证产品质量的前提下如何提高肉制品的保水性一直是肉类研究中的一个重要课题。在肉制品中加入磷酸盐可以改善制品的质构，提高制品的保水性和产品得率，改善肉制品质构，从而在不降低产品品质的前提下降低产品的成本。磷酸盐提高肉制品保水性的原理是三聚磷酸盐及焦磷酸盐可以通过改变蛋白质电荷的电势来提高肉体系的离子强度，并使其偏离等电点，使电荷之间相互排斥，在蛋白质之间产生更大的空间，即蛋白质的"膨润"，使肉组织可包容更多水分，从而提高保水性；六偏磷酸盐能螯合金属离子，减少金属离子与水的结合，使蛋白质结合更多水分而提高保水性。实践证明，多种磷酸盐的混合使用比单一使用效果好，所以通常使用混合磷酸盐以增加效果。但不同品种的肉制品对混合磷酸盐要求的最佳配比是不同的。试验证实：复合磷酸盐的最佳配比大部分（如猪肉火腿、牛肉、鱼糜）为2：2：1（三聚磷酸钠：焦磷酸钠：六偏磷酸钠），但是最佳添加量对不同的产品来说是不同的，对火腿来说最佳适用量为0.4%，但对鱼肉，最佳适用量为0.5%；复合磷酸盐对鱼糜制品的保水作用优于单一磷酸盐，同时制品的色泽、滋气味和质地均较好，但在鸡肉制品中，获得最大出品率时的最优磷酸盐配比为六偏磷酸钠32.6%、三聚磷酸钠45.6%、焦磷酸钠21.8%。复合磷酸盐的添加量越大，成品率越高，也就是对制品保水性的正面作用越大，但用量对鸡肉大于0.4%，对鱼肉大于0.5%时，制品成品率的上升趋势趋缓，同时考虑到过量的磷酸盐添加还会劣化产品的风味和颜色，且人体如过多地摄入磷酸盐会降低钙吸收，从而导致机体钙磷失衡，引起疾病，不利于人体健康，因此，取复合磷酸盐的用量对鸡肉为0.4%，对鱼肉为0.5%。肉食品中添加磷酸盐的数量仍应按国家颁布的相关标准执行。

（三）复合磷酸盐在海产品加工中的应用

磷酸盐能有效地解决海产品在运输贮存程中鲜味及营养成分流失的问题。磷酸盐可提高海产品肌肉的pH值至9.0～9.5之间"远离等电点"，并裂解海产品的肌动球蛋白，以增加其与水的亲和力，使其肌内组织尽可能地恢复至海产品捕捞死亡时的肌肉结构。在裂解肌内的缝隙中，可使天然水分吸入并与肌肉蛋白紧紧结合，有效地防止或降低海产品在冰冻时以及在烹调蒸煮和翻动时肉质因脱水纤维性韧化，可最大限度地保留海产品原有的天然营养成分。磷酸盐还具有与金属离子发生络合作用的特性，不同种类的磷酸盐对不同金属粒子的络合性不一样，复合磷酸盐综合了其独特伍配的络合性能，可使海产品肌肉中的金属离子钙、镁、铁、铜等结合形成复合物，防止和降低海产品在加工与贮存过程中发生的氧化作用，减少肉体因氧化作用而变色、变味，使其肌肉组织有更佳的保水力，呈味更好，并在解冻时提高其持水性。

肉制品用复配磷酸盐有多种，常见的是磷酸三钠、焦磷酸钠和三聚磷酸钠的混合物，具有磷酸三钠、焦磷酸钠和三聚磷酸钠的综合性能，良好的保水性、结着性、结合能力及防止脂肪酸败的能力等，广泛应用于各类食品中以改善食品品质。

其制备方法是将磷酸三钠、焦磷酸钠和三聚磷酸钠纯化到食品级后，按不同要求比例进行复配即可得到。按我国食品添加剂使用卫生标准，这类复配磷酸盐可用于肉制品，用量为0.01%，可用于西式火腿、鱼、虾和蟹等制品中，用量不超过0.5%（以磷酸盐计）。表13-2是复合磷酸盐的不同配方。

表 13-2　常见复合磷酸盐品质改良剂配方

组　　分	用量/%					
	1	2	3	4	5	6
三聚磷酸钠	23	26	85	10	40	25
六偏磷酸钠	77	72	12	30	20	27
焦磷酸钠	0	2	3	60	40	48

在西式火腿中也可以使用复合磷酸盐，包括六偏磷酸钠、焦磷酸钠和三聚磷酸钠，它能够稳定制品，提高肉的保水性。使用量：六偏磷酸钠≤1g/kg，焦磷酸钠≤1g/kg，三聚磷酸钠≤2g/kg。一般情况下经常是使用三种磷酸盐的混合物，即复合磷酸盐，常用的几种复合磷酸盐的比例见表13-3。

表 13-3　几种用于西式火腿的复合磷酸盐比例/%

组　　合	1	2	3	4	5
六偏磷酸钠	72	70	30	30	25
焦磷酸钠	0	4	45	48	40
三聚磷酸钠	28	26	25	22	35

鸭四宝、香菇炖鸭等禽类罐头加热过程中易释放出硫化氢，硫化氢与罐内铁离子反应生成黑色的硫化铁，影响成品品质，复合磷酸盐具有很好的螯合金属离子作用，可改善成品品质。

三、复合磷酸盐在粮油制品中的应用

(一) 复合磷酸盐对面条的改良作用

吴雪辉等证实了不同配比的复合磷酸盐对面条有改良作用。复合磷酸盐能明显提高面条的品质，增强面条的黏弹性、韧性，使面条久煮不混汤。其原理是：

(1) 增加面筋筋力，减少淀粉溶出物　复合磷酸盐能在面筋蛋白与淀粉之间进行酯化反应及架桥结合，形成较为稳定的复合体，加强淀粉与面筋蛋白的结合力，减少淀粉溶出物，使面粉筋力增强。此外，磷酸盐还有增加淀粉吸水能力的作用，并可使面团的持水性增加，使面筋性蛋白质能充分胀润，从而形成良好结构的面筋网络，增加面团的弹性、韧性，防止断条，使面条口感爽滑。

(2) 增强面条黏弹性　磷酸盐对葡萄糖基团有"架桥"作用，使部分支链淀粉的碳链接长，形成淀粉分子的交联，生成的交联淀粉具有耐高温加热的优点，从而使这类面条耐煮，并能保持淀粉胶体的黏弹性特征。

(3) 提高面条表面光洁度　磷酸盐与面粉和水中的钙和铁等金属离子能够形成络合物，防止这些金属离子沉淀而造成产品外观粗糙的现象。同时磷酸盐又可与天然有机质，如蛋白质、果胶质等形成胶体，使面片压延时显得比较光洁，颜色白而结构细密，从而使面条表面光滑、白嫩、细腻。

(二) 复合磷酸盐在速冻馒头生产中的应用

复合磷酸盐在速冻馒头中有如下作用：①赋予馒头亮丽的光泽，改善馒头质地和口感；②增加馒头的保水能力，减少馒头在成型、醒发和蒸制后冷却过程中的水分损失；③增加馒头的膨松度，打面用水的硬度较高时其效果尤为显著；④减少馒头解冻后的开裂；⑤当馒头制作时使用一些含色素的天然物如胡萝卜时，磷酸盐对色素具有良好的稳定作用。

添加磷酸盐后，馒头的气室更为均匀，质地细腻，味道好。磷酸盐对馒头大小和重量都有影响。蒸制后对照的体积不如处理的大，说明磷酸盐有利于面团的膨松，其作用机理之一可能是为酵母生长提供了磷，更为重要的作用则是络合了钙离子和其他一些金属离子，从而防止钙等对面筋蛋白的交联和与苏打形成难溶性的盐类而影响发酵粉发挥作用。有趣的是添加磷酸盐的馒头重量也增加，产生这一效果的原因可能是磷酸盐增加了馒头的保水能力。因为馒头从和面、成型到醒发需一个多小时，在这过程中未添加磷酸盐的失水量将比添加了磷酸盐的馒头多。

(三) 复合磷酸盐对速冻水饺的影响

在肉馅中添加复合磷酸盐后，能改善肉的色泽、增加嫩度、弹性和保水率。在肉和蔬菜等混合馅中添加磷酸盐能增加馅料的保水能力，防止解冻后汁液流出和蔬菜的褐变，从而解决饺子解冻后饺子皮颜色加深的问题。同时，馅料中添加复合磷酸盐还能明显改善饺子的口感。在面皮中添加磷酸盐则可改善饺皮色泽，增加弹性和爽滑感。加入磷酸盐后，瘦肉的冻后失水率降低，因此蒸熟后的失水率大幅度下降。复合磷酸盐的另一作用就是增加肉的嫩度和弹性，因而在肉馅中加入磷酸盐可望改善馅料的口味，并增加所谓"咬劲"。在添加磷酸盐的同时，加入食盐可进一步增加瘦肉的保水能力，但不影响肉的口感。未加磷酸盐且未对蔬菜进行热烫处理的饺子皮颜色很深，蔬菜热烫处理后饺子皮颜色明显变浅，说明蔬菜的酶促褐变对饺子皮的颜色影响很大。但加入复合磷酸盐后，情况大为不同，即使蔬菜未经热烫，加入磷酸盐后饺皮颜色仍较浅，与未加磷酸盐但蔬菜经过了热烫处理的相当。复合磷酸盐能防止饺皮褐变有两方面的原因，一是螯合了铁、铜、锌等金属离子，延缓了酶促褐变，剥开解冻后的饺子，确实发现添加磷酸盐的蔬菜（未热烫处理）褐变程度较低；二是磷酸盐增加了馅料的持水率，从而减少了汁液的流失，这是磷酸盐防止饺皮变色的主要原因。此外，添加磷酸盐后饺子的口感显著改善，咀嚼时明显感觉到多汁且有咬劲。在面粉中添加磷酸盐后，能使饺子皮增白，光泽度、弹性和爽滑感增加。

(四) 利用复合磷酸盐生产新型油条膨松剂

前面提到过，复合磷酸盐在粮油制品中不仅能对面条有改良作用，还可以制作成新型油条膨松剂，这类复合了磷酸盐的新型复合油条膨松剂几年前就在市场上出现。该新型复合膨松剂配方原理是利用酸性磷酸盐及有机酸盐的化学特性，即在受热条件下，它们与小苏打发生化学反应产生 CO_2 气体，CO_2 气体受热膨胀，使油条面胚胀发，形成均匀致密的多孔性组织，达到膨松目的。磷酸盐在这类复合产品配方中的应用可归纳为下列四大作用：①面团调节作用；②乳化、分散作用；③缓冲作用；④螯合、抗菌作用。

这种新型膨松的优点是：①该类膨松剂是食用级磷酸盐与其他辅助原料复配而

成，符合国家食品卫生要求，安全性高，无毒副作用，既是膨松剂，又是营养剂；②不含铝，不仅避免了铝对人体的危害，符合卫生要求，而且含有人体所需的钙、磷营养元素，因为其钙磷比适宜，所以更适应人体吸收，有利于人体健康；③该膨松剂技术性能良好，不仅能取代传统的"明矾法"炸制油条，而且所炸制油条体积膨大，外皮松脆，内芯柔软，口味纯正，独具特色；④使用简便，发酵快速，适合饭店、食堂、油条经营摊点及家庭制作，省时、省力。

第二节　常用于复合的面粉品质改良剂

根据协同增效原理和方便用户的原则，当今面粉品质改良剂的研制与开发技术均采用多种物料进行复合配制，共同混合使用，可以起到协同增效的作用效果。如将乳化剂、增筋剂、漂白剂、酶制剂、保鲜剂等经过科学配置，物理混合，可改善活性，并起到协同增效作用。以面包添加剂为例，酶制剂与乳化剂复合使用：如戊聚糖酶和乳化剂。酶制剂与酶制剂复合使用：如真菌木聚糖酶和α-淀粉酶；真菌脂肪酶和半纤维素酶；木聚糖酶、半纤维素酶和真菌α-淀粉酶；脂肪酶和细菌麦芽糖α-淀粉酶；葡萄糖氧化酶和脂肪酶等。乳化剂与乳化剂复合使用：如卵磷脂和单二酸甘油酯；单硬脂酸甘油酯和双乙酰酒石酸单二酸甘油酯等。多种成分复合使用的面包添加剂：如葡萄糖氧化酶、硬脂酰乳酸钠（SSL）、维生素C、谷朊粉。多种成分复合使用的饼干添加剂：如蚕豆粉、小麦芽、半纤维素、真菌酶、淀粉酶、蛋白酶等。

大量研究表明，几种食品品质改良剂配合使用，可起到互相补充、协调和叠加的效果。这时面团的流变学特性会比使用某一种品质改良剂有更好的改进，各种品质改良剂的各自添加量也比单独使用时少。实践证明，几种品质改良剂配合使用的效果要比单独使用任何一种的要好得多。

一、替代溴酸钾复合面粉品质改良剂的开发

溴酸钾的致癌性是人们不得不正视的现实。如果再继续使用溴酸钾作为增筋剂，人们在食用含有溴酸钾的面制品时不得不考虑自身安全问题。这不论在心理上、还是安全上是无论如何不能被接受的。因此，不少国家在禁止使用溴酸钾后或禁用溴酸钾以前，都面临着积极研制、开发溴酸钾的代用品的问题。我国各地近年来也大量开展了溴酸钾替代品的研究，主要用料为乳化剂和酶制剂，而且取得了明显成效。

面粉增筋剂对提高面粉筋力，改善面粉品质，提高面制品质量的积极意义是公认的、不可抹杀的。目前，国内外在总结百余年使用人工合成的面粉增筋剂的历史后，围绕着面粉增筋剂今后的发展方向已形成了共识：即限制、逐步减少人工合成增筋剂的使用。通过立法程序达到禁止使用毒性较大的化学合成的面粉品质改良剂；同时，积极研制、开发纯天然的、安全无害的面粉增筋剂，已成为必然的发展阶段。如使用离子型乳化剂SSL和CSL，从小麦中提取出来的面筋蛋白质——谷朊粉、维生素C、天然野生的沙蒿子等，通过复合配制成能代替溴酸钾的新型面粉品质改良剂。另外，

乳化剂是安全、可靠、多功能的食品添加剂，因此，各国都把乳化剂作为研制开发代替溴酸钾的主要成分之一。其中重点产品是离子型乳化剂 SSL 和 CSL 效果最好，再与其他安全、天然成分复合配制，开发出高效的能代替溴酸钾的面粉品质改良剂。

采用生物工程等高新技术是研制开发的主要技术手段，目前，各国食品科技工作者都在寻找、研制溴酸钾的替代品。国际上研制的热点是应用生物工程技术等现代高新技术，采用新型配制剂和其他安全、天然的成分，开发出以酶制剂为主体的新型高效的能代替溴酸钾的面粉品质改良剂。例如国内有的高校就以新型酶制剂葡萄糖氧化酶、脂肪酶、复合酶、混合酶为主要试验材料，研制开发新的面粉品质改良剂来代替溴酸钾，这是各国食品科技工作者正在积极攻关，而我国刚刚起步的世界性研究课题。根据实验结果，可以显著地改善面粉的粉质特性和拉伸特性、可以代替溴酸钾对面粉品质进行改良，并基本上达到了溴酸钾的改良效果。

二、L-抗坏血酸与变性蛋白协同作用

变性蛋白和 L-抗坏血酸以最适量加入面粉中时，面团流变特性、发酵特性（尤其是保气性能），成品体积和质量均得到改善。但是，两者在品质改善的程度和作用过程方面存在一定的差别。变性蛋白除了可稍微增加面团的吸水率外，对面团的搅拌特性无显著影响；L-抗坏血酸加入后，面团的抗搅拌阻力变小，可大幅度降低面粉搅拌时所需的能量。变性蛋白在面团中起的作用因面粉特性不同而异，可以减少弱力面粉搅拌所需的能量，增强强力面粉搅拌时所需的能量。变性蛋白和 L-抗坏血酸对面团的抗拉伸（弹性）性影响也不同，在较短的作用时间内（小于 1h），变性蛋白对面团的拉伸无显著影响，随着作用时间的延长，变性蛋白的作用逐渐增强；L-抗坏血酸可在较短的时间内完成这一作用，并很大程度地增大面团的抗拉伸强度。变性蛋白可很大程度地提高面团的保气性，但要发酵一段时间才能体现出来；L-抗坏血酸可显著地增加面包坯的醒发高度和缩短醒发时间。研究表明，当变性蛋白和 L-抗坏血酸一起配合使用时，表现出良好的协同增效作用，对面团抗拉伸强度、氧化作用和相应的流变特性等改善均较各自单独使用时更为显著。

变性蛋白和 L-抗坏血酸配合使用时，对面团抗拉伸强度的改善作用均较各自单独使用时更为显著，这说明变性蛋白和 L-抗坏血酸具有增效作用。在研究变性蛋白和 L-抗坏血酸对发酵面团的流延扩展率影响的研究中亦证实，变性蛋白和 L-抗坏血酸配合使用时所获得的氧化作用和相应的流变特性改善较各自单独使用时更为显著，表现为发酵面团的流延扩展率变小，这一结果也和早期的研究结果一致。

面团在发酵过程中的产气性和保气性是面粉的另两个极为重要的品质特征。面团的产气性和保气性是两个不同的概念。产气性是指面团在发酵过程中所能产生气体总和的多少。保气性则是面团将所产生的气体保持在面团内部的能力。从直接效应上看，后者较前者更为重要，它直接影响面包的生产效益和面包的质量（尤其是面包的体积）。面团的产气性主要与使用的酵母活性和数量有关。增大酵母的使用量可以显著地提高面团的产气能力，但是，它对面团的保气性无明显的影响，且可以使发酵气体开始逸出时间变短。保气性的优劣取决于面团自身的特性。变性蛋白可以很大程度

地提高面团的保气性，这种作用只有在一段发酵时间后才能体现出来。Khbom 等的研究结果亦表明 L-抗坏血酸可显著地增加面包坯的醒发高度和缩短醒发时间。他们认为这一作用的原因在于 L-抗坏血酸对面团的氧化作用，提高了面团的保气性。发酵过程中，面团的聚合强度随着发酵时间的增长而逐步降低，但添加变性蛋白或 L-抗坏血酸可以显著地减少该强度的降低速率。显然，面团保气性的改善是由于氧化作用改变了面团的综合流变强度，使得内部气体压力平衡点升高，从而抑制了发酵气体的外逸速率。

如前所述，变性蛋白和 L-抗坏血酸对增加发酵面团的强度具有良好的协同作用。因此，可以推测两者的配合使用将会提高面包的质量，而面包质量的优劣是一个多指标评价体系的综合结果。这些指标包括面包体积、形态（冠结构）、外表颜色和特征、内心气孔结构、侧向纹理及口感等。从商业角度出发，面包的体积大小为面包质量评价中最重要的指标，同时，在正常情况下，面包的体积往往与其他的质量指标存在相关的关系。因此，面包体积的大小是确定面粉的面包制作适应性（烘焙品质）的主要指标。

大量的研究结果已经证明，变性蛋白和 L-抗坏血酸对面包体积均有显著的改善作用。随着变性蛋白添加量的增加，不同品种小麦面粉制成的面包体积均有明显的增加。但是不同面粉制成面包的体积增幅不同，且最大体积时所对应的变性蛋白量亦不同，这说明不同面粉对变性蛋白的体积增大效应的影响程度亦不同，因此，最佳添加量也各不相同。这些试验结果揭示了变性蛋白添加量应随面粉的不同而不同，它对 L-抗坏血酸具有与变性蛋白相似的增加面包体积作用。Yamada 等的研究结果表明，面包体积与 L-抗坏血酸添加量成正比具线性关系，但是，获得相同体积增量时，所需的添加量较大。使用 L-抗血酸的另一特点是面包体积和其他品质指标对其添加量具有较大的过量氧化抗性，即过量加入时亦不至于对面包品质造成影响。

变性蛋白和 L-抗坏血酸对面包体积的显著改善作用是由于它们可以增加热膨胀率，即面包坯高度的增长幅度大，而且可使热胀过程时间延长。变性蛋白与 L-抗坏血酸的配合使用对面包体积和质量可以达到良好的协同增效作用，其面包体积增加幅度较各自使用时要大。已有实验证明，两者配合使用时，可以较大幅度地减少变性蛋白的添加剂量。

变性蛋白对面团搅拌特性的影响与 pH 条件和温度有关。当在常量（30g/kg）、常温、pH6.0（接近面粉的 pH）时，变性蛋白除了可以少量增加面团的吸水率外，对面团的搅拌特性无显著的影响。

变性蛋白与 L-抗坏血酸的配合使用对改善面包体积和质量也有良好的协同增效作用，面包体积增加幅度较各自单独使用时均要大。实验证明，两者配合使用时，还可较大幅度地减少变性蛋白的添加剂量。

可见，变性蛋白与 L-抗坏血酸配合使用对面团的抗拉伸强度、氧化作用、保气性均有不同程度的协同增效作用，所制的面包体积和质量优于单独使用所制的面包。可以预见，两者的配合使用在食品品质改良中将起到日益重要的作用。

三、增强 L-抗坏血酸功效的几种措施

L-抗坏血酸在食品加工中受到各种因素的影响，一方面会因稳定性的下降而造成损失，因为 L-抗坏血酸对热较敏感，遇热就变性，$190 \sim 192℃$ 熔解，在面包烘焙过程中（$200℃$以上）早已变性甚至完全分解；另一方面其各种功能被抑制而不能最佳发挥。因此，在以 L-抗坏血酸作为品质改良剂的食品加工过程中，要采取一些必要措施，提高 L-抗坏血酸的功效。

（1）在保证 L-抗坏血酸提高食品品质的前提下，尽量采用低浓度的 L-抗坏血酸溶液，因为低浓度的 L-抗坏血酸对光、热、酶和酸度的稳定性较好。

（2）使用除氧剂，如用糖类、盐类、氨基酸、果胶和明胶等物质来降低液体食品中溶解氧浓度，避免 L-抗坏血酸被非正常氧化。如在果汁中加入适量明胶，可使 L-抗坏血酸的损失率大大降低。

（3）使用有机酸和有选择性的蛋白质。将 L-抗坏血酸与一些具有缓冲作用的有机酸如柠檬酸混合使用，控制食品体系的 pH 值在 $2.5 \sim 3.0$ 或 $6.0 \sim 6.5$ 范围内，在这两个范围内 L-抗坏血酸稳定性最大。同时还能抑制部分金属离子与 L-抗坏血酸之间的络合反应。

（4）添加螯合剂。许多金属离子，尤其是 Cu^{2+}、Fe^{3+}，能氧化 L-抗坏血酸，使 L-抗坏血酸被非正常氧化。因此可添加一定量的螯合剂，降低食品本身所含游离 Cu^{2+}、Fe^{3+} 的浓度。

（5）添加亚硫酸及其盐类，可以抑制一切对 L-抗坏血酸不利的酶系统，从而保护 L-抗坏血酸。

第三节　复合品质改良剂在食品中的应用

目前寻求新的面粉处理剂以替代溴酸钾的研究已取得相当程度的进展，在溴酸钾禁用国家，使用了抗坏血酸、酶制剂如霉菌 α-淀粉酶、蛋白酶及葡萄糖氧化酶等，乳化剂如硬脂酰乳酸钙、硬脂酰乳酸钠及蔗糖脂肪酸酯等作为新的面粉处理剂。但目前尚未找到一种单一产品可以完全取代溴酸钾，必须通过复配，使各种性能互补不足，以使面粉的结构改良、面筋强度及延展性和流动性在焙烤、发酵中取得理想的效果。

面粉增筋剂在复配型添加剂中占的比例较大，可以直接增加或强化面粉中的蛋白质含量，促进面团网络的形成。采用一些非溴酸钾食品添加剂复配后，效果十分明显。成分比例略加调整就可以用在鲜面条、挂面和拉面等面条类产品中。

郭岚香等在采用蔗糖酯防止面包硬化的研究中，以复配蔗糖酯作添加剂与单独添加蔗糖酯作添加剂所做面包硬度试验相比较来看，复配蔗糖酯所做面包硬度远低于以蔗糖酯作添加剂所做面包的硬度。且复配蔗糖酯的成本远低于纯蔗糖酯的成本，并且，添加复配蔗糖酯的面包，其比容增加也很显著。而添加纯蔗糖酯的面包其比容与

空白样相比变化不大。故选择复配蔗糖酯做添加剂既经济效果又好。

　　碱最初用在挂面生产中，可加强面团的强度，改善加工性能，使面条保持光泽，提高光滑度。不同的碱搭配效果也不一样。石满昌研究总结出，方便面复配型添加剂的主要成分有增稠剂、乳化剂、复合碱、面筋增筋剂及变性淀粉。增稠剂的作用是利用增稠剂凝胶、增稠和保水作用来保证方便面的品质，提高其黏弹性、适口性。乳化剂如甘油酸酯与直链淀粉生成复合体，防止游离淀粉溶出，形成更成熟的面团。

　　刘钟栋等经过大量的对比、筛选试验，发现以硬脂酰乳酸钠（SSL）及单甘酯（GMS）为主，配以适当的复合酶及增筋剂的复配型添加剂应用于馒头生产中具有成本低、效果好的优点。

一、馒头粉品质改良剂

　　目前，我国国内市场上的馒头粉品质改良剂有以下几种类型：

　　（1）以酶制剂为主　近年来，酶制剂在面粉行业的应用发展十分迅速，它以安全可靠、无毒无害、添加量小、效果显著为主要特征而备受消费者的欢迎。过去，酶制剂主要应用于烘焙食品中，而应用于馒头粉的改良则是近几年才发展起来的。其主要品种有真菌 α-淀粉酶、戊聚糖酶、葡萄糖氧化酶、脂肪酶等。

　　以酶制剂为主要原料的馒头粉品质改良剂可明显地增加馒头的体积，改善馒头的表皮质量，使馒头内部更加柔软，结构更加均匀，对馒头加工厂劳动生产率的提高也大有益处。然而，添加这种馒头粉品质改良剂以后，面粉的吸水率将会减少1%左右，如果在生产中不减少加水量，将会使馒头的底盘增大，高度下降，影响馒头外形的美观。因此，在使用这种改良剂时，一定要根据面粉的内在品质事先作好小样试验，综合考虑添加效果，严格控制添加量。

　　（2）以乳化剂为主　乳化剂可在小麦蛋白质和淀粉分子之间搭桥，强化蛋白质和淀粉之间的联系，使面团的流变学特性更加适合制作发酵食品。在馒头中添加乳化剂可获得与面包类似的效果，乳化剂在馒头中主要是与蛋白质、脂肪和淀粉相作用。用乳化剂来改善馒头粉的质量，可使馒头的表皮更白、更亮、体积更大、组织更均匀、细腻、口感更好。但是，用乳化剂来改善面粉的品质，常伴有添加量较大、流散性较差的缺点。添加量过小，难以达到预期的目的；较大的添加量又会带来生产成本的大幅度提高，使生产厂家难以接受。虽然将两种或两种以上的乳化剂配合使用可起到降低使用量、提高产品质量的协同增效作用，缓解使用量太大，成本过高的矛盾，但总体来说，使用量较大，成本较高的缺点还没很好解决。

　　（3）酵母营养与 pH 值调节剂　馒头属于发酵食品，在发酵过程中给酵母提供充足的食物及适合其生存的 pH 值，可提高单位质量在相同温度和湿度条件下的发酵速度，增加食品厂的劳动生产率，降低生产成本。硫酸钙、磷酸钙、碳酸镁、氯化铵、硫酸铵等物质既可作为酵母营养剂，又可调节面团的酸碱度。根据面粉的品质、酵母的使用量及发酵条件合理地选用酵母营养剂，可得到较好的制作效果及可观的经济效益。

　　（4）复合型馒头粉品质改良剂　将对馒头粉品质有改良作用的各种物质按照科学

的方式加以组合，可充分发挥不同物质之间的协同增效作用，达到添加量小、改良效果好、安全可靠、经济合理的最佳配合。

① 复合型馒头粉品质改良剂一　选择对馒头粉品质有改良作用的单一食品添加剂进行研究，从中择优录用。又根据它们的作用原理及相辅相成的协同增效作用，将各种物质调整到恰到好处的比例，最终确定配方，取得比较满意的使用效果。该品质改良剂可增加馒头的体积，使馒头表面更加洁白、光滑、亮泽，改进结构、改善口感，提高馒头的总评分。添加该种馒头粉品质改良剂以后，馒头比容的增加幅度在 $0.20 \sim 0.36 \mathrm{cm}^2/\mathrm{g}$ 之间，体积的增加相当可观，表皮质量及内部结构的改善也十分明显。因此，该产品是一种较好的馒头粉品质改良剂。

② 复合型馒头粉品质改良剂二　我国幅员辽阔，人口众多，各地的饮食习惯大都不同。在我国某些地区，人们喜欢食用比较柔软的馒头，这种馒头的加水量较大，醒发时间较长，做出来的成品体积大，空隙多，吃起来十分柔软，而咬劲较小。由于制作工艺的原因，馒头的底部偏大，高度较低，影响馒头的外观质量。为此，在上述产品的基础上进一步研究，市场上已推出了这种品质改良剂，较好地解决了馒头偏低、咬劲较小的不足。添加该种馒头粉品质改良剂后，馒头的高度可明显增加，其外观质量明显高于空白样及其他产品，体积也略有增长，总评分有较大程度的提高。

③ 复合型馒头粉品质改良剂的使用方法　上述两种复合馒头粉品质改良剂既有相同的性质，也有不同的特点，它们都可增大馒头的体积，提高馒头的表皮质量，使馒头的结构更加均匀，口感更好，但前一种产品的强筋作用较小，更偏重于改善馒头的体积和表皮质量；后一种产品的强筋作用较大，对改善馒头的高度和增大咬劲更加有效。

二、复合面条改良剂

面条是我国人民的传统主食，它在人们日常生活中占有重要地位。随着现代生活水平的不断提高，人们不仅对面条的外观品质和营养价值有了较高要求，而且对面条的内在品质如弹性和韧性的要求也越来越高。由于地区差异等原因，我国通用小麦粉蛋白质含量较低，质量较差，制出的面条普遍存在着不耐煮、易浑汤，口感发黏，咬劲差等不足。因此，在研究改进制面工艺的同时，有必要对面条品质改良剂进行深入研究。国内制面业目前采用的面条改良剂主要有复合碱、复合磷酸盐、增稠剂、乳化剂、变性淀粉、食盐及谷阮粉等，添加方式多为自行搭配。由于多数厂家仅对单一品种添加剂的性能有所了解，使用上存在很大盲目性，往往达不到产品要求，产品成本也增加较大。采用碳酸钠、碳酸钾、磷酸盐、羧甲基纤维素钠（CMC-Na），瓜尔胶及蔗糖脂肪酸酯进行试验，最终研制出复合型面条改良剂配方。

（一）复合磷酸盐对面条烹煮过程淀粉溶出的影响

磷酸盐在制面工艺中的主要作用是封闭水和面粉中的金属离子，稳定面条酸度，促进面团面筋网络结构形成及持水。制面过程中，它一方面封闭水中的钙、镁、铜、铁等金属离子，降低水的硬度，全面改善水质，显著提高和面效果；另一方面，它快速与面粉中的蛋白质和淀粉作用，促进面筋网络形成，使面筋网络与淀粉颗粒紧密结合，增强了面团的弹性和韧性，因此能降低面条烹煮时的淀粉溶出，使面条品质得到改善。采用三聚磷酸钠（STPP）、焦磷酸钠（TSPP）及六偏磷酸钠（SHMP）复配添加于面粉中进行试验，磷酸盐复配比为 STPP：TSPP：SHMP＝2.5：1：2.5。

试验中配加 0.20％的复合碱：复合碱由碳酸钠（Na_2CO_3）和碳酸钾（K_2CO_3）组成。碳酸钠能增强面条的弹性、延展性，改善面条爽滑度，而碳酸钾能增强面条韧性，并且有防止面条褐变的作用。复合碱配比为 Na_2CO_3：K_2CO_3＝1.8：1。

表 13-4 试验结果看出，随着复合磷酸盐添加量的增加，面条烹煮淀粉溶出率降低。当添加量达 0.2％时，面条烹煮淀粉溶出率最低，当添加剂超过 0.25％时，面条烹煮淀粉溶出率明显增加。说明在制面过程中复合磷酸盐的添加量不宜超过 0.25％。适宜添加量为 0.2％～0.25％。

表 13-4　复合磷酸盐对面条烹煮淀粉溶出率的影响

添加量/%	0	0.10	0.15	0.2	0.25	0.3	0.4
溶出率/%	5.77	5.25	4.41	3.85	4.00	4.34	5.15

（二）复合增稠剂对面合烹煮过程淀粉溶出率的影响

CMC-Na 及瓜尔胶是制面加工业常用的增稠剂，它们遇水极易分散并形成高黏度的胶体。这种胶体能与面粉中的蛋白质相互作用形成致密的网络结构，使面团黏性增强，面筋与淀粉颗粒的黏结更加紧密牢固，因而能增强面条的弹性和韧性，降低面条烹煮时的淀粉溶出。蔗糖脂肪酸酯具有很强的亲水性，其亲水基与小麦蛋白中的麦胶蛋白结合，疏水基与小麦蛋白中的麦谷蛋白分子结合，使面筋蛋白质分子变大，形成结构牢固细密的面筋网络，因而能增强面筋强度，明显减少面条烹煮淀粉溶出。试验采用 CMC-Ka，瓜尔胶与蔗糖脂肪酸酯复配添加到面粉中，复配比为 CMC-Na：瓜尔胶：蔗糖脂肪酸酯＝1：2：2。试验过程中复合碱添加量为 0.2％，复合碱配比为 Na_2CO_3：K_2CO_3＝1.8：1，试验结果见表 13-5。

表 13-5　复合增稠剂对面条烹煮淀粉溶出率的影响

添加量/%	0	0.10	0.15	0.2	0.25	0.3	0.35	0.4
溶出率/%	5.75	4.85	4.25	3.83	3.67	3.92	3.81	3.96

表 13-5 结果显示，随着复合增稠剂添加量的增加，面条烹煮淀粉溶出率降低。当添加量达 0.25％时，面条烹煮淀粉溶出率最低，当添加量继续增大时，面条烹煮淀粉溶出率略有增减，但变化趋势平缓，因此适宜添加量为 0.2％～0.25％。

（三）复合面条改良剂配方的确定

根据上述试验结果，将复合磷酸盐、复合碱及复合增稠剂复配加入面粉中进行试验。配方 C 组成为：复合碱 0.2％，复合磷酸盐 0.2％，复合增稠剂 0.25％。本试验过程同时与配方 A（复合碱 0.2％，复合磷酸盐 0.2％）和配方 B（复合碱 0.2％，复合增稠剂 0.25％）进行了比较，试验结果见表 13-6。从表 13-6 的试验结果可以看出，配方 A、配方 B 及配方 C 对面条品质均具有较好的改良效果，它们对面条品质改良作用大小依次为 C、B、A。配方 C 明显改善了面条的光滑度、硬度和弹性，显著降低了面条烹煮时的淀粉溶出，有效地改善了面条的品质，效果最为突出。

表 13-6　复合配方面条烹煮淀粉溶出率

配　方	A	B	C
溶出率/%	3.88	3.57	2.90

（四）结论

采用多种面条改良剂复配应用于面条制品加工中，能使添加剂之间功能互补，产生协同增效作用。试验结果表明，由复合碱、复合磷酸盐及复合增稠剂复配而成的面条改良剂能显著改善面团性能，增强面条强度与烹煮品质，且经济实用，是一种理想的面条品质改良剂。该添加剂适合于挂面、方便面等面条制品加工。

三、复配型面条品质改良剂的研制

自 20 世纪 80 年代以来，我国方便面的生产发展迅速，成为方便食品中最主要的品种之一，但由于我国用于方便面生产的原料多是普通小麦，面筋含量比较低，质量中等或偏弱，难以生产出较高品质的面条制品。而我国专用优质小麦的种植刚开始起步，并集中于面包专用小麦，同时我国特定的国情造成了小麦种植多为小规模耕作，品种繁杂，加之收购与储藏方面的诸多困难，所以在短期内规模化供应面条专用面粉难以实现，只能通过品质改良剂来弥补原料质量的差距和波动，有效地改善面团的加工性能，从而提高我国面条类制品的品质，增强市场竞争力。但是单一品种的面条添加剂只能改善面条一方面的性能，只有几种不同类型的添加剂按一定比例配合使用，增强各自的协同作用，全面提高面条的品质，研制复配型品质改良剂具有广阔的市场前景。

（一）复配型面条品质改良剂的配比原则

高品质的面条制品要求韧性好（劲道）、耐煮性好、断条率低，口感滑爽、不浑汤、不易产生回生老化现象，对于方便面来说，要求降低其含油量。根据特二粉具体情况，可从以下几方面进行改善。

（1）添加谷阮粉和氧化增筋剂，提高面团弹性　面条专用粉要求湿面筋含量在 26%～32%，同时要求面筋品质要好，而我国生产面条的面粉主要是特二粉，面筋含量较低且筋力较差，所以要通过添加谷阮粉和氧化剂来改善其面筋质量。常用的氧化剂为抗坏血酸，抗坏血酸属于快速型氧化剂。

（2）添加乳化剂、增稠剂，降低面条黏结性　乳化剂能与面筋蛋白质相互作用形成复合物，即乳化剂的亲水基团结合麦胶蛋白质，亲油基团结合麦谷蛋白质，使面筋蛋白质分子相互连接起来，同时也能增强淀粉与蛋白质分子之间的联结作用，进而形成结构牢固而致密的面筋网络，增强面团的黏弹性和柔韧性，增强面团耐搅拌性，减少落面率和断条率；乳化剂、增稠剂的加入还可以提高面团的持水能力，有利于面筋网络的形成和淀粉的糊化，从而缩短调粉时间，有效地避免出现夹生粉现象；加入乳化剂可使面条表面光洁发亮，防止相互粘连，减少蒸煮损失，使熟制品口感滑爽，不浑汤、咀嚼性好，耐热性提高，易吸收汤料，还能降低油炸时的吸油量。常用的乳化剂有单甘酯、卵磷脂、蔗糖酯、硬脂酰乳酸钠、硬脂酰乳酸钙等，通过正交试验研究表明，单甘酯与卵磷脂按4：1的比例混合使用，添加总量为0.60％、海藻酸钠或CMC-Na用量为0.2％，对面条质量改善较好。

（3）添加大豆蛋白粉，增加营养价值　大豆蛋白粉中含45％以上的蛋白质，并且富含赖氨酸，而谷物中第一限制性氨基酸正是赖氨酸。所以在面条制品中添加3.0％左右的大豆蛋白粉，不但大大提高面条的营养价值，而且大豆蛋白的持水性可以改善面团的流变性，提高面团的机械搅拌性。此外，大豆蛋白粉还可起到增白作用。但是试验表明：大豆蛋白粉添加量超过5.0％时，会导致面筋强度下降。

（4）添加焦磷酸钠可提高面筋弹性、面团可塑性　在面粉中添加焦磷酸钠可以增加淀粉吸水作用。增强面团的持水性，促使淀粉α化，面片压延时表面光洁、细腻。焦磷酸钠添加量以0.10％为宜。

（二）复配型面条品质改良剂的效果试验

复配型面条品质改良剂对面团拉伸特性及品质的影响见表13-7及表13-8。

表13-7　复配型面条品质改良剂对面团拉伸特性的影响

原料品种	保温45min			保温90min			保温135min		
	拉伸面积 /cm²	延伸性/cm	韧性/BU	拉伸面积 /cm²	延伸性/cm	韧性/BU	拉伸面积 /cm²	延伸性/cm	韧性/BU
特二粉	96	22.3	355	91	20.0	370	105	21.2	415
添加5.8％改良剂的面粉	132	19.5	510	135	19.0	525	136	18.1	550

表13-8　复配型面条品质改良剂对煮熟面条品质的影响

原料品种	咀嚼性	滑爽感	粘条性	耐煮性	断条率
特二粉	一般	一般	粘条严重	较差	4.5
添加5％～8％改良剂的面粉	劲道	口感滑爽	无粘条	好	0.33

试验表明复配型面条品质改良剂能够加速面团形成，缩短调粉时间、显著提高面团的弹性和柔性，有效地提高面条制品的食用品质。面条的耐煮性好，基本上不出现浑汤现象，熟制品口感滑爽、互不粘连，有咬劲；用于油炸型方便面时，可以明显减少方便面的吸油量、缩短方便面的复水时间，复水后较长时间放置后仍能成条，不断裂、不糊口；用于速食湿面生产时，复配型面条品质改良剂能有效地降低速食湿面的回生老化现象，提高产品货架期。总之，在现阶段，通过添加复配型面条品质改良剂来提高面条制品的品质、出品率是一条有效经济可行的措施。

四、面条改良乳化剂在挂面中的应用

挂面是我国人民的主食之一，长期以来我国的挂面生产发展缓慢、技术落后、品种单一，成品烹煮时间长、易浑汤粘连，近十多年虽有长足的进步，其中食品添加剂起到了较重要的作用，但与世界先进国家比较尚存在一定差距。随着人民生活水平的日益提高，对面条等传统食品的要求也越来越高，以我国目前国情来看，从营养和食用习惯角度考虑，挂面比油炸方便面有着更大的市场优势，关键在于提高质量，增加花色品种。不加或添加少量食盐和纯碱是传统工艺生产挂面的方法，近十多年还用多聚磷酸盐、增黏剂等对面条品质进行改良，但只在某些方面有一定效果。食品乳化剂是一类重要的食品添加剂，除具有典型的表面活性作用外，还能与食品中的蛋白质、淀粉、脂类发生特殊的相互作用而显示多种功效。我国的一些专家学者研究了各种食品乳化剂使用于面条的改良效果，但以多种乳化剂进行复配的产品应用情况更好一些，复配型产品能使各种乳化剂取长补短，充分发挥协同增效作用。研究人员将自制的以单甘酯、卵磷脂、大豆油或色拉油为有效成分的水包油型品质改良剂在挂面中的应用进行了研究探讨。

(一) 添加面条改良乳化剂对面筋质量的影响

面条改良乳化剂能在常温下较快地溶于水中形成牛奶状细微乳液，加入面粉后可均匀地分布于面粉中，其亲水基结合麦胶蛋白，亲油基结合麦谷蛋白，使面筋蛋白质分子互相连接，形成牢固细密的面筋网络，提高了面筋的韧弹性和持水性，添加组湿面筋浸出率和延伸性均有所增加，增加的幅度特一粉高于特二粉。面筋质的增加改善了面团的内部结构，提高了面片的可操作性，增进熟面条的口感。

(二) 面条改良乳化剂对面团流变特性的影响

面团是食品中流变特性最为复杂的物质之一，利用布拉本德粉质仪和拉伸仪可定量地描述面条改良乳化剂改善面团流变特性的效果。通过对面团流变特性的分析，不但能直接反映改良剂改善面团加工性能的程度，也可间接地显示面条食用品质的优劣。加入面条改良乳化剂使各种面团的形成时间缩短，原因是由于复配型乳化剂的协同效应，通过其表面活性，与面粉中的极性物质、非极性物质均可相互作用，使水分在面团中均匀分布，促进面团成熟，从而缩短了调制面团的时间，提高了生产效率。在面粉调制阶段中，乳化剂被吸附在淀粉粒的表面，可以抑制淀粉粒的吸水膨胀，阻止了淀粉粒之间的相互连接，同时也有利于蛋白质充分吸水，使面筋网络形成更加充分，网络组织得以加强，这点具体表现在面团的稳定时间均有不同程度的延长，延长的幅度与面团的内在质量有关，稳定时间越长的延长得越多。稳定时间增加也表明面团耐机械搅拌性能的增强，面条的柔韧性得以提高。粉质特性中的弱化度与面条品质呈负相关，即数值越小，面筋越强，面条的品质越好。另外，添加面条改良乳化剂后弱化度均有不同程度的降低，改善的程度也与对照样的内在品质有关。

(三) 面条改良乳化剂与其他添加剂的配伍使用

(1) 面粉是制造面条的主原料，其蛋白质的质和量都是影响面团流变特性及面条蒸煮品质的主要因素。我国挂面行业所用原料多为国产小麦粉，因品种繁杂，原材料质量参差不齐，给稳定挂面质量带来一定困难。面筋含量低，面筋质差的面粉仅使用面条改良乳化剂效果不明显，经试验表明，增添价格低廉的食盐和少量混合碱（58% Na_2CO_3，30% K_2CO_3，4%无水焦磷酸钠，6%正磷酸钠，2%次磷酸钠）以及乳化剂进行复配可达到理想的改良效果。食盐、碱的加入增加了面团的黏弹性和耐机械搅拌性，却使面团的形成时间滞后，配合使用面条改良乳化剂后可缩短面团的形成时间。实验表明：用特二粉＋0.5％面条改良乳化剂＋0.5％食盐＋0.1％混合碱制作的挂面在滑爽性、浑汤程度、粘连程度、烹煮时间方面与特一粉制作的挂面相似。

（2）小麦蛋白质的消化率和生物值较低，花色面条和营养面条的加工可弥补面条在某些方面的不足，例如在面条中加入大豆、动物蛋白质等可弥补其氨基酸组成的不平衡，加入海带粉、蔬菜汁可弥补营养成分的缺乏。但配料物质的加入会影响面筋网络的连续性，使面片难以成形而产生断条、产品不耐煮、易浑汤。复配型乳化剂可借助疏水键、氢键、静电等多种结合方式。如加入大豆蛋白时，可生成麦醇溶蛋白-乳化剂-麦谷蛋白复合体，可能还形成大豆蛋白嵌入麦溶蛋白基质内的更复杂的复合体，促进脂类对大豆蛋白的束缚，增强与其他成分的联系，使配料物质的加入不易成为制作面条的难题。

实验研究表明，用特二粉＋0.5％面条改良乳化剂＋5％大豆蛋白粉＋0.5％食盐＋0.1％混合碱制作的面条在口感、粘连程度、烹煮时间等方面与用中筋粉制作的面条相似。可见，面条改良乳化剂对制作花色挂面、营养挂面均有现实意义。

复配型面条改良乳化剂可用于挂面的品质改良，是一种使用方便、高效多功能的面类品质改良剂，添加量为0.5％时可缩短调粉时间，提高面团的耐机械加工性能，使面片光滑平整易于加工成形；面条改良乳化剂的加入使挂面在烹煮时浑汤程度降低30％～40％，减少相互粘连，口感爽滑，软硬适中有咬劲。添加的效果与原料的内在品质有关，对质量差的软麦面粉，可配合使用少量价廉的无机盐类等添加剂，也可用价廉的蛋白质达到协同改良效果。该改良剂有助于开发各种营养面条、花色面条。

五、复合食用胶面条、糕团改良剂的研制

常用于面条品质改良的添加剂主要包括食用胶类如瓜尔胶、海藻酸钠、魔芋胶、CMC等，乳化剂类如单甘酯、蔗糖酯、卵磷脂、SSL等和复合碱。目前的报道主要集中在研究这些添加剂对面团的粉质特性的影响，而对面条的烹煮特性的报道则相对较少，其原因主要是对面条的烹煮品质缺乏客观的量化指标。特别是对于面条的咬劲、黏着性和拉伸特性等品质主要依靠主观判断。由于个体嗜好的差异及主观感受的不同，这种评价方法存在着很大的局限性。研究人员从面条的烹煮品质着手，借助Texture Analyzer量化面条的咬劲、黏着性和拉伸性能，系统研究了常用面条添加剂（食用胶、乳化剂和复合碱）对面条的烹煮品质的影响，利用正交实验开发出了一种复合品质改良剂，大大改进了面条的烹煮品质。

（一）不同的食用胶对面条的烹煮品质的影响

不同的食用胶对面条的综合烹煮品质参数的影响不同。一般加入食用胶可大大提高面条的烹煮品质。总体说来，面条的硬度增加，黏着性降低，煮熟的面条断面头减少，固形物煮出率和面汤的浑浊度下降，面条变得色泽透亮，口感较爽滑，不粘牙。在实验添加量的范围内，食用胶显著增加了面条的硬度和爽滑感，降低了面条黏着性、固形物的煮出率和面汤的浑浊度，面条的抗拉强度提高（拉断力、最大拉伸距离增加）。这种增效作用随添加量的增加而增加，但是当添加量为0.5％时，煮熟的面条出现较多的断面头，这也许与该用量下面条的拉伸性能下降有关，因而食用胶的添

加量应根据面粉的品质适当添加（实验的适宜添加量为不超过面粉重量的 0.3％）。比较不同食用胶的改良作用发现瓜尔胶效果最好，海藻酸钠次之，以 CMC 的效果最差。

不同的乳化剂和不同用量的复合碱对面条品质的影响也不同，乳化剂对面条的烹煮特性有显著的改善作用。特别是添加乳化剂显著降低了面汤的浑浊度和淀粉固形物的煮出率，增加了面条的爽滑感。以 SSL 对面条的品质改良作用最大，尤为突出的是 SSL 大大降低了固形物的溶出及提高了面汤的透光率和面条的爽滑感。其次是二乙酰酒石酸单甘酯，以单甘酯的改良作用最小。复合碱对全面提高面条的品质也有一定的作用，尤其是添加少量的复合碱可显著提高面汤的透光率。这可能是磷酸盐与直链淀粉相互作用，从而减少了可溶性淀粉的溶出。但添加量大于 0.2％时面条的外观变黄。比较食用胶与乳化剂对面条的烹煮品质发现：食用胶对面条的硬度、拉伸性能的改善作用比乳化剂好，而乳化剂对改善面条的黏着性、固形物溶出率和面汤的透光率的作用比食用胶强，口感评定也认为乳化剂条的爽滑感贡献大。因而可望通过食用胶、乳化剂和复合碱复配来全面提高面条的品质。

（二）复合改良剂的优化

根据前面的单因素实验结果，选定瓜尔胶、SSL 和复合碱作为复合改良剂的成分进行 3 因素 3 水平正交实验。实验分析表明，瓜尔胶对面条的硬度、拉伸距离和固形物的溶出的影响最大；SSL 对面条的黏着性、拉断力和面汤的浑浊度的影响最大。综合 6 项指标的结果，通过食品添加 0.5％的这种复合改良剂制得的面条的烹煮品质与空白组的烹煮品质的比较，添加改良剂的面条的烹煮品质有了较全面的改善。尤其是决定面条口感和消费者嗜好的硬度、黏性、拉伸特性比对照组都有了大幅度的改进。烹煮断条率、固形物溶出率及面汤浑浊度显著下降，煮熟的面条色泽透亮、爽滑可口。因而这种面条品质改良剂可以用于挂面工业生产中。

在选定的食用胶中以瓜尔胶对面条烹煮品质的改善作用最好，而乳化剂中以 SSL 的改良作用最佳，复合碱对面条的烹煮品质也有显著的影响。但是单纯的一种品质改良剂对面条品质的改善具有一定的局限性。无论从食用安全性、经济因素还是从对面条品质的影响来考虑，添加量也不是越大越好。因而，开发复合改良剂是解决这些问题的良好途径。选择瓜尔胶、SSL 和复合碱通过正交试验开发出一种复合改良剂。试验证明该复合改良剂可以较全面地提高面条的烹煮品质。

总之，研究人员比较了不同的食用胶、乳化剂和复合碱对面条烹煮品质的影响。通过单因素实验得出在所用的食用胶和乳化剂中以瓜尔胶和乳化剂硬脂酸乳酸钠（SSL）对面条的烹煮品质改良作用最好，添加复合碱也能显著改善面务的烹煮品质。通过正交实验研制出一种能较全面改善面条烹煮品质的复合品质改良别。

（三）复合食用胶糕团改良剂的研制

糯米糕团是我国南方各省的主食之一。传统食法是糕团不经过加热处理而直接冷食。工业化生产糕团一般要经过生产、运输、贮存、销售等一系列环节，在这一过程中，糕团逐渐老化、回生、变硬、食用品质下降，为了克服上述现象，研究人员以变性淀粉、乳化剂、食用胶为原料，研制出一种能有效缓解糯米糕团老化回生的品质改良剂。通过测定添加不同品质改良剂后糕团的硬度，确定了品质改良剂的组成成分为变性淀粉、单甘酯和瓜尔胶。经过正交试验优化后得到三者的最佳配比为变性淀粉：单甘酯：瓜尔胶＝25：2：1。试验结果表明：该品质改良剂不仅能够显著延缓糕团的老化回生，延长糕团的货架期，而且能够改善糕团的组织结构和口感。

六、方便面复合食品添加剂的应用

随着人民生活水平的提高，方便面既要价廉物美又要有水煮面的口感和口味，因此中高档方便面的市场需求已越来越大，如何通过添加一定的食品添加剂，在增加少量成本的基础上，生产出中档方便面已成为许多方便面生产厂家的迫切技术需要。随着方便面面身研究的逐步进展，其面身配料添加剂的使用已不仅是简单的添加某种添加剂以改善其品质，而是发展为综合工艺参数、设备条件、成本因素等方面的复合使用。为了提高面身的感官质量和贮藏质量，研究人员就复合食品添加剂如何改善方便面面身质量的问题进行了初步的探讨和研究。

李宏梁、彭丹、姚科等探讨了复合食品添加剂在油炸方便面面身中的主要作用，研究了醋酸酯化淀粉、谷阮粉、分子蒸馏单甘酯、瓜尔胶、复合磷酸盐、茶多酚的不同添加量对方便面面身品质的影响。实验结果表明，当每 100kg 面粉添加水 37kg、醋酸酯化淀粉 4kg、谷阮粉 0.3kg、复合磷酸盐 0.2kg、碘盐 0.2kg、纯碱 0.1kg、白砂糖 0.1kg、茶多酚 0.05kg 时，可以做出爽滑、筋斗、复水性好、贮藏性佳的方便面。

复合磷酸盐在水溶液中能与可溶性金属盐类生成复盐，能对葡萄糖基团起"架桥"作用，形成淀粉分子的交联作用。交联淀粉具有耐高温和耐高压蒸煮的优点，即使在油炸时的温度下仍保持胶体的黏弹性，使复水后的成品保持良好的"咬劲"。复合磷酸盐还能使面筋蛋白与淀粉形成稳定的复合体，增强它们的结合力，减少淀粉的溶出从而增强面粉的筋力。复合磷酸盐的添加量一般为 0.1%～0.3%。

通过单因素实验的研究结果，最后制定新配方如表 13-9 所示，按照新配方进行生产试验，所得方便面的理化指标和感官评价结果如表 13-10 所示，可见所制定的方便面面身复合食品添加剂配方具有较好的实际应用价值。

表 13-9　方便面面身复合食品添加剂新配方/（kg/100kg 面粉）

添加剂	水	变性淀粉	谷阮粉	复合磷酸盐	食盐	纯碱	白砂糖	茶多酚
添加量	37	4	0.3	0.2	0.2	0.1	0.1	0.05

表 13-10　新配方方便面面身的理化和感官指标

含油量/%	过氧化值/(meq/kg)	酸价/(mgKOH/g)	复 水 前	复 水 后	感官评分
19.8	2.43	1.0	面身有少许起泡，表面无毛渣	面条无白芯，汤色不混，有嚼劲，爽滑	84.5

复配型水溶性面条改良乳化剂可增进面团加工性能，改善面条食用品质，延缓速食湿面的回生和油炸面氧化变质程度，它对开发各种非油炸型方便面、增加面条的花色品种具有一定意义。配制成的水包油型乳油能在常温下迅速溶于水形成细微的牛奶状乳滴，与淀粉、蛋白质等充分作用，从而有效地改善面团组织结构和面食品质。它的有效成分主要是单甘油酯和卵磷脂等，以几种乳化剂进行复配，远比单一乳化剂显效，且能取长补短，充分发挥协同增效作用。由于我国小麦的面筋含量比较低、质量属中等或偏弱，且多数为小规模耕作，品种繁杂，加上收购与储藏方面诸多问题，给工业化生产稳定质量带来一定困难，这就需要通过优良的品质改良剂来有效地改善面团的加工性能。这种面条改良剂也可以与其他面条添加剂一起使用，增强各自的功效，可抵消原料的质量波动，生产出质优价廉的产品。再者，它除了具有我国目前已在使用的面条添加剂的优点外，更重要的是还有防止面条回生老化和延缓油脂氧化变质的功效。

　　复配型面条改良乳化剂适应了这一要求，它具有以下特点：①改善面团品质，提高生产效率。添加该乳化剂0.51%即能明显加快面团的形成，缩短成熟时间，有效地避免出现夹生粉，还能提高面团的柔韧性和黏弹性，增强其耐机械搅拌性，减少落面率和断条。②有效地提高方便面的食用品质。加入面条改良乳化剂生产的面条表面光洁发亮，可防止相互粘连，减少蒸煮损失，使熟制品口感爽滑、不糊汤，软硬适中有咬劲，易于吸收调味汤料。③能降低油炸方便面的含油量，缩短方便面的复水时间，复水后置于面汤中即使时间长仍成条不会糊口。④延缓油炸方便面的氧化变质和降低速食湿面的回生老化程度。

　　这种复配型乳化剂的作用机理是因为单甘油酯的疏水基团直接进入淀粉螺旋形分子内部，形成特殊的不溶性复合物，而亲水基团外露，减弱了面条对油脂的吸附，降低了油炸面条的含油量；同时提高了淀粉的持水性，有利于面筋网络的形成和淀粉的糊化，增加了出品率。另外，由于降低了游离水分的含量，能有效地抑制微生物的繁殖，延缓了制成品的腐败变质程度；这一复合物的形成还可减慢α-化淀粉的结晶速度，从而降低了淀粉的回生老化程度。另外，卵磷脂能增强淀粉与蛋白质分子之间的联结，从而使面团形成细密的网状组织，增加了面条的黏弹性和柔韧性。复配型面条改良乳化剂对开发各种非油炸类方便面具有重要意义。

　　目前部分消费者中流传几种看法：一是油炸方便面口味单调，营养价值较低，长期食用不利于健康；二是油炸方便面过高的含油量使一些高血脂人群无法接受，故发达国家将油炸方便面含油量控制在18%左右；三是油炸方便面多用棕榈油油炸而成，棕榈油内饱和脂肪酸含量较高。再有，油炸面气温高时易氧化变质，使一些厂家在夏季时停产或减产，这些都限制了方便面生产的发展。近十年日本的非油炸方便面销量呈明显上升趋势，特别是速食湿面（它包括蒸煮面、新鲜面、碗仔面、乌冬面等）已成为方便面中的后起之秀，是具有广阔前途和相当竞争力的方便面类食品。这种面条更接近于人们习惯食用的水煮面。将它开袋后加入调味料即可制成凉拌面，加入热水1分钟还可得到一碗热汤面，食用更为简捷方便，有口感好、营养合理、不会产生油炸方便面的油哈味等优点。这种速食面含水分60%左右，一般淀粉类食品糊化后水分为30%～

60%是最易回生的，所以生产速食湿面的难点之一是防回生，添加复配型乳化剂则可解决这一难题，另外还可有效地降低面条之间、面条与包装袋之间的相互粘连程度，这些优点是其他面条改良剂无法比拟的。

复配型面条改良乳化剂还能使原先不易进行机械加工的原料变得易于成形，使含有大豆粉、荞麦粉、玉米粉等粗杂粮成分的方便面加工不再成为难题。除此之外，还能带动一些动植物天然营养成分，如海带粉及蔬菜汁进入方便面内，使方便面不只是用作充饥，还可当做营养佳肴成为长期食用的主食。世界上发达国家的挂面已逐步被棒状干燥龙须面所替代，这种龙须面只需用热水或开水加热13min即可食用，其中大多也添加复配型乳化型等进行改良，具有滑爽、不粘条、不糊汤、有韧性的良好口感，发展前途良好。

七、生物酶复合乳化剂对面粉制品稳定性的影响

(一) CSL-SSL 复合乳化剂的性质

阴离子型乳化剂 CSL-SSL（硬脂酰乳酸钙-钠）使乙酸溶蛋白质的数量减少，而非离子型乳化剂 DGMS 则使乙酸溶蛋白质的数量增加。在面团调制时，各种乳化剂和蛋白质的结合能力存在着明显的差别，其中 CSL-SSL 的结合能力较强，而 DGMS 的结合能力较弱。乳化剂可以通过对数目有限的淀粉和蛋白质的联结点进行竞争来取代极性脂质，起到加强面筋的作用。在面粉脂质中，脂肪酸和半乳糖脂可被 CSL-SSL 取代，而DGMS 只能取代与其非常相近的极性脂质，由于面粉中与其非常相近的脂质不多，所以DGMS 加强面筋的作用较 CSL-SSL 弱。乳化剂只能络合直链淀粉而不能和支链淀粉形成复合体，支链淀粉只同甘油单酸酯（如 DGMS）发生微弱的相互作用，这是因为支链淀粉形成螺旋体的可能性很小；但在与直链淀粉络合时，DGMS 是常见乳化剂中最强的，体现在成品上就是 CSL-SSL 的制成品体积较大，稳定性较好，而 DGMS 在保鲜上稍好一些，但 DGMS 在稳定面粉品质方面无明显作用。

另外，阴离子型乳化剂使面筋韧性增强，而阳离子型或非离子型乳化剂则没有这种作用或作用很小，在面团调制过程中，阴离子型乳化剂可使麦谷蛋白溶解性减小，从而使数量增加，同时减少与蛋白质结合的脂质，并成一种水不溶的复合体，使面筋网络增强。

从以上分析可知，只有阴离子型乳化剂（CSL-SSL）对面团的稳定作用有帮助，所以在面粉中用到的几种乳化剂中，只有 CSL-SSL 能增加面团的稳定时间，而 DA-TEM（二乙酰酒石酸单甘酯）和 DGMS 则不具有这种效果，在长期的使用过程中则体现为 CSL-SSL 能稳定面粉品质。

CSL-SSL 无论对发酵程度、打面程度、配料变化、不良操作都有较好的适应性，能将成品的评分稳定在一个水平线左右。DATEM 对于完善的操作来说，其成品评分比CSL-SSL 还要好，但对于发酵不到、发酵时间过长、打面程度不是最佳、配料有变化及冷冻时其成品评分明显比完善操作时要低得多，适应性较差。DGMS 对于成品来说，只在柔软保鲜方面有效果，其他方面的效果相对较差。CSL-SSL 对于不同品种的小麦成品评分也较稳定，特别是能明显缩小进口优质小麦和国产优质小麦成品评分之间的差距，

在实际评比时，经过 CSL-SSL 改良后的进口小麦和国产优质小麦成品上只有口感稍有差别，其他项目差别不大，而 DATEM 和 DGMS 只是对成品效果稍有提高，但缺乏品质之间的稳定作用。CSL-SSL 对不同取粉部位的面粉也有明显的稳定提高作用，而 DATEM 和 DGMS 则无明显稳定品质的作用。

(二) 酶制剂与乳化剂的关系

近几年酶制剂在面粉行业的使用和乳化剂的使用一样成为一个热门话题，但由于面粉行业对酶的性质了解较少，加上部分商家的宣传，造成了某些酶制剂可以替代乳化剂的误解。酶制剂是一种生物制品，本身是一种蛋白质，和乳化剂是根本不同的两类物质，在应用方面各有特点及优劣势，实验证明酶制剂与乳化剂一起使用时能起到明显的协同增效的作用。

(1) 酶制剂在面粉行业使用中的优缺点　酶制剂在面粉中使用时一般有针对性地作用于面粉中的淀粉、蛋白质及脂肪等组分，具有添加量小、作用明显等优点。但是因为面粉中一般都含有 14% 左右的水分，且在运输和销售的过程中有一定的贮存期，不加处理的酶制剂有可能在这个过程中发生反应，且酶活力在一定温度及水分条件下易降解；另外面粉本身含有一些酶类，不同品质和用途的面粉需要酶的种类和数量也不同；而且酶的添加量非常小，不易添加均匀；所以酶制剂在面粉厂直接使用时应慎之又慎。

(2) 酶制剂在面粉中的应用效果　常见的酶制剂品种有 α-淀粉酶、戊聚糖酶、脂肪酶、葡萄糖氧化酶、蛋白酶等。一般来说其在面粉中作用可分为：①分解面粉中成分，为酵母提供营养物质，加快发酵速度，并为美拉德反应提供底物；②加强蛋白质之间的连接，或分解蛋白质，起到增筋或减筋的作用；③改善制成品内部组织结构，防止淀粉老化，起到保鲜的作用，在这一点上与乳化剂有部分的相似之处，且乳化剂在稳定面粉品质方面的作用与较敏感的酶有较好的互补关系。

(3) 酶制剂与乳化剂的协同增效作用　虽然阴离子型乳化剂 CSL-SSL 和其他阳离子型、非离子型乳化剂相比较有一定的优势，在稳定和改良面粉品质方面有较好的效果，但在使用过程中也和其他乳化剂一样存在添加量大、流散性差等缺点。研究人员在进行了大量的乳化剂与酶制剂的协同作用应用研究后，发现乳化剂与酶制剂在经过特殊工艺处理后复合使用，能起到 1+1＞2 的协同增效作用，达到取长补短、进一步提高性价比的功效。酶制剂与乳化剂的协同增效作用更能使面粉的工艺适应性和品质稳定性得到显著改善。其部分作用机理如下：①CSL-SSL 中 Ca^{2+} 及其他激活剂对酶增效作用研究表明可使酶的用量降低 $10\%\sim20\%$；②采用包埋技术处理后的生物酶复合乳化剂有效降低了外界温度、湿度对乳化剂流散性及酶活性保持的影响；③采用有机复合技术避免了简单物理混合所造成的由于各成分粒度、密度、比例有差别，易在贮运、添加过程中造成的分级和添加不均匀，更好的稳定了添加剂和面粉的品质。

(三) 生物酶复合乳化剂的特点

为了保持技术领先，保证产品质量，克服乳化剂添加量大、流散性差等缺点，一方面我国企业与国际上一些较大的酶制剂公司签订了长期的技术合作协议，由他们为我国企业的研究提供大量的酶种供我们筛选，并根据我们的反馈信息和要求，对酶制品进行进一步的调整与改进；另一方面，我们也在根据不同品种的小麦特性，从面粉的蛋白质、淀粉、脂类、活性物质等四个方面进行全面研究，依照不同主食的加工品质需求，选择不同的酶与乳化剂进行有机的复合，并利用酶与乳化剂协同增效技术、亚微米新材料技术、多向偏转高速气流包覆技术等多学科先进技术，使生物酶复合乳化剂产品在低添加量、使用方便的前提下，达到使国产面粉品质整体优化和全面提升的目的。

（四）生物酶复合乳化剂在馒头生产中的应用

表 13-11 为生物酶复合乳化剂在馒头中的应用效果情况，表 13-12 为生物酶复合乳化剂对馒头硬度和弹性的影响情况（1# 为空白，2# 为添加了复合乳化剂的样品，3# 为添加了生物酶复合乳化剂的样品）。

表 13-11　馒头效果对比表

编号	指标　满分	馒头比容	体积评分 35	表皮光亮度 10	挺立度 10	内部结构 10	色泽 10	弹性及柔软性 10	口感 15	总分 100
1	基粉空白	1.9	25	6	5	4	5	5	9	59
2	空白＋20mg/kg 葡萄糖氧化酶	2.0	27	7	7	5	6	6	10	68
3	空白＋0.1% CSL-SSL	2.2	29	7	6	5	7	6	10	70
4	空白＋0.1%普通改良剂	2.3	31	7	7	6	7	7	11	76
5	空白＋0.1%生物酶复合乳化剂	2.5	33	8	8	7	8	8	12	84

表 13-12　馒头成品质构仪测试对比结果

序　号	硬度/g	弹性/%	备　注
1#	5416.309	92.925	
2#	4123.422	92.809	柔软度增加弹性下降
3#	3924.624	93.088	柔软度增加弹性增加

在大量的测试分析基础上，研究人员建立了一套具有重要参考价值的数据库。依据这个数据库，我们不仅能快速找出小麦组成成分、面粉流变特性之间的关系，还可以在此基础上针对不同的小麦、不同的面粉制订出合理有效的改良方案，最终通过用生物酶复合乳化剂使其满足某一消费区域或某一食品加工的需要，从而使面粉品质得以优化。这一数据库的建立为灵活、快速改良不同的面粉，以达到不同的食用目的提供了有效参考。

随着 $KBrO_3$ 在许多国家的禁用与 BPO 的严格按标准限量使用，作为面粉品质改良剂的研究及生产企业、研究人员对 $KBrO_3$、过氧化苯甲酰（BPO）的替代问题也作了一些有效的探索。从目前研究的进展来看，利用 CSL-SSL 与酶的协同增效作用

完全可以替代 $KBrO_3$，并可使 BPO 的用量在合理选麦、配麦的基础上，严格控制在国家标准限定的范围内，同时达到人们对食品感官白度的要求。

生物酶复合乳化剂虽然在替代传统对人体有害的化学添加剂、改善国产小麦面粉品质方面做出了一些成绩，但是离预期目标还有一定差距，研究人员希望通过市场信息的不断反馈，实验研究的不断深入，进一步努力使国产面粉的品质改良工作上升到一个新的高度，使生物酶复合乳化剂成为安全、高效、广谱的新型食品添加剂的代表之一。

八、氧化酶复合乳化剂在馒头中的应用

邵秀芝等利用正交试验研究了氧化酶复合乳化剂对面团流变学特性和馒头质量的影响，确定了适量的葡萄糖氧化酶、抗坏血酸、硬酯酰乳酸钠-钙可增强面粉的筋力、改善馒头的内部组织结构、增大体积并使表面更光亮。

馒头已由小作坊式生产发展到工业化规模生产，其生产工艺和设备也日益完善和配套。但是，目前馒头生产用的面粉质量良莠不齐，使用馒头专用粉的厂家寥寥无几。而馒头生产所用面粉占面粉总量的 40％左右，因此控制好馒头粉的品质，是工业化生产高质量馒头的关键。研究利用无毒无害、具有增强面筋性能的葡萄糖氧化酶、抗坏血酸以及硬酯酰乳酸钠-钙（SSL-CSL）来改善面粉品质，稳定或提高馒头质量，可避免使用化学氧化剂所带来的不利影响，从而推动馒头添加剂向着生物酶、无毒无害、安全的方向发展。

（一）SSL-CSL 对面团的粉质特性的影响

添加不同量的 SSL-CSL 对面团的稳定时间和评价值的影响很大。随着 SSL-CSL 加量的增大，面团的稳定时间和评价值都逐渐增大。与葡萄糖氧化酶相比，SSL-CSL 对面团的稳定时间有较显著的影响，这与 SSL-CSL 既具有乳化性又可强化面筋的性能有关。SSL-CSL 是一种复合的离子型乳化剂，其亲水基团与面筋中的麦胶蛋白结合，其疏水基团与面筋中的麦谷蛋白结合，形成面筋蛋白质复合物，使面筋网络更加细致而有弹性。

（二）SSL-CSL 对馒头质量的影响

SSL-CSL 对馒头的比容有明显的提高作用，但随着 SSL-CSL 加量的增大，馒头的气味和粘牙性变差，特别是加量 0.4％以后，馒头的气味和粘牙性评分较低，这可能是由于 SSL-CSL 本身的气味不良或者持水量大，导致馒头热尝时风味不好或粘牙。当馒头放置 2h 以后，其风味和粘牙性得到改善，与对照馒头相比，加 SSL-CSL 的馒头弹韧性好、柔软、无异味，因此选择 SSL-CSL 的适宜加量在 0.4％以下。

（三）氧化酶复合 SSL-CSL 对面团的粉质特性和馒头质量的影响

利用正交试验，把葡萄糖氧化酶（A）、SSL-CSL（B）、抗坏血酸（C）进行复合，测定面团的粉质特性和馒头感官质量，直观分析得出，影响稳定时间的因素顺序是 B＞A＞C，即 SSL-CSL 对面团的稳定时间影响最大，其次是葡萄糖氧化酶和抗坏

血酸；根据面团的稳定时间确定的最佳组合是 A，B，C；影响馒头总分的因素顺序是 A>B>C，即葡萄糖氧化酶对馒头总分影响最大。

由分析可知，SSL-CSL 对馒头的气味及粘牙性影响最大，葡萄糖氧化酶对馒头的结构和比容影响最大。面团的稳定时间长，不一定馒头感官质量就好，也就是说虽然面粉的筋力很强，但是生产出来的馒头质量不一定很好。这可能是由于面粉筋力过大和添加剂的风味欠佳等因素引起的。因此以馒头感官质量评分为主，参考面团的稳定时间，确定了复合添加剂的最佳组合：葡萄糖氧化酶 30mg/kg，SSL-CSL 0.3%，抗坏血酸 40mg/kg。

(四) 复合添加剂的面团流变学特性和馒头质量

加入最佳复合添加剂后，面团的稳定时间增加，评价值增加，馒头的感官评分明显提高，面团的流变学特性和馒头的感官质量都得到了改善，馒头的体积明显增大，表面更加光亮、弹性和色泽也得到了改善。

(五) 结论

葡萄糖氧化酶和 SSL-CSL 都能提高面团的揉和性能，增强面筋，但其作用特点不同。把 30mg/kg 的葡萄糖氧化酶、40mg/kg 的抗坏血酸和 0.3% 的 SSL-CSL 复合后，既能提高特二粉面团的稳定时间和评价值，又能改善馒头的组织结构、弹柔性、增大体积，使馒头外观更光亮。氧化酶与乳化剂复合应用于馒头中值得推广和应用。

九、氧化酶复合乳化剂在面条中的应用

邵秀芝等利用正交试验研究了葡萄糖氧化酶、抗坏血酸和 SSL-CSL 对面团粉质特性和面条品质的影响。结果表明，葡萄糖氧化酶对面团稳定时间影响最大，SSL-CSL 对面条的烹调性影响最大，其适宜的用量为葡萄糖氧化酶 0.004%、SSL-CSL0.5%、抗坏血酸 0.008%。

面条添加剂种类繁多，主要有强筋类和增稠乳化类等。实验利用生物酶制剂葡萄糖氧化酶、抗坏血酸和硬脂酰乳酸钠-钙（SSL-CSL）复合来改善面粉的筋力和面条的烹调性能，使面条添加剂朝着生物酶、无毒无害、安全的方向发展。

研究结果表明，复合添加剂能大大强化面粉的筋力和面条的烹调性，能显著提高面团的稳定时间，增大面粉的吸水率和面团的延伸阻力；改善面条的色泽、烹调性和弯曲断条率。这与葡萄糖氧化酶和 SSL-CSL 的作用机理有关。葡萄糖氧化酶以葡萄糖为底物，在有氧存在下，把面筋蛋白质中的—SH 氧化成—S—S—，使面筋蛋白质相互交联形成网络结构；SSL-CSL 是一种复合型离子乳化剂，其亲水基团与面筋中的麦胶蛋白结合，其疏水基团与面筋中的麦谷蛋白结合，形成面筋蛋白质复合物，从而起到强化面筋的作用，同时 SSL-CSL 又是一种乳化剂，在面条烹调时，能降低黏着性和浑汤性。

葡萄糖氧化酶、抗坏血酸和 SSL-CSL 复合后，能显著提高面团的稳定时间、增大面粉的筋力、提高面粉的吸水率、改善面条的色泽、烹调性和弯曲断条率，其适宜

的用量为葡萄糖氧化酶 0.004％、抗坏血酸 0.008％、SSL-CSL 0.5％。

十、面包专用粉复合改良剂研究

国产小麦粉面筋含量低、筋力弱，经粉质测定，其面团吸水率、形成时间、稳定时间及弱化值参数达不到面包专用粉的质量要求，给专用粉生产厂家带来极大的干扰。如何充分利用现有地方优质小麦资源，对其进行品质改良，使其满足烘焙食品生产的需要，是食品添加剂研究领域的重要课题。目前常用的添加剂有氧化剂、乳化剂、增稠剂和酶制剂等。这些添加剂可以缩短和面时间，使面粉在较短的时间内形成理想的面团，增加面团的稳定性，增加面团的抗搓、揉、压、切等机械加工的性能，增强面团在发酵过程中的持气能力。王明伟等将各种面粉强筋剂复合，以适合的比例添加到不同品种的小麦粉中，研究混合小麦粉的粉质特性及烘焙特性，并找出各种面粉强筋剂复合的最佳比例。结果表明将各种面粉强筋剂按一定比例添加到小麦粉中并科学混合均质，要比单一品质改良剂发挥更好的改良效果。改良后的小麦粉各项指标均可达到面包专用粉的质量标准。对照实验验证了各种面粉强筋剂的复合使用均比单一使用的改良效果好。

于明等采用四因素三水平正交实验（表 13-13，表 13-14），研究复合改良剂对新疆面包专用粉加工品质的影响。结果表明抗坏血酸（Vc）、葡萄糖氧化酶、硬脂酰乳酸钠、戊聚糖酶 4 种品质改良剂复合后能显著提高面粉的各项粉质参数、拉伸参数及烘焙效果。

表 13-13　正交实验表头设计

试 验 号	因　　子			
	A	B	C	D
1	1	1	1	1
2	1	2	2	2
3	1	3	3	3
4	2	1	2	3
5	2	2	3	1
6	2	3	1	2
7	3	1	3	2
8	3	2	1	3
9	3	3	2	1

表 13-14　正交实验因子水平/(mg/kg)

编　号	因　　素	水　　平		
A	抗坏血酸	15	30	45
B	葡萄糖氧化酶	15	30	45
C	硬酯酰乳酸钠	15	30	45
D	戊聚糖酶	15	30	45

（一）复合改良剂对粉质性状的影响

上述 4 种添加剂复合后，分析表明（表 13-15）：Vc、葡萄糖氧化酶和戊聚糖酶对面团吸水率的影响均不显著，只有 SSL 对面团的吸水率影响极为显著。对面团的吸水率影响的大小顺序为：SSL＞葡萄糖氧化酶＞Vc＞戊聚糖酶。

表 13-15　复合改良剂对粉质性状的影响

序号	吸水率/%	形成时间/min	稳定时间/min	衰弱值	评价值
1	62.5	10.2	22.8	49	71
2	62.0	11.6	25.5	44.5	74.5
3	62.4	14.1	29.2	30	89.5
4	61.8	15.1	30.5	17.5	96
5	62.8	14.1	29.5	21	91
6	62.0	13.6	27.0	12.5	95.5
7	62.3	13.2	25.5	23.5	90
8	62.2	13.8	27.4	17.5	87.5
9	61.5	12.2	25.2	21.5	95

Vc、SSL 和戊聚糖酶对面团形成时间的影响达极显著水平，葡萄糖氧化酶对形成时间作用不显著。4 种添加剂对面团形成时间影响的大小顺序为：Vc＞戊聚糖酶＞SSL＞葡萄糖氧化酶。Vc 用量在 30mg/kg 时面团的形成时间高于 45mg/kg 时的形成时间。在 15～45mg/kg 时随着葡萄糖氧化酶、SSL 和戊聚糖酶用量的增加，面团的形成时间也有所增加。Vc 和戊聚糖酶能够极显著地影响面团的稳定时间。Vc 在 30mg/kg 时的面团稳定时间高于 45mg/kg 时的稳定时间。戊聚糖酶、葡萄糖氧化酶、SSL 的增加面团的稳定时间提高显著，对面团稳定时间的影响大小顺序为：戊聚糖酶＞Vc＞SSL＞葡萄糖氧化酶。Vc、葡萄糖氧化酶和戊聚糖酶对面团衰弱度的影响极显著。随着添加剂用量的增大面团衰弱度显著降低，对面团衰弱度影响的大小顺序为：Vc＞戊聚糖酶＞葡萄糖氧化酶＞SSL。

4 种添加剂对面团的评价值的影响极为显著。Vc 用量在 30mg/kg 时评价值最高，随后随着 Vc 用量的增加评价值反而降低。葡萄糖氧化酶在 30mg/kg 时评价值低于 15mg/kg 和 45mg/kg 的评价值。随着 SSL 和戊聚糖酶用量的增加面团的评价值都有所增加。4 种添加剂对面团的评价值影响的大小顺序为：Vc＞葡萄糖氧化酶＞SSL＞戊聚糖酶。

（二）复合改良剂对面团流变学特性的拉伸性状的影响

4 种添加剂复合后，对面团最大抗拉强度的影响极显著（表 13-16），对面团最大抗拉强度影响大小的顺序为：Vc＞SSL＞戊聚糖酶＞葡萄糖氧化酶。最大抗拉强度随之 Vc 用量的增大而增大，在 30mg/kg 即可达到 895B.U，45mg/kg 时最大抗拉强度超过 1000B.U。随着葡萄糖化酶和 SSL 的用量增加，面团的最大抗拉强度也随之增加，而随着戊聚糖酶用量的增加面团的最大抗拉强度反而减小。但面团最大抗拉强度过高时，面团发酵时不易膨胀，反而影响烘焙效果，这在实际操作中是不可取的。随着 4 种添加剂用量的增大，面团抗拉强度也随之增大，且对面团抗拉强度的影响极显著，对面团抗拉强度影响大小的顺序为：Vc＞SSL＞戊聚糖酶＞葡萄糖氧化酶。

表 13-16　复合改良剂对面团拉伸性状的影响

序号	最大抗拉强度/B.U	抗拉强度/B.U	延伸性/cm	拉伸面积/cm²
1	481.5	230	214	116.5
2	521	267.5	197.5	117
3	871	568.5	133.5	180
4	947.5	600	145.5	178.5
5	908.5	608	165.5	175
6	831	546	158	174
7	1000	636.5	113	140
8	1000	575	129	152.5
9	1000	570	124	168.5

　　4 种添加剂对面团延伸性的影响都达极显著水平，对延伸性影响的大小顺序为：Vc＞戊聚糖酶＞葡萄糖氧化酶＞SSL，随着 Vc 用量的增加，延伸性显著减小。随着葡萄糖氧化酶的增加，面团的延伸性有所增加，但达到最高值后随着葡萄糖氧化酶的增加，面团的延伸性反而下降。随着 SSL 的增加，面团的延伸性降低。随着戊聚糖酶的增加，面团的延伸性也有所下降。对面团延伸性减小程度低的最佳组合为：4 种添加剂对面团拉伸面积的影响均达极显著水平，在低水平下 Vc 能够显著提高面团的拉伸面积，在拉伸面积达到最大后随着 Vc 用量的增加，面团的拉伸面积反而降低。随着戊聚糖酶的增加面团的拉伸面积提高。随着 SSL 的增加面团的拉伸面积增大。戊聚糖酶对面团的影响在 30mg/kg 时拉伸面积最小，在 45mg/kg 时拉伸面积最大。4 种添加剂对面团的拉伸面积影响大小顺序为：Vc＞葡萄糖氧化酶＞戊聚糖酶＞SSL。

（三）复合添加剂对面粉烘焙效果的影响

　　随着 Vc、SSL、戊聚糖酶用量的增加，面包体积逐渐增大（表 13-17），且 SSL 对面包体积的影响达极显著水平，而随着葡萄糖氧化酶添加量的加大，面包体积减小。对面包体积影响的因素按大小依次为：SSL＞葡萄糖氧化酶＞Vc＞戊聚糖酶。随着 Vc 用量的增大面包评分提高，用量达到 30mg/kg 时，面包评分值最高，随着用量继续增加，面包评分法反而下降；随着葡萄糖氧化酶用量的增加，面包评分逐渐提高，最高值用量在 30mg/kg 时，面包评分值最高；随着 SSL 和戊聚糖用量的增大，面包评分也显著提高。对面包评分影响从大到小依次为：戊聚糖酶＞Vc＞SSL＞葡萄糖氧化酶。

表 13-17　复合添加剂对面粉烘焙效果的影响

序号	面包体积/ml	面包评分	序号	面包体积/ml	面包评分
1	867.5	93	6	845	95
2	863.5	95	7	1102.5	95.5
3	997.5	97.5	8	939	97.5
4	1011	98.2	9	911	97
5	1004	99			

　　通过复合添加剂对面团流变学特性及面团烘焙性质的影响分析，说明各种添加剂并非在最高值时对面粉的品质改良效果最大，考虑添加剂的成本并结合对最终产品的

改良效果，复合添加剂的优选组合为：Vc30mg/kg，葡萄糖氧化酶 30mg/kg，SSL45mg/kg，戊聚糖酶 45mg/kg。

十一、品质改良剂配方举例

复配型面团改良剂（质量分数）配方举例如下。

（1）糊状　蔗糖脂肪酸酯 12，单脂肪甘油酯 12，山梨糖醇酐脂肪酸酯 11，丙二醇 10，D-山梨糖醇 5。

（2）香肠改良剂　无水焦磷酸钠 30，聚磷酸钠 40，偏磷酸钠 20，偏磷酸钾 10。

（3）火腿用改良剂　无水焦磷酸钠 18，聚磷酸钠 77，琥珀酸二钠 5。

（4）豆腐改良剂　无水焦磷酸钠 2，聚磷酸钠 4，无水焦磷酸钾 2，偏磷酸钠 58，偏磷酸钾 14，无水磷酸二钠 20。

（5）肉糜改良剂一　无水焦磷酸钠 2，聚磷酸钠 60，无水焦磷酸钾 2，偏磷酸钠 22，偏磷酸钾 14。

（6）肉糜改良剂二　无水焦磷酸钠 3，聚磷酸钠 85，偏磷酸钠 12。

（7）豆类改良剂　无水焦磷酸钠 15，多聚磷酸钠 15，偏磷酸钠 20，碳酸钠 50。

（8）绿色蔬菜改良剂　无水磷酸二钠 12，偏磷酸钠 33，碳酸氢钠 33。

（9）清凉饮料改良剂　无水磷酸二氢钠 5，多聚磷酸钠 10，偏磷酸钠 85。

第十四章

复合护色剂

亚硝酸盐和硝酸盐可以抑制肉中微生物的增殖，特别是肉毒梭状芽孢杆菌的增殖，同时还能增强肉制品的风味。所以，亚硝酸盐和硝酸盐兼有发色、赋香及防腐三种作用。为了降低亚硝酸根的残留量，以减少亚硝胺的形成，世界各国科研工作者都在积极努力地寻找新的对人体无害的复合护色剂、护色助剂及其替代品，并已取得了初步成果。

亚硝酸盐使肉发色迅速，但呈色作用不稳定，适用于生产过程短又不需长期保藏的制品。对那些生产过程长或需要长期保藏的制品，最好使用硝酸盐腌制，因为硝酸盐毒性小于亚硝酸盐，使用量可以增大到肉重的 0.05%～0.10%。硝酸盐的使用方法大体有下四种方式，但大多都复合使用。

（1）硝酸盐、盐混合　为了使硝酸盐和盐拌和均匀，常先在硝酸盐中加入少量水调和成液体，再泼入盐中，如加工西式火腿、培根、熏腿等都采用这种方法。

（2）硝酸盐、盐和水混合　使用时把硝酸盐和盐溶解在水中成均匀的盐水，湿腌法均采用此法。

（3）硝酸盐和调味料混合　将硝酸盐拌和在调味料中，也可以达到混合均匀的目的，广式腊肠、腊肉等产品均采用该法。

（4）配成硝酸盐水溶液　硝酸盐量不足或腌制时间短、色泽不鲜艳，需加硝酸盐补充时，该法经常使用。

第一节　常用于复合的护色剂

虽然亚硝酸盐的使用由于其安全性受到了很大的限制，但它具有护色、抑菌和增强风味等作用，而且直到目前为止，还没有发现更理想的替代品。因此，亚硝酸盐和硝酸盐类护色剂还一直在使用。

一、亚硝酸盐类护色剂

亚硝酸盐类护色剂主要有亚硝酸钠和亚硝酸钾，实际使用时，婴幼儿食品中不得加入。对于一般肉类产品的加工，亚硝酸钠的有效作用量在 0.024g/kg 左右，在此基础上护色程度随亚硝酸盐用量的增加而提高，效果较佳的亚硝酸盐用量在 0.32g/kg 左右，这时，成品中亚硝酸盐残留量为 40×10^{-6} g/g。亚硝酸钠可与食盐、砂糖按一定配方组成混合盐，在肉类腌制时使用。混合盐配方为：食盐 96%、砂糖 3.5%、亚硝酸钠 0.5%。混合盐约为原料肉的 2%~2.5%。

为了加强亚硝酸盐的护色效果，常加入护色助剂。抗坏血酸作为抗氧化剂可防止肌红蛋白的氧化，促进亚硝基肌红蛋白的生成，并对亚硝胺的生成有阻碍作用，添加量一般为 0.2%~1.0%。亚硝胺也可在脂肪中生成，而维生素 E 可溶于脂肪，且已知维生素 E 还有抑制亚硝胺生成的作用，在肉中添加 0.5g/kg 即可有效（其在浸渍液中不溶，可加入乳化剂溶解后应用，或均匀喷洒）。由于护色剂复配使用效果最佳，所以在用亚硝酸钠腌肉时，将抗坏血酸钠 0.55g/kg、维生素 E 0.5g/kg、烟酰胺 0.2g/kg 和亚硝酸钠 0.04~0.05g/kg 合用，既可以护色，又可抑制亚硝胺的生成。

二、硝酸盐类护色剂

硝酸盐类护色剂有硝酸钠和硝酸钾，对于硝酸钠，按我国《食品添加剂使用卫生标准》（GB 2760—1996）规定：肉类制品最大使用量为 0.50g/kg，残留量以亚硝酸钠计肉制品不得超过 0.03g/kg，不得在肉类罐头中使用。按 FAO/WHO（1983）规定：可用于熟肉火腿、熟猪前腿肉，最大使用量为 500mg/kg（单用或与硝酸钾并用，以硝酸钠计），一般干酪为 50g/kg（单用或与硝酸钾并用）。按日本食品卫生法规（1985）规定：硝酸钠可用于肉制品、鲸鱼腊肉中，用量按亚硝酸根计，最大残留量为 0.07g/kg。

实际使用时，硝酸钠常与亚硝酸钠复配使用，使用量约为 0.3%。但也有实验证明，在午餐肉罐头中，仅用亚硝酸盐比硝酸盐与亚硝酸盐复配使用的安全性高，而产品质量并未降低。复配护色剂的组成为：66% 硝酸盐、7% 亚硝酸盐、27% 食盐。另外，硝酸钠还有防止酒类喷涌的作用。

第二节　复合护色剂在食品中的应用

现在国外已发明出一种完全新型的肉类护色剂，可以完全取代传统用的硝酸盐或亚硝酸盐，护色后肉类呈现的颜色很好。这种新型护色剂是在五碳糖和碳酸钠组成的混合物中，加入一定量的烟酸酰胺，就能完全得到与硝酸盐或亚硝酸盐相同的护色效果，并且还具有延缓肉类褪色的功能。这种新型肉类护色剂的具体成分和比例为：在每千克的肉中加入碳酸钠 2g、木糖 8g、烟酰胺 3g，其他如食盐、香料、糖的添加量与常法相同。

也有研究者称某种氨基酸和肽对肌红蛋白有护色效果，其护色效果随氨基酸与肽的种类和 pH 的不同而异。添加 0.5%～1.0% 赖氨酸和精氨酸等量混合物，同时并用 0.001% 的亚硝酸钠，灌肠制品的色调可以发挥得相当好，可见氨基酸类物质有可能大幅度降低亚硝酸钠的用量。在亚硝酸和二甲胺的混合物水溶液中添加氨基酸，发现氨基酸呈中性和酸性时则完全可以阻止二甲基亚硝胺的生成。

还有研究者将一氧化氮溶液直接加入腌肉中，能使产品生成稳定的色泽。在其中加入抗坏血酸可以显著地改善发色，并能大幅度地降低成品中亚硝酸根的含量。用 0.1% 的一氧化氮饱和溶液和 0.05% 的抗坏血酸溶液处理肉制品，亚硝酸根残留量最少，色泽最好。

有研究者将抗坏血酸与品质改良剂磷酸盐类同时使用，在使用得当时不仅能提高腌肉制品的品质，而且发色效果也好。这是由于磷酸盐类能螯合金属离子，有防止抗坏血酸被氧化的作用。还有将抗坏血酸与柠檬酸或其钠盐混合使用，这是因为柠檬酸是良好的金属离子螯合剂，可使抗坏血酸作用增强，还有一种可能是柠檬酸本身具有护色作用。

日本药品工业有限公司试验发明了一种新型的肉类护色助剂，这种助色剂不仅具有原来靠传统的硝酸盐、亚硝酸盐作为护色剂而产生的良好颜色，而且还能使腌制后肉中的亚硝酸根的残留物量大幅度下降并防止肉类退色。这种新型肉类助色剂的成分和比例为：20% L-抗坏血酸钠、15% L-谷氨酸钠、5%δ-葡萄糖醛酸内酯、4% 无水焦磷酸钠、3% 多聚磷酸钠等。这种新型助色剂比单独使用 L-抗坏血酸钠的效果好。添加量为原料肉重的 0.1%～0.5%。

一、低温肉制品复合护色剂

天然红曲红因其对蛋白质的良好着色性能以及耐热、耐酸、耐碱性能，已成为使用最为普遍的肉制品着色剂之一。但是使用红曲红着色的肉制品，特别是低温肉制品，在储存或销售过程中，易因光照和氧化作用而退色。根据实践经验和各生产厂商的普遍反映，一般低温肉制品在冷柜销售一个星期后，颜色便会退成灰白色，严重影响产品的外观，进而影响产品的销售。通过对几种护色剂单体及复配体对肉制品的护色效果研究，可以获得一种高效的复合护色剂，它可以使低温肉制品存储一个月仍保留有一定的红色，外观尚可。

（一）肉制品制备工艺

1. 配方（以 **100**kg 原料肉计算）

蔗糖	3kg	水	96kg
大豆蛋白	7.5kg	磷酸盐	800g
肉用粉	260g	亚硝酸钠	15g
淀粉	16kg	红曲红	8g
食盐	3.8kg		

2. 工艺流程

选料与整理→注射盐水→腌制→滚揉→装模成型→煮制→冷却→成品

3. 护色试验设计

A组：对照组（不外加任何护色剂）；B组：加入0.1％抗坏血酸；C组：加入0.1％半胱氨酸；D组：加入0.1％茶多酚；E组：加入0.1％植酸；F组：加入0.1％复合护色剂（由抗坏血酸、植酸复配而成）；G组：加入0.1％复合护色剂（由抗坏血酸、茶多酚、复合磷酸盐、柠檬酸复配而成）；H组：加入0.1％复合护色剂（由抗坏血酸、半氨酸、复合磷酸盐复配而成）。

以上各组护色剂用适量温水溶解（或分散）后于滚揉前加入，与其他原辅料混合分散均匀，按生产工艺制成成品。成品置于装有荧光灯的冰箱内保存。定时取样检测。

检测时，各组制品分别准确称取2g，剪成黄豆大小的颗粒，加入200ml蒸馏水，用打浆机打成浆状，室温放置30min后，离心分离，取上清液，于520nm处测吸光度值。

（二）肉制品护色剂护色效果

结果显示（图14-1），不加护色剂的对照组颜色退得很快，放置5天后便几乎没有红色了，变成了灰白色；抗坏血酸和茶多酚对肉制品的护色有较好的效果，单独作用时，可以使其在一个星期内仍有一定的红色，外观尚可，到了第10天，颜色才变得灰白；半胱氨酸对肉制品的护色也有一定的效果；而植酸在单独作用时对肉制品的护色没有效果；复合护色剂A对肉制品的护色虽有一定效果，但还比不上单独使用抗坏血酸或茶多酚的作用效果，这说明复配护色剂需掌握一定的原则，否则效果可能适得其反；复合护色剂B和复合护色剂C对肉制品的护色均有很好的效果，其中复合护色剂B的护色效果更佳，它可以使肉制品在低温销售一个月后留有一定的红色，而在第20天，颜色还尚可。结论如下：

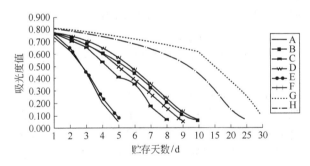

图14-1　各组护色剂护色作用效果图

（1）影响天然色素稳定性的因素主要是酸、碱、温度、氧化剂、还原剂、金属离子及光照等。因而，防止天然色素退色，也应从这几个方面进行研究。

（2）红曲红色素本身对酸、碱、加热等有很好的抗性，但在光照条件下，很容易因氧化而退色。当有Fe^{3+}、Cu^{2+}等金属离子存在时，退色更快。因此，对红曲红的护色，应侧重于抗氧化分解和减弱金属离子的促进作用。

（3）由于肉制品中还添加有其他物质如糖、淀粉、酶等，它们对肉制品的颜色也会有一定的影响。因此，肉制品的护色又不同于单纯的红曲红护色。正是有鉴于此，本研究采取的是研究各组护色剂对肉制品整体的护色效果，以求与实际生产的效果一致。

（4）一般地，具护色作用的单体单独使用时，在低用量条件下，对肉制品的护色作用不明显；用量过高，又会增加成本，同时可能影响产品风味。因此，要达到好的护色效果，应使用几种具护色功能或有助于护色的单体复合使用，以达到功能互补、协同增效的目的。

（5）研究中复配出来的复合护色剂 B 的护色效果很好，储存 20 天后仍有相当的红色，外观尚可。而且，该组的起始色值即高于其他各组，这表明它本身还有一定的发色作用，在实际生产中，使用该种护色剂后，还可以降低亚硝酸钠的使用量，提高肉制品的安全性。

（6）抗坏血酸和茶多酚对低温肉制品的护色均有较好的效果而植酸在单独作用时，效果不明显。复合护色剂 B 因充分发挥了各种具护色功能和具辅助护色功能的单体的协同增效作用，对低温肉制品的护色具有十分好的效果，它可以使低温肉制品在冷柜销售 20 天后，外观仍尚可。

二、复合护色剂在芦笋护色中的应用

芦笋有白、绿两种，白芦笋多用于加工罐头，绿芦笋则采用速冻或真空包装以鲜销，在绿芦笋加工中，护色工艺对产品的外观及品质影响较大，果蔬加工的护色通常采用乙酸锌、乙酸铜进行护色处理，采用发酵法提取制备的乳酸盐护色剂，用于绿芦笋的护色尚未见报道。沈卫荣等采用乳酸锌、乳酸铜复合乳酸盐护色剂对绿芦笋护色进行了应用研究。

（一）护色方法

（1）实验设计原理　叶绿素是含镁原子的四吡咯构成的化合物，对光、热、酸敏感，在蔬菜加工中因脱镁作用生成黄色的脱镁叶绿素，铜、锌盐中的金属离子置换取代叶绿素中的镁离子，生成较为稳定的铜或锌叶绿素衍生物，保护被加工产品的绿色。

（2）护色工艺流程

新鲜绿芦笋→清洗→切段→稀碱预处理→漂洗→护色→漂洗→检验护色效果

（3）护色前预处理　在护色处理前，用 $0.1 \sim 0.4 mol/L\ Na_2CO_3$ 浸泡，以除去芦笋表面的蜡质，这将有利于铜、锌离子置换镁离子，提高护色效果。

（4）护色试验　经清洗切段预处理的绿芦笋，用不同浓度和配比的乳酸盐护色剂，以常温浸泡或热烫方式进行护色处理并测其绿色等级。

（5）护色效果的测定　自制绿色比色板，以新鲜绿芦笋的鲜绿色为 6 级，黄绿色为 0 级，6～0 级依次递减。绿芦笋加工之后属低酸性产品，故应在 pH4.0 柠檬酸液中浸泡 12h 后检验。

（二）护色剂护色效果

（1）不同浓度碳酸钠预处理对护色效果的影响　将绿芦笋分别在 0.1、0.15、0.2、0.25、0.3、0.4mol/L 的 Na_2CO_3 溶液中浸泡 40s 后，用乳酸铜（Cu^{2+}，

200mg/kg）护色液、乳酸锌（Zn^{2+}，200mg/kg）护色液、乳酸铜加乳酸锌（Cu^{2+} 50mg/kg＋Zn^{2+}150mg/kg）复合护色液常温浸泡18h进行护色处理。结果显示，不同浓度的Na_2CO_3处理会影响到乳酸盐护色剂的护色效果，说明适当浓度的Na_2CO_3对去除芦笋表面蜡质效果较好，有利于铜锌离子置换镁离子，选择0.3mol/L的Na_2CO_3预处理产品，能提高乳酸盐护色效果（表14-1）。

表14-1　Na_2CO_3浓度对护色效果的影响

Na_2CO_3浓度(mol/L)	0.1	0.15	0.2	0.25	0.3	0.4
乳酸铜护色	3	3	4	5	6	6
乳酸锌护色	3	3	3	4	5	5
乳酸铜乳酸锌复合护色	3	3	4	5	6	6

（2）乳酸盐护色剂浓度的确定　绿色蔬菜大多数使用铜盐（如乙酸铜、硫酸铜）或锌盐（如乙酸锌、氯化锌）进行护色处理。试验采用自行制备的乳酸铜（Cu^{2+} 50～200mg/kg）、乳酸锌（Zn^{2+} 50～200mg/kg）及乳酸铜乳酸锌（Cu^{2+} 50mg/kg，Zn^{2+} 150mg/kg）复合护色剂（表14-2）。

表14-2　不同浓度乳酸护色剂的护色效果

乳酸铜护色剂/(mg/kg)	色泽等级	乳酸铜护色剂/(mg/kg)	色泽等级	乳酸铜乳酸锌复合护色剂/(mg/kg)	色泽等级
50	4	50	2	30＋170	5
100	5	100	3	40＋160	5
150	5	150	4	50＋150	6
200	6	200	5	60＋140	6

表14-2结果显示，乳酸铜护色剂效果优于乳酸锌护色剂，说明铜离子的置换取代活性强于锌，但我国食品标准中对铜有严格的限量要求（＜10mg/kg），乳酸铜乳酸锌（Cu^{2+} 50mg/kg，Zn^{2+} 150mg/kg）复合护色剂与乳酸铜（Cu^{2+} 200mg/kg）护色效果相近，在实际应用中，采用乳酸盐复合护色剂将有利于产品的质量控制。

（3）处理方式对护色的影响　利用铜盐或锌盐置换叶绿素中的镁离子进行护色处理，其处理条件将直接影响置换反应及护色效果。本试验采用常温浸泡与热烫方法对护色效果进行了试验（表14-3）。结果显示，乳酸盐复合护色剂处理绿芦笋可采用常温浸泡18h的工艺条件，虽然热烫处理时间短，设备利用率高，但热烫180s，产品色泽不甚理想，另外，热烫对绿芦笋脆硬度等质感指标有较大的影响。

表14-3　处理方式对护色效果的影响

常温浸泡/h	色泽等级	热烫/s	色泽等级
10	4	30	3
14	5	60	4
18	6	90	5
20	6	120	5
24	6	150	5
30	6	180	5

注：乳酸盐护色剂（Cu^{2+} 50mg/kg＋Zn^{2+} 150mg/kg），热烫温度80℃。

（4）pH 值对护色效果的影响　在果蔬加工护色处理时，不同 pH 值影响护色剂中 Cu^{2+}、Zn^{2+} 取代叶绿素中 Mg^{2+} 的置换反应，碱性高时，金属离子受氢氧根离子的作用形成氢氧化物，使 Cu^{2+}、Zn^{2+} 的有效浓度降低，酸度大时，则影响铜代、锌代叶绿素的稳定性。表 14-4 结果中，乳酸盐复合护色剂的 pH 值为 6，在相同的条件下，能达到满意的色泽等级，从简化操作与降低成本的角度考虑，采用 pH6 为复合乳酸盐护色剂的护色处理 pH 值。

表 14-4　不同 pH 值对护色效果的影响

复合乳酸盐护色剂 pH 值	5.5	6.0	6.5	7.0	7.5
色泽等级	5	6	6	6	6

注：乳酸盐护色剂（Cu^{2+} 50mg/kg＋Zn^{2+} 150mg/kg），常温浸泡 18h。

三、复合护色剂的发展趋势

硝酸盐及亚硝酸盐用作腌制剂以保存肉类已有几个世纪之久。最早是无意识的把盐硝混于食盐中腌制肉类，直至 1800 年才认识到盐硝能使腊肉发红色而推荐用于腌制肉制品。后发现硝酸盐在腌制过程中会被细菌还原成亚硝酸盐，使肉发色是由于亚硝酸盐的作用，而且亚硝随盐能抑制细菌生长，尤其对肉毒梭状芽孢杆菌有特别的抑制作用。因此亚硝酸盐广泛用于许多腌制肉制品和有些烟熏鱼中。近来发现亚硝酸盐能和有机胺生成致癌性的 N-亚硝基胺，因此围绕亚硝酸盐的代用品方面进行了大量的研究工作，探索如何能不用或减少亚硝酸盐的用量仍能保持原来亚硝酸用量的护色、抑菌及抗氧作用并能抑制亚硝胺的生成。如山梨酸钾和低用量（40～80g/kg）亚硝酸钠复合使用和 120g/kg 的亚硝酸钠单独使用有同样的发色、抑菌和抗氧效果。加入一定量的维生素 E 或抗坏血酸和亚硝酸钠 12g/kg 复合使用能显著降低亚硝胺的生成，据报道以山梨酸为主的复配型防腐剂能替代亚硝酸钠，并能有效地抑制肉毒梭状芽孢杆菌的繁殖。因此硝酸盐及亚硝酸盐作为食品添加剂的用量必然会逐步减少。

目前，人们寻求使用的亚硝酸盐替代品有两类：一类是部分或完全取代亚硝酸盐的添加剂，另一类是在常规亚硝酸盐浓度下能阻止亚硝胺形成的添加剂。

亚硝酸盐的较好替代品为抗坏血酸盐、α-生育酚（维生素 E）和亚硝酸盐的混合盐。此外，亦有应用山梨酸钾和低浓度的亚硝酸盐、次磷酸钠作为替代品。其中，除抗坏血酸盐与 α-生育酚可阻断亚硝胺的形成以外，其他品种可部分代替亚硝酸盐的抗菌作用。

（一）抗坏血酸盐和生育酚

抗坏血酸盐在非食物系统中可阻断亚硝胺的形成，特别在低 pH 值时，其效果更为明显。它在多种腌肉中，包括火腿腌腊肉中也都很有效。美国农业部要求在使用亚硝酸盐腌肉的同时使用 0.5g/kg 的抗坏血酸钠或异抗坏血酸钠，用于降低在腊肉中形成亚硝胺的数量。据报道，腊肉中亚硝胺的含量最高。在食品加工过程中，亚硝胺也可在腊肉脂肪中形成，然而，抗坏血酸只微溶于脂肪，所以其作用有限。

α-生育酚也可以阻断亚硝胺的形成，并溶于脂肪。据报道，α-生育酚可以使肉中亚硝胺含量明显降低。由于α-生育酚在肉制品中不溶，需要采取特殊的方法，如加入聚山梨酸酯等乳化剂，确保α-生育酚在产品中的均匀分布。亦可通过喷洒、浸渍或油煎方式，使α-生育酚均匀地分布在产品表面，腌肉时添加0.5g/kg的α-生育酚即有效。

使用0.5g/kg抗坏血酸盐（或异抗坏血酸盐）、0.58/kg α-生育酚和0.04～0.05g/kg亚硝酸钠，有助于腌肉发色，并可有效地阻断亚硝胺的生成。

（二）次磷酸钠

单独使用3.0g/kg的次磷酸钠，或是将3.0g/kg次磷酸钠与0.01g/kg亚硝酸钠并用，可使腊肉获得和常规使用亚硝酸钠相同的抗肉毒作用。

（三）山梨酸钾

在各种加工条件下，含山梨酸钾0.04g/kg的腊肉就会有抗肉毒作用。含山梨酸钾2.6g/kg和含亚硝酸钠12g/kg的腊肉有同样的抗肉毒作用。

此外，辐射对抑制肉毒杆菌也有效。辐射与0.025～0.04g/kg的亚硝酸钠并用，对火腿腊肉的效果较好。

山梨酸钾、次磷酸钠和辐射只能代替亚硝酸盐的抗菌作用，而不能使肉呈现良好的色泽。所以，在实际生产中仍需添加少量的亚硝酸盐，也有的用天然色素对肉制品直接着色，以完全取代亚硝酸盐。

尽管有种种亚硝酸盐的替代品，但迄今尚未发现有能完全取代亚硝酸盐的理想物质，目前，国内外仍在继续使用亚硝酸盐和亚硝酸盐发色，其原因是亚硝酸盐对防止肉毒中毒和保持腌肉制品的色、香、味有独特的作用。

四、复配型护色剂配方

复配型护色剂配方如下（质量分数）。

（1）护色剂（水果等，粉末状）　DL-苹果酸20，L-抗坏血酸40，聚磷酸钠30，偏磷酸钠10。

（2）护色剂（肉类制品，粉末状）　亚硝酸钠7，硝酸钾10，氯化钠83。

（3）护色剂（虾、蟹，粉末状）　L-色氨酸0.8，亚硫酸氢钠75，异抗坏血酸钠5.7，L-谷氨酸钠2.5，柠檬酸钠3。

（4）腌渍品护色剂（粉末状）　偏磷酸钠61，柠檬酸钠35，L-抗坏血酸钠3，富马酸钠1。

（5）水果类护色剂（粉末）　DL-苹果酸20，L-抗坏血酸40，多聚磷酸钠30，偏磷酸钠10。

第十五章

复合消泡剂

所谓复合消泡剂就是根据消泡作用机理把几种具有消泡作用的并有协同效果的物质有机地结合在一起的消泡剂。复合消泡剂不应该是几种具有消泡作用的物质的简单集合，而应该是在某一特定体系中综合提高消泡效能的产品。

当前，国内外已经常使用复配型消泡剂，主要由失水山梨醇脂肪酸酯、甘油单硬脂酸酯、蔗糖脂肪酸酯、大豆磷脂及硅树脂、丙二醇、甲基纤维素、碳酸钙、磷酸三钙等中的数种相互复配而成。

第一节　常用于复合的消泡剂

食品消泡剂在20世纪九十年代初开始应用于食品加工业，近年又相继开发成专用于豆制品生产的高效消泡剂。其特点是使用方便、价格适中，已替代进口产品。国产消泡剂一般分为两大类，即抑泡性消泡剂和破泡性消泡剂，前者的特点是控制泡沫的产生，而后者的特点是破坏已形成的泡沫。如醇类（2-乙基己醇，聚烯烃乙二醇）、脂肪酸及其衍生物（山梨糖醇三油酸酯，二乙二醇硬脂酸酯）、酰胺类（二硬脂酸乙烯二胺）、磷酸醋类（三醋、磷酸三辛醋，磷酸辛醋钠等）、硅油类（聚硅氧烷等）、复合专用型消泡剂（如固体粉末或颗粒状）。醇类消泡剂可使水解度降低，具有低表面张力的特点；脂肪酸及其衍生物多用于食品工业；酰胺类具有分子质量高的特点；磷酸醋类特点是用量少，消泡快；硅油类特点是对水系和非水系的消泡均有较好效果；复合专用型消泡剂具有专用性，对蛋白质所形成的泡沫消泡更为明显，并有协同效应等优点。

目前用于豆制品生产中的消泡剂，主要有硅油类液体状及以单甘酯为主体的复合型粉末状两种，前者主要用于生浆中消除泡沫，使用时要搅拌均匀，冬天使用用热水略加保温不至于因结团沉入豆浆底部而失去消泡效果，而使用固体消泡剂时应控制豆浆的温度，在60～70℃消泡效果最好。两种消泡剂的用量一般为干豆质量的0.1%～0.3%。

对于消泡剂的研制方向，首先要提高国内聚醚型消泡剂的产品质量，研制出不同结构类型的聚醚表面活性剂。例如，聚醚的端基封闭、多元酸的酯化、有机硅聚醚、更高分子质量聚醚以及其他类型高分子表面活性剂的研制。

其次要开辟新领域的消泡。例如，使用颗粒状多功能复合消泡剂对豆制品加工的消泡、医药和食品等领域的消泡及开发复合专用型消泡剂，以更好地发挥其消泡抑泡能力。对消泡机理和抑制泡沫能力的探讨以及消泡剂的生化性能测试等方面仍需要做大量的研究工作。

食品工业中应用的消泡剂，除要考虑其消泡抑泡能力外，还要保证它的安全性，必须是安全无毒为食品卫生法所认可，同时还不能影响食品的风味。所以尽管实际应用的消泡剂品种繁多，但能用于食品工业的品种就不多了。在美国，用于食品消泡剂的品种均需经过FDA食品管理机构批准。美国在1992年允许批准作为食品用消泡剂的主要品种有聚硅氧烷树脂、高级脂肪酸、卵磷脂、甘油脂肪酸酯、山梨糖醇、固体石蜡和动植物油等。

豆制品生产消泡大都采用"油脚"加石灰搅拌成膏状混合物来消除豆浆泡沫表面的张力，从而使豆浆泡沫破裂而消失。虽"油脚"加石灰来源方便，价格便宜，但效果不好，而且"油脚"加石灰杂质多，色泽黯黑，在使用过程中要不时地添加，用少了不起作用，用多了影响成品的色泽及口味，尤其杂物混入产品很不卫生，有损人体健康。

硅有机树脂消泡剂用于豆制品生产效果比较好，其成分有机硅树脂又称硅酮、硅油，是三甲硅酮的聚合物。因其聚合度不同，成品的分子质量也有所不同。由于它是憎水性物质，表面张力很小，约是水的十二分之一，故用于豆制品生产中消泡效果比较好。有粉状及液体状两种，白色无味，密度小，使用时制成乳剂，添加在磨豆环节中通过磨盘的转动使其均匀分散。有机硅树脂对豆浆pH及凝固反应小，使用量控制在50mg/kg以下，超过用量将有损成品质量，使用中较难掌握，并价格较贵。

硅有机树脂是近年发展使用的一种消泡剂。它的热稳定性和化学稳定性高，表面张力低，破泡能力强。硅有机树脂有两种类型，即油剂型和乳剂型，在豆制品生产中适用水溶性能好的乳剂型，允许使用量为十万分之五，即每千克食品中允许使用0.05g，使用时可预先将规定量的消泡剂加入大豆的磨碎物中，使其充分分散，可达到消泡的目的。

脂肪酸甘油酯从化学上讲，是甘油结构的一个羟基被一个脂肪酸所取代。脂肪酸甘油酯的消泡效果不如硅油好，不过价格则较便宜，可以不考虑脂肪酸甘油酯的毒性问题。脂肪酸甘油酯除消泡效果外，还可以改善制成品的品质。分为蒸馏品（纯度90%以上）和未蒸馏品（纯度为40%～50%）。蒸馏品的使用量为1.0%，使用时均匀地加在豆糊中，一起加热即可。

消泡剂的作用是将其以微粒的形式，渗入到两气泡之间的液膜中去，并捕获泡沫表面的憎水链端，形成很薄的双分子膜层，再经扩散，层状侵入，进一步捕获和扩散。由于消泡剂的表面张力很小，使泡膜的表面张力局部下降，膜壁逐步变薄，被周围表面张力大的膜层所牵拉，最后导致泡沫的破裂。消泡剂的使用不仅有利于生产操作，而且能增加产品得率，有改良产品品质之效能，使制得的产品有质地细腻、弹性增加、持水性增强等优点。常用的消泡剂如下。

（1）乳化硅油　乳化硅油为亲油性表面活性剂，表面张力小，消泡能力很强，是良好的食品消泡剂。按我国食品添加剂使用卫生标准，乳化硅油用作消泡剂用于消除豆浆中的微细气泡，乳化硅油用量为 0.1%。乳化硅油是以甲基聚硅氧烷（俗称硅油）为主体组成的有机硅消泡剂。其制法是将硅油 90 份与气相二氧化硅 10 份捏和辊碾成硅酯，再于 166℃/100kPa 处理 3h，趁热辊辗，在硅酯中加入适量的硅油，配入聚乙烯醇与水。先粗乳化两遍，再细乳化一遍即得成品。

（2）DSA-5 消泡剂　按我国食品添加剂使用卫生标准，在豆制品工艺制作中，最大使用量为 1.6g/kg。DSA-5 消泡效果好，消泡率可达 96%~98%。使用本品可收到良好的经济效益。

（3）山梨糖醇　具有良好的消泡能力，无毒性，对食品无影响。按我国食品添加剂使用卫生标准，山梨糖醇用作消泡剂，使用范围和最大使用量：在豆制品工艺中按正常生产需要。

（4）硅酮树脂　消泡能力很强，使食品生产效率提高，产品均一性好。作为消泡剂主要用于味精、酿酒和酱油等生产。也用于煮豆浆，用量为 0.01%。

（5）甘油单硬脂酸酯　亦称单硬脂酸甘油酯，简称单甘酯，可作为消泡剂，用量为豆浆量的 0.1%，在 80℃时加入，能有效消除泡沫，分离豆腐渣，还能提高豆腐9%~13%的收率，及改善豆腐的保水性和弹性。

（6）大豆磷脂　液体精制品为浅黄色至褐色透明或半透明的黏稠状物质，无臭或微带坚果类特异气味和滋味，不溶于水，但易形成水合物而成胶体乳状液。溶于乙醚、石油醚、苯、氯仿和四氯化碳。难溶于丙酮、乙酸乙酯。有吸湿性。

（7）蔗糖脂肪酸酯　是以蔗糖为亲水基、食用油脂肪酸为亲油基结合成的酯，是非离子型表面活性剂，通称为蔗糖酯。作为消泡剂使用时，因其含有不能皂化的脂肪酸衍生物，所以消泡效果更佳。

（8）液体石蜡　亦称白油、石蜡油，化学性质稳定，长时间光照或加热，能缓慢氧化生成过氧化物。液体石蜡具有消泡、润滑、脱模、抑菌等性能。不被细菌污染，易乳化，在肠内不易吸收。在美国，液体石蜡用作消泡剂的用量为 0.015%。

第二节　复合消泡剂

复合消泡剂的使用可提高消泡剂使用的效价比，一般情况下，效果好的消泡剂，加工成本高，售价也高，但实际上，优良的复合消泡剂绝不是简单的 1＋1 或者 1＋

2、1＋3产品，而是一个整体的综合提高消泡、抑泡效果的佳品：1＋1＞2。

豆制品复配消泡剂一般用一种或以上的钙盐固体粉末如碳酸钙作载体、硬脂酸甘油酯、硅油、硅酮树脂、大豆磷脂、米糠油、山梨糖醇酐脂肪酸酯、蔗糖脂肪酸酯、脂肪酸等作为消泡剂，葡萄糖酸或乳酸等作螯合剂，有时还加入豆渣作松散剂、及食用防腐剂或抗氧化剂。

一、消泡剂的复合及其消泡机理探讨

（一）消泡剂的性能和分类

（1）消泡剂的性能　消泡剂一般应具备下列性能：①具有能与泡沫表面接触的亲和力；②具有在泡膜上扩散和进入泡沫、并取代泡沫膜壁的性能；③不溶解于泡沫介质之中；④具有适宜的水分散颗粒度同时应注意分散剂的选择，若分散剂选择不当，会使消泡剂失灵；⑤还须含有水不溶性的消泡核心。

（2）消泡剂的分类　消泡剂的分类方法常见的有两种：一是根据消泡的效果进行分类，此法可将消泡剂分为两大类，即抑泡性类和破泡性类，前者的效果是控制泡沫的产生，后者的效果是破坏已产生的泡沫。另一种是根据消泡剂的组成分类，此法可将消泡剂分为如下类型：①醇类（2-乙基己醇、聚烯烃乙二醇），该类消泡剂可使水溶解度降低，具有低表面张力；②脂肪酸及其衍生物（山梨糖醇三油酸酯、二乙二醇硬脂酸酯），此类多用于食品工业；③磷酸酯类（磷酸三丁酯、磷酸三辛酯、磷酸辛酯钠等），此类特点是用量少，消泡快；④硅油类（聚硅氧烷等），此类特点是对水系和非水系的消泡均有效；⑤聚醚类（泡敌、有机硅聚醚）；⑥复合专用型消泡剂（多功能复台消泡剂），此类消泡剂具有专用性，并有协同效应的特点。

（二）消泡剂的复合

所谓复合消泡剂就是根据消泡作用机理把几种具有消泡作用的并有协同效果的物质有机地结合在一起的消泡剂。复合消泡剂不应该是几种具有消泡作用的物质的简单集合，而应该是在某一特定体系中综合提高消泡效能的产品。

复合消泡剂的研制，一方面可提高消泡剂的消泡效果，拓展其应用领域，如制糖消泡剂经复合后可有效地应用于发酵及某些食品加工工业中。又如植物油在含酯类物质的含水系统中有可能被混溶，以致失去在表面铺展的作用，使消泡效率大减。若加入少量含硅聚醚物质，可使植物油的表面铺展速度大大加强，从而提高消泡效果。

总之，泡沫是热力学不稳定体系，它的形成及稳定有其特定的机理和规律，泡沫是由多种因素形成的，依据消泡机理制备的多种物质组合的复合消泡剂将在制糖、发酵及食品加工中发挥巨大的作用。

二、多功能复合消泡剂的研制与开发

我国是豆制品生产最早的国家，但豆类加工过程中的消泡技术却十分落后。从手工"撇沫"发展到"油泥"消泡虽有进步，但"油泥"颜色深、不卫生、效果差、用量大。为配合豆制品行业解决豆类加工过程中的泡沫消除难题，并结合我国豆制品生产的特点，国内有研究机构在 20 世纪 80 年代初期就研制成功了复合豆制品消泡剂。近年来，又以新颖的配方，独特的工艺，研究开发成功多功能复合消泡剂。

1. 主剂原料的确定

据日本专利报道，用于豆制品加工的消泡剂系由多种成分复合而成的粉末或颗粒状物质。其主要原料为脂肪酸甘油酯以及添加既不影响消泡能力，又不影响豆腐质量的物质，如糊料、色素、氨基酸、无机盐、有机盐等。

【实例 1】

| 单甘酯(96.9%) | 53 | 大豆磷脂 | 6.2 |
| 硅树脂 | 0.8 | 碳酸钙 | 40 |

【实例 2】

| 单甘酯(96.9%) | 73 | 大豆磷脂 | 6.2 |
| 硅树脂 | 0.8 | 碳酸钙 | 20 |

【实例 3】

| 单甘酯(90%) | 90 | 大豆磷脂 | 4.2 |
| 硅树脂 | 0.8 | 碳酸钙 | 5.0 |

【实例 4】

| 单甘酯(92.5%) | 93 | 大豆磷脂 | 4.5 |
| 硅树脂 | 0.5 | 碳酸镁 | 2.0 |

日本豆制品消泡剂的红外谱图与硬脂酸甘油酯的红外谱图极为相似，故它的主剂应为硬脂酸甘油酯。参考公开特许公报，确定主剂原料为硬脂酸甘油酯。硬脂酸甘油酯是世界所公认的、可以使用的、无毒性的食品添加剂。它在食用乳化剂总消耗量中为 60%～80%，在制作豆腐时可作为消泡剂使用，这在我国食品卫生标准已有规定（GB 1986—80）。硬脂酸甘油酯是由过量甘油直接与油脂在碱催化剂的存在下酯化而成（有单酯、双酯、三酯），而用作乳化剂的主要是单酯。在一般硬脂酸甘油酯商品中，有 40、60、90 三种单酯含量不同的产品。为制得单酯含量为 90 以上的产品，通常是采用分子蒸馏的方法，其关键设备是一台分子蒸馏器在欧洲，最常使用的是一种旋转式降膜分子蒸馏设备。该设备是在高真空下工作，如真空度不够，会生成不需要的分解产物。该设备的工作情况大致是：混合酯通过左上方的入口管进入、由旋转盘使其呈薄膜状均匀地分布到蒸馏柱的内表面上，再由旋转式刮板将其刮盛向下流动的液膜；柱子外部需加热至 200℃ 左右的温度，在此温度下单酯在减压下蒸发；然后在冷凝器表面上冷却后变成液体，以液态的单酯从流出口排出。蒸馏过的每百份硬脂酸甘油酯的组成如下：

单酯	94.2	游离脂肪酸	0.8
双酯	36	游离甘油	0.7
三酯	0.7		

2. 最佳配方的确定

在主剂原料确定之后，根据界面活性剂的协同效应原理和食品用消泡剂的性能要求，以不同的配比合成了一系列的多功能复合消泡剂。并反复进行消泡效果的对比应用试验，筛选出较理想的配方。

| 主剂 | 40%～60% | 复合剂 2 | 25%～10% |
| 复合剂 1 | 11%～5% | 分散剂 | 30%～50% |

3. 剂型的选择

理想的配方确定之后，再对消泡剂的剂型进行了选择。在配方相同的情况下，合成了不同剂型的多功能复合消泡剂，如粉剂、片剂、乳剂和颗粒体。根据消泡效果对比试验结果及用户的意见，确定了多功能复合消泡剂的剂型为具有一定视密度的颗粒体。不同剂型的多功能复合消泡剂对消泡效果有一定的影响。

4. 应用试验

产品经多次应用试验表明：添加该消泡剂不仅有显著的消泡抑泡功能，而且还有改善豆制品质量（如豆腐色白、细腻，富有弹性）、提高豆制品产量的功能（添加量为干黄豆重量的 6.3%，可提高豆腐产量 7% 左右），深受豆制品行业的欢迎。

三、复配消泡剂的制备

陈红等介绍了以己二醇单硬脂酸酯、液体石蜡为主要成分，并配以多种乳化剂和助剂在水相中复合乳化剂制备消泡剂的方法。考察了己二醇单硬脂酸酯含量、液体石蜡用量、乳化剂用量、乳化剂复合、配制温度及增稠剂加料顺序对产品性能的影响，确定了复合的最佳工艺条件，该消泡剂与同类产品相比，具有工艺简单、消泡力高等特点，是一种经济实用的消泡剂。

工业上通常采用机械法和化学法消除有害泡沫。机械消除法只能短时间去除表面泡沫，而难以消除大量细密的内部泡沫。化学消泡法则使用某种化学物质，降低发泡物质的发泡力或降低泡沫的稳定性达到消泡目的。向起泡体系中加入消泡剂是目前最有效、最经济的消除有害泡沫的方法。一种有效的消泡剂不仅能迅速使泡沫破灭，而且能在相当长的时间内防止泡沫生成。消泡剂品种较多，根据类别也可分为含硅和不含硅两类。含硅的成本高，应用受到限制；不含硅的消泡剂品种多，成本低，国内外的需求量大。不含硅的矿物油类和硬脂酸酯类作为消泡剂使用的历史已很长，但单独使用效果并不好，近年来国内外许多工业部门已广泛使用复配型消泡剂。复配消泡剂是通过各组分的协调使用使其性能得到增强，并具有较强的适应性。以乙二醇单硬脂酸酯、液体石蜡为主要原料，并配以乳化剂等其他助剂复配成水包油型乳液消泡剂。

（一）复配操作

将一定质量的己二醇单硬脂酸酯放入烧杯中加热熔化，慢慢加入液体石蜡并不断搅拌，使混合均匀，然后依次加入乳化剂、增稠剂，再慢慢加入一定量的去离子水，乳液有一个从油包水转为水包油的过程，最后用高剪切分散乳化机乳化一定时间即得产品。

（二）复配消泡剂性能测试

(1) 动态稳定性 将制得的消泡剂乳液用去离子水稀释 5 倍，然后置于低速台式离心机中，离心 30min，观察分层情况。

(2) 消泡效果 称取 5% 十二烷基硫酸钠起泡液，配成 0.25% 的起泡液，将

250ml 起泡液倒入罗氏泡沫仪起泡，记下泡沫高度，用 mm 表示，然后加入 0.2% 的消泡剂，记下消泡时间。消泡速度＝泡沫高度/消泡时间。

（3）抑泡性的测定　该性能的测定用泡沫高度测试法，即振动法。将 0.5% 消泡液 10ml 加到 1000ml 具塞量筒中，在室温下将实验溶液在量筒中上下混合 20 次，产生的泡沫用 mm 表示。同等条件下做一空白实验。

（三）复配消泡剂消泡效果

（1）乙二醇硬脂酸酯含量对消泡剂性能的影响　乙二醇单硬脂酸酯作为消泡剂配方中的主要成分，对消泡剂的性能有一定的影响。乙二醇单硬脂酸酯含量少，消泡效果降低；含量多，分散效果不好。以乙二醇单硬脂酸酯含量为 4 为宜。

（2）液体石蜡用量的选择　液体石蜡在消泡剂中与乙二醇单硬脂酸酯产生协同作用。如果液体石蜡用量过多，复配后的消泡剂容易出现油水分层现象；用量过少，乙二醇单硬脂酸酯的分散效果不好，且消泡剂的消泡性也降低。实验结果认为，适宜的液体石蜡用量为 20。

（3）乳化剂用量的选择　乳化剂用量对消泡剂性能有一定影响，乳化剂的用量应兼顾稳定性、消泡速度、抑泡性。

（4）复合乳化剂的选择　在考察乳化剂用量的基础上，对不同乳化剂的复配效果进行比较，不同乳化剂配伍对消泡剂性能有明显影响，用 HLB 值较小的亲油性乳化剂司盘 60 和 HLB 值较大的亲水性乳化剂吐温 60 按一定比例组成的复合乳化剂对原料进行乳化，得到的消泡剂稳定性和其他性能都很好（表 15-1）。

表 15-1　不同乳化剂配伍对消泡剂性能的影响

项　目	性　能		
	动态稳定性	消泡速度 /(mm/s)	抑泡效率 /%
聚乙二醇(400)单硬脂酸酯-司盘 60-吐温 60	略有分层	27.40	89.5
司盘 70-吐温 60	不分层	32.55	99.0
司盘 80-吐温 80	明显分层	25.12	93.4
聚乙二醇(400)单硬脂酸酯-司盘 60-吐温 80	不分层	29.64	94.6
司盘 60-吐温 60-吐温 61	分层	23.90	82.4
司盘 60-吐温 20-吐温 60	明显分层	26.52	87.8
司盘 40-吐温 61-吐温 80	明显分层	23.34	80.2
司盘 20-吐温 60-吐温 61	略有分层	25.12	81.0

（5）配制温度及增稠剂的选择　复配过程中温度的控制也是影响消泡剂性能的因素之一。配制温度过高，油相原料会产生凝聚现象；配制温度过低，消泡剂性能有所降低。适宜的复配温度为 50℃。在复配消泡剂体系中，加入增稠剂可以提高稳定性。常用的增稠剂有聚乙烯醇、甲基纤维素等。

（6）加料顺序的选择　对于复配型消泡剂，不同的加料顺序对产品性能的影响是不同的，具体方案如下。

方案 1　将复合乳化剂溶于 2～3 倍的水中，搅拌均匀，再加入液体石蜡和熔化的乙二醇单硬脂酸酯、增稠剂及余量水，最后乳化成产品。

方案 2　在带有搅拌器的装置中加入乙二醇单硬脂酸酯，加热熔化后，开动搅拌并慢慢加入液体石蜡、复合乳化剂、增稠剂及水，最后乳化成产品。要取得良好的稳定性、消泡速度和抑泡效率，方案 2 较佳。

通过以上实验，确定了复配消泡剂的配方组成（%）：乙二醇单硬脂酸酯 4、液体石蜡 20、复合乳化剂（司盘 60、吐温 60）2.5、增稠剂（甲基纤维素）0.3，余量为去离子水。

以乙二醇单硬脂酸酯、液体石蜡为主体，配以复合乳化剂、增稠剂等在水相中复合乳化，由于各组分的协调作用，提高了消泡剂的性能，且无毒、无味、不挥发、稳定性好，具有广阔的市场前景。

四、复配有机硅乳液消泡剂的研制

含硅表面活性剂从 20 世纪 80 年代起大规模和全面应用于各工业领域，有机硅消泡剂的应用领域也十分广泛。其中，乳液型有机硅消泡剂越来越受到食品、印染、制药、涂料、发酵等行业的重视，它与非硅类消泡剂相比，具有消泡、抑泡效果好，用量少，表面张力低，化学惰性，既能适用于非水相，又能适用于水相、适应面广等特点。尽管各种有机硅消泡剂单独使用或添加少量助剂效果较好，但有机硅消泡剂的成本相对非硅类消泡剂较高，限制了它在工业生产中的大量使用。因此，在不改变其消泡能力的前提下降低消泡剂的成本，努力寻找适宜的添加剂，是消泡剂研究中的又一重大课题。利用价格低廉的乳化剂和助乳化剂与有机硅进行复配，可制备出高效、稳定性好、成本相对较低的有机硅乳液消泡剂，扩大了其应用范围，有较好的经济效益和开发前景。

（一）消泡剂的制备

（1）复配操作　在反应釜中，加入定量的硅膏、乳化剂和助剂等，搅拌使之混合均匀。升温至 150～160℃，使其完全溶解；再将定量的水缓慢而均匀地加入到反应釜中；当乳液达到最大黏度转相时，充分搅拌，再加入余量的水，均质后自然冷却，即得产品。

（2）消泡剂性能的测试　将质量分数为 2% 的十二烷基硫酸钠水溶液作为起泡液，用振荡法测其泡沫的高度，然后加入 0.3% 的消泡剂，记录消泡时间，并计算消泡的速度。将所制消泡剂配成 20% 浓度的水溶液，进行离心分离（3000r/min×30min），观察其动态稳定性。

（二）消泡效果

（1）有机硅含量对消泡性能的影响　有机硅作为消泡剂的主要成分，对消泡剂的消泡效果有很大影响，随着有机硅的含量增加，消泡时间减少；但含量过高，则不容易乳化，分散效果不好；有机硅含量在 15%～18% 之间时消泡效果较好。

（2）复合乳化剂的选择及含量对消泡性能的影响　根据亲水亲油平衡值（HLB）选择非离子表面活性剂作为复合乳化剂，在水相中与有机硅进行复配，乳化剂要兼顾到有机硅的活性和乳液的稳定性，其用量太多，则会影响消泡速度，用量太少，又会影响乳液的稳定性，复合乳化剂的含量以 3％～5％为好。

（3）复配温度的选择　实验中发现，复配温度和表面张力对消泡性能也有很大的影响，复配温度在 60～80℃较为适宜（图 15-1）。

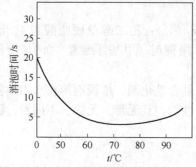

图 15-1　复配温度对消泡性能的影响

（4）加料顺序的选择　前面提到过，在复配过程中，加料的顺序对消泡效果有一定的影响。实验表明，预热后的有机硅加入复合乳化剂，在加热搅拌下再缓慢加入水及其余组分，均质得到的乳液消泡效果较好。

复配有机硅乳液消泡剂在有机硅含量为 20％～25％、乳化剂含量为 3％～5％、配制温度为 60～80℃时，消泡效果较好。复配有机硅乳液消泡剂具有较好的消泡效果和稳定性，无毒无污染，成本相对较低，扩大了其应用范围，具有一定的开发前景。

第十六章

复合酶制剂

　　随着食品工业技术的发展和进步，应用于食品生产中的添加剂和加工助剂品种越来越广泛，酶制剂就是其中之一。酶是以蛋白质形式存在的一类特殊的生物催化剂，用途十分广泛，主要用在啤酒、果汁、果酒、纺织、饲料、皮革、酒精生产等行业。在食品加工中加入酶的目的通常是为了：①提高食品品质；②制造合成食品；③增加提取食品成分的速度与产量；④改良风味；⑤稳定食品品质；⑥增加副产品的利用率等。然而，在食品生产过程中出现的工艺问题很多，在通常情况下并非靠一种酶就能够解决所有的问题。复合酶制剂是根据不同作用底物的特点，由各单一酶按一定比例复合，利用各酶之间的协同作用，相互促进，达到提高酶催化效率、缩短生产周期、降低生产成本的目的。

第一节　常用于复合的酶制剂

　　酶是细胞合成的一类具有高度催化活性的特殊蛋白质，由许多氨基酸组成，称为生物催化剂。酶普遍存在于动、植物和微生物中，通过采用适当的理化方法，将酶从生物组织或细胞及发酵液中提取出来，加工成具有一定纯度的生物制品，就是酶制剂。复合酶制剂是根据不同作用底物的特点，由各单一酶按一定比例复合，利用各酶之间较好的协同作用，相互促进，达到提高酶催化效率、缩短生产周期、降低生产成本的目的。在食品生产过程中常用于复合的酶制剂有淀粉酶、纤维素酶、半纤维素酶、果胶酶、糖苷酶、蛋白酶、脂肪酶等。

一、纤维素酶

　　纤维素酶是以木霉属为代表的微生物，经发酵、提取制得的一种酶复合物，由于能在各种酶的协同作用下使纤维素降解，所以统称为纤维素酶。纤维素酶由三类组成：①内切葡聚糖酶（endo-1，4-β-D-glucanase，也称 EG 酶或 Cx 酶）；②外切葡聚糖酶［exo-1，4-β-D-glucanase，又称纤维二糖水解酶（cellobiohydrolase，CBH）或 C1 酶］；③β-葡萄糖苷酶（β-glucosidase，EC3-2-1-21，简称 BG）。

纤维素酶的酶解是一个复杂的过程，其最大特点是具有协同作用。内切葡聚糖酶首先作用于微纤维素的无定型区，随机水解 β-1，4 糖苷键，产生大量带非还原性末端的小分子纤维素，外切葡聚糖酶从这些非还原性末端上依次水解 β-1，4 糖苷键，生成纤维二糖及其他低分子纤维糊精。β-葡萄糖苷酶水解纤维二糖产生 2 分子的葡萄糖。不同来源的纤维素酶制剂产品中 3 种酶组分含量的比例不同，因此其最终的表观酶活力会有差异。总体来说，纤维素酶具有催化效率高、专一性强、催化反应条件温和、酶催化活力可被调节控制等优点。

纤维素酶在食品工业应用极为广泛。在进行酒精发酵时添加纤维素酶可显著提高酒精及白酒的出酒率和原料的利用率，降低溶液的黏度，缩短发酵时间，而且酒的口感醇香，杂醇油含量低。纤维素酶提高出酒率的原因可能有两方面：一是原料中部分纤维素分解成葡萄糖供酵母使用；二是由于纤维素酶对植物细胞壁的分解，有利于淀粉的释放和被利用。将纤维素酶应用于啤酒工业的麦芽生产中可增加麦粒溶解性，加快发芽，减少糖化液中单一葡萄糖含量，改进过滤性能，有利于酒精蒸馏。在酱油的酿造过程中添加纤维素酶，可使大豆类原料的细胞膜膨胀软化破坏，使包藏在细胞中的蛋白质和碳水化合物释放，这样既可提高酱油浓度，改善酱油质量，又可缩短生产周期，提高生产率，并且使其各项主要指标得到明显提高。用纤维素酶处理豆腐渣后接入乳酸菌进行发酵，可制得营养、品味俱佳的发酵饮料。将纤维素酶应用于果蔬榨汁、花粉饮料中，可提高汁液的提取率（约 10％），促进汁液澄清，使汁液透明、无沉淀，提高可溶性固形物的含量，并可将果皮综合利用。

二、半纤维素酶

半纤维素酶能酶解植物的细胞壁，快速分解果胶和其他阿拉伯糖长链分子，释放出更多的有效成分。近年来，半纤维素酶在速溶咖啡生产中应用较广。常规法生产速溶咖啡是将咖啡豆提取液浓缩后直接进行冷冻干燥或喷雾干燥，由于咖啡豆中含有大量的半乳甘露聚糖，会造成提取过程中黏度过大，给随后的浓缩和干燥带来困难。使用甘露聚糖酶可以分解咖啡中的半乳甘露聚糖而产生低聚糖，因此可大大降低咖啡的黏度，而黏度的降低可使生产中浓缩和干燥效率成倍提高，相应也就降低了速溶咖啡的生产成本。对于谷物食品（主要是面包），半纤维素酶也体现了其独特的应用价值。面包食品的诸多特性在很大程度上受谷物面粉中戊聚糖和淀粉含量的影响，应用木聚糖酶可以水解谷物面粉中的木聚糖产生木寡糖，从而大大改善了面包的质地、结构和松软度。

三、果胶酶

果胶是一些杂多糖的化合物，在植物结构中充当结构物。果胶中最主要的成分是半乳糖醛酸通过 α-1，4-糖苷键连接而成，半乳糖醛酸中约有 2/3 的羧基和甲醇进行了酯化反应。果胶酶是分解果胶的一个多酶复合物，通常包括果胶酯酶、聚半乳糖醛酸酶、果胶裂解酶，通过它们的联合作用使果胶质得以完全分解。①果胶酯酶：果胶酯酶存在于细菌、真菌和高等植物中，在柑橘和番茄中含量非常丰富，它可以水解除去果胶上的甲氧基基团，对半乳糖醛酸酯具有专一性，要求在其作用的半乳糖醛酸链的酯化集团附近要有游离的羧基存在，此酶可沿着链进行降解直到遇到障碍为止。②聚半乳糖醛酸酶：它可以作用于分子内部的 α-1,4-糖苷键，而半乳糖醛酸外酶则可沿着链的非还原末端将半乳糖醛酸逐个地水解下来。另一些半乳糖醛酸酶主要作用于含有甲基的化合物（果胶酯酸）上，而有些则主要作用于含游离羧基物质（果胶酸）上，这些酶分别被称为多聚甲基半乳糠醛酸酶和多聚半乳糖醛酸酶。③果胶裂解酶：又称果胶转消酶，可以在葡糖苷酸分子的 C4 和 C5 处通过氢的转消除作用，将葡萄糖醛酸的糖苷键裂解。果胶裂解酶是一种内切酶，只能从丝状真菌即黑曲霉中得到。商业上果胶酶可用来澄清果汁、酒等。大多数水果在压榨果汁时，果胶多则水分不易挤出，且榨汁混浊，如以果胶酶处理，则可提高榨汁率而且榨汁澄清。

在实际使用中，纤维素酶常与半纤维素酶、果胶酶一起复合用于果蔬汁的澄清和植物有效成分的提取。纤维素酶与果胶酶复合后应用于果蔬饮料有利于细胞内物质渗出、增加出汁率、减少压榨压力、促进汁液榨取和澄清作用。这类复合酶处埋植物可使细胞壁发生不同程度改变，如软化、膨胀和崩溃等，从而可提高细胞内含物提取率，用于处理大豆，不仅可促使其脱皮、增加从豆类中提取优质水溶性蛋白质的得率，还可回收豆渣中的蛋白质和油脂。

四、淀粉酶

淀粉酶一般是指作用于可溶性淀粉、直链淀粉、糖元的 α-1,4-葡聚糖，水解 α-1,4-糖苷键的酶。根据酶水解产物异构类型的不同可分为 α-淀粉酶（EC3.2.1.1）与 β-淀粉酶（EC3.2.1.2）。

α-淀粉酶广泛分布于动物（唾液、胰脏等）、植物（麦芽、山蓊菜）及微生物中。此酶以 Ca^{2+} 为必需因子并作为稳定因子和激活因子，也有部分淀粉酶为非 Ca^{2+} 依赖型。α-淀粉酶是一种内切酶，它能随机水解糖链的 α-1,4-糖苷键，因此使直链淀粉的黏度很快降低，碘液染色迅速消失，而且因生成还原基团而增加了还原力。α-淀粉酶以类似的方式攻击支链淀粉，因不能水解其中的 α-1,6-糖苷键，最后使淀粉生成麦芽糖、葡萄糖及糊精。

β-淀粉酶主要见于高等植物中（大麦、小麦、甘薯、大豆等），但也有报告在细菌、牛乳、霉菌中存在。β-淀粉酶是一种外切酶，即它只能攻击非还原性末端，以麦芽糖为单位一个一个地切下来。因为生成的麦芽糖能增加淀粉溶液的甜度，故 β-淀粉酶又称糖化酶。β-淀粉酶中的 β 表示能将淀粉中的 β-1,4-糖苷键转化成 β-麦芽糖。直链淀粉中偶尔出现的 1,3-糖苷键和支链淀粉中的 α-1,6-糖苷键不能被淀粉酶水解，反应也随之停止下来，剩下来的化合物称为极限糊精。若用脱支酶去水解这些键，则 β-淀粉酶可继续作用。

此外还有支链淀粉酶（pullulanases）和异淀粉酶（isoamylase），它们能水解支

链淀粉和糖原中的 α-1,6-D-葡萄糖苷键，生成直链的片段，若与 β-淀粉酶混合使用可生成含麦芽糖丰富的淀粉糖浆。

淀粉酶可用做面粉改良剂，作为面粉专用添加剂时，主要起到以下几个作用：①在面团发酵食品制作过程中，适量加入淀粉酶后，面粉中的淀粉被水解成麦芽糖，麦芽糖又在酵母本身分泌的麦芽糖酶作用下，水解成葡萄糖供酵母利用，从而为酵母的发酵提供足够的糖源作为营养物质。②在面包中添加淀粉酶使面包变得柔软，增强伸展性和保持气体的能力，容积增大，出炉后制成触感良好的面包。③淀粉酶作用淀粉产生的糊精，又对改良面包外皮色泽有良好的效果。

五、蛋白酶

蛋白酶在许多食品加工中起着重要的作用，这类酶可以从动物、植物或微生物中提取得到。蛋白酶可分为 4 类：酸性蛋白酶、丝氨酸蛋白酶、巯基蛋白酶和含金属蛋白酶。

酸性蛋白酶包括胃蛋白酶、凝乳酶及许多微生物和真菌蛋白酶。凝乳酶在干酪制作中用做凝聚剂，而用其他的蛋白酶也能沉淀干酪，但产量与硬度都会降低。将酸性蛋白酶加到面粉中，在焙烤食品中可改变面团的流变性质，因此也就改变了产品的坚实度。在白酒生产过程中添加适量酸性蛋白酶不仅能促进原料中蛋白质降解为氨基酸，使得酵母营养丰富、活力增强，从而提高出酒率，还能改善风味，降低杂醇油含量。丝氨酸蛋白酶包括胰凝乳蛋白酶、胰蛋白酶及弹性蛋白酶等，可用来软化和嫩化肉中的结缔组织。巯基蛋白酶在其活性中心有一个巯基基团。这类酶大多存在于植物中，并且广泛应用于食品加工中，如木瓜蛋白酶、生姜蛋白酶、菠萝蛋白酶及无花果蛋白酶等。巯基蛋白酶可用做啤酒的澄清剂，因为啤酒的冷却混浊与蛋白质沉降有关，若用植物蛋白酶将蛋白质水解即能消除这种现象。另外还可用做肉的嫩化剂，可以将酶溶液注射到牲畜屠体中或涂抹在小块的肉表面。用蛋白酶还可以生产完全的或部分水解的蛋白质水解液，如鱼蛋白的液化可生产出具有很好风味的产品。

蛋白酶也是最早应用于面粉工业的酶制剂之一，它主要用于饼干专用粉和面包专用粉中。面粉中常用的是中性的蛋白酶，其最适 pH 为 5.5～7.5，最适温度为 65℃左右。面团中面筋蛋白经蛋白酶处理后，可改善其机械特性和烘焙品质。蛋白酶可以水解面筋蛋白，切断蛋白分子肽键，弱化面筋，使面团变软。用在强筋麦时，效果较好，可降低面团的弹性，并提高其延伸性，从而改善了机械特性。同时，与亚硫酸氢钠等用于弱化面筋的化学还原剂相比，蛋白酶作用专一性强，从而充分显示了生物酶制剂在作为面粉改良剂上的优势。

六、脂肪酶

脂肪酶作为一种在异相系统即在油-水界面起催化作用的特殊酯键水解酶，作用底物主要为天然油和脂肪，水解产物为甘油二酯、甘油单酯、甘油和脂肪酸。脂肪酶在白酒制曲和发酵期间，可以水解原料中所含的脂肪，使原料中的淀粉充分接触酵母，促进发酵代谢进程；同时产生有机酸和甘油，而有机酸是白酒最好的呈味剂，可以使酒的口味丰富而不单一，增长酒的后味，如酸量适度、比例协调，可使酒出现甜味和回甜感。甘油作为一种多元醇助香剂，可以消除糙辣感，增加白酒的醇和度。更重要的是，脂肪酶同时还可以催化有机酸与大量存在的乙醇生成己酸乙酯、乙酸乙酯等酯类香味物质，从而提高白酒中酯类香味物质的含量，加快白酒中各种酸、醇、酯的反应平衡，缩短贮存老熟时间，调节白酒中各种香味物质的含量和比例，提高白酒品质。

脂肪酶还可以添加于面包、馒头及面条的专用粉中。在面包专用粉中加入脂肪酶可以得到更好的面团调理功能，使面团发酵的稳定性增加，面包的体积增大，内部结构均匀，质地柔软，包心的颜色更白。而脂肪酶水解脂肪形成的单酰甘油能与淀粉结合形成复合物，从而延缓淀粉的老化，提高了面包的保鲜能力。因此，脂肪酶通常与少量脂肪一起使用，否则会因面粉中脂肪含量太少而达不到这种效果。如果不外加脂肪，脂肪酶还是能起到一定的作用，如对面包心的结构和色泽有改善作用，也能够提高发酵性。在馒头专用粉中加入脂肪酶，也会起到类似于面包专用粉的添加效果，尤其对我国使用老面发酵的情况，脂肪酶可以有效防止其发酵过渡，保证产品质量。此外，在面粉中适量添加脂肪酶可以使面粉的抗拉伸能力和能量明显增加，而延伸性也有所增加。脂肪酶对面团的强度有明显的改善作用，而且可解决加入强筋剂后面粉的延伸度变得过小的缺点。

根据不同面粉的固有品质和各种酶的特性，将几种酶复合使用，会有比单独使用某一种酶更佳的效果，即所谓的协同增效作用。比如，将木聚糖酶和真菌淀粉酶联用在面包中，可使总用酶量下降，而获得更大体积和更高评分的面包，又能避免发生发黏的问题。如果将木聚糖酶、真菌淀粉酶和脂肪酶联用，增效作用更好，可广泛用于通用粉中，使总用酶量下降，制品体积增大，组织结构细腻均匀，总评分大为提高。如果在上述 3 种酶的基础上，增加麦芽糖淀粉酶，还会大大提高制品的保鲜效果。

七、糖苷酶

α-1,4-葡萄糖苷酶，也称葡萄糖淀粉酶，此酶可以酶解 α-1,4-D-葡萄糖的非还原性末端，不断地将葡萄糖水解下来，形成的产物只有葡萄糖，这是一种外切酶。此外，它还能酶解支链淀粉中的 α-1,6-糖苷键，但水解的速率要比对 α-1,4-糖苷键低 30倍，这意味着淀粉可全部降解成葡萄糖分子。因此，糖苷酶在食品工业上可用来生产玉米糖浆和葡萄糖。

α-D-半乳糖苷酶和 β-D-半乳糖苷酶、β-D-果糖呋喃糖苷酶、α-L-鼠李糖苷酶都能酶解双糖、寡糖和多糖的非还原性末端并水解末端的单糖。豆科植物中的水苏糖能在胃和肠道内生成气体，这是因为肠道中有一些嫌气性微生物生长，它们能将某些寡糖或单糖水解生成 CO_2、CH_4 和 H_2；但当上述水苏糖被 α-D-半乳糖苷酶水解，就会消除肠胃中的胀气。

β-D-半乳糖苷酶也能催化乳糖水解，所以又称乳糖酶，其分布广泛，在高等动物、植物、细菌和酵母中均有存在。β-D-半乳糖苷酶存在人体的小肠黏膜细胞中。有些人体内缺乏乳糖酶，他们不能忍受乳糖，所以不能消化牛乳，故在饮用牛乳的同时

应供给 β-D-半乳糖苷酶制剂。当有半乳糖存在时可抑制乳糖酶对乳糖的水解，但葡萄糖则没有这种作用。此外，乳糖的溶解度很低，因而妨碍脱脂奶粉或冰激凌的生产。利用这种酶制剂可以将乳糖水解，使上述食品的加工品质得以改善。β-D-果糖呋喃糖苷酶是从特殊酵母菌株中分离出来的一种酶制剂，在制糖或糖果工业上常用来水解蔗糖而生成转化糖。转化糖比蔗糖更易溶解，而且由于含有游离的果糖，故甜度也比蔗糖高。

将 α、β-甘露糖苷酶与纤维素酶、果胶酶等复合，可以改善黑麦面包的焙烤品质，延长黑麦面包的货架期。这种复合酶还可用于果泥、菜泥产品及菜叶叶片的分解等，由于复合酶可以增加对细胞壁的机械破碎，从而防止细胞中胶凝化淀粉过多地受到淋洗，而不致使菜泥等过分地黏稠。

八、葡萄糖氧化酶

葡萄糖氧化酶可从真菌如黑曲霉和青霉菌中制备。它可以通过消耗空气中的氧而催化葡萄糖的氧化，因此，它可以除去葡萄糖或氧气。例如，葡萄糖氧化酶可用在蛋制品生产中以除去葡萄糖，而防止产品因梅拉德反应而产生变色。此外，它还能使油炸土豆片产生金黄色而不是棕色，后者是由于存在过多的葡萄糖而引起的。葡萄糖氧化酶可除去封闭包装系统中的氧气以抑制脂肪的氧化和天然色素的降解。

九、过氧化氢酶

过氧化氢酶主要是从肝或微生物中提取的，它之所以重要是因为它能分解过氧化氢。过氧化氢是食品用葡萄糖氧化酶处理后的一种副产品，其中过剩的过氧化氢可用过氧化氢酶消除，因此生产中常将葡萄糖氧化酶和过氧化氢酶的复合使用。例如，将螃蟹肉和虾肉若浸渍在葡萄糖氧化酶和过氧化氢酶的混合液中，可抑制其颜色从粉红色变成黄色。因为复合酶液中的葡萄糖氧化酶能催化葡萄糖吸收氧而形成葡萄糖酸，而过氧化氢酶能催化过氧化氢分解成水和半分子的氧。

十、风味酶

水果和蔬菜中的风味化合物，大多是由风味酶直接或间接地作用于风味前体，然后转化生成风味物质而产生的。

（1）水果：如香蕉、苹果或梨等在生长过程中并无风味，甚至在收获时也不存在，直到成熟初期，少量生成的乙烯才刺激风味物质的合成。例如，香蕉风味的前体是非极性氨基酸和脂肪酸，成熟时经过一系列风味酶的作用转化为芳香族酯（aromatic esters）、醇类及酸而形成香蕉风味。

（2）蔬菜：如甘蓝与洋葱风味的产生是由于专一性酶对特定风味前体的直接作用。甘蓝、芥菜、水芹菜等属十字花科，这类植物的风味主要来自硫糖苷酶作用于硫糖苷产生的芥菜油（异硫氰酸盐）。

（3）茶：红茶的风味是通过酶的间接作用——氧化作用而产生的。首先儿茶酚酶先氧化黄酮醇，氧化态的黄酮醇再氧化茶中的氨基酸、胡萝卜素及不饱和脂肪酸而产生红茶中富有香味的成分。

食品加工过程中可利用风味酶使风味恢复。因为食品在加工过程中大部分挥发性风味化合物受热挥发，会使食品失去风味，如果添加外来的酶使食品中原来的风味前体转变为风味物质，则加工后的食用仍能保持特殊风味。

第二节　复合酶制剂的应用

酶制剂的使用不仅是因其具有一般化学催化剂的作用，而且还有对底物有高度的专一性、催化的高效性、酶的蛋白质本质以及作用条件温和等四大优点，这就决定了其在淀粉加工、乳品加工、水果加工、酒类酿造、蛋和鱼类加工、面包及其他焙烤食品的制造、食品保藏以及甜味剂制造等工业领域内具有其他化学催化剂所不可替代的作用与地位。然而，在食品加工中的这些应用领域中，通常情况下并非靠一种酶就能够解决所有的问题，而复合酶制剂由各单一酶按一定比例复合，利用各酶之间的协同作用，相互促进，提高了酶催化效率，应用效果更好。

一、复合酶制剂在植物有效成分提取中的应用

复合酶在食品加工或植物成分提取中的应用主要体现在三方面：①破解植物细胞壁——使有效成分最大限度溶出；②生物转化——糖苷类化合物经过复合酶作用，切掉葡萄糖苷键及鼠李糖苷键，转化为苷元类化合物；③用于提取物精制——植物水提取液中往往含有果胶、蛋白质、鞣质、黏性物质等，生物复合酶可将其降解，加快过滤速度。

传统的水、酸、碱、有机溶剂提取方法是利用浓度梯度使存在于植物药纤维组织内的有效成分逐步扩散到提取溶剂中，受植物细胞壁纤维组织的屏障作用，往往萃取时间较长，需要使用大量溶剂，而且提取率较低。生物复合酶预处理能显著提高药效成分的提取率，而且操作简便、易行，对设备要求不高；生物复合酶水解条件温和，降低了随后的溶剂提取难度，使整个提取工艺条件温和化，有助于保持药效成分的原有性质；对环境不会造成污染，是一种绿色提取方法。

1. 黄酮类化合物的提取

黄酮类化合物有多种生理和药理活性，如抗癌、防癌、降血糖、降血脂、增强免疫力、改善睡眠等功效，因此可用来治疗心脑血管疾病。黄酮类化合物还是一种天然的抗氧化剂，具有抗氧化和清除自由基抗衰老作用，已成为人类膳食中的一种不可或缺的抗氧化营养因子；也有的可用做食品甜味剂和食用色素的天然添加剂，在现代化食品工业中发挥着越来越重要的作用。复合酶法提取黄酮成本低，耗能低，与传统工艺相比提取率明显提高，提取条件温和，而且显色稳定性、重复性良好。

为考察不同种类的酶对苦瓜叶黄酮提取的影响，王文渊等选用纤维素酶、果胶酶及蛋白酶为实验用酶，称取 2.0g 苦瓜叶样粉 4 份，脱脂后，在滤渣中分别加入相同酶活单位的纤维素酶、果胶酶、蛋白酶和 40ml 磷酸氢二钠-柠檬酸缓冲液混合，在

pH5.0、温度 50℃、酶解 150min 后，以不加酶样品为对照，提取黄酮，测定提取液中黄酮浓度，计算提取率。结果表明：各种酶对总黄酮的提取率的影响为：纤维素酶＞果胶酶＞蛋白酶。加入纤维素酶与果胶酶，黄酮提取率有较大幅度提高，而蛋白酶的加入则无明显效果。纤维素酶浓度为 0.8mg/ml，果胶酶浓度为 0.5mg/ml 的情况下，提取温度为 55℃、提取介质 pH4.5 的条件下酶解 140min，苦瓜叶总黄酮的提取率可达到 3.13％，与直接醇提工艺相比较总黄酮提取率提高了 30％以上。

2. 多糖类化合物的提取

生物多糖是由许多单糖以糖苷键结合而成的高分子碳水化合物，具有提高机体免疫力、抗癌、抗病毒、抗凝血、降血脂、降低胆固醇等作用，近年来对植物多糖的提取已成为关注的热点。复合酶法提取植物多糖操作简便，成本低廉，而且由于酶作用的专一性，不会破坏多糖结构，复合酶法提取的多糖体外抗氧化活性更高，因此受到越来越多研究者和生产企业的青睐，得到了广泛的研究和应用。

植物细胞是由多糖、果胶和蛋白质组成的。用纤维素酶水解纤维素可以使细胞壁破裂，易于多糖从细胞内释放出来，提高多糖提取量；果胶酶可以水解果胶，降低提取液的黏度，促进多糖从细胞内释放到提取液中；组成细胞壁的蛋白质在蛋白酶作用下被水解，降低了它们与原料的结合力，有利于多糖从细胞内释放出来。三种酶复合作用可以提高多糖提取率和纯度，而且果胶酶、纤维素酶、蛋白酶的比例还可以根据植物材料的不同进行调整，达到最佳提取效果。例如，对于纤维含量较高的植物材料，可以选择高纤维素酶含量的复合酶系破坏纤维结构，使尽可能多的多糖从细胞内释放出来，同时使用果胶酶破坏组织间质中的胞间连丝结构，蛋白酶破坏蛋白结构，达到提高多糖提取率的目的。

在酶法提取百合多糖的实验中，滕利荣等发现，复合酶可以提高百合多糖的提取率，而且复合酶法提取的多糖体外抗氧化活性更高。孙婕等将复合酶法技术应用于南瓜多糖的提取制备中，不仅操作简便，成本低廉，而且可提高其提取率和纯度。赵素霞研究发现，复合酶提取法能够提高桑椹多糖提取率及多糖含量，这主要因为酶对桑椹游离蛋白质具有水解作用，提取液中只含少量蛋白质，降低了它们与原料的结合力，有利于多糖浸出。傅博强等研究发现，采用纤维素复合酶提取茶多糖可以在较低温度下提高多糖的提取率。由于酶作用的专一性，不会破坏茶多糖结构，而且细胞壁降解产生的高葡萄糖聚合物会被纤维二糖酶进一步降解为葡萄糖。

二、复合酶在酒类发酵中的应用

啤酒是以大麦芽为原料生产加工的，在大麦发芽过程中，由于呼吸使大麦中的淀粉损耗很大，很不经济。因此，啤酒厂常用大麦、大米、玉米等作为辅助原料来代替一部分大麦芽，但这将引起淀粉酶、蛋白酶和 β-葡聚糖酶的不足，使淀粉糖化不充分，使蛋白质和 β-葡聚糖的降解不足，从而影响了啤酒的风味和产率。在工业生产中，使用微生物的淀粉酶、中性蛋白酶和 β-葡聚糖酶等酶制剂来处理上述原料，可以补偿原料中酶活力不足的缺陷，从而增加发酵度，缩短糖化时间。在啤酒巴氏灭菌前，加入木瓜蛋白酶或菠萝蛋白酶或霉菌酸性蛋白酶或是复合酶处理啤酒，可以防止啤酒混浊，延长保存期。

白酒的发酵是多种微生物的多菌多酶体系作用的过程，曲的低酶活、纯酶的单一催化个性影响着白酒发酵技术进展，适应酿造环境的菌株选育、酶的合成、酶的复配是继承传统制曲、提高发酵技术的核心和关键。复合酶制剂的应用是白酒发酵技术发展的主要方向。

复合酶在白酒发酵中的作用主要表现在以下三个方面。

1. 提高原料利用率

复合酶在作用过程中使得原料中难以分解转化的脂肪、蛋白质、纤维素等物质得到充分转化，对丢糟中的残余物质进行充分分解，可提高原料出酒率6％以上。

2. 缩短发酵贮存老熟时间，提高酒质

复合酶在小曲酒发酵过程中的发酵作用可缩短贮存老熟时间，提高小曲酒、米酒的优质品率，改善酒的绵柔度，提高醇和度，酒质口感清雅、入口绵甜、落口爽净、回味怡畅。

3. 增强白酒香味

复合酶在白酒发酵的应用中有一定效果，但在催化底物不足的情况下，香味物质增加效果不明显，这也在提醒我们在研究酶的过程中还需要对提高菌系产酸幅度的研究。由于各地区自然界生物菌系不同，发酵过程中各类微生物此消彼长，环境气候存在差异，窖池粮糟发酵中温度、pH 值不同，黄水质量的差别，窖泥酸度、水分、己酸菌活性、数量、营养环境及其他菌体的活动强度等差别造成了最终酒体质量的差异。同时，这些因素也促使我们加深对复合酶和发酵工艺的深入研究。

三、复合酶制剂在果汁加工中的应用

植物细胞由一层细胞壁包围着，它是由各种聚合物（纤维素和果胶等）组成的，结构很复杂，它们是营养物质的保护层，也是贮存处。细胞经机械加工压榨出汁后，虽然部分大分子降解或部分细胞壁受到破坏，但仍有大部分的组织未被触动。通常用于水果加工的酶有：果胶酶、柚苷酶、纤维素酶、半纤维素酶、橙皮苷酶、葡萄糖氧化酶以及过氧化氢酶等。纤维素酶可将纤维素分解为纤维二糖和纤维寡聚糖，最后生成可利用的葡萄糖；果胶酶可分解包裹在植物表皮的果胶，促使植物组织分解，使果浆和植物物料的黏度降低，从而使出汁能力提高。然而，单独使用一种酶制剂往往存在一些技术问题，所以复合酶制剂的应用显得尤为重要。

在研究酶制剂对沙棘果汁出汁率的作用效果及其加工工艺过程中，李长春等发现果浆中的果胶质并不单独存在，它通常与纤维素互相结合、缠杂，互为依托，纤维素及半纤维素的含量虽少，但由于纤维素是葡萄糖苷通过 β-1,4-葡萄糖苷键链接而成的链状聚合体，分子量极大，性质非常稳定，因而被纤维素夹裹的果胶质及半纤维素也难以被水解。在沙棘汁加工中补充纤维素酶以协同、促进果胶酶作用，可以在沙棘果经过压榨后对果汁组织细胞壁以及蛋白质大分子链进行有效控制的破坏和降解，能提高果汁出汁率。单纯使用果胶酶进行果汁澄清时，在短时间加热后，不溶性淀粉颗粒成为胶溶状态（或成为糊精），但果汁澄清或浓缩后，淀粉会重新出现，造成果汁细

微混浊。而采用淀粉酶和果胶酶复合的方法，可以使淀粉完全分解，经复合酶作用后的果汁在室温下密封保存 40d，澄清度下降在 10％范围内。

杨建军等将纤维素酶与 α-淀粉酶结合果胶酶用于苹果汁加工过程中的液化与澄清，弥补现行果胶酶的不足。结果表明：当酶量达到一定水平时，果胶酶对于出汁率的贡献变小，而纤维素酶的使用使果胶物质得以完全释放，果浆黏度进一步增大，导致出汁率急剧下降，所以有必要利用复合酶的协同作用。

【应用实例】 复合酶制剂在沙棘果汁中的应用

1. 沙棘果汁制作工艺流程

鲜沙棘果→分拣→清洗→破碎→捣碎→果浆液化→过滤→澄清→清汁
　　　　　　　　　　　　↑　　　　　　↑
　　　　　　　　　　果胶酶　　　　澄清酶

2. 沙棘果浆制汁方法

用水把沙棘果洗净，沥干后用捣碎机捣成浆，充分混匀，取样，以酒石酸调 pH，加不同的酶量，于不同的温度下酶解相同（或不同）的时间，取出榨汁，过滤，装瓶，测定。

3. 沙棘汁澄清方法

将破碎压榨后的沙棘汁加热至 90℃，保温 5min，绢滤，取滤汁 10ml 分装于 20ml 带刻度试管中，加酶，于水浴中保温澄清。

4. 沙棘浆液化酶的确定

取同批果浆各 100g，再加入相同体积不同活力的酶，进行反应，最终分别确定果胶酶、纤维素酶的使用量与出汁率的关系。

通过实验研究发现：当酶量达到一定水平时，果胶酶对于出汁率的贡献小；而纤维素酶的表现说明，有必要使两种酶协同作用。

根据图 16-1 的实验数据和酶的一般特性，确定正交实验 L9（3⁴）中各因素的水

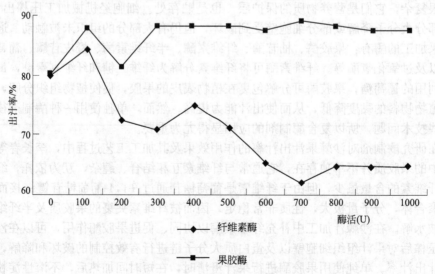

图 16-1　酶活与出汁率的关系

平 (见表 16-1), 作用时间 120min。

表 16-1 沙棘浆处理实验结果分析

水平	因素			
	果胶酶/(U/100g)	纤维素酶/(U/100g)	pH	温度/℃
1	200	300	4.0	40
2	300	400	4.4	50
3	400	500	5.0	55

正交实验结果表明：对沙棘汁得率影响最佳的 4 因素水平为：果胶酶量 300U/100g，纤维素酶 300U/100g，pH4.4，温度 55℃。根据最佳组合进行试验，出汁率为 82.7%，提高了 4%～8%。从实验结果分析来看，影响沙棘出汁率的因素依次为：温度、纤维素酶量、pH 和果胶酶量。实验证明：在沙棘汁加工中，为提高出汁率，补充纤维素酶以协同、促进果胶酶作用，可以达到更好的效果。

四、复合酶制剂在面包加工中的应用

在面粉制品加工领域中，酶制剂被称为绿色面粉改良剂，因其添加入面粉后，在蒸煮、焙烤过程中将失活，无残留，不会对人体健康造成威胁。馒头、面包的制作与酶的关系密切，许多年以前，人们就开始将从麦芽中提取的淀粉酶应用于品质改良。近年来，酶制剂在面粉中的应用得到了发展，除以往焙烤工业中用到的真菌 α-淀粉酶和木聚糖酶以外，由葡萄糖氧化酶、脂肪酶、麦芽糖淀粉酶等几种单酶复配而成的复合酶开始引入各种专用粉中，以酶制剂为主要成分的面粉改良剂已表现出良好的应用前景。

研究表明生物复合酶用于面团中可以使面筋组织发生作用，在面团发酵、醒发及焙烤过程中起慢速氧化剂的作用，可显著改善面团的流变学特性，提高面团的稳定性，增大面包的体积，达到较好的烘焙效果。

【应用实例】 生物复合酶替代面包粉中溴酸钾的技术应用

1. 配方：面粉 100%，白砂糖 16%，干酵母 1.5%，奶油 8.0%，食盐 1.0%，面包改良剂 0.3%，水 56.0%。

2. 工艺流程：配粉→原辅料预处理→搅拌→静置→分割、搓圆、成型→醒发→烘烤→冷却→成品

3. 复合木聚糖酶用量对面包评分的影响

复合木聚糖酶是真菌 α-淀粉酶和半纤维素酶的复合体。由图 16-2 可知，随着复合木聚糖酶用量的增加，面包评分呈上升趋势，而当复合木聚糖酶的用量增加到一定程度时，面包评分又呈快速下降趋势，这说明复合木聚糖酶用量对面包感观评分的影响十分明显，当其用量为 40mg/kg 时，面包评分最高。

4. 脂肪酶用量对面包评分的影响

由图 16-3 可知，随着脂肪酶用量的增加，面包评分呈上升趋势，而当脂肪酶的用量增加到一定程度时，面包评分又呈下降趋势，这说明脂肪酶用量对面包评分影响

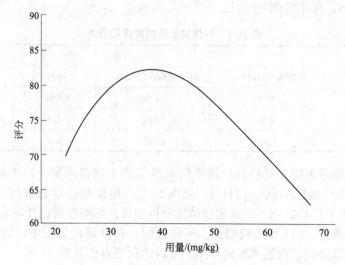

图 16-2　复合木聚糖酶用量对面包评分的影响

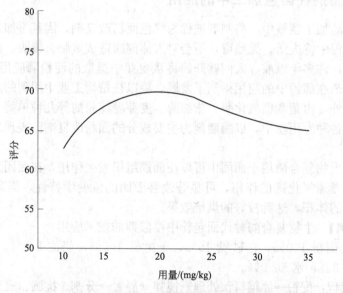

图 16-3　脂肪酶用量对面包评分的影响

有一个最佳量，即 20mg/kg。

5. 葡萄糖氧化酶用量对面包评分的影响

由图 16-4 可知，随着葡萄糖氧化酶用量的增加，面包评分呈较快上升趋势，而当葡萄糖氧化酶的用量增加到 50mg/kg 时，面包评分又呈迅速下降趋势，这说明葡萄糖氧化酶用量对面包感观评分的影响十分明显，当其用量为 50mg/kg 时，面包品质最好。

通过上述单因素试验，可以确定各单体品质处理剂的最佳用量范围，考虑到各单体组分对面包品质的综合影响，应选定每一个因素的最佳用量范围的 5 个水平，设计

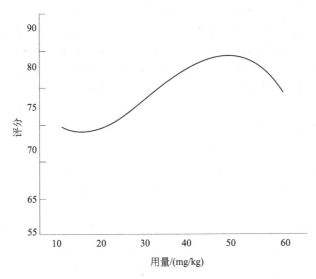

图 16-4　葡萄糖氧化酶用量对面包评分的影响

L25（5^6）正交试验，并通过对面包进行感观评分来确定溴酸钾替代品——生物复合酶的最佳组方。实验结果表明，生物复合酶的组方为：复合木聚糖酶 40mg/kg，脂肪酶 20mg/kg，葡萄糖氧化酶 40mg/kg，乳化剂 2000mg/kg。

五、我国复合酶制剂应用过程中存在的问题

在不同的国家或地区，对酶制剂的理解和定义不完全相同，有些国家和地区按照普通食品添加剂进行管理，也有些国家和地区按照食品加工助剂进行管理，而目前我国将酶制剂归属于食品加工助剂。由于我国酶制剂的生产、应用技术发展较晚，酶制剂的管理一直未能适应生产需求。特别是复合酶制剂，目前只有一个通用规范，还没有相关的复合酶制剂国家标准或行业标准，一般都执行企业自己制定的企业标准。在企业标准中，除卫生指标属于国家强制执行内容外，复合酶制剂的理化指标，即表征复合酶制剂应用能效的指标，都由企业根据自己的实践经验和设计理念进行制定。这就必然导致应用过程中的评定标准不一致，甚至无法评判应用效果。出现这种现象的原因主要是以下几点。

1. 生产与应用的发展超前于标准的制定

酶制剂在食品生产中的应用具有较长的历史，然而随着生产原料等诸多因素的变化，仅使用单一酶制剂出现了种种工艺问题，因此，提出了多种酶制剂复合的需求。但是由于对部分酶的深层次影响机理的认识尚处于初级阶段，复合酶制剂的研究大多只停留在生产应用阶段，并未上升到对其本质机理的认识程度。

2. 酶制剂应用的要求具有多样性和复杂性

众所周知，食品原料的品质受品种、种植地域及加工方式等多种不同因素的影响，同样原料的不均一性也会导致生产过程出现困难，因此生产工艺控制要随之而变化。但由原料引起的工艺问题也并非能预测和及时解决的，这些差异要求采用不同的

酶制剂来解决，要对复合酶制剂中酶系的组成或者活力做适当调整。例如啤酒生产中麦汁制备过程是非常复杂的物质转化过程，其中不仅涉及淀粉的分解转化，还涉及蛋白质的分解，并且这些物质的转化还要受到相应控制比例的限制，一旦出现工艺问题，往往不是单纯的生产故障。非淀粉多聚糖含量高可能导致的不仅是麦汁过滤问题，还会影响到蛋白质的分解和糖化收率。因此，糖化过程中出现的任何一种工艺问题通常都具有综合的复杂背景，这就要求对复合酶制剂中酶系的组成或者活力做适当调整，以适应不同的工艺要求。

3. 制定复合酶制剂质量标准存在酶学技术壁垒

随着生物工程中基因技术与酶工程技术的发展，高活力、多组分的复合酶制剂工业化、商品化已成为现实，为食品工业解决技术难题提供了良好的手段，但制定复合酶制剂质量标准却存在酶学技术壁垒。

以啤酒生产为例，目前啤酒生产中应用的非淀粉多聚糖水解酶类主要包括葡聚糖酶、戊聚糖酶（以阿拉伯木聚糖酶为主）、纤维素酶及果胶酶等。制定具有非淀粉多聚糖分解酶系的啤酒复合酶制剂生产、应用的统一质量标准存在的技术壁垒主要来自于对非淀粉多聚糖分解酶系的认识和理解，从酶学角度看主要是以下两方面的影响。

第一，啤酒复合酶制剂中非淀粉多聚糖水解酶类的活力检测问题。

非淀粉多聚糖水解酶类的酶系活力检测一直困扰非淀粉多聚糖水解酶的开发与应用。目前非淀粉多聚糖水解酶类的酶系活力检测的现状是：非淀粉多聚糖水解酶类的组分多、方法多、作用底物多，组分间的干扰、作用底物的纯度与分子量大小、酶系活力定义的不同都在相当程度上影响着非淀粉多聚糖水解酶类活力的真实表达，这不仅给应用带来了麻烦，也不利于酶制剂技术的交流与提高。引起这样问题的原因如下。

（1）非淀粉多聚糖水解酶类本身具有很强的复合性，即通常一种酶系中包含着多个酶系组分，对每一个组分的测定都会因研究者的关注程度和理解不同而有较大差异，完全的统一并不是一件简单的事情或者是不符合实际应用要求的。

（2）不同的应用领域对非淀粉多聚糖水解酶中各组分的组成及比例要求有区别，这种差异影响了复合酶的组成酶活力测定时对底物的选择。选用底物的物理、化学性质无疑会影响到测定结果。

（3）目前对非淀粉多聚糖水解酶类的研究尚不能完全掌握其作用原理、分解方式和应用特性，所以研究中的测定原理与方法的选择也多种多样，必然造成酶活力定义和结果的多样性。

（4）DNS法测定时试剂的配制方法会对测定结果产生影响。DNS是反应体系中的显色物质，为了使酶解底物分解产生的还原糖反应充分，DNS必须适当的过量，但也不能过量太多，以免造成过高的本底颜色。同时，过量的DNS也会影响酶活力的测定结果。随着DNS用量的增大，酶活力的测定结果将逐渐降低。另外，DNS配制好后，必须在棕色瓶中平衡一段时间，否则标定出的曲线具有不稳定性，影响测定结果。

综合来看，非淀粉多聚糖水解酶类酶系活力的测定主要受到两个关键因素的影响：其一是测定方法的选择与确定；其二是作用底物的选择与确定。目前常用的测定方法见表 16-2。

表 16-2　非淀粉多聚糖水解酶类常用测定方法

非淀粉多聚糖水解酶类	测定的方法
纤维素酶	棉线切断法、滤纸崩溃法、羧甲基纤维素钠(CMC-Na)——液化法、羧甲基纤维素钠(CMC-Na)——糖化法、浊度法、染色纤维素法、凝胶扩散法、琼脂平板法等。
α-葡聚糖酶	凝胶扩散法、比色法、黏度法、还原糖法
木聚糖酶	比色法、还原糖法
果胶酶	还原糖法、次碘酸钠滴定法

这其中还原糖法是目前酶制剂生产者最常用的测定方法，还原糖法又可分为：DNS 还原糖法、砷钼酸盐法、铁氰化钾法、酚硫酸法及地衣酚法等，其中，铁氰化钾法的灵敏度低；酚硫酸法中测定的是全糖而不是还原糖，误差较大；地衣酚法的灵敏度高，但试剂昂贵，因此，这些方法都较少采用；砷钼酸盐法的干扰少，灵敏度和重现性均较好，但测定时使用的砷酸二氢钠有剧毒，并且操作复杂，故也很少使用。经过长期的探索和试验，目前较为普遍采用的是以分光光度计为检测手段的 DNS 还原糖法，该方法具有稳定性好、准确度高、适用性广、快速省时、操作简便、试剂消耗少等特点，准确度也能达到分析要求，并且能用于微量或半微量分析。

酶活测定底物的不同是造成非淀粉多聚糖水解酶类酶系活力差异的另一主要原因。在同一检测方法、条件下，由于底物的提取原料、分级工艺不同形成了底物成分、纯度的不同，而非淀粉多聚糖水解酶类对作用底物的强选择性和专一性，必然造成测定结果的差异，这种差异是测定方法所无法弥补的。目前，生产者与研究者测定非淀粉多聚糖水解酶类活力时常用底物的选择见表 16-3。

表 16-3　非淀粉多聚糖水解酶类酶活力测定的底物选择

非淀粉多聚糖水解酶	木聚糖酶	β 葡聚糖酶	纤维素酶	果胶酶
底物	桦木木聚糖、燕麦木聚糖等	大麦 β 葡聚糖、燕麦 β 葡聚糖等	羧甲基纤维素钠等	半乳糖醛酸

应当注意的是，表 16-3 底物中并未明确标示底物的分级程度。测定非淀粉多聚糖水解酶类酶系活力时，同酶系的活力测定一定要选择同批次、同等级、同纯度的底物，否则测定结果会有较大波动。

第二，非淀粉多聚糖水解酶类的应用受啤酒生产技术制约。

非淀粉多聚糖是构成啤酒酒体的成分之一，对啤酒的口感醇厚性和泡沫性能有较重要的影响，但也是造成啤酒冷浑浊的一个重要因素，其有益还是有害不仅取决于在啤酒中的含量，也同啤酒生产过程的稳定性以及贮存条件息息相关，这也是我国北方地区一些啤酒企业对诸如 α-葡聚糖类含量控制较严格的原因。然而，由于原料、装备和工艺技术要求的不同，造成了不同企业间对非淀粉多聚糖含量的要求不一致，而这种不一致必然导致各生产企业对非淀粉多聚糖分解酶的使用标准无法统一。

4. 复合酶制剂的分类和效能比较混乱

可以应用于食品生产的复合酶制剂种类很多，应当按照复合酶制剂生产过程和应用中的实际效果对复合酶类进行分类，这样不仅有助于有针对性地选择复合酶制剂，也可以使复合酶制剂的应用规范化。任何一种复合酶制剂中都会含有不同的酶系或者酶组分，而往往有一种或两种以上酶起主要作用，我们称为主酶系或主要组分，其他的酶或组分只起辅助作用，称为辅助酶系。在复合酶的分类中必须注意主酶系（主要组分）与辅助酶系（组分）的相互依存关系，而不能仅以主酶系（主要组分）作为分类的唯一依据。

目前的酶制剂应用过程中，对复合酶的效能描述是较为混乱的，给应用者带来了不少的使用误区，不仅使其对复合酶产生了非理性的认识，也在相当程度上使酶制剂行业的自身发展受到了阻碍。因此，作为表征产品效果的主要指标，对复合酶制剂的效能描述是一个重要的方面，应在产品标准中予以明确表达。

首先，要选择适用的酶系检测底物与方法。尽管目前非淀粉多聚糖酶的检测中DNS法得到很多酶制剂生产企业的认可，但仍存在很多值得探讨的问题。啤酒生产企业也要求能够有效检测各酶系甚至组分的活力，以便确定产品质量的部分评价指标，这就需要在酶制剂生产与应用中找到适合两者的通用检测方法。其次，要明确酶制剂活力与实际效能的关系。一般情况下，大家会认为酶制剂的效能会随着酶活力的增高而增加，通常情况下的单组分酶系或单纯的作用底物是具有这样的可能性，然而对于复合酶制剂而言，这种相关性并不明显，其原因有以下三方面。

（1）复合酶制剂中不同酶系的选择对实际效能和效果具有重要的影响　有很多微生物菌株可以产生结构近似的酶，然而由于菌株的区别，会使这些同类酶产生组分的差异，这种差异足以导致实际应用中效能和效果的巨大差别。啤酒复合酶制剂更有这种现象，有些复合酶制剂中的非淀粉多聚糖酶并未考虑到这些问题，仅仅从酶系的相似性方面定义了其在复合酶中的活力与效能，这显然是非常不足的，实际生产应用中活力非常高的酶系并未达到相应的作用效果。

（2）检测方法与底物的选择造成活力的测定失真　复合酶的复杂性使得对其作用底物的选择具有很大的灵活性，一旦选择偏离了应用领域的特点和实际，就会导致活力测定值的失真，即所获得的酶系活力与实际应用没有显著的相关关系。

（3）作用体系的底物具有复杂性　通常，复合酶制剂的作用体系不是单纯底物而是混合型作用底物，这种情况下，原利用单底物测得的活力数值已不具有良好的比拟放大性。不同底物间的干扰、抑制、激活等都会对酶系作用的效果产生明显的影响。因此，此时用实际使用效果对比酶系的活力自然就产生了误差。

因此，制定统一、科学的复合酶制剂质量评价体系不仅是酶制剂行业自身发展的要求，也是提高应用质量、为食品生产技术的发展提供支持平台的要求，因而既具有现实意义，也是非常必要的。

六、复合酶制剂配方举例

（1）提取多糖　纤维素酶 1.0%、果胶酶 1.5%、木瓜蛋白酶 1.0%。
（2）提取黄酮　纤维素酶 0.8mg/ml、果胶酶 0.5mg/ml。
（3）果汁澄清　果胶酶量 300U/100g、淀粉酶量 6000U/10ml。
（4）面包粉处理　木聚糖酶 40mg/kg、葡萄糖氧化酶 40mg/kg、脂肪酶 20mg/kg。

第十七章

复合着色剂

食品的质量除营养价值和卫生安全性外，还包括颜色、风味和质地。颜色或色泽是评价食品外观质量的重要标准之一。人们在判断食物的好坏时往往先观察其色泽，自然、柔和、令人赏心悦目的色泽可以激起人们的食欲，增加消费者的购买欲望；反之，如果食品在生产、加工、运输过程中变色或者褪色，食品的质量就会大打折扣。通常情况下，我们在食品中加入食品着色剂加以调色，以适应广大消费者的需要。

在着色剂使用过程中仍存在许多问题，大致分为如下几个方面。

（1）违法使用　尽管国家出台了相关的法律法规，但是在食品着色剂这个行业里依然存在极个别不法生产经营企业或加工者，为牟取私利违法生产和使用我国未经批准的食品着色剂。

（2）超范围超限量使用　在食品着色剂的使用过程中存在超范围使用的情况，尽管 GB 2760《食品添加剂使用标准》明确规定了食品添加剂的使用范围和使用量，但部分食品生产企业不按照标准执行，未经国家食品添加剂标准化技术委员会审查、卫生部批准而扩大使用范围，对消费者的健康造成潜在威胁。超限量使用食品着色剂的现象目前在我国非常普遍。

（3）使用不符合国家标准的着色剂　国家规定食品加工着色剂必须是符合食品级规格的产品，不准使用工业级产品。但一些不法厂商将工业级产品假冒为食品添加剂销售、使用。伪劣的食品着色剂主要体现在产品的纯度以及汞、铅、砷等有毒有害物质的过量，这些都会危害到消费者的身体健康。过期的食品着色剂也起不到食品添加剂的功效，同时由于长期保存而产生有毒有害物质，从而影响到食品的质量及安全。

随着人们生活水平的提高，在食品的选择上，更注重安全、健康甚至有保健功能，鉴于此，食品加工企业在食品生产中选择的着色剂，将趋向于具有着色功能而且还有营养和保健功效的天然色素，淘汰大部分有毒的化学合成色素成为一种趋势，赋予食品许多新功能的天然色素将具有广阔的市场前景。但多数单一的天然色素是原料型的着色剂，不适合直接加到食品中着色，应用方面需要与其他色调的色素进行复配方可达到理想的效果。

近十多年来，我国在合成色素不同品种、色调和性质方面的复配与加工、天然色素不同品种、色调和性质方面的复配与加工、合成色素与天然色素之间不同品种、色调和性质方面的复配与加工都取得了很大的进步，大大拓展了食用着色剂在食品着色方面的使用范围。

第一节　常用于复合的着色剂

食品着色剂又称食品色素，按来源分天然着色剂和人工化学合成着色剂；按溶解性可分为脂溶性着色剂和水溶性着色剂；按化学结构可分为卟啉类衍生物（如叶绿素、血红素和胆色素）、异戊二烯衍生物（如类胡萝卜素）、多酚类衍生物（如花青素、类黄酮、儿茶素和单宁）、酮类衍生物（如红曲色素、姜黄色素）及醌类衍生物（如虫胶色素、胭脂虫红）。天然色素与合成色素相比安全性相对较高，往往具有天然、健康、营养和生理活性效应，随着生产技术的提高，天然色素的各项使用性能已经达到了合成色素的相当水平，但多数单一的天然色素是原料型的着色剂，不适合直接加到食品中着色，而复配型色素以其用量少、着色稳定等优点在我国食品着色剂行业占据很大份额。技术工艺和社会的发展将促进食品加工的全面发展，整个色素市场也将随之扩大，复合着色剂也将拥有更广阔的市场。

一、着色剂复配的特点

食品着色剂的复合具有以下特点：①合成着色剂广泛使用：合成着色剂色泽鲜艳、着色力强、易于溶解、无臭无味、价格便宜，在复合着色剂中广泛使用；②天然着色剂备受欢迎：天然着色剂一般来自动植物本身，对人体无毒副作用，而且色调比较自然柔和，能拉近人与自然的关系，近年来得到了广泛关注；③着色剂的其他功能得到开发：有些天然着色剂可作为天然抗氧化剂和天然防腐剂，很大一部分天然着色剂同时也兼有营养价值和药理作用；④复配时通常需要添加护色剂。

二、影响复合食品着色剂优化的因素

食品着色剂复合加工、应用前需要考虑它的安全因素。随着毒理学家和分析化学家的不断深入研究，众多合成着色剂已被人们所认识，合成着色剂的弊端逐渐暴露出来。人工合成着色剂大多是偶氮类型化合物，许多偶氮类型化合物在人体内可代谢生成有毒副作用的 α-萘胺和 β-萘胺。鉴于合成着色剂可能引起的不安全因素，国内外对这些食用合成着色剂都制定了严格的法律法规，我国也对各地区正在生产使用的食用着色剂进行了深入的调查研究。我们知道，许多物质超过一定的摄入量就可能会表现出一定的毒副作用，同样，食品着色剂也不例外。食品着色剂只要在国家批准允许的范围内使用，一般不会对人体有健康危害，但是，目前食品着色剂种类繁多，添加着色剂的食品随处可见，可能某一种食品着色剂的添加量是合格的，但是消费者多次大量地摄入一些违法滥用的着色剂后可能会带来毒副作用。

食品着色剂的稳定因素也要考虑。通常对着色剂稳定性的研究有以下几个方面：①光照因素。指的是着色剂在日光直射下的颜色变化，如叶绿素广泛存在于植物的叶茎中，遇光易分解。②温度因素。考虑的是着色剂的耐热性，如红花黄色素的耐热性较差，若使用在含维生素 C 较高的食品中可提高其稳定性。③酸碱因素。是指着色剂在酸性或碱性条件下所表现出来的颜色以及稳定性的变化，如 β-胡萝卜素广泛存在于胡萝卜和藻体内，在弱碱性条件下较稳定，但是在酸性条件下易分解，若加入少量抗坏血酸可提高其稳定性；玫瑰茄色素颜色随溶液的 pH 变化而变化，酸性条件下呈红色，中性为紫色，碱性呈蓝色。④金属离子因素。常见的有铜离子、钠离子、镁离子、铁离子等，如栀子花色素对铁离子的耐受性不强，一些金属离子能使着色剂变色甚至褪色，而有些金属离子能使某些着色剂稳定性增强，如将叶绿素制成铜钠盐可提高其稳定性。⑤抗氧化剂和还原剂因素。常用的抗氧化剂有 Vc、硫代硫酸钠，如红花黄色素由于耐热性不好，对金属离子敏感，加入少量 Vc 可大大提高其稳定性。⑥一些化合物如蔗糖、明矾、酒石酸盐的因素。如地黄黄色素在加入明矾和酒石酸盐后其稳定性可明显增大。⑦某些着色剂和另外一种着色剂相结合其稳定性也可提高，如甜菜红和菜色红两种着色剂相互结合后稳定性明显增强。⑧溶解性因素。如葡萄皮色素和紫苏色素都是水溶性着色剂，而红米色素和紫草色素都是脂溶性着色剂。另外，着色剂的耐盐性和耐微生物性对着色剂本身也有一定的影响。

三、护色物质对色素稳定性的作用

色素类物质都是由于含有生色团和助色团才能呈现各自的特征颜色，而这些基团易被氧化、还原、络合，使基团的结构、性质发生变化，导致电子跃迁时所需的能量变化，吸收光的波长也改变，使颜色发生变化或褪色。为了有效解决天然色素的稳定性及保护天然色素在食品加工、贮运、销售过程中不变色，不褪色，则要加入适当的护色物质。但是一种护色物质，一般只有一种或两种功能特性有利于保护色素，如三聚磷酸钠对金属离子有一定的络合作用，可以抑制金属离子与色素发生作用，但却不能抑制色素受热、光、碱、氧化和还原作用。所以这就要求我们选择多种护色物质共同作用，也需要复配。各种护色物质之间存在的相互作用，有些是互相增效的，有些却是对护色作用相互抑制的。如为防止油脂食品发生油脂氧化酸败，在使用酚类抗氧化剂或护色剂的同时并使用某酸性物质，如柠檬酸、磷酸、抗坏血酸等，能显著地提高抗氧化剂或护色物质的作用效果。这是因为这些酸性物质对金属离子有螯合作用，使能促进氧化的微量金属离子钝化，从而降低了氧化作用。

由于天然色素的稳定性受到环境各种因素的作用，所以要达到很好的保护颜色的作用，就必须综合研究多种因子对某种色素的影响，再优化选择合适的护色物质。例如我们利用氯化亚锡与氢氧化钠、酸（如柠檬酸）反应所得的柠檬酸亚锡二钠盐具有一定的还原性能，如果我们把它用于罐头食品中，则能逐渐与罐中残留的氧发生作用，亚锡离子氧化成四价锡离子，而表现出良好的抗氧化性能，从而达到对食品色素的保护作用。目前柠檬酸亚锡二钠盐已广泛用于蘑菇、苹果、柠檬、板栗、银杏、青梅、百合、柑橘、芦笋、青豆、荔枝、椰汁等罐头食品中。对于多价金属离子的影响，我们可以加入一些对金属离子有络合能力的酸和盐类，如植酸、柠檬酸、三聚磷酸钠、柠檬酸钠、复合磷酸盐，利用它们与金属离子结合，从而使金属离子对色素无作用或作用减弱，达到保护色素的目的。在有些天然食品与天然色素中，呈色物质体现为维生素类，如维生素 A、维生素 C、维生素 D、类胡萝卜素等，易被氧化而产生褐变，可利用 L-半胱氨酸盐酸盐的还原性、抗氧化和防止非酶褐变作用，添加于天然果汁中，可以防止维生素 C 的氧化。

选择护色物质或复合护色物质一般应遵守以下几条原则：①不与色素发生氧化、还原、络合作用；②综合考虑各种因素对色素的影响；③针对性地选择对化合物呈色没有负面影响的护色物质；④选择的各种护色物质之间具有增效作用；⑤尽量选用天然或类天然的护色物质以保证天然色素的天然性和安全性。

四、常用于复配的着色剂

(一) 胭脂虫色素

将胭脂虫红的干体磨细，用 60～70℃的热水浸泡，并不时搅拌，经过 1d 左右，大部分色素可被提取下来，再经第二次浸提，则几乎可达 100％的提取率，两次滤液合并，减压浓缩，得到色素。胭脂虫色素的主要成分为胭脂红酸，其颜色随 pH 值改变而不同，在 pH＝4.5 时呈黄色，pH＝5.0 时呈橙色，pH＝5.5 时呈红色，pH≥6.0 时呈紫红色，遇铁离子色调变淡或无色。胭脂红酸对热稳定性良好，呈橙色、红至紫红色的区间的耐光性较好，而 pH 约为 4.5 和 7.0～7.5 时耐光性较差。胭脂虫色素可用做酒、水果浆、冷饮等饮料、糖果、糕点、肉类、香肠等的着色剂，还可用在化妆品中。

(二) 红曲色素

红曲色素是一种由红曲菌属的丝状真菌经发酵而成的优质的天然食用色素，是红曲菌的次级代谢产物。作为天然色素，红曲色素一直以来被认为是安全性较高的食用色素，试验已证明不含黄曲霉毒素。动物性试验表明，使用红曲色素及其制品的食物均未发现急、慢性中毒现象，也无致突变作用。此外，红曲色素还具有降低血脂和血压、抗突变、防腐、保鲜等生理活性，因此具有天然、营养、多功能等多重优点。

红曲色素中的脂溶性色素均能溶于乙醚、乙醇、醋酸、正己烷等溶剂中，其溶解度以醋酸最大、正己烷最低，故常用的溶剂是乙醇和醋酸。红曲色素在水中的溶解度与水溶液的 pH 值有关，在中性或碱性条件下极易溶解，而在 pH＜4 的酸性范围内或含 5％以上盐溶液中，其溶解度呈减弱趋势。红曲色素与其他几种色素性质的比较见表 17-1：

近年来，随着国内外学者对红曲色素研究的深入，其应用范围也在不断扩大。红曲色素在肉制品中能形成较稳定的红色，以刺激人们的食欲，同时还能起到防腐和增加风味的作用。酿造酱油中使用的糖化增香曲就是以红曲为出发菌种而制得的复合红曲菌种，可使原料全氮利用率明显提高，质量优于普通工艺酱油。红曲酒保留了发酵过程中的粗蛋白、醋液、矿物质及少量的醛、酮等物质，具有香气浓郁、酒味甘醇、

表 17-1　红曲色素与其他几种色素的性质比较（张景强，2001）

名称	主要成分	稳定性						溶解度/(g/100ml)		
		光	热	氧	微生物	酸	碱	水	植物油	乙醇
胭脂红	合成色素	好	很好	—	—	好	好	12	微溶	微溶
苋菜红	合成色素	好	很好	—	—	好	中(转蓝)	7	1	微溶
辣椒红	辣椒红素	差(粉)	好	差	中	好	好	不溶	溶	
高粱红	芹菜苷	好	好	好	好	好	好	易溶	不溶	易溶
胭脂虫红	胭脂虫红酸	好	好	好	好	好(鲜橙色)	沉淀(紫色)	溶	不溶	溶
红曲色素		可	极好	好	极好	好	好	微溶	溶	溶

风味独特、营养丰富等特点。红曲色素还可以用于烘焙食品中，如生产红曲饼干、红曲面包、红曲面条等。在面包生产中，添加红曲提取液时，其颜色有所加深变红，与直接添加红曲粉相比，各方面均有较大改观，尤其在香味方面，与不加红曲提取液制成的面包相比，更加清新独特。

（三）苋菜红

苋菜红，即食用红色 2 号，化学名称为 1-(4′磺基-1′-萘偶氮)-2-萘酚-3,6-二磺酸三钠盐，其化学结构式为：

苋菜红为红褐色或暗红褐色均匀粉末或颗粒，无臭，耐光、耐热性（105℃）强，对柠檬酸、酒石酸稳定，在碱液中则变为暗红色；易溶于水，呈带蓝光的红色溶液，可溶于甘油，微溶于乙醇，不溶于油脂；遇铜、铁易褪色，易被细菌分解，耐氧化、还原性差，不适于发酵食品中应用。

（四）柠檬黄

柠檬黄，即食用黄色 5 号，化学名称为 3-羧基-5-羧基-2-(对磺苯基)-4-(对磺苯基偶氮)-邻氮茂的三钠盐，由对氨基苯磺酸经重氮化，与 1-(4-磺基苯基)-3-羧基-5-吡唑啉酮在碱性溶液中偶合、精制而成。柠檬黄为水溶性合成色素，呈鲜艳的嫩黄色，广泛用于冰淇淋、雪糕、果冻、酸奶、饮料、罐头、糖果包衣等的着色。根据中国《食品添加剂使用标准》（GB 2760—2011）规定：用于饮料、配制酒、糖果、糕点上彩色装饰、虾（味）片、蜜饯凉果、渍制小菜，最大用量 0.1g/kg；用于风味发酵乳、调制炼乳、冷冻饮品，最大用量 0.05g/kg。

五、我国复合食品着色剂的发展前景

食品着色剂的发展大致经历了天然着色剂、人工合成着色剂、天然与人工合成着色剂并用、天然着色剂四个阶段。现在很多国家部分禁止甚至一些国家全部禁止使用合成着色剂，而天然着色剂以其独有的特性日益受到人们的欢迎。但天然着色剂对光、热、金属、酸碱、氧化剂比较敏感，在这些条件下不稳定，色调会发生很大变化。随着广大消费者对天然绿色食品需求量日益增加，复配型天然色素以其用量少、着色稳定等优点在我国食品着色剂市场上的份额逐年扩大。技术工艺和社会的发展将促进食品加工的全面发展，整个色素市场也将随之扩大，复合着色剂也将拥有更广阔的市场。

第二节　复合食品着色剂的生产及应用

食品色泽是消费者对产品品质的第一印象，同时也是判断产品品质优劣的直观指标，因此色泽的好坏直接影响到产品的经济效益。食品色泽可以刺激消费者的视觉，引起条件反射增进食欲，进而刺激购买欲望。因此在食品的生产过程中，需要使用适当的食品添加剂改善食品的色泽。食品企业用来改善色泽的添加剂主要有色素、护色剂，而色素对于产品的整体色泽具有决定性作用。人工合成色素色彩鲜艳、性质稳定、着色力强、牢固度大，但安全性相对较差；天然色素食用安全，但着色稳定性较差。根据两者特性、现有色素的科研现状及企业对产品色泽与成本的双重需要，一般应用的色素是人工合成色素与天然色素复配而成的，可以增强着色效果。近年来，随着色素复配研究越来越深入，复合着色剂在实际应用中的利用率份额也越来越大。但在色素复合中，有些企业单纯为追其产品色泽，所使用限量色素比例之和大于1，从而超出国家标准。在施行食品安全法的今天，在追求食品营养安全的今天，如何在国家法规标准范围内，研制出一些高品质的复配色素用以解决产品色泽特性成为一个新的课题。

一、复合着色剂的生产

复配食用着色剂的单体品种选择十分重要，各单体着色剂是必须能够应用于食品的品种，首先应是遵循 GB 2760—2011 规定允许使用的着色剂品种，并依照标准中的使用范围及使用量来进行复配生产；对于出口产品，复配食用着色剂的各单体品种选择要注意符合进口国及地区对食品的相关规定、技术标准和法规文件，以免造成不必要的麻烦和损失。另外，要深入研究食品的物性和加工工艺条件，选择适当的食用着色剂进行复配，食用着色剂根据产品类型的不同，对外界环境的适应性也不同，如耐热、耐酸、耐碱、耐氧化、耐还原等特性会随着外界环境的变化而变化，对光和微生物等的反应也都不相同。因此，在选择食用着色剂复配时要综合考虑上述因素，并根据食品颜色和拼色的要求，选择合适的食用着色剂，保证食品在生产、加工、运输、贮存当中的色调和色度稳定性。

（一）复配食用着色剂的生产要求

食用着色剂的复配除了要依照相应的法规，还需要以大量试验为基础，在不断的应用实践中摸索、总结。复配食用着色剂的生产有以下几点要求。

(1) 互相不起反应。

(2) 互相能均匀溶解。

(3) 无明显沉淀及悬浮物产生。

(4) 互溶后使原来的稳定性有所提高。

(二) 复配食用着色剂的生产工艺流程

(1) 生产工艺流程 A (适用于改变着色剂的剂型、溶解性、稳定性等)

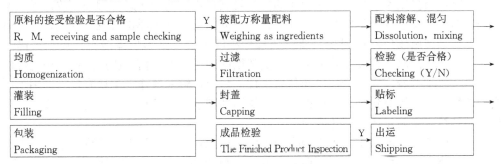

(2) 生产工艺流程 B (适用于几种色调的着色剂混合)

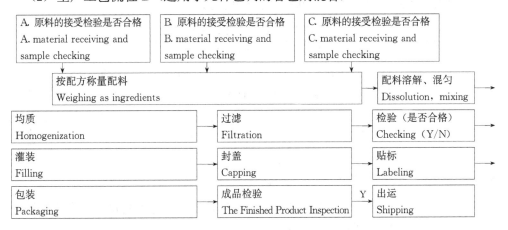

二、复合着色剂在食品中的应用

随着人们生活水平的提高,在食品的选择上更注重安全、健康,甚至选择有保健功能的产品。鉴于此,食品加工企业在食品生产中着色剂的选择,将趋向于具有着色功能,而且还有营养和保健功效的天然色素,淘汰一些安全性不高的化学合成色素成为一种趋势,赋予食品许多新功能的天然色素将具有广阔的市场前景。天然色素安全性相对较高,具有天然、健康、营养和生理活性效应,随着生产技术的提高,天然色素的各项使用性能已经达到了合成色素的相当水平,但多数单一的天然色素是原料型的着色剂,经常会不适合直接加到食品中着色,应用方面需要与其他色调的天然色素进行复配方可达到理想的效果。实际生产中还要注意需着色食品系统的性质〔如食品为多相系统(如水油两相等),要针对需着色的那一相选择着色剂〕、生产食品时所应用的加工条件（如加工的温度、时间、pH 等）以及食品的包装、贮存条件和天然色素本身的性质，结合该食品在消费者心目中形成的特有颜色，利用现有国家允许在该类食品添加、使用的天然色素的不同品种、不同色调进行复配调色，才能使食品色调自然、安全健康、具有天然色素应有的生理活性或某种药理功能又符合国家食品添加剂使用卫生标准的相关规定。

现代工业化生产的腊肠存在较多的质量问题，而色泽问题最具代表性，它直接、综合地反映了腊肠的质量问题。色泽是腊肠质量的最重要的感官指标之一，色泽不鲜艳的腊肠，质量便不合格。同时色泽的变化与其他指标的变化息息相关，故色泽能反映理化指标与微生物指标的水平。如氧化酸败的腊肠，其色泽也会发生变化，因为氧化酸败会加速腊肠色泽的退变。所以从某种程度上说，腊肠色泽能直接反映产品质量。如何解决因腊肠色泽变化而影响其货架期的问题，即如何解决产品色泽稳定性的问题，一直困扰着广大生产厂商与科研单位。目前，解决的途径主要有：①选用不同类型的发色剂、抗氧化剂、防腐剂、色素等添加剂进行发色护色；②利用新型包装材料与包装技术来防止产品氧化变色。

色素的各项性能在不同的时期作用大小表现不一，而且因原辅料状况、加工工艺、包装状态及环境条件等不同而有所变化。色素的稳定性是各项性能的综合体现，表 17-2 给出了肉制品中一些应用色素的稳定性指数。

表 17-2　各色素的稳定性指数

色素	各色素单项性能稳定性指数及相应权数										综合稳定性指数
	耐光性		耐盐性		抗氧化性		耐酸性		耐热性		
	指数	权数	指数	权数	指数	权数	指数	权数	指数	权数	
G101	83.87		96.23		85.48		51.08		64.52		77.07
G102	105.1		76.92		83.97		83.97		70.51		89.26
G103	112.7	0.4	103.6	0.05	95.27	0.25	95.27	0.15	92.36	0.15	102.40
红曲红	2.86		48.57		37.14		37.14		77.14		36.19
高粱红	71.76		72.66		60.9		60.9		81.2		75.79

可见，人工合成色素的综合稳定性指数相对较高，各色素的稳定性大小排序为：G103＞G102＞G101＞高粱红＞红曲红。

【应用实例】　复合色素对索菲亚火腿色泽的影响

1. 工艺流程

选料→滚揉制馅→定量灌制→熟制→贴标→装箱→成品

2. 色差值的测定

用 WSC-S 色差计测定，重复 3 次，取平均值。使用 O/D 测试头，可测定物体本身的颜色和光泽及各检测样之间的色度差值。a 表示样品的红度，该值越大，产品的颜色越红；b 表示样品的黄度，该值越大，产品的颜色越黄；L 表示样品的亮度，该值越高，说明产品光泽度越好。

3. 感官评定

感官评定是由一个 10 人组成的评判组进行评定的。评定前对评定人员进行培训，统一确定评定标准；将待检样品切成5mm薄片，随机编号放入托盘中；由评定小组对不同实验组的索菲亚火腿进行色泽针对性感官评定、评分。指标的最高分为10分，最低分为0分；并从可接受程度（颜色暗淡为0分，颜色浓重、易接受为5分）及其光泽度（无光泽为0分，光泽鲜亮为5分）两个方面综合评定。

4. 配方设计

对照：红曲红0.008%

（1）红曲红0.003%；胭脂虫红0.003%；诱惑红0.001%。

（2）红曲红0.003%；胭脂虫红0.001%；诱惑红0.003%。

（3）红曲红0.006%；胭脂虫红0.003%；诱惑红0.001%。

（4）红曲红0.006%；胭脂虫红0.001%；诱惑红0.003%。

5. 实验结果

各实验组随着贮藏时间的延长，索菲亚火腿的红度值、亮度值均呈下降趋势，而其黄度值呈上升趋势。所选不同复合色素搭配对火腿红度值、亮度值、黄度值的影响均不显著。

通过对3种色素的性能进行分析、比较，并对它们的稳定性进行对比实验，结合实践经验进行客观评价，得出结论：红曲红0.006%、胭脂虫红0.003%、诱惑红0.001%的添加配比所得产品色泽自然真实、且在贮藏期内色泽均匀度及稳定性均较好。

三、复合着色剂组成配方（料）举例

（1）密瓜色　亮蓝、柠檬黄复配。

（2）芝麻色　胭脂红、柠檬黄、亮蓝复配。

（3）山楂色　胭脂红、焦糖复配。

（4）草莓色　胭脂红、日落黄复配。

（5）巧克力棕　可可粉、双倍焦糖色复配。

（6）葡萄紫　胭脂红、亮蓝复配。

（7）橄榄色　葡萄紫，日落黄复配。

（8）青苹果色　果绿，柠檬黄复配。

（9）香芋色　苋菜红、柠檬黄、亮蓝复配。

（10）翡翠色　亮蓝、柠檬黄复配。

（11）赤豆色　苋菜红、双倍焦糖色复配。

第十八章

复合被膜剂

　　刚采摘的新鲜果蔬由于水分含量高，可溶性成分多，仍然保持着生命活动。因此，贮藏环境温度与湿度的高低、氧气、二氧化碳与自身产生乙烯含量的多少，均会影响果蔬的呼吸强度、新陈代谢速度与营养物质的损耗。如果贮运保管不善，就很容易受到病菌的侵染而发生霉烂变质。据报道，世界各国每年生产的水果、蔬菜，从产地到消费者手中至少有 20％的损失。我国有的水果与蔬菜品种的损失高达 20％～30％。为减少贮运与销售期间的损失，世界各国十分重视水果、蔬菜产后贮藏保鲜技术的研究与应用。目前，世界各国在果蔬贮藏保鲜过程中采用的方法有休眠法、低温冷藏法、低压法、辐照法、塑膜法、电子器械法、化学法、生物法、声波法、光敏染料法、微波能杀菌法、涂膜法等。在这些贮藏保鲜技术中，涂膜法由于投资少、成本低、无残留、无污染、方法简便，能够有效地抑制果蔬呼吸强度，减少水分散失与营养物质的消耗，延长果品的贮藏保鲜与销售期限，提高商品价值与市场竞争能力，从而得到广泛的开发利用，成为一项必不可少的辅助技术及常温下的一项独立技术，并显示出较好的经济效益。

　　果蔬的涂膜保鲜，关键是被膜剂的选择。理想的被膜剂要求：①有一定的黏度，易于成膜；②形成的膜均匀连续，具有良好的保质、保鲜作用，并能提高果蔬的外观水平；③无毒、无异味，与食品接触不产生对人体有害的物质。但是，单一被膜剂都具有一定的缺陷，很难达到这些要求。例如，脂质成膜剂具有极性弱和易于形成致密分子网状结构的特点，所形成的膜阻水能力极强。但脂质膜存在以下不足：①膜厚度与均匀性难以控制；②制备时膜容易产生裂纹或孔洞因而降低其阻水能力；③易于产生蜡质口感。多糖膜的阻水性能很弱，这是由于多糖分子的亲水性导致的，且受环境湿度的影响较大。蛋白质膜与多糖膜的透水性基本相同或比多糖膜的透水性略高，但透氧性却相当低，而且蛋白质膜的阻水性对湿度变化敏感，其阻氧性同样受环境湿度影响。因此，在可食用膜研究报道中，被膜剂已很少单独使用，通常将脂类、蜡、天然树脂、明胶、淀粉等成膜物质制成适当浓度的水溶液或乳液，采用浸渍、涂抹、喷洒等方法施于果实表面，风干后可形成一层薄薄的复合透明膜。复合被膜剂的作用类似单果包装，但与单果包装相比具有价格低廉、适宜大批量处理，能增加果面光泽、提高商品价值等优点，因此得到迅速发展，不少国家已投入商业化应用。

第一节　常用于复合的被膜剂

一、复合被膜剂保鲜的机理

复合被膜保鲜剂是将脂类、蜡、天然树脂、明胶、淀粉等成膜物质制成适当浓度的水溶液或乳液，采用浸渍、涂抹、喷洒等方法施于果实表面，风干后可形成一层薄薄的透明膜，其作用是增强果实表皮的防护作用；适当堵塞表皮开孔，抑制呼吸作用，减少营养损耗；抑制水分蒸发，防止皱缩萎蔫；抑制微生物侵入，防止腐败变质。

果实的生长发育、成熟衰老过程的呼吸分四个时期，第一时期为强烈呼吸期，称幼果阶段；第二时期为呼吸降落期，即食用成熟阶段；第三时期为呼吸升高期，此时果实进入完全成熟阶段（呼吸跃变上升期）；第四时期为呼吸衰败期，在这一时期果实的耐贮性及抗病性下降，品质变劣。由此可见，延长第二呼吸期及第三呼吸期的时间，推迟呼吸第四时期——呼吸衰败期的出现将对果品的保鲜起着至关重要的作用。然而要达到这一目的，必须适当抑制果实的生理呼吸。

果实的细胞组织从周围空气中吸收游离氧（分子氧），氧化分解有机物质，释放出能量，最后生成 CO_2 和 H_2O，即：

$$C_6H_{12}O_6 + 6O_2 \longrightarrow 6CO_2 + 6H_2O$$

果实亦可无氧呼吸，即：

$$C_6H_{12}O_6 \longrightarrow 2CO_2 + 2C_2H_5OH$$

C_2H_5OH 和 CH_3CHO（发酵中间产物）在果实细胞内积累较多，就会引起生理失调。无氧呼吸对保鲜是不利的，因此复合被膜剂通过适当堵塞表皮开孔，降低果实贮存环境中的 O_2 与果实细胞组织的接触从而抑制果实呼吸，延缓果实的成熟，达到延长贮期和保鲜之目的。

二、常用于复合的被膜剂

按照我国《食品添加剂使用标准》的规定，现允许使用的被膜剂有巴西棕榈蜡、蜂蜡、聚乙二醇、紫胶、石脂、白油（液体石蜡）、吗啉脂肪酸盐（果蜡）、松香季戊四醇酯、可溶性大豆多糖、普鲁兰多糖、壳聚糖等，目前已应用于水果、蔬菜、软糖、鸡蛋等食品的保鲜。尤其是可食性复合膜，通过共混技术可以使各种膜材料之间的性能得到优势互补，从而满足不同食品包装的需要，已成为当前可食性包装膜的发展趋势。可食性被膜剂的类型、性质及应用见表18-1。可食性涂膜剂与抗褐变剂复配后对果蔬的保鲜效果更佳。研究表明：在可食性涂膜剂中添加抗坏血酸、柠檬酸、草酸和甘油等抗褐变剂有良好的护色效果，添加 $1\%CaCl_2$ 可增加产品的硬度，用这些复合保鲜剂处理果蔬产品可提高产品的感官指标、抑制微生物繁殖。

表 18-1　可食性被膜剂的类型、性质及应用

类　型		性　质	应　用
蛋白质型	乳酪蛋白膜	阻氧、保香、阻水、透明、机械强度高、稳定性高	包装冻鱼、半干食品，被膜保鲜果蔬、干果等
	小麦谷蛋白膜	阻气、阻油、耐热、机械强度高	制作肠衣，被膜坚果保香、保脆等。
	大豆蛋白膜	阻氧、抗菌、防潮、保水、弹性好、强度高、稳定性好	制作肠衣，被膜保鲜果蔬，制袋包装含脂类食品
多糖型	壳聚糖膜	阻氧、阻二氧化碳、抗菌、透明、耐油、防水防潮、机械强度高、柔韧性好	包装快餐面、快餐米饭、调料等，被膜保鲜鱼类、豆制品、黄瓜、桃等
	海藻酸盐膜	阻油、阻水、阻氧、保香、护色、抗菌	面包类食品、鱼、冻虾、肉类、果蔬等
	直链淀粉膜	阻油、阻氯、机械强度高、外观好	制袋包装油炸食品及各种土豆片等，被膜包装葡萄干等
脂肪型	无水乳脂	保水性比蜡质好、延伸性好、强度差	被膜甜点、坚果、干果、糖果、干酪、蔬菜等
复合型	玉米淀粉海藻酸钠壳聚糖	阻气、抗菌、耐水耐热、机械强度高、延伸性好	包装糕点、果脯、方便食品、汤料等
	玉米蛋白、菜籽油	阻氧、阻水、可携抗氧剂载体	包装坚果、甜点、药品等
	动植物混合蛋白、菜籽油	阻氧、保香、阻水、防潮	包装焙烤食品、油炸食品、巧克力
乳化剂	单甘酯	保香、保水、防潮	被膜保鲜蔬菜、水果、冻肉
	蔗糖酯	保香、阻水、热稳定性不高	被膜保鲜蔬菜、水果

（一）普鲁兰多糖

普鲁兰多糖，又名茁霉多糖、短梗霉多糖或普聚多糖，是由出芽短梗霉利用糖发酵产生的胞外多糖，其基本结构为葡萄糖经 2 个 α-1,4-糖苷键连接成麦芽三糖，麦芽三糖再经 α-1,6 糖苷键聚合成链状聚麦芽三糖。该物质是一种天然的水溶性中性葡聚糖，无色、无味、无毒、具有良好的成膜性，膜光泽透明，透气性低于其他类型的可食用膜，目前已广泛应用于食品包装、食品添加剂、果蔬保鲜等领域。但是因为其抗湿性较差、制得的膜柔软性较差，且成本较高，为了改善其薄膜性能，可加入多糖、蛋白质、淀粉和增塑剂等形成复合膜。

以普鲁兰多糖为主要成膜材料，辅以羧甲基纤维素钠和蔗糖酯制成复合涂膜剂可以有效降低果实的腐烂率和失重率，减缓果实硬度下降，减少果实可溶性固形物、有机酸和 Vc 的损失，从而延缓果实衰老，具有良好的保鲜效果。有研究显示，用普鲁兰多糖、明胶和壳聚糖作为复合涂膜保鲜材料进行涂膜包装，当可食膜液中普鲁兰多糖、明胶和壳聚糖的质量之比为 2.5∶1.5∶1.25、混合膜液质量分数为 5.25% 时，涂膜的保鲜效果最好。

（二）壳聚糖

壳聚糖容易在物体表面形成半透膜，在果实表面形成气体屏障，能有效阻挠病菌的侵入并抑制其生长，还能通过果实自发气调作用使内部形成一个相对高 CO_2 和低 O_2 环境，降低果实呼吸代谢而起到保鲜作用。此外，壳聚糖可以刺激酚类化合物的产生，从而改变真菌细胞壁的形态，故可抑制果实成熟。在果蔬保鲜中，壳聚糖可与羧甲基纤维素、海藻酸钠、黄原胶等复配形成复合涂膜材料，使用效果更佳。有研究报道，以壳聚糖、羧甲基纤维素和单甘酯为复合材料制成的壳聚糖复合膜特性良好，涂布均匀，可有效保持果蔬的感官品质，降低失重、呼吸强度、硬度，减少可溶性固形物及叶绿素含量的损失；壳聚糖的保鲜效果达到显著水平，复合膜的最优涂膜浓度为壳聚糖2.0%、单甘酯0.2%、羧甲基纤维素0.2%。

壳聚糖复合涂膜可以抑制果蔬在贮藏中失水变软，延缓可溶性固形物含量、呼吸强度及叶绿素含量的下降，保持贮藏中果实的硬度，从而延长贮藏期。但是在复合涂膜中壳聚糖的最佳浓度选择上结论不一致，吴亚弟等认为浓度为1.0%时壳聚糖对果蔬的保鲜效果最佳，华淑南等认为复合膜中壳聚糖浓度为1.5%时保鲜效果较好。这可能是由于不同的果蔬生理变化不同，再加上采用的复合涂膜剂也不同，所以得出的结论不尽一致，但是由于不同的果蔬生理变化不同，再加上采用的复合涂膜剂也不同，在复合涂膜中壳聚糖最佳浓度选择上不同学者的结论不一致，总体看来壳聚糖涂膜保鲜果蔬的浓度范围接近，即1.0%～2.0%。

（三）海藻酸钠

海藻酸钠是一种天然多糖，具有成膜性，可以在果蔬表面形成一层保护膜，起到半封闭的自然降氧作用，有效减缓了果实的气体交换，减少营养物质的消耗，减少病原菌的侵入。但是将海藻酸钠成膜液覆盖在果蔬表面，再到氯化钙溶液中进行胶化，形成的凝胶状膜厚度极不均匀，再加上成膜液中的硬脂酸等物质和海藻酸钠竞争夺取溶液中的Ca^{2+}，使得海藻酸钠成膜液不能完全交联，膜物理性质很差，在处理过程中极易断裂和破碎，所以不能达到很好的保鲜作用。鉴于单一膜的局限性，通常将海藻酸钠与明胶、山梨酸钾进行复配，优势互补，以便生产和应用。由于明胶是一种动物蛋白膜，与植物蛋白相比，动物蛋白的成膜性、拉伸强度、阻氧隔气等性能具有明显优势，并且与海藻酸钠具有很好的相溶性，将二者复合涂在果蔬表面可以形成一层透明光洁的膜，大大提高其保水性和商品性。有研究报道，用于对鲜切贡梨的保鲜时最佳配方为：海藻酸钠0.05g/kg、明胶0.03g/kg、山梨酸钾0.03g/kg。

三、乳化剂在被膜保鲜中的作用

乳化剂在被膜保鲜中可以起到重要的作用，它既可单独用做被膜保鲜剂，又可作为一种保护性物质，避免絮凝物产生，还能与其他被膜剂、防腐剂、抗氧化剂复配使用。在选择乳化剂时既要考虑其乳化性能，还必须考虑食品卫生许可。乳化剂经常采用阴离子表面活性剂和非离子表面活性剂的复配型，用量一般为0.5%～3%。

蔬菜和水果用蔗糖脂肪酸酯水溶液浸渍后，可以延长保鲜期。将50/50的聚甘油脂肪酸酯与蒸馏饱和脂肪酸单甘油酯的混合物用于水果和冻肉的被膜保鲜，可防止干耗，保证产品质量。英国产某品牌被膜保鲜剂就是蔗糖酯，羧甲基纤维素钾和甘油单、二酸酯的复合物，用其水溶液浸渍苹果、梨、香蕉等水果，可获得良好的保鲜效果。日本公开特许昭53-20453报导，用蔗糖酯、甘油酯、失水山梨醇脂肪酸酯等作为乳化剂或分散剂，与维生素E类化合物及其衍生物配制成的乳状液用于苹果、梨、柿子、柑橘等水果被膜保鲜，效果显著。用蔗糖、失水山梨醇脂肪酸酯等乳化剂与微晶蜡（或同其他蜡混合使用）调制成微晶蜡的水性胶体溶液，适用于柑橘的被膜保鲜。SM 保鲜剂是用蔗糖脂肪酸酯和甘油脂肪酸作为乳化剂，以淀粉加防腐剂为主要原料配制而成，果蔬用这种液态被膜保鲜剂浸渍后，表面形成一层半透明薄膜，具有良好的防腐保鲜效果。二乙酰甘油单硬脂酸酯用于鲜蛋被膜保鲜的试验结果证明：用这种乳化剂被膜的鲜蛋于常温库内贮藏，既可保证鲜蛋的内在质量，又能大大减少鲜蛋的失重损失，延长贮藏保鲜期。

第二节　复合被膜剂的应用

一、复合被膜剂的涂膜方法及注意事项

　　果蔬的涂膜方法有浸涂法和刷涂法两种。浸涂法是将被膜剂配成适当浓度的溶液，将果实浸入，沾上一层薄薄的涂料，取出晾干即成。刷涂法即用软毛刷蘸上涂料液，在果实上均匀刷涂，使果皮涂上一层薄薄的涂料膜。

　　在复合被膜剂选择和使用过程中应注意以下几点。

　　(1) 复合被膜剂的用量要适当　果蔬收获后仍具有生命力，其呼吸反应符合动力学方程：$dy/dt = k/Y^b$（其中 Y 为 CO_2 的体积浓度，t 为时间，k 为速度常数，b 为幂指数）。水溶性淀粉被膜剂若用量适当，则在果蔬表面形成一层极薄的多孔膜，抑制了气体交换，改变了速度常数 k，降低了呼吸作用，减少了水分蒸发，防止了微生物的侵入，但仍需保证果蔬有一定的呼吸代谢，因而涂膜应是半透性的。若膜过厚，阻碍了氧气的进入，有氧呼吸降低，生成 CO_2 的量减少，依据 $V = dy/dt = k/Y^b$，则 V 下降，抑制其反应，相应地促进了无氧呼吸，使葡萄糖经酵解后处于无氧状态，使丙酮酸氧化、分解成酒精、水，释放出能量，而 CO_2、酒精度增大到一定限度后会引起果蔬发酵、腐败、中毒。因此，被膜剂的剂量是保鲜的关键。

　　(2) 应选择适当的防腐剂，抗氧化剂及杀菌剂　每种食品污染的微生物不同，导致腐败的原因各有差别。导致柑橘、香蕉霉烂的微生物可能是青霉菌等，应采用邻苯基酚钠等防腐剂；而油脂性食品为防止变色、氧化、酸败，常使用抗坏血酸及其盐、山梨酸及其盐等。针对不同的保鲜产品应该采用不同的防腐剂、抗氧化剂等与成膜物质复合，从而达到被膜保鲜的目的。

　　(3) 保鲜剂配制过程中，应注意加料的顺序、溶剂的使用　加料的顺序和溶剂的使用直接影响保鲜剂的使用效果。比如，在配置淀粉类被膜剂时，由于淀粉中 90% 的支链淀粉不溶于水，而 I_2 不溶于水，溶于 KI 溶液。KI 溶于水，但水溶液见光呈黄色，且会析出 I_2，故应在暗室中配制 KI 溶液，再溶入 I_2，然后倒入经冷却的淀粉溶液中。

　　(4) 涂膜保鲜剂实际运用时，要注意每个环节　如浸渍时间、处理工具及处理后的干燥成膜（如时间过长，干燥不快，均易引起果蔬腐败等）。

二、复合被膜剂在水果保鲜中的应用

　　刚采摘的新鲜水果由于水分含量高，可溶性成分多，仍然保持着生命活动，因

此，贮藏环境温度与湿度的高低、氧气和二氧化碳与自身产生乙烯含量的多少均会影响水果的呼吸强度、新陈代谢速度与营养物质的损耗。如果贮运保管不善，就很容易受到病菌的侵染而发生霉烂变质。目前常用于水果被膜保鲜的被膜剂有巴西棕榈蜡、吗啉脂肪酸盐果蜡、松香季戊四醇酯、普鲁兰多糖、紫胶等。复合被膜保鲜剂将脂类、蜡、天然树脂、明胶、淀粉等成膜物质制成适当浓度的水溶液或乳液，采用浸渍、涂抹、喷洒等方法施于果实表面，风干后可形成一层薄薄的透明膜，从而增强果实表皮的防护作用；适当堵塞表皮开孔，抑制呼吸作用，减少营养损耗；抑制水分蒸发，防止皱缩萎蔫；抑制微生物侵入，防止腐败变质。

【应用实例】 草莓的普鲁兰多糖复合涂膜保鲜研究

1. 实验设计

将草莓分成 2 组，分别进行后续实验。

第一组：将不同质量的普鲁兰多糖、明胶和壳聚糖混合后制成 9 种不同配比的可食膜液，并分别用可食膜液涂敷试验用草莓。通过观察草莓的外观，测定其腐烂指数和失重指数，用正交实验（正交实验的因素水平见表 18-2）来分析各配比可食膜的保鲜效果，从而得出复合膜液中 3 种多糖的最佳配比。

表 18-2　正交实验的因素水平

水平	因素		
	普鲁兰多糖用量/g	明胶用量/g	壳聚糖用量/g
−1	1.5	0.5	1.00
0	2.0	1.0	1.25
1	2.5	1.5	1.50

第二组：取一定量普鲁兰多糖等，按照第一组确定的 3 种多糖的最佳配比条件，配置成 5 种不同质量分数的多糖复合膜液（配方及用量见表 18-3），并分别对草莓进行涂敷，通过测定草莓的失重率、烂果率和贮存期来评价它们的保鲜效果，从而得出最佳配比条件下的最佳多糖质量分数的复合膜液。

表 18-3　多糖复合膜液的配方及用量

配　方	复合膜用量/%
普鲁兰多糖：明胶：壳聚糖（2.5：1.5：1）	3.25
普鲁兰多糖：明胶：壳聚糖（2.5：1.5：1）	4.25
普鲁兰多糖：明胶：壳聚糖（2.5：1.5：1）	5.25
普鲁兰多糖：明胶：壳聚糖（2.5：1.5：1）	6.25
普鲁兰多糖：明胶：壳聚糖（2.5：1.5：1）	7.25

2. 实验处理与指标测定

草莓的处理过程中，可食用膜的涂敷工艺采用浸涂法，即将分好组的草莓放入相同体积的不同可食膜液中浸泡 20～30s，确保每颗草莓表面的可食膜液厚度大体相同，取出后放在通风处快速自然晾干。将处理后的草莓存放在玻璃板上，于室温下贮藏 5d，每天记录草莓的外观和质量，并测定其失重率、烂果率和腐烂指数等。

果实腐烂指数是判断果实外观品质的重要指标，采用感官分级法测定：0 级为果粒无腐烂，果肉组织正常；1级为果垫周围有少量的腐烂，但没有形成腐烂色带；2级为果垫周围有明显的腐烂，形成腐烂色带，腐烂面积小于1/5；3级为果垫周围有明显的腐烂，其腐烂面积小于1/3；4级为果粒腐烂面积超过1/3。果实腐烂指数的计算公式为：

$$腐烂指数 = (腐烂果数 \times 腐烂级值)/(总果数 \times 最高腐烂级值) \times 100\%$$

3. 试验结果

第一组：不同配方的复合膜液对草莓的影响

实验结果表明：普鲁兰多糖、明胶和壳聚糖的质量配比对草莓的失重指数和腐烂指数影响显著。比较实验组草莓的外部感官综合指数得出：普鲁兰多糖2.5%、明胶1.5%、壳聚糖1.25%时草莓的失重指数、腐烂指数和外部感官综合指数均最小，故该组多糖的质量配比方式对草莓的保鲜效果最好。其原因可解释如下：当普鲁兰多糖的添加质量达2.5g时，复合膜具有保水作用，能够有效地阻止水分散失。如果草莓表面的普鲁兰多糖膜太薄，则不能有效地阻止水分散失，从而造成草莓表皮结构的破坏，使细胞质膜透性发生变化，最终导致草莓腐烂现象的发生。添加的明胶和壳聚糖可增大膜液的黏度，易于在草莓表面形成一层透明膜。而且由于壳聚糖具有一定的抗菌作用，因此它的影响大于明胶对草莓保鲜效果的影响。综上所述，从草莓的感官品质这一方面考虑，膜液中各多糖的最佳质量配比是2.5:1.5:1.25。

第二组：在最佳配比下，复合膜液的质量分数对草莓的保鲜效果

图18-1显示了最佳配比下复合膜液的质量分数对草莓失重率的影响，可以看出：经质量分数为3.25%的复合膜液处理过的草莓失重率最大，几乎随时间呈直线上升趋势。这可能是因为膜液太稀，不易成膜，固形物太少，不能在果实上形成完整的涂膜，因而膜的阻水性能下降；经质量分数为7.25%的复合膜液处理的草莓失重率最小，这可能是由于复合膜液的浓度大，草莓表面的膜层厚度大，使得草莓的水分得以保持（但是其烂果率较大，综合保鲜效果不好）；而质量分数为5.25%的复合膜液相

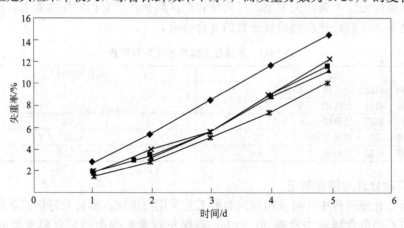

图18-1 复合膜液的质量分数对草莓失重率的影响
◆—3.25%复合膜；■—4.25%复合膜；▲—5.25%复合膜；
✕—6.25%复合膜；＊—7.25%复合膜

对来说是最适宜的，经其处理的草莓失重率较低；经 4.25％ 和 6.25％ 复合膜液处理过的草莓的失重率相差不大，在 5.25％ 复合膜液的附近波动。

实验结果显示了最佳配比下复合膜液的质量分数对草莓烂果率的影响，可以看出：当复合膜液的质量分数为 3.25％ 时，草莓的烂果率最高，第 4 天时达到 80％，这是因为浓度太低，膜液达不到阻水和阻氧的要求，无法阻止腐烂的发生；当复合膜液的质量分数为 7.25％ 时，草莓的烂果率也很高，这是因为此时复合膜的阻隔性能太大，使果实内部水分过多，致使果实霉变和腐烂，也可能是使氧气不易透进去，造成无氧呼吸，加速果实腐烂；当复合膜液的质量分数为 6.25％ 和 4.25％ 时，草莓的烂果率处于中间水平；当复合膜液的质量分数为 5.25％ 时，黏度适中，腐烂率最低，第 5 天时腐烂率仅为 20％，体现出膜液良好的保鲜效果。

表 18-4　膜液质量分数对草莓贮存期的影响

复合膜液质量分数/％	3.25	4.25	5.25	6.25	7.25
贮存期/d	3	5	6	5.5	3

表 18-4 显示了在常温下和最佳配比条件下，不同质量分数的复合膜液对应的草莓贮存期的差异，可以看出：质量分数为 5.25％ 的复合膜液对草莓的贮存最为有利，贮存期最长；其次是质量分数为 6.25％ 的复合膜液，草莓的贮存期只比最大贮存期少 1d；经质量分数为 3.25％ 和 7.25％ 的复合膜液处理的草莓的贮存期最短，仅为3d，与前述原因一致。

综上所述，当复合膜液的质量分数为 5.25％ 时，草莓的失重率和烂果率均较低，贮存天数最高，膜液对草莓的保鲜效果最好。故在最佳配比条件下，膜液的最佳质量分数为 5.25％。

三、复合被膜剂的配方举例

【配方 1】

（1）配料

棉籽油	500g	阿拉伯胶	5g
山梨糖醇酐脂肪酸酯	5g	水	1000ml

（2）调配和使用方法　先将阿拉伯胶浸泡在水中，待溶胀后加热搅动使其溶解；然后加入山梨糖醇酐脂肪酸酯和棉籽油，加热、搅拌使其成为乳液。将果实在此乳化液中浸渍，取出晾干后形成一层薄膜，即可装箱入贮。

该保鲜剂无毒、无副作用，具有适度的黏性，成膜性好，使用方便。除用于水果外，还可用于禽蛋类的保鲜。

【配方 2】

（1）配料

豆油	400g	琼脂	1g
脂肪族单酸甘油酯	2.5g	水	1000ml
酪蛋白酸钠	2g		

（2）调配和使用方法　先将琼脂浸泡在温水中，待溶胀后加热化开；然后加入脂肪族单酸甘油酯、酪蛋白酸钠和豆油，高速搅拌得到乳化液。将待处理的果实放在该乳液中浸渍，取出风干后贮存，明显延长保鲜期。

该保鲜剂光泽自然，原料中不含有毒物质，适用于瓜果类和果菜类果实的贮藏保鲜。

【配方 3】

（1）配料

甘油一酸酯	4g	琼脂	3g
甘油三酸酯	400g	水	600ml
蔗糖月桂酸酯	3g		

（2）调配和使用方法　先将琼脂用温水泡软，加热化开后加入甘油一酸酯、甘油三酸酯、蔗糖月桂酸酯，高速搅拌得到乳化液。将待处理的果实放在此液中浸渍后捞出，晾干后形成一层保鲜膜，即可入贮。

该保鲜膜除用于水果的保鲜外，还可用于禽蛋类的保鲜，效果更佳。

【配方 4】

（1）配料

蜂蜡	350g	清蛋白	3g
蔗糖脂肪酸酯	3g	椰子油	60ml
卵磷脂	4g	水	580ml

（2）调配和使用方法　将清蛋白浸泡在温水中，加热溶解后加入卵磷脂和蔗糖脂肪酸酯；将蜂蜡熔化后加入椰子油，混合均匀；将上述 2 种液体混合在一起，进行搅拌乳化分散，即得到所要求的被膜保鲜剂。

该保鲜剂的特点具有适度的黏性，成膜性好，使用方便；而且本制剂各种原料都具有可食性，对人体无害，仅用水洗就可以除掉这层膜；除用于水果保鲜外，还可用于禽蛋类保鲜。

【配方 5】

（1）配料

蜂蜡	300g	蔗糖脂肪酸酯	5g
阿拉伯胶	100g		

（2）调配和使用方法　将上述原料放在一起混合，缓慢加热至 40℃，形成稀糊状的混合物时即可使用。

【配方 6】

（1）配料

石蜡	200g	烷基磺酸钠	10g
巴西棕榈蜡	3g		

（2）调配和使用方法　将烷基磺酸钠溶解于适量水中，将巴西棕榈蜡溶解于适量热乙醇中，将石蜡加热熔化；将 3 种液体混合在一起，定溶至 1800ml，快速搅拌，令其乳化分散，即为所要求的保鲜剂。

该保鲜剂成膜性好，有光泽，适用于柑橘、苹果等涂被保鲜。

【配方 7】

（1）配料

石蜡	100g	烷基磺酸钠	8g
环氧乙烷高级脂肪醇	8g	油酸	12ml
山梨糖醇酐脂肪酸酯	6g	水	1500ml

（2）调配和使用方法　将石蜡熔化，在70℃左右将其他各种原料与熔化了的石蜡放在一起混合，再加入温水混合搅拌，乳化分散后即得到被膜保鲜剂。该保鲜剂还可用于鲜蛋的贮藏保鲜，用浸涂法施于鲜蛋上，晾干后形成一层保护膜，用以防止蛋内水分蒸发和细菌侵入蛋内，从而达到保鲜的目的。

【配方8】

（1）配料

| 蜂蜡 | 100g | 蔗糖脂肪酸酯 | 10g |
| 酪蛋白酸钠 | 20g | | |

（2）调配和使用方法　先将蜂蜡和蔗糖脂肪酸酯溶解在乙醇中，再将酪蛋白钠溶解在水中；2种液混合后定溶至1000ml，快速搅拌，乳化分散后即得所要的保鲜剂。

酪蛋白酸钠为白色颗粒，略有香气，易溶于水，为食品增稠剂。该保鲜剂各种原料无毒，使用安全，具有适宜的黏稠度，用浸涂法施于苹果、梨等果实的表面，风干后即可形成一层保护膜。

【配方9】

（1）配料

| 虫胶 | 100g | 甲基托布津 | 0.6g |
| 乙醇 | 180ml | | |

（2）调配和使用方法　将虫胶投入到乙醇中，略加温搅拌或摇动，以加速溶解；待虫胶溶解降温后加入甲基托布津，摇匀后即得略带棕红色的半透明涂膜剂原液。将此原液加7倍的水稀释后用浸涂法处理苹果、柑橘、雪花梨等或加10倍水稀释后用于处理鸭梨，均能得到满意的保鲜效果。

【配方10】

（1）配料

虫胶	50g	乙二醇	8ml
氢氧化钠	20g	水	1500ml
乙醇	80ml		

（2）调配和使用方法　将虫胶加入到乙醇、乙二醇混合溶液中浸泡，使其溶解；加入氢氧化钠水溶液，加热搅拌，使溶解了的虫胶皂化。

【配方11】

（1）配料

虫胶	20g	过氧化钠	0.02g
氢氧化钠	20g	乙醇	100ml
碳酰胺	3g	水	1500ml
聚乙烯醇	5g		

（2）调配和使用方法　将虫胶加入到乙醇中浸泡，使其溶解；在氢氧化钠水溶液

中加入碳酰胺、聚乙烯醇；将 2 种液体混合后加热并不断搅拌，使溶解了的虫胶皂化，最后加入过氧化钠。将水果放入该保鲜剂中浸渍，捞出风干后即可形成一层保鲜膜。

【配方 12】

（1）配料

海藻酸盐	0.2%～1.5%/(以果蔬质量计)	高级脂肪酸盐	0.05%～0.5%
淀粉	0%～2%	对羟基苯甲酸乙酯	0.01%～0.04%

（2）调配和使用方法　在定量的沸水中投入防腐剂，搅拌使之完全溶解，再加入海藻酸盐等物质，搅拌使之溶解，最后掺入适量淀粉拌匀，冷却后再进行被膜处理。淀粉加入量应根据不同的果蔬而调整。

【配方 13】

（1）配料

蔗糖酯	0.01%～0.1%	山梨酸钾	0.05%
聚乙烯醇	0.03%～0.3%	对羟基苯甲酸乙酯	0.01%
单甘酯	0.08%～0.50%	淀粉	0%～2%

（2）调配和使用方法　在定量的沸水中投入防腐剂，搅拌使之完全溶解，再加入蔗糖酯、聚乙烯醇、单甘酯，搅拌使之溶解，最后掺入适量淀粉拌匀，冷却后再进行被膜处理。淀粉加入量应根据不同的果蔬而调整。

附录一

食品安全国家标准 复配食品添加剂通则

（GB 26687—2011）

1 范围

本标准适用于除食品用香精和胶基糖果基础剂以外的所有复配食品添加剂。

2 术语和定义

2.1 复配食品添加剂

为了改善食品品质、便于食品加工，将两种或两种以上单一品种的食品添加剂，添加或不添加辅料，经物理方法混匀而成的食品添加剂。

2.2 辅料

为复配食品添加剂的加工、贮存、溶解等工艺目的而添加的食品原料。

3 命名原则

3.1 由单一功能且功能相同的食品添加剂品种复配而成的，应按照其在终端食品中发挥的功能命名。即"复配"＋"GB 2760 中食品添加剂功能类别名称"，如：复配着色剂、复配防腐剂等。

3.2 由功能相同的多种功能食品添加剂，或者不同功能的食品添加剂复配而成的，可以其在终端食品中发挥的全部功能或者主要功能命名，即"复配"＋"GB 2760 中食品添加剂功能类别名称"，也可以在命名中增加终端食品类别名称，即"复配"＋"食品类别"＋"GB 2760 中食品添加剂功能类别名称"。

4 要求

4.1 基本要求

4.1.1 复配食品添加剂不应对人体产生任何健康危害。

4.1.2 复配食品添加剂在达到预期的效果下，应尽可能降低在食品中的用量。

4.1.3 用于生产复配食品添加剂的各种食品添加剂，应符合 GB 2760 和卫生部公告的规定，具有共同的使用范围。

4.1.4 用于生产复配食品添加剂的各种食品添加剂和辅料，其质量规格应符合相应的食品安全国家标准或相关标准。

4.1.5 复配食品添加剂在生产过程中不应发生化学反应，不应产生新的化合物。

4.1.6 复配食品添加剂的生产企业应按照国家标准和相关标准组织生产，制定复配食品添加剂的生产管理制度，明确规定各种食品添加剂的含量和检验方法。

4.2 感官要求：应符合表1的规定

表1 感官要求

要 求	检验方法
不应有异味、异臭，不应有腐败及霉变现象，不应有视力可见的外来杂质	取适量被测样品于无色透明的容器或白瓷盘中，置于明亮处，观察形态、色泽，并在室温下嗅其气味。

4.3 有害物质控制

4.3.1 根据复配的食品添加剂单一品种和辅料的食品安全国家标准或相关标准中对铅、砷等有害物质的要求，按照加权计算的方法由生产企业制定有害物质的限量并进行控制。终产品中相应有害物质不得超过限量。

例如：某复配食品添加剂由 A、B 和 C 三种食品添加剂单一品种复配而成，若该复配食品添加剂的铅限量值为 d，数值以毫克每千克（mg/kg）表示，按公式（1）计算：

$$d = a \times a_1 + b \times b_1 + c \times c_1 \tag{1}$$

式中：

a——A 的食品安全国家标准中铅限量，单位为毫克每千克（mg/kg）；

b——B 的食品安全国家标准中铅限量，单位为毫克每千克（mg/kg）；

c——C 的食品安全国家标准中铅限量，单位为毫克每千克（mg/kg）；

a_1——A 在复配产品中所占比例，%；

b_1——B 在复配产品中所占比例，%；

c_1——C 在复配产品中所占比例，%。

其中，$a_1 + b_1 + c_1 = 100\%$。

4.3.2 若参与复配的各单一品种标准中铅、砷等指标不统一，无法采用加权计算的方法制定有害物质限量值，则应采用表2中安全限量值控制产品中的有害物质。

表2 有害物质限量要求

项 目		指 标	检测方法
砷（以 As 计）/(mg/kg)	≤	2.0	GB/T 5009.76
铅（Pb）/(mg/kg)	≤	2.0	GB/T 5009.75

4.4 致病性微生物控制

根据所有复配的食品添加剂单一品种和辅料的食品安全国家标准或相关标准，对相应的致病性微生物进行控制，并在终产品中不得检出。

5 标识

5.1 复配食品添加剂产品的标签、说明书应当标明下列事项：

a）产品名称、商品名、规格、净含量、生产日期；

b）各单一食品添加剂的通用名称、辅料的名称，进入市场销售和餐饮环节使用的复配食品添加剂还应标明各单一食品添加剂品种的含量；

c）生产者的名称、地址、联系方式；

d）保质期；

e）产品标准代号；

f）贮存条件；

g）生产许可证编号；

h）使用范围、用量、使用方法；

i）标签上载明"食品添加剂"字样，进入市场销售和餐饮环节使用复配食品添加剂应标明"零售"字样；

j）法律、法规要求应标注的其他内容。

5.2　进口复配食品添加剂应有中文标签、说明书，除标识上述内容外还应载明原产地以及境内代理商的名称、地址、联系方式，生产者的名称、地址、联系方式可以使用外文，可以豁免标识产品标准代号和生产许可证编号。

5.3　复配食品添加剂的标签、说明书应当清晰、明显，容易辨识，不得含有虚假、夸大内容，不得涉及疾病预防、治疗功能。

《复配食品添加剂通则》（GB 26687—2011）
第 1 号修改单

本修改单经中华人民共和国卫生部于 2012 年 3 月 15 日第 4 号公告批准，自批准之日起实施。

（修 改 事 项）

《复配食品添加剂通则》（GB 26687—2011）中表 2 有害物质限量要求：

表 2　有害物质限量要求

项　目		指标	检测方法
砷（以 As 计）/(mg/kg)	≤	2.0	GB/T 5009.76
铅（Pb）/(mg/kg)	≤	2.0	GB/T 5009.75

修改为：

表 2　有害物质限量要求

项　目		指标	检测方法
砷（以 As 计）/(mg/kg)	≤	2.0	GB/T 5009.11 或 GB/T 5009.76
铅（Pb）/(mg/kg)	≤	2.0	GB 5009.12 或 GB/T 5009.75

关于做好复配食品添加剂
生产监管工作的通知

国质检食监函〔2011〕728 号

各省、自治区、直辖市质量技术监督局：

近期，卫生部发布了食品安全国家标准《复配食品添加剂通则》（GB 26687—2011，以下简称 GB 26687）。为切实加强复配食品添加剂生产监管工作，现就有关事项通知如下：

一、复配食品添加剂生产许可申请和受理

（一）复配食品添加剂的生产和使用应严格执行《食品安全法》、《工业产品生产许可证管理条例》等法律法规和食品安全国家标准的规定。生产企业应依法取得生产许可证后方可生产复配食品添加剂，食品企业应采购使用获得生产许可证的复配食品添加剂企业的获证产品。

（二）申请生产复配食品添加剂应当按照《食品添加剂生产监督管理规定》、《食品添加剂生产许可审查通则》（2010 版）和 GB 26687 的规定提交复配食品添加剂生产许可申请材料，还应提交以下材料：

1. 产品配方；

2. 产品中有害物质、致病性微生物等的控制要求，包括有害物质、致病性微生物控制的品种以及限量要求。采用加权计算的需提供计算方法和计算结果；

3. 企业关于参与复配的各组分在生产过程中不发生化学反应，不产生新的化合物的自我声明材料；

4. 各单一品种食品添加剂和辅料执行的食品安全国家标准或相关标准文本。

（三）企业应向所在地的省级质量技术监督部门提交复配食品添加剂生产许可申请，各省级质量技术监督部门应予以受理并依法审批。

二、复配食品添加剂生产许可审查和批准

复配食品添加剂生产许可审查和批准应当按照《工业产品生产许可证管理条例》、《食品添加剂生产监督管理规定》、《食品添加剂生产许可审查通则》（2010 版）和 GB

26687 的规定执行，并增加审查以下内容：

（一）材料审查。

1. 申请生产的产品名称是否符合 GB 26687 的规定；

2. 申请生产的产品配方是否符合 GB 26687 的规定，重点审查各单一品种食品添加剂是否具有相同的使用范围；复配后在食品中使用范围和使用量是否符合《食品添加剂使用标准》（GB 2760—2011）、《食品营养强化剂使用卫生标准》（GB 14880—94）和卫生部公告的规定；辅料是否是为复配食品添加剂的加工、贮存、溶解等工艺目的而添加的食品原料；

3. 产品中有害物质、致病性微生物等的控制要求、计算方法和计算结果是否科学合理；是否符合 GB 26687 的规定；

4. 用于复配的各单一品种食品添加剂和辅料是否具有食品安全国家标准或相关标准。

（二）实地核查。

1. 产品生产工艺是否是物理方法混匀；

2. 是否按企业提交的配方组织生产；

3. 是否具备与所申请生产的复配食品添加剂生产相适应的生产设备和条件；

4. 是否符合《食品添加剂生产许可审查通则》（2010 版）规定；

5. 是否具备 GB 26687 规定的感官、有害物质和致病性微生物项目的检验设备和检验能力。

（三）产品检验。

对复配食品添加剂生产许可抽样按照《食品添加剂生产许可审查通则》（2010版）的规定执行。产品检验项目应当包括 GB 26687 标准中规定的感官、有害物质和致病微生物等全部项目。

（四）批准。

1. 复配食品添加剂产品按照产品配方发证，即不同配方的产品应分别申请许可。具有相同的食品添加剂单一品种和辅料，仅其配比不同的复配食品添加剂可以按照同一配方产品申请许可。

2. 复配食品添加剂生产许可证书编号规则和证书式样等按照《关于食品添加剂生产许可工作有关事项的通知》（质检食监函［2010］114 号）的规定执行。复配食品添加剂证书名称栏应表示为"复配食品添加剂：具体产品名称"，其中产品名称应当符合 GB 26687 的规定。

3. 对已获生产许可证的企业若复配食品添加剂产品配方改变或增加新的配方，应当按照《食品添加剂生产监督管理规定》向省级质量技术监督部门提出变更申请，许可机关应对相关申请材料进行书面审查，并按照许可发证检验工作要求对该产品进行抽样。生产者生产条件、检验手段、生产技术或者工艺未发生较大变化的，可不组织现场实地核查。

三、生产许可和监管工作的衔接

根据卫生部、质检总局联合发布的《关于做好食品添加剂生产许可和监管衔接工作的通知》（卫监督发［2011］64号），在《食品安全法》实施之前，已经取得卫生许可证明的复配食品添加剂生产企业可以在2011年12月31日前继续生产复配食品添加剂。各级质量技术监督部门在2011年12月31日前对上述企业不以无证生产进行查处。

四、有关工作要求

（一）高度重视、组织落实。

复配食品添加剂生产许可工作是一项直接涉及产品质量和食品安全的重要工作。各级质量技术监督部门要高度重视，本着对企业、对人民高度负责的态度做好这项工作。

1. 严格按照食品添加剂生产许可的条件、程序对申请复配食品添加剂生产许可的单位进行审查。切实组织好实地核查、产品检验、生产许可证发放及监督管理工作。

2. 要组织好对本辖区内复配食品添加剂生产企业的宣贯、培训和申证工作的指导。

3. 要加强对复配食品添加剂生产许可工作的监督管理，跟踪了解企业取证情况。尤其要注意发现和分析系统性问题，并及时将有关情况报总局。

4. 要做好企业宣贯师资和审查员培训，建立健全审查员考核制度和办法。

（二）严格纪律，加强管理。

1. 各级质量技术监督部门要严格坚持依法行政。受理申请、实地核查、产品检验等各项工作必须按照法定程序和法定条件进行，不搞特殊审查和特殊批准；

2. 明确岗位责任人员，建立健全岗位责任制和责任追究制度。建立审查员绩效考评和廉洁记录系统，做好审查员和审查组长的考核工作。

3. 加强对工作人员纪律约束。严禁在企业吃拿卡要，不得以任何理由刁难企业，不得以任何方式索贿受贿。

4. 不得向企业提供有偿咨询服务，对企业的商业和技术秘密等事项，依法履行保密义务，不以任何方式向外泄露，违反规定的应依法承担相应的法律责任。

5. 要加强信息报告。对于在复配食品添加剂生产许可工作中发现的有关问题要及时请示或报告总局，发现涉及食品安全问题的要及时报告当地政府及相关部门。

二〇一一年九月十四日

主要参考文献

[1] 凌关庭. 食品添加剂手册. 第三版. 北京：化学工业出版社，2003

[2] 齐庆中. 谈复合食品添加剂. 中国食品添加剂，2001，(5)：1～3

[3] 刘钟栋. 食品添加剂原理及应用技术. 第二版. 北京：中国轻工业出版社，2000

[4] Martin Glicksman. Food Hydrocolloids. Boca Raton, Florida, U. S. A：CRC Press, Inc.，1983

[5] Philips G. O.. Gum and Stabilisers for Food Industry. Oxford University：IRL Press, 1983～1998

[6] 李卫平. 中国食品报网站. 石家庄市营养技术研究所《科技动态》，2003-04-25

[7] 李书国. 复配型面条品质改良剂的研究. 西部粮油科技，2001，(26)：1

[8] 邵红等. 搅拌型酸奶稳定剂的改良研究. 中国乳品工业，2002，(30)

[9] 乔本志等. 天然复合抗氧剂的研究. 中国食品添加剂，1997，4：1～4

[10] 郑立红. 新型豆腐复合凝固剂的研究. 中国食品添加剂，2001，4：23～26

[11] 傅小伟等. 复配防霉乳化剂在广式月饼中的应用. 食品与机械，2002，4：23～24

[12] 徐谋海等. 多功能复合消泡剂的研制与开发. 杭州化工，1997，27（3）：11～16

[13] 韩敏义等. 复合磷酸盐在食品中的应用. 中国食品添加剂，2004，3：93～96

[14] 邵秀芝等. 复合酶制剂改良面粉质量的研究. 粮油食品科技，2002，(10)：2，11～12

[15] 斯波. 复合调味食品风味来源及技术推广. 中国食品添加剂（增刊），2005：265～271

[16] 沈卫荣等. 乳酸盐护色剂在绿芦笋护色保鲜工艺中的应用. 陕西农业科学，2003（4）：8

[17] 梁琪. 肉糜制品中复配型防腐剂配方的设计及筛选. 甘肃农业大学学报，2001（36）：2，140～144

[18] 艾萍. 红茶香精的调配试验. 食品工业，2003，4：51～52

[19] 高朱玮. 西番莲食用香精的调配. 香料香精化妆品，2002，1：35～36

[20] 汪清泉. 几种食用香精调配技术的探讨. 中国食品添加剂，2000，2

[21] 汪学荣等. 复合乳化剂对香肠制品效果研究. 肉类研究，2003，4：9

[22] 刘长鹏. 根据直线回归分析看复合鲜味剂协同效应的影响因素. 中国调味品，1995，(190)：1，24～26

[23] 于明等. 面包专用粉复合改良剂研究. 新疆农业科学 2003，40（6）：332～336

[24] 徐江伟. 消泡剂的复合及其消泡机理探讨. 中国甜菜糖业，2002，4：31

[25] 李艳华等. 复配有机硅乳液消泡剂的研制. 沈阳工业大学学报，2003，(25)：6

[26] 郝素娥等. 食品添加剂制备与应用技术. 北京：化学工业出版社，2002

[27] 李炎. 食品添加剂制备工艺. 广州：广东科技出版社，2001

[28] 蔡云升等. 复合稳定剂对低脂冰淇淋抗融性的影响. 中国食品添加剂，2002，1

[29] 寿庆丰. 膨松剂及其应用. 食品科技，1999，1

[30] 吕心泉等. 复配乳化稳定剂的研制及其在饮料中的应用. 中国食品添加剂，2003，1

[31] 陈正行，狄济乐. 食品添加剂新产品与新技术. 南京：江苏科学技术出版社，2002

[32] 凌关庭. 食品抗氧化剂及其进展（Ⅱ）. 粮食与油脂，2000，7：47～48

[33] 吴季洪. 国内外抗氧化剂动态. 食品添加剂，1999，11：14

[34] 谢俊杰等. 鲢鱼鱼精蛋白抗菌活性的研究. 中国食品添加剂，2002，1

[35] 吴季洪. 国内外防腐剂现状和发展前景. 食品添加剂，1999，11

[36] 郭岚香等. 采用蔗糖酯防止面包硬化的研究. 吉林工学院学报，1993，(14)：2

[37] 石满昌. 复配型面食品添加剂开发. 食品添加剂，97（3）：2～4

[38] 秦翠群等. 溴酸钾替代品的应用前景探讨. 中国食品添加剂，2001，5

[39] 刘钟栋等. 以乳化剂 SSL 为主的复配型添加剂在馒头工程中的应用. 中国食品添加剂，1999，4

[40] 叶银枝等. 湿面条的保鲜研究. 中国食品添加剂，2002，5

[41] 黄玉炎. 甜味剂的分类、作用与发展方向. 福建轻纺，2001，7

[42] 吕心泉等. 香辛料提取液和乳酸链球菌素对禽肉制品的保鲜. 中国食品添加剂，2000，3

[43] 肖丽娟. 食品添加剂的复配. 中国食品添加剂，2005，1：49～52

[44]　彭家泽. 食品鲜味剂及其在食品工业中的应用. 食品开发, 2002. 4

[45]　张风凯等. 溶菌酶及其在食品保鲜中的应用. 肉类研究, 2001, (4)：41～42

[46]　Divisionof Merck&Co., Inc. GellanGum, Multi-functional Polysaccharide For Gellingand Texturizing, 2nd Ed, 1994

[47]　Whister R. L.. Industrial Gums. 3rd Ed. NewYork：Academic Press, 1993

[48]　Kimitsu Chemical Industries Co., Ltd, Application Bulletin, 2001

[49]　中国食品添加剂生产应用工业协会. 食品添加剂手册. 北京：中国轻工业出版社, 1996

[50]　郭勇, 郑穗平. 食品增味剂. 北京：中国轻工业出版社, 2000

[51]　姚焕章. 食品添加剂. 中国轻工业出版社, 2001

[52]　刘钟栋. 食品添加剂在粮油制品中的应用. 北京：中国轻工业出版社, 2001

[53]　刘国敏. 浅述复合甜味剂. 广州食品工业科技, 2000, (14)：57～58

[54]　蔡奕文等. 复合甜味剂（一）. 食品科技, 1999, 5：30～31

[55]　Michael, O., Mabony. Food Technology, 1991, (11)：128

[56]　J. Matysiak, N. Noble, A. C. J. Food Sci. 1991, 56：823

[57]　包志玲. 香精复配在冷饮中的应用. 中外食品, 2002, (9)：36～38

[58]　黄鸿志. 食品乳化剂复合配方的设计. 食品工业, 1998, 3：32

[59]　于炜. 乳制品企业如何用好复配型营养强化剂. 农牧产品开发. 2001, (6)：30

[60]　李书国等. 油脂复合抗氧化剂抗氧化协同增效作用的研究. 粮油加工, 2004, 4：42～44

[61]　于明等. 面包专用粉复合改良剂研究. 新疆农业科学, 2003, 40 (6)：332～336

[62]　杨寿清等. 对羟基苯甲酸酯衍生物的使用安全性和复配效果. 冷饮与速冻食品工业, 2003, (9), 4：26～28

[63]　李宏梁等. 方便面面身复合食品添加剂的应用研究. 中国食品添加剂, 2003, 3：26～31

[64]　董海洲等. 复合膨松剂的复配技术在焙烤食品中的应用. 中国商办工业, 2002, 9：48～50

[65]　曾友明等. 低温肉制品护色研究. 食品工业科技, 2003, (24), 5：25～26

[66]　毛新武. HACCP 在复合食品添加剂生产中的应用研究. 中国食品添加剂, 2004, 2：66～69

[67]　彭家泽. 中性食品复合防腐剂的研究及其在食品中的应用. 中国食品添加剂（增刊）, 2003, 124～126

[68]　张佳桂. 食品增稠剂及其对液态奶的稳定机理. 中国食品添加剂（增刊）, 2003, 177～181

[69]　鲍丽敏. 复合面条改良剂的研究. 粮食与饲料工业, 2002, 5：8～9

[70]　温辉梁等. 食品添加剂生产技术与应用配方. 南昌：江西科学技术出版社, 2002

[71]　张坤生. 磷酸盐在肉制品中的作用. 肉类工业. 1991, (3)：29, 6

[72]　尚一平. 磷酸盐对肉制品加工的影响. 食品机械, 1990, (1)：22～23

[73]　郭绍清. 西式肉制品加工中常用的香辛料. 肉类研究, 2002, (1)：30～34

[74]　陈舜胜等, 溶菌酶复合保鲜剂对水产品的保鲜作用. 水产学报, 2001, (6)：254～259

[75]　汪文陆等, AK 糖与其他甜味剂混合使用时甜度和风味的评价. 食品科学, 1994. 10：9～12

[76]　张红雨等. 茶多酚抗氧化作用的理论探讨. 中国油脂. 1998, 23：6

[77]　胡小泓等. 茶多酚与油脂抗氧化性的研究. 武汉食品工业学院学报. 1996

[78]　林新华等. 茶多酚在食用植物油脂中的增溶和抗氧化机理. 福建医科大学学报. 2001, 12：4

[79]　胡坤等. 复合面条改良剂的研制. 粮食与饲料工业, 2002, 9

[80]　王明伟等. 面包改良剂复合应用的研究. 粮食与饲料工业, 1999, 4

[81]　张龙等. 食品添加剂在专用粉中应用. 粮食与油脂, 2002, 4

[82]　陆启玉. 面粉改良剂研究. 中国粮油学报, 1995, (10)：4

[83]　刘传富. 面粉面筋及其对焙烤食品影响. 粮食与油脂, 2002, 1

[84]　孙伟. 酶制剂和乳化剂在焙烤食品中的应用. 粮食与饲料工业, 1997, 11

[85]　冯新胜. 面粉强筋剂的使用. 粮食与饲料工业, 1997, 10

[86]　刘闽年等. 面条改良乳化剂在挂面中的应用研究. 农业工程学报, 1999, (15)：4

[87]　方钧纯. 阿斯巴甜的性质和应用. 美国纽特公司产品资料

[88]　刘玉田编著. 蛋白类食品新工艺与新配方. 济南：山东科学技术出版社, 2002

[89] 张建. 羧甲基纤维素钠及其在酸性乳饮料中的应用. 中国食品添加剂（增刊），2004，103～106

[90] 曹肱等. 复合添加剂及其应用. 中国食品添加剂（增刊），2004，38～42

[91] 吴国欣等. 复配植酸保鲜剂对荔枝果实的保鲜效果. 食品科学，2004，(2)：190～192

[92] 王陆玲. 植酸与增效剂对草莓保鲜的研究. 食品研究与开发，2004，(1)：141～143

[93] 吕心泉等. 复合香辛料在食品中的应用. 中国食品添加剂，1999，4：43～46

[94] 赵彦华等. 果汁水饮料的研制. 食品科技，2003，(3)：47～48

[95] 夏金虹等. 几种紫草复合抗氧化剂的抗氧化活性研究. 食品工业科技，2004，(11)：58～61

[96] 刘兆庆等. 环保型豆腐的研制. 农产品加工，2004 (1)：24～25

[97] 李长春等. 复合酶对沙棘果汁出汁率的影响. 国际沙棘研究与开发，2006，4 (4)：8～11

[98] 王文渊等. 复合酶法提取苦瓜叶总黄酮的研究. 中国食品添加剂，2011，(4)：107～112

[99] 刘明等. 纤维素酶在酒精工业中的应用进展. 酿酒科技，2006，(7)：83～86.

[100] 范文来等. 大曲酶系的研究与回顾. 酿酒科技，2000，(3)：35～40.

[101] 刘念等. 复合酶技术在白酒发酵中的应用与展望. 酿酒科技. 2006，12：65～67

[102] 杨建军等. 复合酶在苹果汁加工中的应用研究. 食品科技，2005，(3)：76～78

[103] 吴鹏等. 生物复合酶在植物提取中的应用研究. 中国现代中药，2008，10 (1)：30～31

[104] 王海军. 生物复合酶替代面包粉中溴酸钾的技术应用. 粮食与食品工业. 2005，12 (3)：30～34

[105] 陈文田等. 浅谈复配食用着色剂的生产、使用和管理. 中国食品添加剂，2007，G00

[106] 马宗欣等. 复合色素对索菲亚火腿色泽的影响. 肉类工业，2010，5

[107] 梁成云等. 红曲红色素和高粱红色素的防腐与着色作用. 肉类研究，2008，7：46～49

[108] 陈建. 食品着色剂的应用研究进展. 廊坊师范学院学报（自然科学版），2011，11 (4)：68～70

[109] 齐晓东等. 食品着色剂行业发展及存在问题. 粮油食品科技，2011，19 (2)

[110] 郑立红等. 低硝腊肉天然着色剂的筛选. 农业工程学报，2006，22 (8)：270～273

[111] 施怀炯. 合成食品着色剂及其在食品加工中的应用，调味与生活，1998，(4)：46～47

[112] 张万福编译. 食品乳化剂. 北京：中国轻工业出版社，1993

[113] 朱选，许时婴. 可食用膜的通透性及其应用. 食品与发酵工业，2000，(3)：50～55

[114] 高海生. 天然果蔬保鲜剂的研究与应用. 贮藏加工，2000，12：30～31

[115] 朱东兴等. 果蔬保鲜剂应用研究概述. 陕西农业科学，2003，(1)：30～33

[116] 赵希艳等. 几种涂膜保鲜剂的配制与使用. 保鲜与加工，2001，1 (6)：24～25

[117] 叶晓川. 聚丙烯酸酯被膜剂保鲜苹果的试验. 江苏食品与发酵，1996，(2)：11～15

[118] 祝美云等. 壳聚糖复合膜对黄瓜生理特性的影响. 浙江农业学报，2010，22 (6)：774～778

[119] 张芸等. 草莓的普鲁兰多糖复合涂膜保鲜研究. 包装学报，2011，3 (3)：61～64

[120] 梁莹. 三氯蔗糖在青梅果酒中的应用. 中国食品添加剂，2008，6：123～127

[121] 梁宁. 三氯蔗糖在调味品中的应用. 广东化工，2010，37 (7)：74～75

[122] 邓开野. 新型甜味剂三氯蔗糖. 中国调味品，2011，36 (2)：1～3

[123] 成纪予，王莹莹，黄悦刚. 三氯蔗糖的应用及其研究进展. 杭州食品科技，2004，(2)：5～10

[124] 黄文，贝惠玲，黄建蓉等. 三氯蔗糖的特性及其在罐头和饮料中的应用. 中国食品添加剂，2003，(6)：85～95

[125] 沈云飞，马正智，胡国华等. 三氯蔗糖的特性及其在食品中的应用. 中国食品添加剂，2007，(4)：132～138

[126] 余海星. 二肽甜味剂——纽甜. 中国食品添加剂，2008，(1)：54～58

[127] 杜淑霞，贝惠玲，徐丽. 新型甜味剂纽甜在凝固型酸奶中的应用. 食品科技，2011，36 (6)：277～281

[128] 余海星. 功能性二肽甜味剂——纽甜. 中国调味品，2008，(3)：82～86

[129] 程涛，吴超，岳喜庆等. 聚赖氨酸在食品防腐中的应用. 农业科技与装备，2008，(3)：71～74

[130] 徐红华，刘慧. 聚赖氨酸在牛奶保鲜中的应用研究. 食品与发酵工业，2000，26 (2)：33～35，53.

[131] 程涛，吴超，岳喜庆等. 聚赖氨酸在食醋防腐中的应用. 农业科技与装备，2008，3：71～73.

[132] 吕志良，周桂飞，周斌. ε-聚赖氨酸在玉米汁饮料中的防腐应用. 食品工业科技，2010，31 (2)：289～291.

[133] 陈晓丽，吕振岳，黄东东等. 新型天然食品防腐剂纳他霉素的研究进展. 食品研究与开发，2002，23（4）：23～24

[134] 彭家泽. 脱氢醋酸钠、山梨酸钾、双乙酸钠、乳化剂及其复配形式在水果中的防腐研究. 中国食品添加剂，2006，101～104

[135] 杜荣茂，刘梅森，何唯平. 脱氢醋酸钠、丙酸钙及其复配形式在面包中的防腐作用. 粮食与饲料工业，2004，8：30～32

[136] 胡国华. 结冷胶特性及其在食品工业中的应用. 中国食品添加剂，2002，6：64～67

[137] 胡国华. κ-卡拉胶作为冰淇淋稳定剂研究. 冷饮与速冻食品工业，2001，4：28～30

[138] 胡国华. 阿拉伯胶在食品工业中应用. 粮油食品科技，2003，2：7～8

[139] 胡国华. 调配型酸豆奶饮料研制. 粮食与油脂，2002，8：8～9

[140] 胡国华. 亚麻籽胶的特性及其在冰淇淋中的应用. 食品科学，2003，11：119

[141] 胡国华. 调配型酸豆奶稳定性影响因素的研究. 现代商贸工业，2003，(5)：48～50

[142] 胡国华. 瓜尔豆胶在冰淇淋中的应用. 冷饮与速冻食品工业，2002，(3)：33～35

[143] 胡国华. 食品胶的功能性及其选择. 中国食品添加剂（增刊），2004：109～114

[144] 胡国华. 食品胶的复配性能及其在食品工业中的应用. 中国食品添加剂（增刊），2003：165～170

[145] 胡国华. 新型食品胶在我国的开发应用现状及前景. 中国食品添加剂（增刊），2005：33～42

[146] 胡国华. 不预熔胶软糖粉的研制. 中国食品添加剂，2005，1：69

[147] 胡国华. 瓜尔豆胶的特性及其在食品工业中的应用. 冷饮与速冻食品工业，2002，(4)：26～28

[148] 胡国华. 新型食品胶在冷食中的应用. 冷饮与速冻食品工业，2004，4：15～18

[149] 胡国华. 明列子饮料悬浮剂研究和应用. 中国食品添加剂，2001，(5)：54～57

[150] 胡国华. 海藻酸丙二醇酯的特性及其在食品工业中的应用. 中国食品添加剂，2002，3：119

[151] 胡国华. 功能性食品胶. 北京：化学工业出版社，2004

[152] 胡国华. 食品添加剂在禽畜及水产品中的应用. 北京：化学工业出版社，2005

[153] 胡国华. 食品添加剂在果蔬及糖果制品中的应用. 北京：化学工业出版社，2005

[154] 胡国华. 食品添加剂在饮料及发酵食品中的应用. 北京：化学工业出版社，2005

[155] 胡国华. 食品添加剂在粮油制品中的应用. 北京：化学工业出版社，2005

[156] 胡国华. 食品添加剂在豆制品中的应用. 北京：化学工业出版社，2005

[157] 胡国华. 食品添加剂应用基础. 北京：化学工业出版社，2005

[158] 胡国华. 复合食品添加剂在我国的发展现状及前景. 中国食品添加剂（增刊），2006：23～31

[159] 胡国华. 我国复合甜味剂的发展现状与前景. 食品工业科技，2007 (2)：1～4

[160] 胡国华. 高倍甜味剂三氯蔗糖在我国的发展现状及前景. 中国食品添加剂（增刊），2007：58～61

[161] 胡国华. 中国发明专利. 一种用于制备凝胶软糖的复合食品胶. 专利申请号：200510025804. 8，公开号：CN1692802，专利授权号 ZL 200510025804. 8

[162] 胡国华. 中国发明专利. 一种用于制备悬浮饮料的复合食品胶. 专利申请号：200510029979. 6，公开号：CN1742611

[163] 胡国华. 中国发明专利. 一种用于制备可以吸的果冻的复合食品胶. 专利申请号：200510029978. 1，公开号：CN1745649

[164] 胡国华. 中国发明专利. 一种食品添加剂组合物及制备方法. 专利申请号：200512030128. 2

[165] 胡国华. 中国发明专利. 一种用于制备悬浮饮料的含结冷胶的新型复合食品胶. 专利申请号：200610117974. 3，公开号：CN1947559

[166] 胡国华. 中国发明专利. 一种用于制备凝胶软糖的含结冷胶的新型复合食品胶. 专利申请号：200610117975. 8，公开号：CN1947560

[167] 胡国华. 中国发明专利. 一种用于制备可以吸的果冻含结冷胶的新型复合食品胶. 专利申请号：200610117971. X，公开号：CN1947558